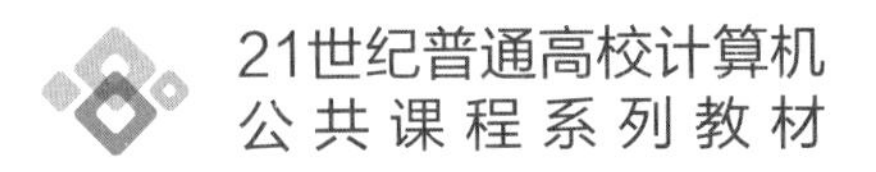

大学计算机

郭风　宋燕星　编著

清華大学出版社
北京

内 容 简 介

本书是按照教育部高等学校大学计算机课程教学指导委员会编制的《大学计算机基础课程教学基本要求》中的有关规定及人才培养的要求组织编写的。本书以 Windows 11 和 Office 2019 为平台，讲授计算机的基础知识和应用操作。全书共 8 章，分别介绍了计算机基础知识、操作系统、Word 2019、Excel 2019、PowerPoint 2019、计算机网络应用基础、计算机信息安全和多媒体技术基础。本书内容广泛、层次清晰、详略得当、注重实践、面向应用。

本书不仅可以作为高等院校各专业计算机基础课程的教材、教师的教学参考书和社会各类培训班的教材，还可以作为初学者的自学用书。

图书在版编目(CIP)数据

大学计算机/郭风，宋燕星编著. —北京：清华大学出版社，2023.9
21 世纪普通高校计算机公共课程系列教材
ISBN 978-7-302-64636-5

Ⅰ. ①大…　Ⅱ. ①郭… ②宋…　Ⅲ. ①电子计算机－高等学校－教材　Ⅳ. ①TP3

中国国家版本馆 CIP 数据核字(2023)第 168588 号

责任编辑：贾　斌
封面设计：刘　键
责任校对：徐俊伟
责任印制：沈　露

出版发行：清华大学出版社
网　　址：http://www.tup.com.cn，http://www.wqbook.com
地　　址：北京清华大学学研大厦 A 座　　**邮　　编**：100084
社 总 机：010-83470000　　**邮　　购**：010-62786544
投稿与读者服务：010-62776969，c-service@tup.tsinghua.edu.cn
质量反馈：010-62772015，zhiliang@tup.tsinghua.edu.cn
课件下载：http://www.tup.com.cn，010-83470236
印 装 者：三河市铭诚印务有限公司
经　　销：全国新华书店
开　　本：185mm×260mm　　**印　　张**：23.5　　**字　　数**：589 千字
版　　次：2023 年 9 月第 1 版　　**印　　次**：2023 年 9 月第 1 次印刷
印　　数：1～2500
定　　价：69.00 元

产品编号：100076-01

前 言

随着社会信息化建设不断向纵深发展，计算机的应用已融入社会生活的方方面面，移动互联网、大数据、云计算、物联网、虚拟现实技术等已走入寻常百姓家。因此，学习必要的计算机知识，掌握一定的计算机操作技能，已成为现代人的知识结构中不可或缺的组成部分。

本书是根据教育部高等学校大学计算机课程教学指导委员会编制的《大学计算机基础课程教学基本要求》中的有关规定及人才培养的要求编写的，编写教师都具有多年计算机基础教学经验。

本书将目前我国计算机教育状况和飞速发展的计算机技术相结合，内容丰富、先进。本书作者均为一线教学人员，将多年的计算机基础教学实践所积累的宝贵的教学经验融入本书的编写中。本书有三大特点：其一是内容广泛，详略得当，有一定深度。由于各地区教育发展水平不平衡，因此造成了教学对象间的计算机应用水平存在一定差异，而本书可以使不同层次的教学对象各取所需，有针对性地选择不同的学习内容。其二是内容实践性强，以技能性知识为主，面向应用。目前对应用型、复合型、创新型人才培养的重要性已越来越突出，而本书正是以此为出发点，通过大量的实例和习题，强调了对操作技能和创新能力的培养。其三是内容先进，操作系统选用了 Windows 11，Office 选用了 2019 版，为学生提供了一个先进的操作环境，同时还通过各章的"课外阅读和在线检索"引导学生更进一步地了解计算机的相关知识，给学生一个拓展空间。本书无论是在结构设计、内容安排还是在实例的选用上都经过了精心的设计，语言流畅，条理清晰，简洁明了，实用性和技能性强。本书能够紧跟计算机技术的发展趋势，反映信息科学的科技成果、基本理论、应用技术和社会需求，同时配合相应的实践教学，强化学生的动手能力和技能的培养，体现高等教育发展的新形式、新目标和新要求。

全书共 8 章，主要内容包括计算机基础知识、操作系统、Office 2019 常用办公软件、计算机网络应用基础、计算机信息安全、多媒体技术基础。其中第 1 章由郭风、胡杰华编写，第 2 章由郭风编写，第 3 章由秦惠林、郑雨萌编写，第 4 章由刘俊娥编写，第 5 章由韩丽华编写，第 6 章由岳溥庥编写，第 7、8 章由宋燕星编写。全书由郭风统稿。

由于计算机技术的飞速发展和计算机应用的普及、提高，高等学校计算机教育也在不断改革和发展，计算机基础教育的教学体系和思想也在不断的探索之中。由于时间仓促，加之编者水平有限，书中难免有疏漏之处，敬请广大读者批评指正。

编 者

2023 年 6 月

目　录

第1章 计算机基础知识

计算机是20世纪人类最伟大的科学技术发明之一，也是发展最快、应用最广的技术之一。计算机已成为人们生产劳动和日常生活中必备的重要工具。它的出现使人类迅速进入了信息社会，信息社会的到来，给全球带来了信息技术飞速发展的契机。

1.1 计算机概述

1.1.1 计算机的诞生与发展

1. 计算机的诞生

计算机的诞生是从人类对计算工具的需求开始的。在人类文明发展的早期就遇到了计算问题，古人类的结绳计数、刻痕计数等都是人类解决计算问题的方法，但随着人类的进步和文明的发展，这些计数方法逐渐不能满足人们的需求，于是开始出现了数字，以及和数字相关的计算工具，如算盘、计算尺。随着工业革命的开始，各种机械设备被发明出来，而要很好地设计和制造这些设备，一个最基本问题就是计算，人们需要解决的计算问题越来越多、越来越复杂。正是在这种情况下，人们开始了对计算工具的研究，齿轮式加减法器、乘除法器、差分机和分析机等计算工具相继产生。20世纪40年代中期，由于导弹、火箭、原子弹等现代科学技术的发展，出现了大量极其复杂的数学问题，原有的计算工具已无法满足要求，而电子学和自动控制技术的迅速发展，也为研制新的计算工具提供了技术条件。

1946年2月，在美国宾夕法尼亚大学，由John Mauchly和J. P. Eckert领导的研制小组为精确测算炮弹的弹道特性而制成了ENIAC(Electronic Numerical Integrator And Calculator，电子数字积分计算机)，如图1-1所示。这是世界上第一台真正能自动运行的电子数字计算机，它使用了18 000多只电子管，1500多个继电器，功率150kW，占地面积170m^2，重量达30t，每秒能完成5000次加法运算。它的问世标志着电子计算机时代的到来。

图1-1 ENIAC

然而，ENIAC本身没有存储器，且因采用布线接板进行控制，运算速度慢。而其后由英国剑桥大学莫里斯·文森特·威尔克斯(Maurice Vincent Wilkes)领导、设计和制造并于1949年投入运行的EDSAC(Electronic Delay Storage Automatic Calculator，电子延迟存储自动计算机)是世界上首次实现存储程序的计算机。它使用了水银延迟线作为存储器,利用穿孔纸带输入和电传打字机输出,是第一台采用冯·诺依曼体系结构的计算机。

由冯·诺依曼提出的内存储程序的思想和规定的计算机硬件的基本结构沿用至今,程序内存储工作原理也被称为冯·诺依曼原理。时至今日,虽然计算机系统从性能指标、运算速度、工作方式、应用领域等方面都发生了很大改变,但基本结构没有变,都称为冯·诺依曼式计算机。

2. 计算机的发展历史

在推动计算机发展的众多因素中,电子元器件的发展起着决定性的作用,此外计算机系统结构和计算机软件技术的发展也起到了重大的作用。从构成计算机的主要电子元器件来看,计算机的发展过程划分为如下 4 个阶段。

(1) 第一代:电子管计算机(1946—1958 年)。

其特征是:采用电子管作为计算机的逻辑元件,内存储器(简称内存)采用水银延迟线,外存储器(简称外存)采用磁鼓、纸带、卡片等,运算速度只有每秒几千次到几万次基本运算,内存容量只有几千字节,使用二进制表示的机器语言或汇编语言编写程序。因为第一代计算机体积大、功耗大、造价高、使用不便,所以主要用于军事和科研部门的数值计算。具有代表性的计算机是 EDSAC。

(2) 第二代:晶体管计算机(1959—1964 年)。

其特征是:用晶体管代替了电子管,大量采用磁芯作为内存储器,采用磁盘、磁带等作为外存储器。相比电子管,晶体管体积小,重量轻、功耗低、寿命长、发热少,运算速度提高到每秒几十万次基本运算,内存容量扩大到几万字节。同时计算机软件技术也有了很大发展,出现了高级程序设计语言,大大方便了计算机的使用。因此,它的应用从数值计算扩大到数据处理、工业过程控制等领域,并开始进入商业市场。代表性的计算机是 IBM 公司生产的 IBM-7094 机和 CDC 公司的 CDCl604 机。

(3) 第三代:中、小规模集成电路(1965—1970 年)。

其特征是:用集成电路(Integrated Circuit,IC)代替了分立元件。集成电路是把多个电子元器件集中在几平方毫米的基片上形成的逻辑电路。第三代计算机的基本电子元件是每个基片上集成几个到十几个电子元件(逻辑门)的小规模集成电路和每片上几十个元件的中规模集成电路。第三代计算机已开始采用性能优良的半导体存储器取代磁芯存储器,运算速度提高到每秒几十万到几百万次基本运算。计算机软件技术进一步发展,尤其是操作系统的逐步成熟是第三代计算机的显著特点。多处理机、虚拟存储器系统以及面向用户的应用软件的发展,大大丰富了计算机软件资源。为了充分利用已有的软件,解决软件兼容问题,出现了系列化的计算机。最有影响的是 IBM 公司研制的 IBM-360 计算机系列。这个时期的另一个特点是小型计算机的应用。DEC 公司研制的 PDP-8 机、PDP-11 系列机以及后来的 VAX-11 系列机等,都对计算机的推广应用起到了极大的作用。

(4) 第四代:大、超大规模集成电路(1971 年至今)。

20 世纪 70 年代以来,计算机逻辑器件采用大规模集成电路和超大规模集成电路技术,在硅片上集成了几千、几万到几十万个晶体管的电子元件。其特征是:以大规模、超大规模集成电路来构成计算机的主要功能部件,主存储器采用集成度很高的半导体存储器,目前计算机的最高速度可以达到每秒千万亿次浮点运算。软件方面出现了数据库系统、分布式操作系统等，应用软件的开发已逐步成为一个庞大的现代产业。

第四代计算机中最有影响的机种莫过于微型计算机，它诞生于20世纪70年代初，20世纪80年代得到了迅速推广，这是计算机发展史上最重要的事件。1971年，美国Intel公司把运算器和逻辑控制电路集成在一个芯片上，研制成功了第一个微处理器4004，并以此为核心组成了微型计算机MCS-4。1973年，该公司又研制成功了8位微处理器8080。随后，其他许多公司(如Motorola、Zilog等公司)都竞相推出微处理器或微型计算机产品。1977年，美国Apple公司推出AppleⅡ机，这是第一种被广泛应用的微型计算机。1981年，IBM公司推出的IBM-PC，以其优良的性能、低廉的价格和技术上的优势而迅速占领市场，同时也深刻地影响着计算机技术本身的发展。在短短的十几年时间内，微型计算机经历了从8位到16位、32位，再到64位的发展过程。

1.1.2 计算机的分类

计算机种类繁多，分类的方法也很多。例如，按用途及其使用范围可分为通用机和专用机两类；按处理数据的方式可分为数字计算机、模拟计算机和数模混合计算机三类；按一次所能传输和处理的二进制位数分为8位机、16位机、32位机、64位机等。如果按照计算机系统的规模和处理能力则可以把它们分为以下几类。

1. 超级计算机

超级计算机(又称巨型计算机)是当代运算速度最高(2021年峰值性能达53.72亿亿次每秒)、存储容量最大、通道速率最快、处理能力最强、工艺技术性能最先进的高性能计算机。巨型计算机数量少，价格极其昂贵，但却有重要和特殊的用途。在军事上，可用于战略防御系统、大型预警系统、航天测控系统等；在民用方面，可用于大区域中的中长期天气预报、大面积物探信息处理系统、大型科学计算和模拟系统等。巨型机代表了一个国家的科学技术发展水平。

中国的巨型计算机之父，我国2004年国家最高科学技术奖获得者金怡濂院士，在20世纪90年代初提出了一个我国巨型计算机研制的跨越式的全新的方案，这一方案将巨型计算机的峰值运算速度从每秒10亿次提升到每秒3000亿次以上，跨越了两个数量级，开创了中国巨型计算机赶超世界先进水平的道路。

近年来，我国超级计算机的研制取得了很大的成就，2016年"神威·太湖之光"超级计算机系统正式发布，如图1-2所示。神威·太湖之光超级计算机安装了40 960个中国自主研发的"申威26010"众核处理器，该众核处理器采用64位自主申威指令系统，峰值性能为12.54亿亿次每秒，持续性能为9.3亿亿次每秒，它是全球第一台首次性能超过十亿亿次的计算机，并于2016—2017年连续摘得世界高性能计算机排名第一，而我国的"天河二号"在2013—2015年排名世界第一。2016年11月18日，我国科研人员依托"神威·太湖之光"超级计算机的应用成果首次获得"戈登·贝尔"奖，实现了我国高性能计算应用在该奖项上零的突破。

目前排名前十的超级计算机系统实测运算速度都超过每秒亿亿次，截至2023年初，世界排名第一的超级计算机是美国的"前沿"，运算性能达到119.4京次(1亿亿为1京)。排名第二的是日本的"富岳"，运算性能达到44.2京次。排名第三的是芬兰的LUMI，运算性能达到 30.9 京次。中国的“神威·太湖之光”和“天河二号”分别排名第七和第十。

图 1-2　神威·太湖之光

2. 大型计算机

大型计算机是指通用性能好、外部设备负载能力强、处理速度快、性能覆盖面广的一类机器。它有完善的指令系统、丰富的外部设备和功能齐全的软件系统，主要用于大企业、大银行、航空、国家级的科研机构等的数据处理、科学计算或作为网络服务器。

3. 小型计算机

小型计算机具有规模较小、结构简单(与上两种机型相比较)、操作简单、价格便宜、通用性强、维修使用方便、与外部设备连接容易等特点，是 20 世纪 60 年代中期发展起来的一类计算机。它适合工业、商业和事务处理应用。

4. 微型计算机

微型计算机是当今最为普及的机型，它体积小、功耗低、成本低、灵活性大，其性能价格比明显地优于其他类型的计算机，因而得到了广泛应用和迅速普及。微型计算机的普及程度代表了一个国家的计算机应用水平。微型计算机的种类很多，主要分为台式计算机、计算机一体机、笔记本计算机和平板计算机。

图 1-3　苹果一体机

其中，计算机一体机是由一台显示器、一个计算机键盘和一个鼠标组成的计算机。它的芯片、主板与显示器集成在一起，显示器就是一台计算机，因此只要将键盘和鼠标与计算机连接，计算机就能使用，如图 1-3 所示的一体机使用无线鼠标、无线键盘，简洁、美观、大方。较普通台式计算机而言，一体机具有占用空间小、省电、静音、外观漂亮、时尚感强等好处。平板计算机以触摸识别的液晶屏为基本的输入设备，集移动商务、移动通信和移动娱乐为一体，具有手写识别和无线网络通信功能。智能手机是指像个人计算机一样，具有独立的操作系统、独立的运行空间，可以由用户自行安装软件、游戏、导航等第三方服务商提供的程序，并可以通过移动通信网络来实现无线网络接入的手机类型的总称。从 2019 年开始智能手机的发展趋势是充分加入了人工智能、5G 等多项专利技术，使得智能手机的用途越来越广泛。

5. 工作站

工作站是一种介于微型计算机与小型计算机之间的高档微型计算机系统,它具有较强的数据处理能力与高性能的图形功能,是便于应用的联网技术。

6. 服务器

服务器是一种在网络环境中为多个用户提供服务的计算机系统。从硬件上来说,一台普通的微型计算机也可以充当服务器,关键是它要安装网络操作系统、网络协议和各种服务软件并连接在网络上,网络用户在通信软件的支持下远程登录,共享各种服务。服务器与微型计算机相比应具有更高的稳定性、安全性等方面的要求。根据提供的服务,服务器可以分为文件服务器、打印服务器、计算服务器和通信服务器等。

7. 嵌入式计算机

嵌入式计算机是指把处理器和存储器以及接口电路直接嵌入设备当中。嵌入式系统是以应用为中心、以计算机技术为基础,并且软硬件可裁剪,适用于对功能、可靠性、成本、体积、功耗有严格要求的专用计算机系统,它一般由嵌入式微处理器、外围硬件设备、嵌入式操作系统以及用户的应用程序四部分组成。在制造业、过程控制、汽车、船舶、航空航天、消费类产品等许多领域,嵌入式计算机都有广泛的应用。

目前,微型计算机与工作站、小型计算机乃至大型计算机之间的界限已经越来越模糊,无论按哪一种方法分类,各类计算机之间的主要区别是运算速度、存储容量等。

1.1.3 计算机的应用领域

计算机的应用十分广泛,根据工作方式的不同大致可以分为以下几方面。

1. 数值计算

这是计算机应用最早的领域。在科学研究和工程设计中,存在大量烦琐、复杂的数值计算问题,解决这样的问题经常是人力所无法胜任的。而高速度、高精度计算复杂的数学问题正是电子计算机的特长。因此,时至今日数值计算仍然是计算机应用的一个重要领域。

2. 数据处理

这是目前计算机应用最广的领域。数据处理就是利用计算机来加工、管理和操作各种形式的数据资料。数据处理一般总是以某种管理为目的,例如财务部门用计算机来进行票据处理、账目处理和结算,人事部门用计算机来建立和管理人事档案,等等。与数值计算有所不同,数据处理着眼于对大量的数据进行综合和分析处理,一般不涉及复杂的数学问题,只是要求处理的数据量极大而且经常要求在短时间内处理完毕。

3. 过程控制

过程控制也称实时控制,就是用计算机对连续工作的控制对象实行自动控制。要求计算机能及时搜集检测信号,通过计算处理,发出调节信号对控制对象进行自动调节。过程控制应用中的计算机对输入信息的处理结果的输出总是实时进行的。例如,在导弹的发射和制导过程中,总是不停地测试当时的飞行参数,快速计算和处理,不断发出控制信号控制导弹的飞行状态,直至到达既定的目标为止。实时控制在工业生产自动化、军事等方面应用十分广泛。

4. 计算机辅助系统

计算机辅助系统是计算机的另一个重要应用领域,包括计算机辅助设计、计算机辅助教学、计算机辅助制造、计算机辅助测试等。

计算机辅助设计(Computer Aided Design,CAD)就是利用计算机来进行产品的设计。这种技术已广泛地应用于机械、船舶、飞机、大规模集成电路板图等方面的设计工作中。利用CAD技术可以提高设计质量,缩短设计周期,提高设计自动化水平。

计算机辅助教学(Computer Aided Instruction,CAI)是现代教学手段的体现,它利用计算机帮助学生进行学习,将教学内容加以科学的组织,并编制好教学程序,使学生能通过人机交互自如地从提供的材料中学到所需要的知识并接受考核。

计算机辅助制造(Computer Aided Manufacturing,CAM)是利用计算机进行生产设备的控制操作和管理。它能提高产品质量、降低生产成本、缩短生产周期,并有利于改善生产人员的工作条件。

计算机辅助测试(Computer Aided Testing,CAT)是利用计算机来辅助进行复杂而大量的测试工作。

5. 人工智能

人工智能是计算机在模拟人类的某些智能方面的应用。利用计算机可以进行图像和物体的识别,模拟人类的学习过程和探索过程。例如,根据频谱分析的原理,利用计算机对人的声音进行分解、合成,使机器能辨识各种语音,或合成并发出类似人的声音。又如,利用计算机来识别各类图像、人的指纹等。

6. 电子商务

电子商务是利用计算机和网络,使生产企业、流通企业和消费者进行交易或信息交换的一种新型商务模式,如网络购物、公司间的账务支付、电子公文通信等。这种模式可以让人们不再受时间、地域的限制,而以一种简洁的方式完成过去较为复杂的商务活动。

1.1.4 计算机的发展趋势

自从第一台电子计算机诞生以来,至今不过短短半个多世纪的时间。然而,它发展之迅速、普及之广泛、对整个社会和科学技术影响之深远,远非其他任何学科所能比拟。随着计算机应用的广泛和深入,又对计算机技术本身提出了更高的要求。今后计算机的发展更加趋于巨型化、微型化、网络化、智能化和多媒体化。

(1) 巨型化。

巨型化是指发展高速度、大存储量和强功能的巨型计算机。其运算速度可达每秒亿亿次以上,这是诸如天文、气象、地质、核反应堆等尖端科学的需要,也是记忆巨量的知识信息,以及使计算机具有类似人脑的学习和复杂推理的功能所必需的。

(2) 微型化。

微型化就是进一步提高集成度,利用高性能的超大规模集成电路研制质量更加可靠、性能更加优良、价格更加低廉、整机更加小巧的微型计算机。此外,微型计算机已经嵌入电视、冰箱、空调等家用电器以及仪器仪表等小型设备中,同时也进入工业生产中作为主要部件控制着工业生产的整个过程,使生产过程自动化。

(3) 网络化。

网络化是将各自独立的计算机用通信线路连接起来,形成一个资源共享的网络系统。如今,网络技术已经从计算机技术的配角地位上升到与计算机技术紧密结合、不可分割的地位，产生了“网络计算机”的概念，它与“计算机联网”不仅仅是前后次序的颠倒，而是反映了计算机技术与网络技术真正的有机结合。

（4）智能化。

智能化是指使计算机具有模拟人的感觉和思维过程的能力，即让计算机能够进行图像识别、定理证明、研究学习、探索、联想、启发和理解人的语言等。智能计算机具有解决问题和逻辑推理的功能、知识处理和知识库管理等功能，人与计算机的联系是通过智能接口，用文字、声音、图像等与计算机进行自然对话。目前，已研制出各种“机器人”，有的能代替人劳动，有的能与人下棋，等等。智能化使计算机突破了“计算”这一初级的含义，从本质上扩充了计算机的能力，可以越来越多地代替人类的脑力劳动。

（5）多媒体化。

多媒体计算机是当前计算机领域中最引人注目的高新技术之一。多媒体计算机就是利用计算机技术、通信技术和大众传播技术来综合处理多种媒体信息的计算机。这些信息包括文本、图形、图像、声音、视频、动画等。多媒体技术使多种信息建立了有机联系，并集成为一个具有人机交互性的系统。多媒体计算机将真正改善人机界面，使计算机朝着人类接受和处理信息的最自然的方式发展。

1.2 信息化与信息技术

1.2.1 信息化

1. 信息

信息（Information）同物质和能源一样是人们赖以生存和发展的重要资源，犹如空气一样普遍存在于人类社会时空之中。它作为一种客观存在，从远古到当今的文明社会，一直都在积极发挥着人类意识到或没意识到的重大作用。可以说信息不仅维系着社会的生存和发展，而且在不断地推动着社会和经济的发展。

一般来说，信息既是对各种事物的变化和特征的反映，又是事物之间相互作用和联系的表征。人通过接收信息来认识事物，从这个意义上来说，信息是一种知识，是接收者原来不了解的知识。

2. 信息的基本特征

信息是客观事物运动状态和存在方式的反映。信息的产生源于事物运动变化过程中形成的差异，它是人类认识客观事物的前提和基础。信息具有以下特征。

（1）普遍性、无限性和客观性。

世界是物质的，物质是运动的，运动的物质既产生信息又携带信息，因而信息是普遍存在的；因为宇宙空间的事物是无限丰富的，所以它们所产生的信息也必然是无限的，从信息产生信息，可以形成无穷无尽的衍生链带；普遍存在的信息是客观的。

（2）可共享性。

信息的共享性有两层含义：一是信息交换的双方都可以享有被交换的同一信息；二是信息在交换或交流过程中，可以同时为众多的接收者所利用。信息的分享不仅不会失去原有信息，而且还可以广泛地传播与扩散信息，供全体接收者所共享。

（3）可传递性与可存储性。

人们要获得信息必须依赖于信息的传递，信息在时间和空间上都具有可传递性。信息在空间的传递称为通信。信息在时间上的传递称为信息存储，存储信息的目的在于利用信息。事实上，人类文明就是这样传承下来的。

(4) 可转换性。

信息在变换载体时的不变性，使得信息可以方便地从一种形态转换为另一种形态。例如，信息可以转换为语言、文字、数字、图像等形式，也可以转换为计算机代码、电磁波、光信号等。

(5) 可处理性。

信息是可以经过加工处理并加以运用的，它可以被压缩、存储、扩充、叠加、有序化，也可以转换形态。人们能够按照既定目标要求，对信息进行收集、加工、整理、归纳，通过筛选和处理，使信息或者精炼浓缩，或者扩展放大，变成对人类有用的资源。

(6) 超前性和滞后性。

一般说来，人们对于事物运动状态和方式的认识总是产生在事实之后，信息再快也有滞后性。人们了解和认识已经发生的事实，其主要目的在于积累经验、摸索规律，以便能主动地改变或消除同类事件的再次发生，这便是超前性。如台风、地震等的预测。

3. 信息的基本作用

(1) 信息是人类认识客观世界及其发展规律的基础。

信息是客观事物及其运动状态的反映，客观世界里到处充满着各种形式和内容的信息，人类的认识器官对各种渠道的信息进行接收，并通过思维器官将已收集到的大量信息进行鉴别、筛选、归纳、提炼、存储而形成不同层次的感性认识和理性认识。

(2) 信息是客观世界和人类社会发展进程中不可缺少的资源要素。

物质、能源和信息是构成客观世界的三大要素。一般说来，物质在使用中是消耗的，能量在使用中也是消耗的；而信息在其传递和使用过程中会随着时间的推移，其价值会因重复使用和自身老化而可能失效，也可能随着重复使用和再加工而产生增值。

(3) 信息是科学技术转化为生产力的桥梁和工具。

与 4 万多年智人发展史相比，人类社会近代文明史的发展才只有 300 多年的时间，其原因在于 300 多年来科学技术作为生产力发挥了关键的作用。科学研究中的成果、技术上的创新作为推动社会前进的直接生产力是需要转化的，而转化的桥梁和工具则是人们所要把握的信息和其他一些因素。

(4) 信息是管理和决策的主要参考依据。

广义上讲，任何管理系统都是一个信息输入、变换、输出与反馈的系统。任何组织系统要实现有效的管理，都必须及时获得足够的信息、传输足够的信息、产生足够的信息、反馈足够的信息。只有以一定的信息为基础，管理才能驱动其运行机制。

(5) 信息是国民经济建设和发展的保障。

信息可以创造财富，通过直接或间接参与生产经营活动，为国民经济建设的各个方面发挥出重要的作用。作为一种知识性产品，信息的价值是无法计算的，但它的经济效益却是实实在在的。一项适时对路的信息，可以带来一种新产品，或者在贸易中处于有利地位；信息的交流可以鼓励竞争，消除垄断；技术经济信息可以促进技术的进步和生产的发展。

4. 信息化

信息化是指在国民经济和社会各个领域，不断推广和应用计算机、通信、网络等技术和其他相关智能技术，达到全面提高经济运行效率、劳动生产率、企业核心竞争力和人们生活质量的目的。信息化是工业社会向信息社会的动态发展过程，在这一过程中，信息产业在国民经济中所占比重上升，工业化与信息化的结合日益密切，信息资源成为重要的生产要素。与工业化过程一样，信息化不仅是生产力的变革，而且伴随着生产关系的重大变革，信息化已经逐步上升为推动区域经济和社会全面发展的关键因素，成为人类进步的新标志。信息化以信息为主要载体和资源，以信息在全球的高度传播和共享为主要特征。一个国家的信息化程度标志着生产力水平和社会发展程度。

5. 信息时代的社会问题

计算机和网络正在迅速地、不可逆转地改变着世界。计算机技术对社会的影响是其他任何技术所不及的，但同时高度信息化也带来了诸多现实和潜在的问题。

(1) 计算机安全。

随着计算机和网络的发展，信息交流加快了，但使用计算机进行的非法活动也越来越多，如破坏他人的计算机系统和网络，盗用他人网上账户、银行密码等个人信息，盗窃存放在计算机网络上的商业信息等，这是信息时代必须面临的一个大问题。

(2) 知识产权保护。

知识作为产权是信息时代的一个重要内容，软件和数据如房屋和汽车一样被看作财产，这是新的概念，需要新的法律和执行法律的手段。软件的可复制性使得知识产权的保护显得更加困难，传统的音像制品、书籍和文献被转化为计算机及网络的数据后，更容易被盗用，而且二次创作的侵权定义变得更加困难。

此外，类似于沉迷于网络、沉迷于计算机游戏、网络上一些不健康的信息、虚假网络信息等一些社会问题也都是信息社会发展过程中所产生的。

1.2.2 信息技术

今天，有数字校园、数字城市、数字地球、虚拟企业、电子商务、电子政务等，几乎所有的一切都数字化了，这种以信息技术为代表的数字化革命使得各国都将发展信息产业和实现信息化作为抢占未来经济制高点的重要举措。

1. 信息技术

信息技术是指与获取、传递、再生和利用信息有关的技术。在信息化的过程中，信息技术是信息化的主要推动力。现代信息技术是指 20 世纪 70 年代以来，随着微电子技术、计算机技术和通信技术的发展，围绕着信息的产生、收集、存储、处理、检索和传递，形成一个全新的、用以开发和利用信息资源的高技术群，主要包括信息基础技术、信息系统技术、信息应用技术三个层次。具体如图 1-4 所示。

2. 信息技术的核心

(1) 计算机技术。

计算机技术是信息处理的核心。计算机从其诞生之日起就不停地为人们处理着大量的信息，而且随着计算机技术的不断发展，它处理信息的能力也在不断地增强。多媒体技术把文字、数据、图形、语音等信息通过计算机综合处理，使人们得到更完善、更直观的综合信息。

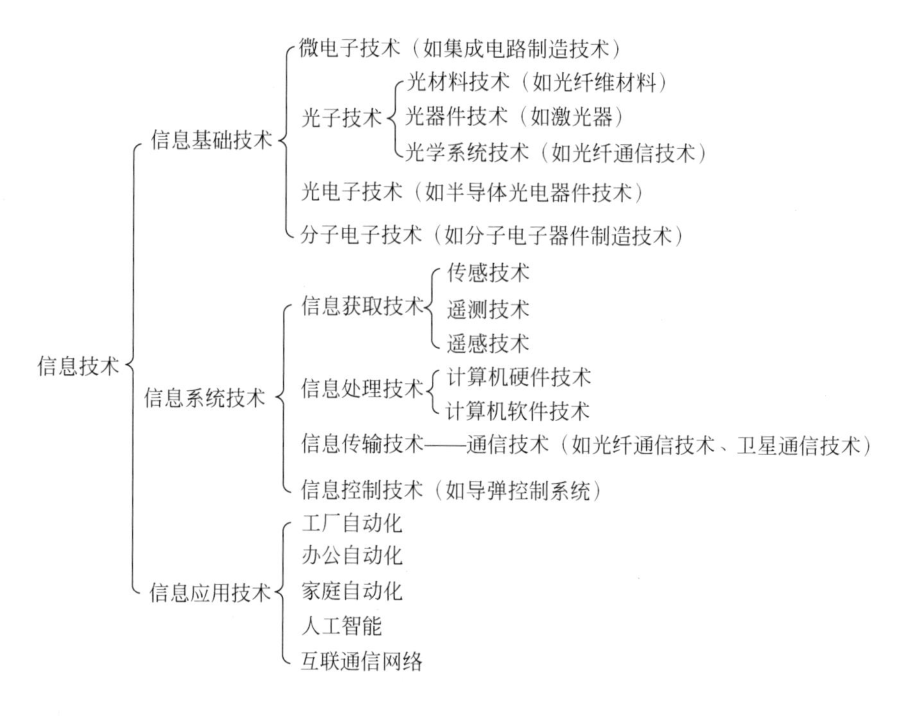

图 1-4　信息技术分类

芯片技术与计算机技术是密不可分的，先进的微电子技术制造出先进的芯片，而先进的计算机则是由先进的芯片组成的，芯片是微电子技术的结晶，是计算机的核心。

（2）微电子技术。

微电子技术是现代信息技术的基石，已成为支持信息技术的核心技术。微电子技术的发展，使得器件的特征尺寸不断缩小，集成度不断提高，功耗降低，器件性能得到提高。微电子技术在短短半个世纪的时间里已经形成了拥有上千亿美元的 IC 产业，随着 IC 设计与工艺技术水平的提高，集成电路规模越来越大，复杂程度越来越高，已经可以将整个系统集成为一个芯片，也就是片上系统(System on Chip，SoC)。

（3）通信技术。

诸如数字通信、卫星通信、微波通信、光纤通信等通信技术的普及应用是现代社会的一个显著标志。通信技术的迅速发展大大加快了信息传递的速度，使地球上任何地点之间的信息传递速度大大加快，通信能力大大加强，数字、声音、图形、图像等各种信息媒体能以综合业务的方式传输，使社会生活发生了极其深刻的变化。从传统的电话、电报、收音机、电视机到今天的移动电话、传真、网络、卫星通信，信息的传递效率得到巨大的提高。网络正被越来越多的人使用，提供越来越多的信息服务，提供一个可以广泛交互的场所，在很大程度上消除了时间和空间上的限制。

（4）传感技术。

传感技术是一项当今世界令人瞩目的迅猛发展起来的高新技术之一，也是当代科学技术发展的一个重要标志。如果说计算机是人类大脑的扩展，那么传感器就是人类五官的延伸。传感技术从 20 世纪 80 年代起逐步发展起来，是测量技术、半导体技术、计算机技术、信息处理技术、微电子学、光学、声学、精密机械、仿生学、材料科学等众多学科相互交叉的综合性高新技术密集型前沿技术之一。传感器已广泛应用于航空航天、国防科研、信息产业、机械、能源、机器人、家电等诸多领域。

传感技术已经发展到了应用高敏感元件的时代。除了普通的照相机能够收集可见光波的信息、录音器能够收集声波信息之外,已经有了红外、紫外等光波波段的敏感元件,帮助人们提取那些人眼见不到的重要信息。超声波和次声传感器帮助人们获取那些人耳听不到的信息。人们还制造了各种嗅敏、味敏、光敏、热敏、磁敏、湿敏以及一些综合敏感元件,把人类感觉器官收集不到的各种有用信息提取出来,从而扩展了人类收集信息的功能。

1.2.3 信息社会中的计算机

计算机技术的迅速发展加速了信息化社会的发展,如今计算机已渗透到社会的各行各业,正在改变着传统的工作、学习和生活方式,推动着社会的发展。

1. 金融、工商业

金融、工商业是计算机应用较早的领域之一,目前,大多数公司都严重地依赖计算机维持自己的正常运转。网上银行的应用使得银行可以通过 Internet 为客户提供金融业务;在商业上可以利用计算机管理商品的销售情况和库存情况,为管理者提供最佳的决策,还可以利用计算机和网络进行商务活动。

2. 教育、科研

随着多媒体技术的广泛应用,教育软件不仅显示简单的文字和图形,还包括音乐、语言、三维动画、视频及仿真技术等。计算机辅助教育不仅使学校教育发生了根本变化,还可以使学生通过体验计算机的应用,牢固地树立计算机的应用意识。计算机在教育领域的另一个重要应用是远程教育,远程教育可以使学生在家里远程向教师提问并获得答复。

计算机在科研中一直占有重要的地位,第一台计算机 ENIAC 就是为科学计算发明的。现在,许多实验室都用计算机监控与收集实验及模拟期间的数据,随后用软件对结果进行统计分析,计算机已经成为其不可缺少的工具。

3. 医药业

计算机普遍应用于医药业,医院的病历、处方等日常事务都采用计算机管理,各种用途的医疗设备也都由计算机自动控制。计算机在医药领域的一项重要应用是医学成像,它能够帮助医生清楚地看到病人体内的情况而不伤害身体。计算机断层扫描(CT)从不同的角度用 X 射线照射病人,得到其体内器官的一系列二维图像,最后生成一个真实的三维构造。核磁共振成像(MRI)通过测量人体内化学元素发出的无线电波,由计算机将信号转换为二维图像,最后也可生成三维场景。利用远程诊疗系统,专家可根据 Internet 传来的图像和资料,对一个没有先进设备、没有专家的偏僻医院的疑难病例进行会诊,甚至指导外地医生完成手术,从而避免了病人长途奔波之苦,以免贻误治疗时机。

4. 政府部门

政府是最大的计算机用户,许多政府部门一直在使用计算机管理日常业务,实现了办公自动化。为了适应信息化建设的现实需要,以及面对知识经济的挑战,提高政府的行政效率,政府在网上建立一个虚拟的电子政府。电子政府就是在 Internet 上实现政府的职能工作,如在网上公开政府部门的有关资料、档案、日常活动等,在网上建立起与公众之间相互交流的桥梁,并从网上行使对政府的民主监督权利。同时,公众也可以从网上完成如纳税、项目审批等与政府有关的各项工作。在政府内部，各部门之间也可以通过 Internet 互相联系，各级领导也可以在网上向各部门做出各项指示，指导各部门的工作。

5. 家庭、娱乐

计算机在家庭的应用主要体现在交互式影视服务、家庭办公、联机消费、多媒体交互式教育、娱乐游戏和智能的电器等。

未来的计算机将进一步深入人们的生活，更加人性化，更加适应我们的生活，甚至改变人类现有的生活方式。数字化生活将成为未来生活的主要模式，人们离不开计算机，计算机也将更加丰富多彩。

1.3 数据在计算机中的表示

在计算机系统中，数据是计算机加工处理的对象，凡是能够被计算机接收并处理的都是数据，如数字、字母、汉字、声音、图形、图像等。信息是反映现实的概念，不随载荷它的物理设备的不同而不同，而数据则是信息的具体表现，是人为的。可以说数据是信息的载体，信息是一组相关数据的组合在人脑中的映像。在计算机系统中，数据都采用二进制形式存储。

1.3.1 数制及其不同进制之间的转换

1. 常用的进位计数制

按进位的原则进行计数称为进位计数制，简称"数制"。在日常生活中经常要用到数制，通常以十进制进行计数。除了十进制计数以外，还有许多非十进制的计数方法。如计时，60 秒为 1 分钟、60 分钟为 1 小时，用的是六十进制计数。由于计算机系统采用二进制，因此，为了书写和表示方便，常用八进制数和十六进制数表示。

(1) 十进制数。

十进制数的特征如下。

- 十进制所采用的计数符号(或称数码)有 10 个，即 0,1,2,…,9。
- 基数为 10(基数：允许选用的基本数码的个数)。
- 逢十进一，借一当十。

例如，十进制数 125.56 可以表示为：

$$1\times10^2+2\times10^1+5\times10^0+5\times10^{-1}+6\times10^{-2}$$

由此可见，任何一个 N 进制数可以写成以下多项式表示的形式：

$$S=a_n\times N^n+a_{n-1}\times N^{n-1}+\cdots+a_0\times N^0+b_1\times N^{-1}+b_2\times N^{-2}+\cdots+b_m\times N^{-m}$$

其中，a_i，b_j 可以是 $0,1,\cdots,N-1$ 中的任一数码。

(2) 二进制数。

二进制数的特征如下。

- 二进制所采用的计数符号(或称数码)有两个，即 0 和 1。
- 基数为 2。
- 逢二进一，借一当二。

例如，二进制数 1101 可以表示为：

$$1\times2^3+1\times2^2+0\times2^1+1\times2^0$$

人们习惯于十进制计数，而计算机采用二进制计数，这是由于二进制在计算机设计中易于实现（它只需要两种状态）、计算规则简单、易应用于逻辑代数（真和假），并能简化设备。

二进制易于实现。计算机采用二进制，只有两个数码“0”和“1”，即它的每一个数位都可以用任何具有两种不同稳定状态的元件来实现。例如，可以用低电位表示 0，高电位表示 1；无脉冲表示 0，有脉冲表示 1 等。在自然界中具有两个对立状态的物理器件有很多，所以易于实现。

二进制运算规则简单。二进制的四则运算规则如下。

① 加法：　0+0=0

0+1=1

1+0=1

1+1=0（有进位）

② 减法：　0−0=0

0−1=1（有借位）

1−0=1

1−1=0

③ 乘法：　0×0=0

0×1=0

1×0=0

1×1=1

④ 除法：　0÷1=0

1÷1=1

二进制易于应用逻辑代数。逻辑代数中判断变量的取值“假”（False）和“真”（True）与二进制运算取值相对应，因而可以利用逻辑代数来综合分析计算机中的有关逻辑线路，为计算机的逻辑设计提供方便。

（3）八进制数。

八进制数的特征如下。

- 八进制所采用的计数符号（或称数码）有 8 个，即 0，1，2，3，4，5，6 和 7。
- 基数为 8。
- 逢八进一，借一当八。

例如，八进制数 7251 可以表示为：

$$7\times8^{3}+2\times8^{2}+5\times8^{1}+1\times8^{0}$$

（4）十六进制数。

十六进制数的特征如下。

- 十六进制所采用的计数符号（或称数码）16 个，即 0～9，A，B，C，D，E 和 F。
- 基数为 16。
- 逢十六进一，借一当十六。

例如，十六进制数 D27A 可以表示为：

$$D\times16^{3}+2\times16^{2}+7\times16^{1}+A\times16^{0}$$

表 1-1 给出了各种数制之间的相互关系。

表 1-1　各种数制表示的相互关系

十　进　制	二　进　制	八　进　制	十 六 进 制
0	0000	0	0
1	0001	1	1
2	0010	2	2
3	0011	3	3
4	0100	4	4
5	0101	5	5
6	0110	6	6
7	0111	7	7
8	1000	10	8
9	1001	11	9
10	1010	12	A
11	1011	13	B
12	1100	14	C
13	1101	15	D
14	1110	16	E
15	1111	17	F

2. 二进制数运算

(1) 二进制数的算术运算。

二进制算术运算与十进制运算类似，同样可以进行四则运算，前面介绍了二进制的四则运算规则，其规则十分简单、直观、容易实现。例如，在进行两个数相加时，首先写出被加数和加数，然后按由低位到高位的顺序，根据二进制加法规则把两个数逐位相加。

例：计算 1101101＋101011。

```
      1101101
  +)   101011
--------------
     10011000
```

即 1101101＋101011＝10011000。

例：计算 1101101－101011。

```
      1101101
  -)   101011
--------------
      1000010
```

即 1101101－101011＝1000010。

(2) 二进制数的逻辑运算。

逻辑是指“条件”与“结论”之间的关系，逻辑运算结果不表示数值的大小，而是条件是否成立的逻辑量。计算机中的逻辑关系是一种二值逻辑，二值逻辑用二进制的“0”与“1”表示真与假、是与非、对与错、有与无。这种具有逻辑性的变量称为逻辑变量。逻辑变量之间的运算称为逻辑运算。

逻辑运算主要包括三种基本运算，即逻辑与运算(逻辑乘法)、逻辑或运算(逻辑加法)和逻辑非运算。在逻辑运算中，把逻辑变量的各种可能组合与对应的运算结果列成表格，这样的表格称为真值表,它是全面描述逻辑运算关系的工具之一。一般在真值表中用 1 或 T (True)表示真,0 或 F(False)表示假。

① 逻辑与运算。

若制作一道菜肴需要多种原料,只有当所有原料都备齐的情况下才可以制作,否则就无法完成,这种因果关系称为逻辑与。用来表达和推演逻辑与关系的运算称为"逻辑与运算"。在不同的软件中,"与"可以用不同的符号来表示,如 AND、∧、∩等。

逻辑与的运算规则如下,其真值表如表 1-2 所示。

0∧0=0　　0∧1=0　　1∧0=0　　1∧1=1

表 1-2　逻辑与的真值表

与	真	假
真	真	假
假	假	假

例:计算 11001011∧10100110。

```
   11001011
∧) 10100110
-----------
   10000010
```

即 11001011∧10100110=10000010。

② 逻辑或运算。

若制作一道菜肴可以有多种原料,但只有其中一种的情况下就可以制作,这种因果关系称为逻辑或。用来表达和推演逻辑或关系的运算称为"逻辑或运算"。在不同的软件中,"或"可以用不同的符号来表示,如 OR、∨、∪等。

逻辑或的运算规则如下,其真值表如表 1-3 所示。

0∨0=0　　0∨1=1　　1∨0=1　　1∨1=1

表 1-3　逻辑或的真值表

或	真	假
真	真	真
假	真	假

例:计算 11001011∨10100110。

```
   11001011
∨) 10100110
-----------
   11101111
```

即 11001011∨10100110=11101111。

③ 逻辑非运算。

逻辑非运算实现逻辑否定,即"求反"运算,使"真"变"假",使"假"变"真"。用来表达和推演逻辑非关系的运算称为"逻辑非运算"。在不同的软件中,"非"可以用不同的符号来表示,如 NOT、!、—(在逻辑变量的上面加一横线)等。

逻辑非的运算规则如下,其真值表如表 1-4 所示。

!0=1　　!1=0

表 1-4　逻辑非的真值表

非	真	假
	假	真

例：计算!11001011。

!11001011=00110100。

3. 数制之间的转换

(1) 十进制数转换为二进制数。

① 整数转换。

方法：除2取余，即用2辗转相除取余，直到商为0为止，最先得到的余数为低位，最后得到的余数为高位。

例：将十进制整数28转换为二进制数。

其过程为：

除法	余数	
2 | 28		
2 | 14	0	低位
2 | 7	0	↑
2 | 3	1	↑
2 | 1	1	↑
0	1	高位

结果为：$(28)_{10}=(11100)_2$。

② 小数转换。

方法：乘2取整，即连续乘2，取每次乘积所得的整数部分，直到被乘数为0或达到了要求的位数为止，最先得到的整数为高位，最后得到的整数为低位。

例：将十进制小数0.125转换为二进制数。

乘法	整数	
0.125 × 2		
0.250	0	高位
0.250 × 2		↓
0.500	0	↓
0.500 × 2		↓
1.000	1	低位

结果为：$(0.125)_{10}=(0.001)_2$。

(2) 二进制数转换为十进制数。

方法：按"权"展开，多项式求和。

例：将二进制数11011.1011转换为十进制数。

$$\begin{aligned}(11011.1011)_2 &= 1\times 2^4+1\times 2^3+0\times 2^2+1\times 2^1+1\times 2^0+1\times 2^{-1}+\\ &\quad 0\times 2^{-2}+1\times 2^{-3}+1\times 2^{-4}\\ &=16+8+0+2+1+0.5+0.125+0.0625\\ &=(27.6875)_{10}\end{aligned}$$

(3) 二进制数转换为八进制数。

方法：三位合一，即因为三位二进制数和一位八进制数是一一对应的，所以三个二进制数恰好代表一个八进制数。合并的方法是，以小数点为分界，整数部分由低位向高位三位一组划分，最高位不足三位者往前补零，小数部分由高位向低位三位一组划分，最低位不足三位者往后补零。

例：将二进制数 10001011110 转换为八进制数。

二进制　　010　001　011　110

八进制　　2　1　3　6

结果为：$(10001011110)_2=(2136)_8$。

(4) 八进制数转换为二进制数。

方法：一分为三，即一位八进制数拆成三位二进制数。

例：将八进制数 7265 转换为二进制数。

八进制　　7　2　6　5

二进制　　111　010　110　101

结果为：$(7265)_8=(111010110101)_2$。

(5) 二进制数转换为十六进制数。

方法：四位合一，即因为四位二进制数和一位十六进制数是一一对应的，所以四个二进制数恰好代表一个十六进制数。合并的方法是，以小数点为分界，整数部分由低位向高位四位一组划分，最高位不足四位者往前补零；小数部分由高位向低位四位一组划分，最低位不足四位者往后补零。

例：将二进制数 11001011110 转换为十六进制数。

二进制　　0110　0101　1110

十六进制　　6　5　E

结果为：$(11001011110)_2=(65E)_{16}$。

(6) 十六进制数转换为二进制数。

方法：一分为四，即一位十六进制数拆成四位二进制数。

例：将十六进制数 7A6D 转换为二进制数。

十六进制　　7　A　6　D

二进制　　0111　1010　0110　1101

结果为：$(7A6D)_{16}=(0111101001101101)_2$。

(7) 八、十、十六进制数之间的转换。

八进制数与十六进制数之间的转换可以借助于二进制来实现，如八进制数转换为十六进制数时，可以先将八进制数转换为二进制数，然后将二进制数转换为十六进制数即可。同理，十六进制数转换为八进制数时，可以先将十六进制数转换为二进制数，然后将二进制数转换为八进制数即可。

十进制数与八进制数、十六进制数之间的转换既可以借助于二进制数来实现，也可以采用“乘基取整”或“除基取余”的方法来实现，这里不再赘述。

1.3.2 数据存储单位

正如描述重量需要用重量单位来衡量，描述长度需要用长度单位来衡量一样，用存储单位来衡量计算机所能容纳数据的多少。衡量存储容量的信息单位有以下几种。

(1) 位。

位(bit,b)是最小的信息单位,二进制的一个“0”或一个“1”表示1位。

(2) 字节。

字节(Byte,B)是最基本的信息单位,8个二进制位表示1字节,即1B=8bit。1字节可以存放一个字母、数字、符号编码,2字节可以存放一个汉字编码。由于字节是比较小的信息单位,因此当数据量很多时,可以用千字节、兆字节等标识,其关系如下。

- 千字节(KB):1KB=2^{10}B即1KB=1024B。
- 兆字节(MB):1MB=2^{10}KB=2^{20}B。
- 吉字节(GB):1GB=2^{10}MB=2^{20}KB=2^{30}B。
- 太字节(TB):1TB=2^{10}GB=2^{20}MB=2^{30}KB=2^{40}B。
- 拍字节(PB):1PB=2^{10}TB=2^{20}GB=2^{30}MB=2^{40}KB=2^{50}B。

(3) 字长。

CPU在单位时间内一次处理二进制位数的多少称为字长(Word,W)。字长反映了计算机的处理能力和机器的精度。一般情况下,基本字长越长,容纳的位数越多,内存可配置的容量就越大,运算速度就越快,计算精度也越高,处理能力就越强。所以字长是计算机硬件的一项重要的技术指标。微型计算机常用的字长有32位、64位等。

1.3.3 字符、汉字在计算机中的表示

1. 字符编码

字符在日常信息交流中占据重要地位,字符包括英文字母、数字、符号等。计算机只能识别二进制代码,所以计算机中的字符也必须以二进制编码形式表示。目前字符编码主要使用的是ASCII字符编码,即美国信息交换标准码(American Standard Code for Information Interchange),如表1-5所示。

表1-5 7位基本ASCII码表

$b_3b_2b_1b_0$	$b_6b_5b_4$							
	000	001	010	011	100	101	110	111
0000	NUL	DEL	SP	0	@	P	、	p
0001	SOH	DC1	!	1	A	Q	a	q
0010	STX	DC2	"	2	B	R	b	r
0011	ETX	DC3	#	3	C	S	c	s
0100	EOT	DC4	$	4	D	T	d	t
0101	ENQ	NAK	%	5	E	U	e	u
0110	ACK	SYN	&	6	F	V	f	v
0111	BEL	ETB	'	7	G	W	g	w
1000	BS	CAN	(	8	H	X	h	x
1001	HT	EM	)	9	I	Y	i	y
1010	LF	SUB	*	:	J	Z	j	z
1011	VT	ESC	+	;	K	[	k	{
1100	FF	FS	,	<	L	\	l	|

续表

$b_3b_2b_1b_0$	$b_6b_5b_4$							
	000	**001**	**010**	**011**	**100**	**101**	**110**	**111**
1101	CR	GS	-	=	M	]	m	}
1110	SO	RS	.	>	N	↑	n	~
1111	SI	VS	/	?	O	↓	o	DEL

ASCII 码为 7 位码，每个符号由 7 位二进制数来表示。其排列顺序为 $b_6b_5b_4b_3b_2b_1b_0$，共有 2^7(128)种不同的编码。表内有 34 种控制码，位于表的左首两列和右下角位置上，主要用于打印控制及数据传输控制等。其余 94 种为可打印/显示字符，其中包括 26 个英文大小写字母、0～9 的数字，以及 16 个标点符号、运算符号和其他一些符号。

要确定某个字符的 ASCII 码，在表中可先查到它的位置，然后确定所在位置的相应列和行，最后根据列确定高位码($b_6b_5b_4$)，根据行确定低位码($b_3b_2b_1b_0$)，把高位码与低位码合在一起就是该字符的 ASCII 码。一个 ASCII 码可用不同的进制数表示，如字母“A”的 ASCII 码是 1000001，用十六进制数表示为$(41)_H$，十进制表示为$(65)_D$。

从表 1-5 可以看出，ASCII 码字符是按 ASCII 码值的大小进行排列的，因而 ASCII 码的大小规律一般是：数字 ASCII 码小于大写字母 ASCII 码，大写字母 ASCII 码小于小写字母 ASCII 码。

因为字符在计算机内部的存储与操作以字节为单位，所以 7 位 ASCII 码存储时以 8 个二进制位为单位，最高位为 0，其范围为：00000000～01111111。ASCII 码还可以扩展为 8 位 ASCII 码，共有 2^8(256)种不同的编码，其范围为：00000000～11111111。

2. 汉字编码及其处理

(1) 汉字编码。

汉字也是字符，但比英文字符量大且复杂，故汉字编码表要比 ASCII 码复杂得多。

国家标准 GB 2312—1980 中定义了常用的汉字为 6763 个，外加其他图形、控制符、英、俄、日文字母及标点、运算符等，共计 7445 个字符，该标准采用双字节方式对字符编码。

国家标准 GB 18030 是我国继 GB 2312—1980 和 GB 13000—1993 之后最重要的汉字编码标准，是我国计算机系统必须遵循的基础性标准之一。目前，GB 18030 有两个版本：GB 18030—2000 和 GB 18030—2005。GB 18030—2000 的主要特点是在 GBK(汉字内码扩展规范)基础上增加了 CJK(中日韩)统一汉字扩充 A 的汉字。GB 18030—2005 的主要特点是在 GB 18030—2000 的基础上增加了 CJK 统一汉字扩充 B 的汉字。2000 年发布的 GB1 8030—2000 中规定了常用非汉字符号和 27 533 个汉字(包括部首、部件等)的编码，它是全文强制性标准，市场上销售的产品必须符合该标准。2005 年发布的 GB 18030—2005 在 GB 18030—2000 的基础上增加了 42 711 个汉字和多种我国少数民族文字的编码，增加的这些内容是推荐性的，故 GB 18030—2005 为部分强制性标准，自发布之日起代替 GB 18030—2000。GB 18030 中的汉字也是采用双字节编码。

UTF-8 编码是 Unicode 的一种变长字符编码又称万国码，由 Ken Thompson 于 1992 年创建。现在已经标准化为 RFC 3629。UTF-8 用 1 到 6 字节编码 Unicode 字符，用在网页上可以在同一页面显示中文简体繁体及其他语言(如日文、韩文)。

① 汉字输入编码。

在输入方法上，英文字符集较小，很容易实现键盘与字符的一一对应。而汉字字符集太大，不容易实现键盘与字符的对应，所以必须利用现有英文键盘对汉字输入进行编码。在汉字录入时使用的汉字编码称为汉字输入编码，也称外码。

好的汉字输入编码应符合以下要求：编码短，可以减少击键次数；重码少，可以实现盲打；好学易记，便于学习掌握。到目前为止，市场上已有几百种汉字输入编码方法。输入编码法大致分为四类：数字编码、字音编码、字形编码和音形编码。

② 汉字字形码。

前面讲过了汉字的内码、交换码、输入编码，但一个汉字要在显示器上显示出来，还需要有该字的字形码，存放在汉字库中的汉字字形码才是真正的汉字本身。字库有点阵字库和矢量字库。

点阵字库中汉字字形码是通过点阵形成的。常见的汉字点阵字库有 16×16、24×24 等。精度越高，存储汉字字库的所需的存储空间就越大。点阵字库的最大缺点就是它是固定分辨率的，也就是每种字库都有固定的大小尺寸，在原始尺寸下使用效果很好，但如果将其放大或缩小使用，效果就很差了，会出现锯齿现象。因为需要的字体大小组合有无数种，不可能为每种大小都定义一个点阵字库，于是就出现了矢量字库。

矢量字体（Vector Font）中每一个字形是通过数学曲线来描述的，它包含了字形边界上的关键点、连线的导数信息等，字体的渲染引擎通过读取这些数学矢量，然后进行一定的数学运算来进行渲染。这类字体的优点是字体实际尺寸可任意缩放而不变形、不变色。目前主流的矢量字体格式有三种：Type1、TrueType 和 Open Type。这三种格式都是平台无关的。

Type1 是 1985 年由 Adobe 公司提出的一套矢量字体标准，因为这个标准是基于 PDL，而 PDL 又是高端打印机首选的打印描述语言，所以 Type1 迅速流行起来。但是 Type1 是非开放字体，Adobe 公司对使用 Type1 的公司征收高额的使用费。TrueType 是 1991 年由 Apple 公司与 Microsoft 公司联合提出的另一套矢量字标准。

OpenType 则是 Type1 与 TrueType 之争的最终产物。它是从 1995 年开始由 Adobe 公司和 Microsoft 公司联手开发的一种兼容 Type1 和 TrueType，并且是真正支持 Unicode 的字体。OpenType 可以嵌入 Type1 和 TrueType，这样就兼有了二者的特点，无论是在屏幕上查看还是打印，质量都非常优秀。可以说 OpenType 是一个三赢的结局，无论是 Adobe、Microsoft 还是最终用户，都从 OpenType 中得到了好处。Windows 家族从 Windows 2000 开始，正式支持 OpenType。

(2) 中文信息处理过程。

中文信息通过键盘以外码形式输入计算机，外码被输入处理程序翻译成相应的内码，并在计算机内部进行存储和处理，最后由输出处理程序查找字库，按需要显示的中文内码调相应的字形码，再送到输出显示设备进行显示打印。

1.4 计算机系统

一个完整的计算机系统是由硬件系统和软件系统两大部分组成的，如图 1-5 所示。

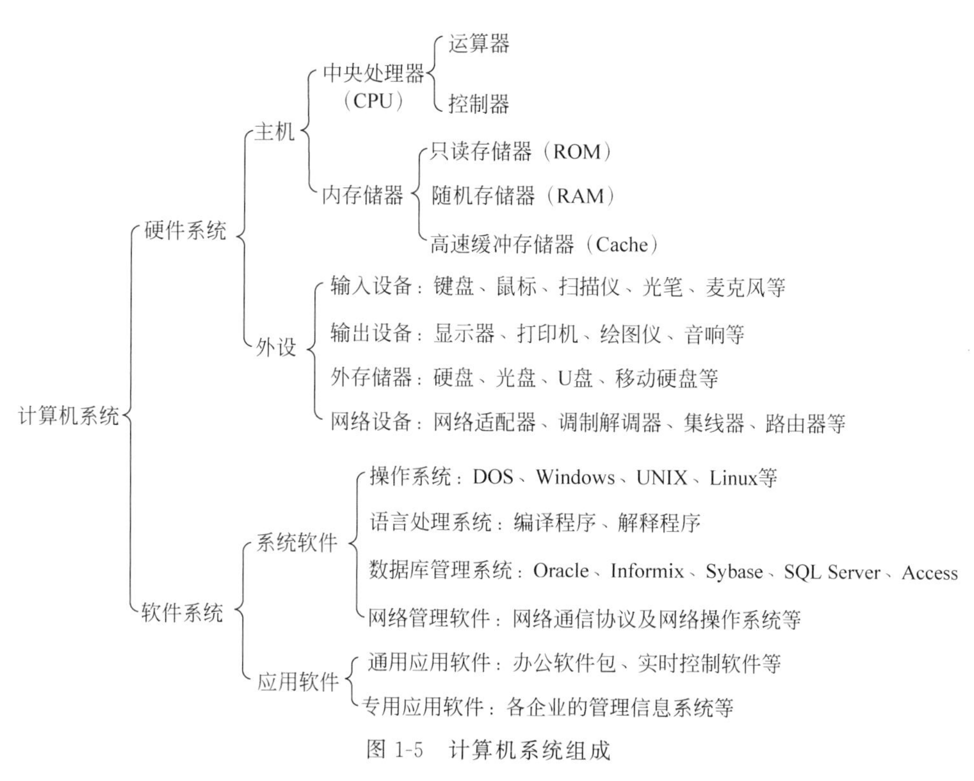

图 1-5　计算机系统组成

硬件是指计算机系统中的各种物理装置，包括控制器、运算器、内存储器、I/O 设备以及外存储器等。它是计算机系统的物质基础。软件是相对于硬件而言的。从狭义的角度讲，软件是指计算机运行所需的各种程序；而从广义的角度讲，还包括手册、说明书和有关资料。软件系统看重解决如何管理和使用机器的问题。没有硬件，谈不上应用计算机。但是，光有硬件而没有软件，计算机也不能工作。这正如乐团和乐谱的关系一样，如果只有乐器、演奏员这类"硬件"而没有"乐谱"这类软件，乐团就很难表演出动人的节目。所以，硬件和软件是相辅相成的。只有配上软件的计算机才成为完整的计算机系统。

1.4.1　计算机硬件系统

虽然计算机的种类繁多，在规模、处理能力、价格、复杂程度以及设计技术等方面有很大的差别，但各种计算机的基本原理都是一样的。数学家冯·诺依曼于 1946 年提出了数字计算机设计的一些基本思想，概括起来有以下几点。

(1) 采用二进制形式表示数据和指令。

数据在计算机中是以器件的物理状态，如晶体管的"通"和"断"等来表示的，这种具有两种状态的器件只能表示二进制数。因此，计算机中要处理的所有数据，都要用二进制数字来表示。指令是计算机中的另一种重要信息，计算机的所有动作都是按照一条条指令的规定来进行的。指令也是用二进制编码来表示的。

(2) 存储程序的概念。

存储程序控制原理是计算机的基本工作原理。程序是为解决一个信息处理任务而预先编制的工作执行方案，是由一串 CPU 能够执行的基本指令组成的序列。程序存储最主要的优点是使计算机变成了一种自动执行的机器。一旦程序被存入计算机、被启动，计算机就可以独立地工作，以电子的速度一条条地执行指令。

（3）计算机的硬件组成及功能。

计算机由运算器、控制器、存储器、输入设备和输出设备五大部件组成，每一部件分别按要求执行特定的基本功能，如图1-6所示。

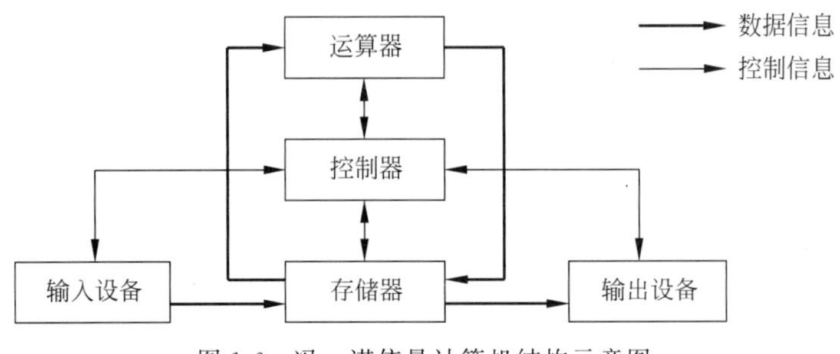

图1-6　冯·诺依曼计算机结构示意图

① 运算器。

运算器（或称算术逻辑单元，Arithmetical and Logical Unit）的主要功能是对数据进行各种运算。这些运算除了常规的加、减、乘、除等基本的算术运算之外，还包括能进行逻辑判断的逻辑处理能力，即“与”“或”“非”这样的基本逻辑运算以及数据的比较、移位等操作。

② 存储器。

存储器（Memory Unit）的主要功能是存储程序和各种数据信息，并能在计算机运行过程中高速、自动地完成程序或数据的存取。存储器是由成千上万个“存储单元”构成的，每个存储单元存放一定位数（微型计算机上为8位）的二进制数，每个存储单元都有唯一的编号，称为存储单元的地址。存储单元是基本的存储单位，不同的存储单元是用不同的地址来区分的，就好像宿舍楼的门牌号一样。

③ 控制器。

控制器（Control Unit）是整个计算机系统的控制中心，它指挥计算机各部分协调地工作，保证计算机按照预先规定的目标和步骤有条不紊地进行操作及处理。

通常把控制器与运算器集成到一个芯片上，称为中央处理器（Central Processing Unit，CPU）。它是计算机的核心部件，它的性能主要是工作速度和计算精度高，对机器的整体性能有全面的影响。

④ 输入设备。

用来向计算机输入各种原始数据和程序的设备叫作输入设备（Input Device）。输入设备把各种形式的信息，如数字、文字、图像等转换为数字形式的“编码”，即计算机能够识别的用“1”和“0”表示的二进制代码（实际上是电信号），并把它们“输入”计算机内存储起来。键盘是必备的输入设备，常用的输入设备还有鼠标、扫描仪、图形输入板、视频摄像机等。

⑤ 输出设备。

从计算机输出各类数据的设备叫作输出设备（Output Device）。输出设备把计算机加工处理的结果（仍然是数字形式的编码）变换为人或其他设备所能接收和识别的信息形式，如文字、数字、图形、声音等。常用的输出设备有显示器、打印机、绘图仪等。

通常把输入设备和输出设备合称为I/O（输入输出）设备。

1.4.2 计算机软件系统

人们通常把计算机软件分为"应用软件"和"系统软件"两大类。应用软件一般是指那些能直接帮助用户完成具体工作的各种各样的软件，如文字处理软件、计算机辅助设计软件、企业事业单位的信息管理软件以及游戏软件等。应用软件一般不能独立地在计算机上运行，而必须要有系统软件的支持。支持应用软件运行的最为基础的一种系统软件就是操作系统。

系统软件是指管理、控制和维护计算机及其外部设备、提供用户与计算机之间的界面的软件。相对于应用软件而言，系统软件离计算机系统的硬件比较近，而离用户关心的问题则远一些，它们并不专门针对具体的应用问题。

这两类软件之间并没有严格的界限。有些软件夹在它们两者中间，不易分清其归属。例如有一些专门用来支持软件开发的软件系统（软件工具），包括各种程序设计语言（编译和调试系统）、各种软件开发工具等。它们不涉及用户具体应用的细节，但是能为应用开发提供支持。它们是一种中间件。这些中间件的特点是：它们一方面受操作系统的支持，另一方面又用于支持应用软件的开发和运行。当然，有时也把上述的工具软件称为系统软件。

1. 应用软件

应用软件指专门为解决某个应用领域内具体问题而编制的软件（或实用程序），如工资管理、仓库管理等程序。应用软件，特别是各种专用软件包，也经常是由软件厂商提供的。

计算机的应用几乎已渗透到了各个领域，所以应用程序也是多种多样的。目前，在微型计算机上常见的应用软件有如下几类。

(1) 办公自动化软件：用于日常办公的各种软件，如 Word、Excel、PowerPoint 等。

(2) 信息管理软件：用于输入、存储、修改、检索各种信息，如工资管理软件、人事管理软件、仓库管理软件、计划管理软件等。这种软件发展到一定水平后，可以将各个单项软件连接起来，构成一个完整的、高效的管理信息系统。

(3) 计算机辅助设计软件：用于高效地绘制、修改工程图纸，进行常规的设计计算，帮助用户寻求较优的设计方案。常用的有 AutoCAD 等软件。

(4) 实时控制软件：用于随时收集生产装置、飞行器等的运行状态信息，并以此为根据按预定的方案实施自动或半自动控制，从而安全、准确地完成任务或实现预定目标。

从总体上来说，无论是系统软件还是应用软件，都朝着外延进一步"傻瓜化"，内涵进一步"智能化"的方向发展。即软件本身越来越复杂，功能越来越强，但用户的使用越来越简单，操作越来越方便。软件的应用也不仅仅局限于计算机本身，家用电器、通信设备、汽车以及其他电子产品都已成了软件应用的对象。

2. 系统软件

具有代表性的系统软件有操作系统、语言处理系统、数据库管理系统以及网络管理软件等。

(1) 操作系统。

操作系统（Operating System，OS）是最基本的系统软件，是使计算机系统本身能有效工作的必备软件。操作系统的任务是：管理计算机硬件资源并且管理其上的信息资源（程序和数据），此外还要支持计算机上各种软硬件之间的运行和相互通信。它在计算机系统中占有特殊的重要的地位。计算机系统的硬件是在操作系统的控制下工作的，所有其他的软件，包括系统软件和应用软件，都建立在操作系统基础之上，并得到它的支持和取得它的服务。如果没有操作系统的功能支持，就无法有效地操作计算机。因此，操作系统是用户操作和使用计算机的强有力的工具，或者说，是用户与计算机之间的接口。

目前在微型计算机上常用的操作系统有 Windows 7、Windows 10、Windows 11 系列操作系统和 Linux 操作系统。

(2) 语言处理系统。

计算机在执行程序时，首先要将存储在存储器中的程序指令逐条地取出来，并经过译码后向计算机的各部件发出控制信号，使其执行规定的操作。计算机的控制装置能够直接识别的指令是用机器语言编写的，而用机器语言编写一个程序并不是一件容易的事。实际上，绝大多数用户都使用某种程序设计语言，如 Python、C++、Delphi 等来编写程序。但是用这些语言编写的程序 CPU 是不认识的，必须要经过翻译变成机器指令后才能被计算机执行。负责这种翻译的程序称为编译程序或解释程序。

(3) 数据库管理系统。

数据处理是当前计算机应用的一个重要领域。计算机的效率主要是指数据处理的效率。有组织地、动态地存储大量的数据信息，而且又要使用户能方便、高效地使用这些数据信息，是数据库管理系统的主要功能。应用较多的数据库管理系统有 Oracle、MS SQL Server、DB2、Sybase、Access、Informix 等。

(4) 网络管理软件。

网络管理软件主要是指网络通信协议及网络操作系统。其主要功能是支持终端与计算机、计算机与计算机以及计算机与网络之间的通信，提供各种网络管理服务，实现资源共享，并保障计算机网络的畅通无阻和安全使用。

3. 硬件与软件的关系

硬件和软件是一个完整的计算机系统互相依存的两大部分，它们的关系主要体现在以下几方面。

(1) 硬件和软件互相依存。

硬件是软件赖以工作的物质基础，软件的正常工作是硬件发挥作用的唯一途径。计算机系统必须要配备完善的软件系统才能正常工作，并且才能充分发挥其硬件的各种功能。

(2) 硬件和软件无严格界限。

随着计算机技术的发展，在许多情况下，计算机的某些功能既可以由硬件实现，也可以由软件实现。因此，硬件与软件在一定意义上说没有绝对严格的界限。

(3) 硬件和软件协同发展。

计算机软件随硬件技术的迅速发展而发展，而软件的不断发展与完善又促进了硬件的更新，两者密切地协同发展，缺一不可。

4. 程序设计语言

人们使用计算机解决问题时，必须用某种"语言"来和计算机进行交流。具体地说，就是利用某种计算机语言提供的命令来编写程序，并把程序存储在计算机的存储器中，然后在这个程序的控制下运行计算机，达到解决问题的目的。

用于编写计算机可执行程序的语言称为程序设计语言。程序设计语言按其发展的先后顺序可分为机器语言、汇编语言和高级语言。

(1) 机器语言。

能被计算机直接理解和执行的指令称为机器指令,它在形式上是由“0”和“1”构成的一串二进制代码。每种计算机都有自己的一套机器指令,机器指令的集合就是机器语言。机器语言与人所习惯的语言,如自然语言、数学语言等差别很大,难学、难记、难读,因此很难用来开发实用的计算机程序。

(2) 汇编语言。

采用助记符来代替机器码,如用 ADD 表示加法(Addition),用 SUB 表示减法(Subtraction)等,这样构成的计算机符号语言称为汇编语言。用汇编语言编写的程序称为汇编语言源程序。这种程序必须经过翻译(称为汇编)变成机器语言程序才能被计算机识别和执行。汇编语言在一定程度上克服了机器语言难以辨认和记忆的缺点,但对大多数用户来说,仍然是不便理解和使用的。

(3) 高级语言。

为了克服低级语言的缺点,出现了“高级程序设计语言”,这是一种类似于“数学表达式”(如 Y=2*COS(A))、接近自然语言(如英文)、能为机器所接受的程序设计语言,具有学习容易、使用方便、通用性强、移植性好等特点,便于各层次人员学习和应用。

汇编语言和高级语言程序(称为源程序)都必须经过相应的翻译程序翻译成由机器指令表示的程序(称为目标程序),然后才能由计算机来执行。这种翻译通常有如下两种方式。

① 编译方式。

将高级语言源程序输入计算机后,调用编译程序(事先设计的专用于翻译的程序)将其整个地翻译成机器指令表示的目标程序,然后执行目标程序,得到计算结果。

② 解释方式。

在高级语言源程序输入计算机后,启动解释程序,翻译一句源程序,执行一句,直到程序执行完为止。

1.5 微型计算机系统

1971 年,Intel 公司研制成功第一个微处理器 Intel 4004,实现了把计算机的中央处理器(CPU)制作在一块集成电路芯片内。它标志着微型计算机的诞生。微型计算机属于第四代计算机,它的起步虽晚,但发展很快。自 Intel 4004 问世以来,微处理器发展极为迅速,芯片的主频和集成度不断提高,由它们构成的微型计算机在功能上也不断完善。由于微型计算机体积小、功耗低、成本低、性价比优于其他类型的计算机,因此得到了广泛的应用和迅速普及。

1.5.1 微型计算机系统的组成

一个完整的微型计算机系统也是由硬件系统和软件系统两大部分组成的。

硬件系统是组成计算机系统的各种物理设备的总称,它提供了计算机工作的物质基础,人通过硬件向计算机系统发布命令、输入数据,并得到计算机的响应,计算机内部也必须通过硬件来完成数据存储、计算及传输等各项任务。

微型计算机的硬件系统是由CPU、内存储器、外存储器和输入输出设备构成的一个完整的计算机系统。构成微型计算机的关键是如何把这些部件有机地连接起来。微型计算机多采用总线结构,如图1-7所示。

软件内容丰富、种类繁多,和1.4节所介绍的一样,也分为系统软件和应用软件两类。事实上,用户面对的是经过若干层软件"包装"的计算机,如图1-8所示。

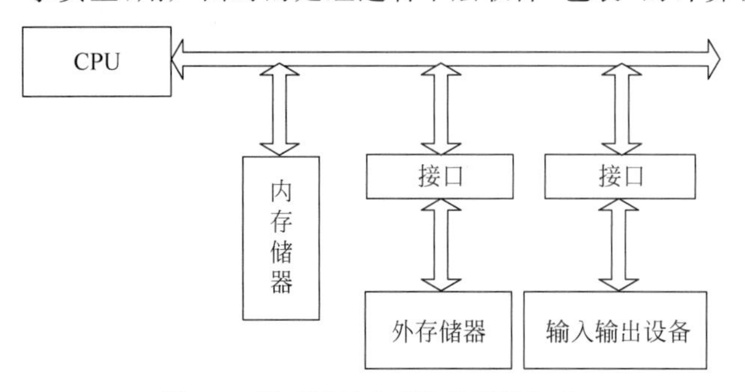

图1-7　微型计算机系统的硬件组成

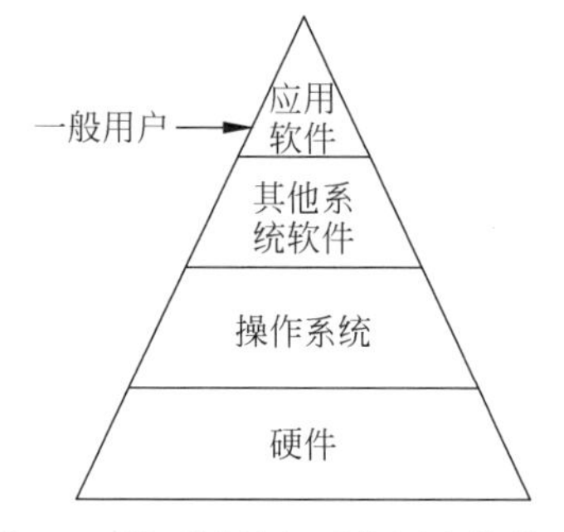

图1-8　微型计算机系统层次结构图

1.5.2　微型计算机的硬件组成

1. 微处理器

微型计算机将运算器和控制器集成在一个芯片上,这个芯片就是CPU,也叫作微处理器,如图1-9所示。CPU是微型计算机的核心,是信息加工处理的中心部件,主要完成各种算术及逻辑运算,并控制计算机各部件协调地工作。

图1-9　各种品牌的CPU

(1) CPU的基本结构。

CPU的基本组成部分包括一组称为寄存器的高速存储单元、算术逻辑单元(ALU)和程序控制单元。

程序控制单元是CPU的核心。当一条指令进入CPU后,它分析、检查该指令的内容,确定指令要求完成的动作以及指令的有关参数。算术逻辑单元用来完成算术运算和逻辑运算。寄存器中包括一个指令寄存器,用于存放从内存中取出、当前就要执行的指令;若干控制寄存器是CPU在工作过程中要用到的;若干数据寄存器是提供给程序控制单元和算术逻辑单元在计算过程中临时存放数据用的。一个数据寄存器能够存放的二进制数据位数一般与CPU的字长是相等的。通用数据寄存器个数对于CPU的性能有很大影响,目前的CPU一般设置十几个到几十个数据寄存器,有些CPU,如采用RISC技术制造的CPU,设置了包含更多寄存器的寄存器组。

(2) CPU的性能。

CPU性能的高低直接决定了一个微型计算机系统的档次。CPU的性能主要是由以下

3个主要因素决定的。

① CPU执行指令的速度。

CPU执行指令的速度即CPU每秒所能执行的指令的条数。CPU执行指令的速度与系统时钟有直接的关系。在一台计算机里,系统时钟的频率是根据部件的性能决定的。如果系统时钟的频率太慢,则不能发挥CPU等部件的能力。但如果太快而工作部件跟不上它,又会出现数据传输和处理发生错误的现象。因此,CPU在一秒内能够完成的工作周期数就是一个很重要的性能指标。CPU的标准工作频率就是人们常说的CPU主频。CPU的主频以MHz(兆赫器)为单位计算,1MHz指每秒一百万次(脉冲)。显然,在其他因素相同的情况下,主频越快的CPU速度越快。

② CPU的"字长"。

CPU的"字长"即CPU一次所能处理的数据的二进制位数。显然,可同时处理的数据位数越多,其功能就越强,工作速度也越快,其内部结构也就越复杂。目前流行的主要是32位和64位机,如酷睿i7和酷睿i9是64位的。

③ 指令本身的处理能力。

早期CPU只包含一些功能比较弱的基本指令,随着制造技术的进步,后来的CPU在基本指令集里提供了很多复杂的运算指令,这样一条指令能够完成的工作量增加了,指令的种类增加了,CPU的处理能力也就增强了。

2. 存储器

存储器用来存放计算机程序和数据,并根据微处理器的控制指令将这些程序或数据提供给计算机使用。存储器一般分为内存储器和外存储器。

(1) 内存储器。

内存储器也称为主存(Main Memory),它和微处理器一起构成了微型计算机的主机部分。内存储器在一个计算机系统中起着非常重要的作用,它的工作速度和存储容量对系统的整体性能、对系统所能解决的问题的规模和效率都有很大的影响。

内存储器要存放成千上万个数据,因此分成一个一个存储单元,每个单元存放一定位数的二进制数。现在的计算机内存多采用每个存储单元存储一字节(8位二进制)的结构模式。这样,有多少个存储单元就能存储多少字节。存储器容量也常用多少字节来表示。内存单元采用顺序的线性方式组织,所有单元排成一队,排在最前面的单元定为0号单元,即其"地址"(单元编号)为0,其余单元的地址顺序排列。由于地址具有唯一性,因此它可以作为存储单元的标识,对内存存储单元的使用都通过地址进行。

① RAM和ROM。

内存按其基本功能可分为随机访问存储器(Random Access Memory,RAM)和只读存储器(Read-Only Memory,ROM)。随机访问存储器就是一般所指的内存,可随机读写数据,但数据是暂时存储的,一旦关机后数据将全部丢失,因此,若要保存数据,应及时存储到外存储器。只读存储器中的信息只能读出不能写入,计算机断电后,ROM中的原有内容保持不变,在计算机重新加电后,原有内容仍可被读出,ROM一般用来存放一些固定的程序。

② 高速缓冲存储器。

高速缓冲存储器(Cache)是介于CPU和内存之间的一种可高速存取信息的芯片,是

CPU 和 RAM 之间的桥梁，用于解决它们之间的速度冲突问题。

(2) 外存储器。

通常，计算机系统中的内存容量总是有限的，远远不能满足存放数据的需要，而且内存不能长期保存信息，一关电源信息就会全部丢失。因此，一般的计算机系统都要配备更大容量且能长期保存数据的存储器，这就是外存储器。目前，微型计算机上常用的外存储器有磁盘(主要指硬盘)、光盘、U 盘和 USB 硬盘。

① 硬盘。

微型计算机的硬盘通常固定安装在微型计算机机箱内。硬盘一般由同一规格的若干盘片组成的盘片组构成，盘片表面分为一个个同心圆磁道，若干盘片的同一磁道称为柱面，每个磁道又分为若干扇区。硬盘存储容量大，但速度较内存慢。

② 固态硬盘。

固态硬盘由控制单元和存储单元(FLASH 芯片)组成，就是用固态电子存储芯片阵列而制成的硬盘，其接口规范和定义、功能及使用方法上与普通硬盘的相同，在产品外形和尺寸上也与普通硬盘一致。固态硬盘的突出优势是其存取速度极快，此外还无噪声、温度低、抗震好等优点，但也存在容量小、价格高、受写入次数限制的缺点。固态硬盘芯片的工作温度范围很宽(−40℃～85℃)，目前广泛应用于军事、车载、工控、视频监控、网络监控、网络终端、电力、医疗、航空、导航设备等领域。

③ 光盘。

光盘是利用激光原理存储和读取信息的媒介。光盘片是由塑料覆盖的一层铝薄膜，通过铝膜上极细微的凹坑记录信息。市场上最常见的光盘是 5 英寸(1 英寸＝2.51cm)的只读光盘，称为 CD-ROM。除 CD-ROM 之外，还有一次性写入(CD-recordable)光盘和可擦重写式(CD-erasable)光盘。CD-ROM 的后继产品是 DVD，它具有更高的道密度、支持双面双层结构，在与 CD 大小相同的盘片上，DVD 可提供相当于普通 CD 片 8～25 倍的存储容量及 9 倍以上的读取速度。新型的三合一驱动器集高速读写的 CD-ROM、DVD 以及 CD-RW 刻录三大功能为一体，被广泛地应用到微型计算机上。

蓝光光盘是由索尼及松下电器等企业组成的“蓝光光盘联盟”(Blu-ray Disc Association，BDA)策划的光盘规格，并以索尼为首于 2006 年开始全面推动相关产品。蓝光光盘的命名是由于其采用波长 405nm 的蓝色激光光束来进行读写操作(DVD 采用 650nm 波长的红光读写器，CD 则是采用 780nm 波长)。蓝光光盘的英文名称不使用 Blue-ray Disc，是“Blue-ray Disc”这个词在欧美地区流于通俗、口语化，并具有说明性意义，于是不能构成注册商标申请的许可，因此蓝光光盘联盟去掉英文字 e 来完成商标注册。蓝光光盘单片单面可达 25GB 容量。

④ U 盘。

U 盘如图 1-10 所示，它采用一种可读写非易失性的半导体存储器——闪速存储器(Flash Memory)作为存储媒介，通过通用串行总线接口(USB)与主机相连，可以像使用硬盘一样在该盘上读写、传送文件。

⑤ USB 硬盘。

当需要存储较大数据量时可采用 USB 接口的硬盘，如图 1-11 所示，它是用一个专门的控制芯片实现 USB 接口与 IDE 接口之间的通信，在这个芯片的基础上就可以通过安装不同容量的硬盘,并利用 USB 进行移动存储,而且由于硬盘容量比较容易提升,因此可以通过 USB-IDE 技术轻松地实现高容量移动存储。

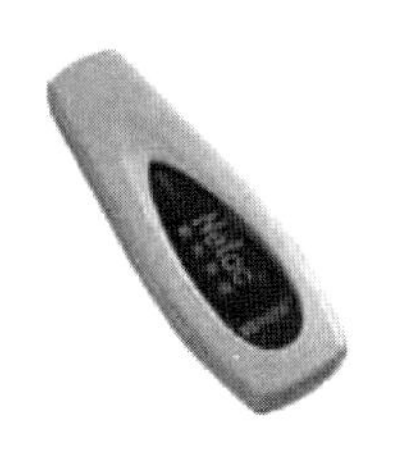

图 1-10 U 盘

图 1-11 USB 硬盘

3. 总线

计算机中的各个部件,包括 CPU、内存储器、外存储器和输入/输出设备的接口之间是通过一条公共信息通路连接起来的,这条信息通路称为总线。在微型计算机中,总线一般分为内部总线、系统总线和外部总线。内部总线是微型计算机内部各芯片与 CPU 之间的连线,用于芯片一级的互联;系统总线是微型计算机中各插件板与母板之间的连线,用于插件板一级的互联;外部总线是微型计算机和外部设备之间的连接,微型计算机作为一种设备,通过该总线和其他设备进行通信,它用于设备一级的互联。

另外,从广义上说,计算机通信方式分为并行通信和串行通信,相应的通信总线称为并行总线和串行总线。并行通信速度快、实时性好,但由于占用线多,不适于小型化产品;而串行通信速率虽低,但在数据通信吞吐量不是很大的情况下显得更加简易、方便、灵活。

总线负责和存储器之间交换信息,负责和输入输出设备之间交换信息,为了系统工作而接收和输出必要的信号。微型计算机总线发展到今天已经经历了许多标准,并各具特色,常见的内部总线标准有 I2C 总线和 SPI 总线;常见的系统总线标准有 PCI 总线、AGP 总线和 PCI-E 总线;常见的外部总线标准有 RS-485 总线接口、IEEE-488 总线接口、USB 通用串行总线接口和 IEEE 1394 接口。

4. 主板

主板(Main Board)是微型计算机中最重要、最基础的部分,是微型计算机中各种设备的连接载体。主板安装在主机箱内,是由多层印制电路板和焊接在其上的 CPU 插槽、内存槽、高速缓存、控制芯片组、总线扩展槽、外设接口、硬盘接口、BIOS 芯片等构成。主板也叫系统板,主板上有各种连接外围电路和设备的接口,如图 1-12 所示。

主板是基于总线的,在主机箱内部的几乎所有部件,包括电源都直接与主板相连接。主板上还有很大一部分是扩展槽,它是微型计算机与外设连接的总线,也叫总线插槽,用于插入其他各种类型的连接电路板(也叫插件或插卡)。扩展槽是微型计算机的一个重要特征,系统的开放性就是通过扩展槽实现的。

主板在结构上主要有 ATX、EATX、WATX 以及 BTX 等类型。它们的区别主要在于板上各元器件的布局排列方式、尺寸大小、形状以及所使用的电源规格和控制方式的不同。ATX 是目前最常用的主板结构,扩展插槽较多,配合 ATX 电源,可以实现软关机(即通过程序完成的关机)和 Modem 远程遥控开关机等功能;EATX 和 WATX 则多用于服务器/工作站主板;BTX 是 Intel 公司的新一代主板结构。

CPU 与各种设备连接,需要大量的连接电路,也就是“接口电路”。这些电路最初是中小规模集成电路，现在使用的是大规模集成电路的芯片组。芯片组决定了主板的结构及CPU的使用，是配合CPU连接存储器、显示器、键盘等设备的一组集成电路。目前芯片组市场上主要有Intel、VAI(盛威)、ALI(阿拉丁)、SIS等几大生产商。主板厂家的型号可以互异，但对同类主板，采用的芯片组是一样的。

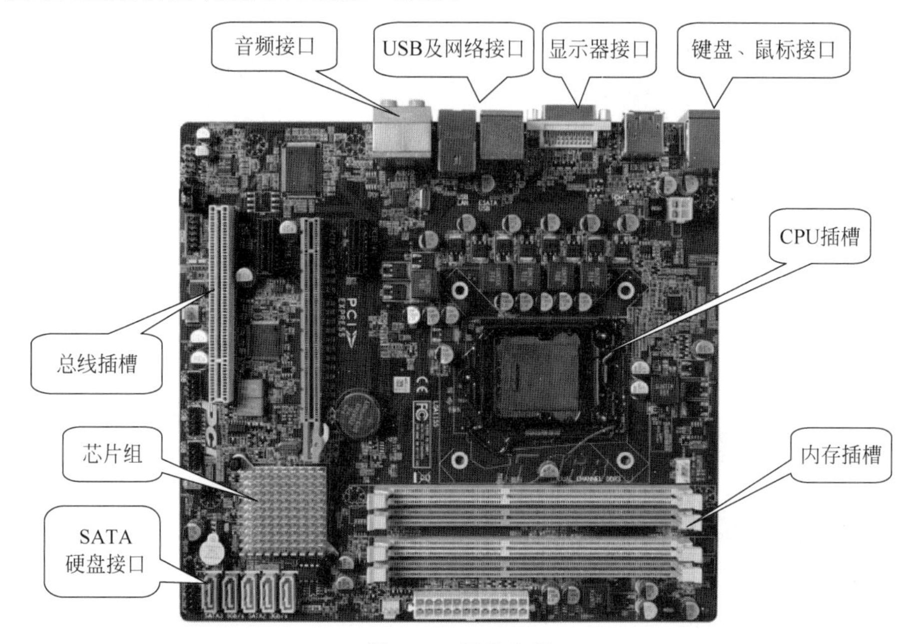

图 1-12　系统主板

5. 常用外部设备

计算机的输入输出设备种类繁多。不同设备可以满足人们使用计算机时的各种不同需要，下面介绍几种常用的输入/输出设备。

(1) 输入设备。

① 键盘。

键盘是操作者在使用PC过程中接触最频繁的一种外部设备，如图1-13所示。用户编写的计算机程序、程序运行过程中所需要的数据以及各种操作命令等都是由键盘输入的。键盘由一组按键排成的开关阵列组成。按下一个键就产生一个相应的扫描码。不同位置的按键对应不同的扫描码。键盘中的电路(实际上是一个单片计算机)将扫描码送到主机，再由主机将键盘扫描码转换为ASCII码。例如，如果按下左上角的Esc键，主机则将它的扫描码01H转换为ASCII码00011011。

目前，微型计算机上常用的键盘有101键、102键、104键几种。键盘上主要按键有如下两大类。

字符键：包括数字、英文字母、标点符号、空格等。

控制键：包括一些特殊控制(如删除已输入的字符等)键、功能键等。主键盘区键位的排列与标准英文打字机一样。上面的F1～F12是12个功能键，其功能是由软件或用户定义的。右边副键盘区有数字键、光标控制键、加减乘除键和屏幕编辑键等。

② 鼠标。

从外形看，鼠标是一个可以握在手掌中的小盒子，通过一条缆线与计算机连接，就像老

图 1-13　键盘

鼠拖着一条长尾巴，如图 1-14 所示。

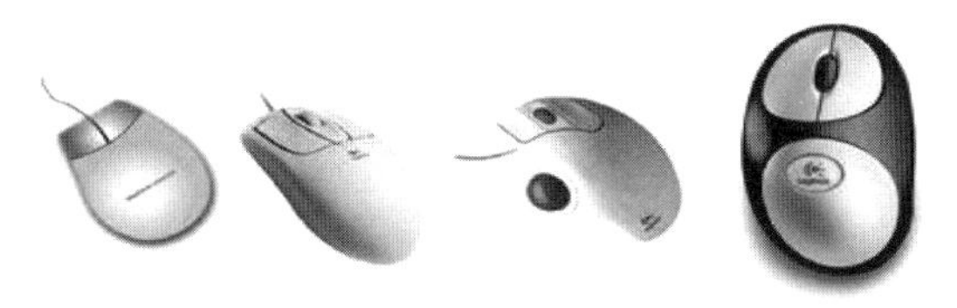

图 1-14　各种类型的鼠标

现在多采用高分辨率的光电鼠标，而无线鼠标则不需要电缆来传输数据，是在鼠标中内置发射器，将数据传输到接收器上，再由接收器传给计算机。通常鼠标总是与键盘同时使用的。

对鼠标的基本操作有单击、移动和拖曳。鼠标左右键之间还有一个滑轮(称为中间按钮)，主要是在浏览多页文档或浏览网页时使用。

③ 光笔。

光笔是最早使用的单击设备。光笔内部有一个光电感应装置，能够检测显示屏的光栅或特别制作的带有反射扫描的删格，经与计算机连接(一般使用串行口)，在专门程序的支持下完成对位置、形状的识别处理。

光笔还可以代替鼠标操作，目前它最广泛的应用是在手写识别输入方面。除了配置在计算机上的汉字输入识别系统外，许多其他电子产品，如手机、个人数字助理(PDA)、掌上计算机等都配备了手写识别系统，如图 1-15 所示。

④ 触摸屏。

触摸屏由安装在显示器屏幕的检测部件和触摸屏控制器组成。当手指或其他物体触摸安装在显示器前端的触摸屏时，所触摸的位置由触摸屏控制器检测，并通过接口送到主机。触摸屏技术是一种方便的人机交互输入方式，它将输入和输出集中到一个设备上，简化了交互过程。配合识别软件，触摸屏还可以实现手写输入。目前，触摸屏在智能手机、平板计算机以及公共场所、展示、查询等场合广泛应用。

⑤ 图形扫描仪。

图形扫描仪是最常用的图像输入设备，如图 1-16 所示。其功能是把图像划分成成千上万个点，变成一个点阵图，然后给每个点编码，得到它们的灰度值或者色彩编码值。也就是说，通过光电部件把图像变换为一个数字信息的阵列，使其可以存入计算机并进行处理。通过扫描仪可以把整幅图形或文字材料，如图画、照片、报刊或书籍上的文章等，快速地输入计算机。

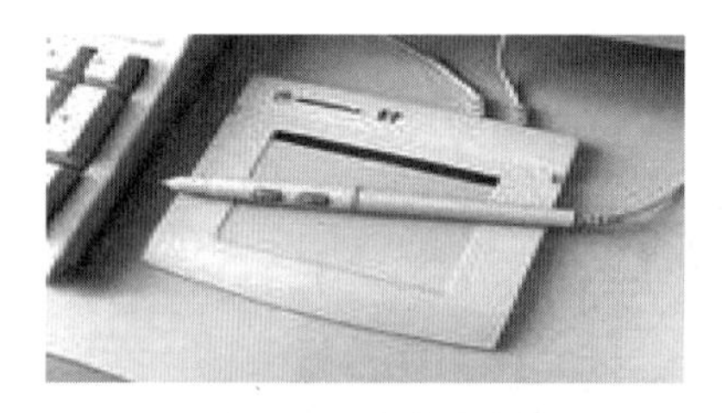

图 1-15　有线光笔

图 1-16　扫描仪

(2) 输出设备。

① 显示器。

显示器又称为监视器，是微型计算机最基本的也是必配的输出设备。显示器根据长宽比分为 4∶3 和 16∶9，也有 16∶10。通常说的 17 英寸、19 英寸显示器，都是对角线的尺寸。目前常用的是低能耗、低辐射、无闪烁、体积小、重量轻的液晶显示器。当前默认支持 1920×1080 分辨率的显示器是家用主流。液晶显示器主要技术指标为整体信号响应时间(15ms 以下较好)、刷新频率(60Hz 以上)、点距以及亮度、对比度和可视角度等。

② 打印机。

打印机将输出信息以字符、图形、表格等形式印刷在纸上，是重要的输出设备。

按照印字方式的不同，可将打印机分为击打式打印机和非击打式打印机两类。击打式打印机也叫机械式打印机。其工作原理是通过机械动作打击浸有印字油墨的色带，将印色转移到打印纸上，形成打印效果，这也就是"打印机"这个名称的由来。非击打式打印机是利用其他化学、物理方式来打印的。常见的非击打式打印机有喷墨打印机和激光打印机等。目前，击打式打印机因其打印速度较慢、噪声大、印字质量较差等已很少应用，以下主要介绍喷墨打印机和激光打印机。

喷墨打印机在印字方式上与点阵打印机相似，但印在纸上的墨点是通过打印头上的许多(数十到数百个)小喷孔喷出的墨水形成的。与点阵式打印机的打印针相比，这些喷孔直径很小，数量更多。微小墨滴的喷射由压力、热力或者静电方式驱动。由于没有击打，故在工作过程中几乎没有声音，而且打印纸也不受机械压力，打印效果较好，在打印图形、图像时(与点阵打印机相比)效果更为明显。有些喷墨打印机可以把三四种不同颜色的墨水混合喷射，印出彩色文字或图形。

激光打印机是用电子照相方式记录图像，通过静电吸附墨粉后在纸张上印字，其基本原理与静电复印机类似。激光打印机的输出是按页进行的，由于激光束极细，能够在硒鼓上产生非常精细的效果，因此激光打印机的输出质量很高，激光打印机如图 1-17 所示。由于激光打印机输出速度快、印字质量高，而且可以使用普通纸，因此是理想的输出设备。激光打印机的主要缺点是耗电量大，墨粉价格较贵，因此费用较高。

需要说明的是，有很多场合需要打印一些票据，例如：办公室、工厂、仓库以及商场等许多地方都需要使用各种类型的标签，超市、商场、财务公司要打印小票、发票、增值税发票，交警现场开罚单等，因此就有了标签打印机和票据打印机。商场的 POS 机、交警现场开罚单用的便携式打印机、财务用的支票打印机以及打印火车票、登机牌、行李牌等的打印机都属于这类打印机，如图 1-18 和图 1-19 所示。

图 1-17　激光打印机

图 1-18　标签打字机

图 1-19　各种票据打印机

③ 数据投影器。

数据投影器是近年来逐渐推广开来的一种重要的输出设备，它能连接在计算机的显示器输出端口上，把应该在显示器上显示出来的内容投射到大屏幕甚至一面墙壁上，非常适合于课堂教学及其他演示活动。目前的数据投影器可以达到像看计算机屏幕一样的良好的投影效果。

计算机的输出设备还有许多种，如音箱、语音输出设备、视频输出设备等。

1.5.3　微型计算机的选购配置

目前微型计算机（人们常习惯称为"电脑"）在家庭中的应用十分普及，人们在选购时可以选择品牌计算机或是组装计算机。如果用户对计算机组件不很了解，可以选择品牌计算机，但尽量选择较著名的品牌；若用户希望有更多的选择余地，并对计算机组件性能又很熟悉，那么灵活地配置自己所需的计算机将是不错的选择。

决定计算机性能的因素有很多，可以主要从 CPU 速度、内存容量、硬盘容量、显示器及显卡性能、外设配置等方面考虑。

（1）CPU 速度。

CPU 的速度是计算机的重要性能参数。可以根据自己的工作内容来选择 CPU，若经常用来处理图像或是进行三维动画的制作，可以选择高速 CPU，如酷睿 i7、酷睿 i9，CPU 内的 Cache 也大；若初学计算机或是仅用来处理一些日常事务，可选择价格相对较低的系列。

（2）内存容量。

足够的计算机内存容量是软件顺畅运行的保障。若所需计算机是用来进行日常办公或一般的辅助学习，配置 16GB 的内存即可；若要进行图形图像处理，则最好配置更大的内存。

(3) 硬盘容量。

现在用户经常会存放大量的多媒体信息,诸如照片、DV 视频、电影、音乐等,因此硬盘容量决定了用户存储文件的多少,当然是越大越好。可以根据自己的情况选择 1TB 或 2TB 及以上的硬盘。需要注意的是,如果文件很重要,最好配备两个移动硬盘备份重要数据。主机内的硬盘建议为 M2 接口、PCIe 协议的 SSD,常达到 3000Mb/s 以上的速率,比传统机械硬盘快很多。

(4) 显示器及显卡性能。

选购显示器时尽量选择低辐射、少静电、少蓝光的绿色显示器,若经常进行图像处理,可选择大尺寸显示器,如 19 英寸甚至更大,尤其编程图形使用 4K 分辨率时,27 英寸或更大尺寸的显示器必不可缺,显示器的刷新 144Hz 甚至更高的产品目前都很多;显卡的选择,一般日常办公、视频播放、图片浏览等普通用户可以选择集成显卡,Intel 的 11 代酷睿、AMD 的 CPU 集成的显卡完全胜任这些基本场景,若是游戏玩家或是图像设计人员,可选择质量较好的独立显卡,如 ATI、NVIDIA 等,高端显卡往往比 CPU 昂贵很多。

(5) 外设配置。

外设配置可根据实际应用需求来选择,除了必须的鼠标、键盘外,可以根据需要来配置诸如音箱、打印机、扫描仪。多模无线鼠标、键盘不仅没有线缆的束缚,还可以连接配对两三个设备,比如 PC 机、手机、电视播放盒子、智能电视等设备,可在这些设备间轻松切换。音箱、打印机等借助蓝牙、WiFi 都可以轻松无线连接计算机,简化工作区的线缆,工作区干净整洁。

习　题　1

一、思考题

1. 计算机的发展经历了哪几代?各代主要特征是什么?

2. 计算机主要应用于哪些领域?

3. 信息有哪些特征?

4. 计算机系统由哪两部分组成?计算机硬件由哪五部分组成?

5. 程序设计语言按其发展的先后可分为哪几种?

6. 源程序都必须经过相应的翻译程序翻译成目标程序后才能由计算机来执行,这种翻译通常有哪两种方法?

7. 计算机中的信息为何采用二进制表示?

8. 衡量 CPU 性能的主要技术指标有哪些?

9. RAM 和 ROM 的功能是什么?比较它们的特点与不同之处。

二、选择题

1. 最早的计算机是用来进行(　　)的。

(A) 科学计算　　(B) 系统仿真　　(C) 自动控制　　(D) 信息处理

2. 构成第二代计算机的主要电子元器件是(　　)。

(A) 电子管　　(B) 晶体管

(C) 中、小规模集成电路　　(D) 大、超大规模集成电路

3. 办公自动化属于计算机的(　　)应用。

(A) 数据处理　(B) 科学计算　(C) 辅助设计　(D) 人工智能

4. 以下关于信息的特征不正确的是(　　)。

(A) 共享性　(B) 不可存储　(C) 可处理性　(D) 可传递

5. 下列数中最小的一个是(　　)。

(A) 100B　(B) 8　(C) 12H　(D) 15Q

6. 最大的 15 位二进制数换算成十进制数是(　　)。

(A) 65535　(B) 255　(C) 32767　(D) 1024

7. 已知小写字母的 ASCII 码值比大写字母大 32,大写字母 A 的 ASCII 码为十进制数 65,则二进制数 1000100 是字母(　　)的 ASCII 码。

(A) A　(B) B　(C) D　(D) E

8. 计算机能直接执行的程序设计语言是(　　)。

(A) C 语言　(B) BASIC 语言　(C) 汇编语言　(D) 机器语言

9. 为把 C 语言源程序转换为计算机能够执行的程序,需要(　　)。

(A) 编译程序　(B) 汇编程序　(C) 解释程序　(D) 编辑程序

10. 完整的计算机系统是由(　　)组成的。

(A) 主机和外设系统　　(B) 硬件和软件系统

(C) 冯·诺依曼和非冯·诺依曼系统　(D) Windows 系统和 UNIX 系统

11. 内存储器的基本存储单位是(　　)。

(A) 比特　(B) 字节　(C) 字　(D) 字符

12. 存储器中的每个存储单元都被赋予一个唯一的序号,称为(　　)。

(A) 序号　(B) 下标　(C) 编号　(D) 地址

13. Pentium Ⅲ 800 微型计算机型号中的 800 与(　　)有关。

(A) 显示器的类型　(B) CPU 的速度　(C) 内存容量　(D) 磁盘容量

14. 显示器的(　　)越高,显示的图像越清晰。

(A) 对比度　(B) 亮度　(C) 对比度和亮度　(D) 分辨率

15. 微型计算机在工作中突然断电,(　　)中保存的信息将会丢失。

(A) ROM　(B) RAM　(C) 磁盘　(D) ROM 和 RAM

16. 激光打印机是(　　)式打印机。

(A) 页　(B) 字符式　(C) 行　(D) 针

三、填空题

1. 第一台计算机诞生于________年。

2. 计算机应用最早的领域是________,应用最广的领域是________。

3. 计算机各代的划分是以构成它的________为代表进行的。

4. 信息技术的核心技术是________、________、________和________。

5. 标准 ASCII 采用________位二进制编码。

6. 1MB=________KB=________B。

7. 15D=________B=________H=________O。

8. $(56)_{10}$=________$_2$=________$_8$=________$_{16}$。

9. $(1110010101)_2$=________$_8$=________$_{10}$=________$_{16}$。

10. 软件系统分为________软件和________软件两类。

11. ROM、RAM、UPS的中文意义分别是________、________和________。

12. 与内存相比,硬盘的速度________,容量________。

13. 总线是一组________的公共通信线。

14. 一个硬盘中共有16个盘面,每个盘面上有2 100个磁道,每个磁道分为63个扇区,每个扇区的存储容量为512B,则该盘有________个磁头,________个柱面,它的存储容量是________ MB,即________ GB。

四、操作题

从网上查阅相关资料,对比几款常见品牌的笔记本计算机配置、智能手机配置和平板计算机配置。

课外阅读与在线检索

1. 阿伦·图灵(Alan Mathison Turing),1912年6月23日出生于英国伦敦,1931年入剑桥大学国王学院(King's College),之后在美国普林斯顿大学攻读博士学位,是20世纪最著名的数学家之一,奠定了现代计算机发展的理论基础。为纪念其突出贡献,1966年美国计算机学会(ACM)设"图灵奖",专门奖励那些对计算机科学研究与推动计算机发展有卓越贡献的杰出科学家。请在网上查询有关图灵、图灵奖和诺贝尔、诺贝尔奖的信息,获奖名单上有哪些是美籍华人。

2. 香农(C. E. Shannon),现代信息论的创始人,也是电子计算机理论的重要奠基人之一,当代最伟大的数学家和贝尔实验室最杰出的科学家之一。请查阅有关香农的信息。

3. 冯·诺依曼(John von Neumann),1903年12月28日生于匈牙利,是著名的美籍匈牙利数学家,计算机鼻祖。请在网上查阅有关冯·诺依曼的信息以及他对计算机科学做出了哪些卓越的贡献。

4. 比尔·盖茨,1955年10月8日出生于美国华盛顿的西雅图。父亲盖茨二世是一位律师,拥有一家律师事务所,母亲玛丽出身于富裕的银行家家庭。比尔·盖茨11岁进入湖畔私立男子学校就读,在学校的计算机室中第一次接触到计算机,就深为软件世界所吸引。比尔·盖茨进入哈佛大学后,与友人保罗·艾伦开发出世界上第一套个人计算机程序Basic,接着就在1975年休学,创立微软公司。凭借着几乎所有个人计算机在初期都采用Basic、取得16位计算机业界标准的MS-DOS以及席卷全球的个人计算机市场的视窗软件商品,微软公司在短短几年间就以快速的成长击败所有竞争对手。进一步了解关于比尔·盖茨其人、其事以及其公司的相关信息。

5. 史蒂夫·乔布斯,1955年2月24日生于美国旧金山,苹果公司联合创办人。1976年乔布斯和斯蒂夫·盖瑞·沃兹尼亚克成立苹果公司,1985年乔布斯在苹果高层权力斗争中离开苹果公司并成立了NeXT公司,1997年回到苹果公司接任行政总裁。乔布斯被认为是计算机业界与娱乐业界的标志性人物,他经历了苹果公司几十年的起落与兴衰,先后领导和推出了Macintosh、iMac、iPod、iPhone、iPad等风靡全球的电子产品,深刻地改变了现代通信、娱乐、生活方式。进一步了解关于史蒂夫·乔布斯其人、其事以及其公司的相关信息。

6. 集成电路的集成度是指单块芯片上所容纳的元器件数目，所容纳的元器件数目越多，集成度越高。与晶体管相比，集成电路的体积更小、功耗更低，而可靠性更高、造价更低廉，因此得到迅速发展。

请在网上或图书馆查阅过去的计算机、现在的计算机以及将来的计算机的集成电路的集成度有怎样的不同，由此你可以发现计算机技术发展之快是其他技术所无法比拟的，再看看这些使用高集成度芯片的计算机能够完成怎样令你吃惊的事情。

7. 巨型机代表了一个国家的科学技术发展水平。中国的巨型计算机之父、我国2004年国家最高科学技术奖获得者金怡濂院士，对我国巨型机的发展做出了巨大的贡献。请查阅有关金怡濂院士其人、其事的相关资料和世界及我国巨型计算机的发展状况。

8. Top500是一个评价全世界高性能计算机500强的专业机构，在它的网站上可以获取最新的有关世界500强高性能计算机的信息。

9. 访问中国机器人网，了解我国机器人研究进展。

10. 从人工智能杂志的网站上，可以获取有关人工智能最新研究的进展。

11. 有许多微型计算机生产厂家提供许多不同品牌的微型计算机，可以访问这些厂家的网站获取更多的有关微型计算机方面的知识。访问Intel、AMD网站了解CPU、芯片组的知识；访问华硕、技嘉网站了解主板的行业动态；访问西部数据、希捷网站了解硬盘的行业动态；访问三星网站了解显示器的动态；访问联想、HP、Dell等国内外知名的微型计算机厂家了解PC产品。外设厂家如EPSON、HP等在打印机方面都是占主导地位的。这些公司的网站上都有相关产品知识的介绍。访问相关网站查询各城市产品报价和产品测评、比较、体验试用资料以及用户交流论坛等。

12. 你知道计算机与环保之间有什么关系吗？计算机的诞生给人类带来巨大效益与便利的同时，对环境和人类自身健康也造成了一定程度的危害。人类文明的每一次进步，对环保而言都是利弊同在的。计算机对环境最大的负面影响首先在于其高物耗，制造一台计算机需要700多种原材料和化学物质，制造一块芯片有400道工序，需要284g液态化合物。据估计，制造一台微型计算机需耗水约3.3×10^4L、耗电2313W。更为严重的是在生产芯片的过程中含有一些有毒物质，其中极大多数是有机溶液以及难以处理与安全清除的气体。其次是高能耗，一台微型计算机耗电量均在100W以上。美国微电子和计算机协会的研究报告曾指出，计算机的高物耗、高能耗及其对环境的影响是当今所有制造业中最大的。请进一步查阅资料看看计算机对环境的污染到底还有哪些，应该如何使人们在享受计算机文明的同时尽可能少地付出环境污染的代价。

关于在线检索中网站的说明：由于网络的变化难以预料，因此如果按照书中给出的网站而不能被访问，可能是网站关闭、网页删除、临时故障或者更名，这时可以利用搜索引擎来搜索相关的内容。

第2章 操作系统

计算机技术的基本特征是以操作系统为主体,以计算机硬件为依托而构成的一种称为基本平台的综合保障体系,或者说是保障整个计算机正常运行的工作环境。学习计算机技术的首要任务就是先学会一种或几种操作系统的使用方法,或者说先学会一种或几种基本平台的操作方法。

2.1 操作系统概述

操作系统是一套复杂的系统软件,其作用是有效地管理计算机的所有硬件和软件资源,合理地组织整个计算机的工作流程,并为用户提供一系列操纵计算机的实用功能和高效、方便、灵活的操作环境。

2.1.1 操作系统的功能

操作系统的功能可以概括为计算机的硬件资源管理、文件系统和系统监控三方面。

(1) 计算机的硬件资源管理。

操作系统把 CPU 的计算能力、存储器的存储空间、输入输出设备的信息通信能力,以及在存储器中所存储的文件(数据和程序)等都看成计算机系统的“资源”。因此,计算机的硬件资源管理主要包括 CPU 的调度和管理、内存储器及虚拟存储空间(可寻址空间)的分配和管理,以及输入输出设备管理及其通信支持等。

(2) 文件系统。

文件是指一组信息的集合。外存储器所存储的信息尽管种类繁多,但都是以文件的形式存储和操作。文件系统需要解决两方面的问题:一是要有效地利用外存储器等硬件设备的存储能力,设法适应各种硬件的具体工作方式和特点;二是要保证与文件有关的各种操作,如新文件的建立、已有文件的读写和更改等,能够方便、有效地进行。

(3) 系统监控。

系统监控是指负责计算机系统的安全性以及计算机系统对它所执行的当前各项任务的监控等任务。操作系统对计算机系统进行监控一方面是为了更好地满足计算机用户的需求,另一方面也是为了尽量发挥整个系统的功能。

2.1.2 几种主要的操作系统

操作系统是用户与计算机之间通信的桥梁,为用户提供访问计算机资源的环境。一个好的操作系统不但能使计算机系统中的软件和硬件资源得以充分利用,还要为用户提供一个清晰、简洁、易用的工作界面。用户通过使用操作系统提供的命令和交互功能实现各种访问计算机的操作。

(1) MS-DOS 操作系统。

MS-DOS 操作系统是美国微软公司在 1981 年开发的操作系统。它是一种单个用户独占式使用,并且仅限于运行单个计算任务的操作系统。在运行时,单个用户的唯一任务占用计算机上的资源,包括所有的硬件和软件资源。

MS-DOS 有很明显的弱点,它作为单任务操作系统已不能满足需要。另外,由于最初是为 16 位微处理器开发的,因此所能访问的内存地址空间太小,限制了微型计算机的性能。而现有的 32 位、64 位微处理器留给应用程序的寻址空间非常大,当内存的实际容量不能满足要求时,操作系统要能够用分段和分页的虚拟存储技术将存储容量扩大到整个外存储器空间。在这一点上,MS-DOS 原有的技术就无能为力了。

(2) Windows 操作系统。

Windows 操作系统是由美国微软公司研发的操作系统,问世于 1985 年。起初是 MS-DOS 模拟环境,后续由于微软公司对其进行不断更新升级,提升易用性,使 Windows 成为了应用最广泛的操作系统。

Windows 采用了图形用户界面(GUI),比从前的 MS-DOS 需要输入指令使用的方式更为人性化。随着计算机硬件和软件的不断升级,Windows 也在不断升级,从架构的 16 位、32 位再到 64 位,系统版本从最初的 Windows 1.0、Windows 3.1 到大家熟知的 Windows 95、Windows 98、Windows 2000、Windows XP、Windows 7、Windows 10、Windows 11 和 Windows Server 服务器企业级操作系统。本书将以 Windows 11 为例介绍操作系统的使用。

(3) UNIX 操作系统。

UNIX 是在操作系统发展历史上具有重要地位的一种多用户多任务操作系统。它是 20 世纪 70 年代初期由美国贝尔实验室用 C 语言开发的,首先在许多美国大学中推广,而后在教育、科研领域中得到了广泛应用。20 世纪 80 年代以后,UNIX 作为一个成熟的多任务分时操作系统,以及非常丰富的工具软件平台,被许多计算机厂家如 SUN、SGI、DIGITAL、IBM、HP 等公司所采用。这些公司推出的中档以上计算机都配备基于 UNIX 但是换了一种名称的操作系统,如 SUN 公司的 Solaries、IBM 公司的 AIX 操作系统等。

(4) Linux 操作系统。

Linux 是一个与 UNIX 完全兼容的开源操作系统,但它的内核全部重新编写,并公布所有源代码。Linux 由芬兰人 Linux Torvalds 首创,由于具有结构清晰、功能简捷等特点,许多编程高手和业余计算机专家不断地为它增加新的功能,其已成为一个稳定可靠、功能完善、性能卓越的操作系统。Linux 支持 32 位和 64 位硬件,它继承了 UNIX 以网络为核心的设计思想,是一个性能稳定的多用户网络操作系统。目前,Linux 已获得了许多计算机公司,如 IBM、HP、Oracle 等的支持。Linux 有上百种不同的发行版,如基于社区开发的 Debian、Arch Linux 和基于商业开发的 Red Hat Enterprise Linux、SUSE、Oracle Linux 等。

除上述操作系统之外,值得注意的还有 MAC OS X、IBM 的 OS/2 操作系统。前者是美国苹果计算机公司为自己的苹果机开发的一种多任务操作系统;后者是美国 IBM 公司为替代 MS-DOS 而开发的性能优良的操作系统。

2.1.3 文件与文件目录

一个文件的内容可以是一个可运行的应用程序、一篇文章、一幅图形、一段数字化的声音信号或者任何相关的一批数据等。文件的大小用该文件所包含信息的字节数来计算。

外存中总是保存着大量文件，其中很多文件是计算机系统工作时必须使用的，包括各种系统程序和应用程序及程序工作时需要用到的各种数据等。每个文件都有一个名字。用户在使用时，要指定文件的名字，文件系统正是通过这个名字确定要使用的文件保存在何处。

1. 文件名

一个文件的文件名是它的唯一标识，文件名可以分为两部分：主文件主名和扩展名。一般来说，文件名应该是有意义的字符组合，在命名时尽量做到“见名知意”；扩展名经常用来表示文件的类型，由系统自动给出，大多由 3 个或 3 个以上字符组成，可“见名知类”。

Windows 系统中支持长文件名(最多 255 个字符)，文件命名时有如下约定。

(1) 文件名中不能出现以下 9 个字符：\、|、/、<、>、:、”、?、* 。

(2) 文件名中的英文字母不区分大小写。

(3) 在查找和显示时可以使用通配符？和 *，其中，? 代表任意一个字符，* 代表任意多个字符。例如，“*. *”代表任意文件，“? a*. txt”代表文件名的第 2 个字符是字母 a 且扩展名是. txt 的一类文件。

文件的扩展名表示文件的类型，也可以使用多间隔符的扩展名，如 win. ini. txt 是一个合法的文件名，但其文件类型由最后一个扩展名决定。不同类型文件的处理是不同的，常见的文件扩展名及其含义如表 2-1 所示。

表 2-1 常见的文件扩展名及其含义

文件类型	扩展名	含义
MS Office 文件	. doc(或. docx)、. xls(或. xlsx)、. ppt(或. pptx)	Word、Excel、PowerPoint 文档
音频文件	. wav、. mid、. mp3	不同格式的音频文件
图像文件	. jpg、. png、. bmp、. gif	不同格式的图像文件
流媒体文件	. wmv、. rmvb、. qt	能通过 Internet 访问的流式媒体文件，支持边下载边播放，不必下载完再播放
网页文件	. htm、. html	网页文件
压缩文件	. rar、. zip	压缩文件
可执行文件	. exe、. com	可执行程序文件
源程序文件	. c、. bas、. cpp	程序设计语言的源程序文件
动画文件	. swf	Flash 动画发布文件
文本文件	. txt	纯文本文件
帮助文件	. hlp	帮助文件

2. 文件目录结构

操作系统的文件系统采用了树状(分层)目录结构，每个磁盘分区可建立一个树状文件目录。磁盘依次命名为 A、B、C、D 等，其中，A 和 B 盘指定为软盘驱动器(现已不用)。C 及排在它后面的盘符用于指定硬盘，或用于指定其他性质的逻辑盘，如微型计算机的光盘、连接在网络上或网络服务器上的文件系统或其中某些部分等。

在树状目录结构中，每个磁盘分区上有一个唯一的最基础的目录，称为根目录，其中可以存放一般的文件，也可以存放另一个目录(称为当前目录的子目录)。子目录中存放文件，还可以包含下一级的子目录，根目录以外的所有子目录都有各自的名字，以便在进行与目录和文件有关的操作时使用。而各个外存储器的根目录可以通过盘的名字(盘符)直接指明。

树状目录结构中的文件可以按照相互之间的关联程度存放在同一子目录中，或者存放到不同的子目录中。一般原则是，与某个软件系统或者某个应用工作有关的一批文件存放在同一个子目录中。不同的软件存放于不同的子目录中。如果一个软件系统(或一项工作)的有关文件很多，还可能在它的子目录中建立进一步的子目录。用户也可以根据需要为自己的各种文件分门别类建立子目录。图 2-1 给出了一个目录结构的示例。

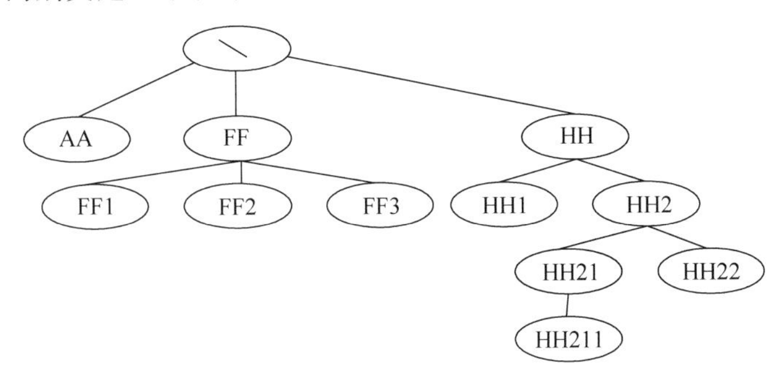

图 2-1　树状目录结构

3. 树状目录结构中的文件访问

采用树状目录结构，计算机中信息的安全性可以得到进一步的保护，由于名字冲突而引起问题的可能性也因此大大降低。例如，两个不同的子目录中可以存放名字相同而内容完全不同的两个文件。

用户要调用某个文件时，除了给出文件的名字外，还要指明该文件的路径名。文件的路径名从根目录开始，描述了用于确定一个文件要经过的一系列中间目录，形成了一条找到该文件的路径。

文件路径在形式上由一串目录名拼接而成，各目录名之间用反斜杠(\)符号分隔。文件路径分为两种。

(1) 绝对路径：从根目录开始，依次到该文件之前的名称。

(2) 相对路径：从当前目录开始到某个文件之前的名称。

例如，在图 2-1 中，文件 HH22 的绝对路径是 C:\HH\HH2\HH22。若当前目录为 FF2，则文件 HH22 的相对路径为..\ ..\HH\HH2\HH22(.. 表示上一级目录)。

2.2　Windows 11 简介

Windows 11 是由微软公司开发的操作系统，应用于计算机和平板计算机等设备，于 2021 年 6 月 24 日发布，2021 年 10 月 5 日发行。

Windows 11 提供了许多创新功能，旨在支持当前的混合工作环境，侧重于在灵活多变的全新体验中提高最终用户的工作效率。

Windows 11 包括 Windows 11 家庭版、Windows 11 专业版、Windows 11 企业版、

Windows 11 专业工作站版、Windows 11 教育版、Windows 11 混合现实版。

本章将以家庭版为例介绍 Windows 11 的使用。

2.2.1 Windows 11 的改进和移除功能

1. Windows 11 主要改进功能

(1) 全新“开始”菜单。

Windows 11 的“开始”菜单在继承了前代系统圆角、毛玻璃这些外观属性外，增加了搜索栏。动态磁贴被彻底删除，取而代之的是简化后的图标以及由算法驱动的推荐列表。任务栏采用居中式，但会提供一个开关用于调整。

(2) 设置面板。

Windows 11 重新设计了设置面板，分栏式布局取代了之前的菜单选项。可以保证用户在任何时候都能跳转到所需的模块。添加了左侧导航栏、面包屑导航，以便用户深入导航到“设置”以帮助用户了解自己所处的路径。设置页面顶部有新的控件，突出显示关键信息和常用设置，供用户根据需要进行调整。并且，设置面板对具有大量设置的页面添加了可扩展框。

(3) 多任务布局。

Windows 11 支持多任务布局，除了新增加的布局菜单外，还增加了一套根据设备自适应功能。除了传统的左/右/左上/左下/右上/右下几个常规布局外，当用户的显示器超过一定比例时，Windows 11 还会自动添加一个三栏式布局(左/中/右、左辅/中主/右辅、左辅/中辅/右主、左主/中辅/右辅)，用以提高超宽屏幕的使用效率。此外，多任务布局也能根据所连接设备实时调节，比如当用户将笔记本计算机连入大屏幕，或者将主屏与笔记本计算机分开时，多任务布局都会自动调整布局设置，以保证演示效果。

(4) Microsoft Teams。

在 Windows 11 中，Microsoft Teams 代替之前的 Skype。和 Skype 相比，Microsoft Teams 的功能更加宽泛，除了能够完成团队间的音视频通话外，还能实现文档同步、办公协同等更多高端功能。Microsoft Teams 支持 Windows、Android、iOS 三组平台，即便对方没有下载 Microsoft Teams，也可以通过短信与其双向沟通。Windows 11 的任务栏则直接集成 Microsoft Teams 按钮，以方便用户更快速地与好友联系。

(5) 虚拟桌面。

Windows 11 完善了虚拟桌面功能，在原有基础上允许各个桌面拥有自己的主题、壁纸、名称。新设计调整了桌面工具栏位置，以方便触屏用户快速取用。同时，Windows 11 在触屏手势上也有更多选择。

(6) 游戏体验。

Windows 11 支持新的 DirectX 12、自动开启的 Auto HDR、性能提升的 DirectStorage 等功能，玩家能够获得更为优质的画面以及更加迅捷的载入速度。此外，直接集成的 XBOX GAME PASS 支持以月付的方式，让玩家体验 XBOX 平台上超过 100 余款不同类型的游戏，相当于开放了一个免费游戏库。

(7) 运行安卓应用。

Windows 11 内置 Android 子系统，可直接运行 Android 应用，用户可以在 Microsoft

Store 中的亚马逊应用商店或其他来源搜索和下载 Android 应用。Android 应用可以直接运行在 Windows 11 上,同时拥有相应的功能体验。

(8) 新版右键菜单。

Windows 11 的桌面右键菜单启用新 UI,位置间距更大,剪切、复制、重命名、删除四项功能全部换成了图标。

(9) 文件资源管理器。

Windows 11 的文件资源管理器启用全新设计,取消了置顶的 Ribbon 面板,常用命令以图标形式固定在工具栏上。当选择不同对象时,对应的图标会亮起,以提示用户哪些操作有效。新版文件资源管理器用图标代替了之前的所有功能,不常用功能被隐藏在"…"中。支持宽松、紧凑两种风格,分别对应于平板用户和键盘鼠标用户。

2. Windows 11 主要移除的功能

(1) Internet Explorer 不再使用。Microsoft Edge 成为推荐的替代产品,其中含有 IE 模式,可能适用于某些情况。

(2) 任务栏中的"资讯和兴趣"被移除。小组件提供替代功能。

(3)"开始"菜单在 Windows 11 中有较大改变,包括弃用和移除以下主要功能:不再支持已命名组和应用文件夹,取消了布局的调整大小功能;从 Windows 10 升级时,已固定的应用和网站不会随之迁移;动态图块不再可用。要快速预览动态内容,可查看新的小组件功能。

(4) 任务栏功能包括以下改变:"人脉"不再存在于任务栏中;一些图标在设备升级后的系统托盘中可能不再显示,包括以前的自定义内容;任务栏位置仅允许对齐到屏幕底部;应用不再能够自定义任务栏区域。

(5) 数学输入面板被移除。数学识别器将根据需要安装,包括数学输入控件和识别器。应用(例如 OneNote)中的数学墨迹书写不受此变更的影响。

(6) Skype Meet Now 由"聊天"替代。

2.2.2 Windows 11 系统安装要求

和 Windows 10 具有较高的硬件兼容性有所不同的是,Windows 11 对于硬件设备有着较高的要求。Windows 11 系统安装环境最低要求如表 2-2 所示。

表 2-2 Windows 11 系统安装环境最低要求

设备名称	要求
CPU	需要 1GHz 或更快的支持 64 位的处理器(双核或多核)或系统单芯片(SoC)
内存	4GB RAM
存储	64GB 或更大的存储设备
显卡	支持 DirectX 12 或更高版本,支持 WDDM 2.0 驱动程序
显示屏	对角线长大于 9 英寸的高清(720p)显示屏,每个颜色通道为 8 位
Internet 连接	Windows 11 家庭版需要有 Internet 连接和 Microsoft 账户才能在首次使用时完成设备设置

2.2.3 Windows 11 的启动与退出

1. Windows 11 的启动

(1) 依次打开外设电源开关和主机电源开关,计算机进行开机自检。

(2) 通过自检后,选择需要登录的用户名,然后在用户名下方的文本框中会提示输入登录密码。输入登录密码,然后按 Enter 键或者单击文本框右侧的按钮,即可开始加载个人设置,进入如图 2-2 所示的 Windows 11 系统桌面。

图 2-2 Windows 11 系统桌面

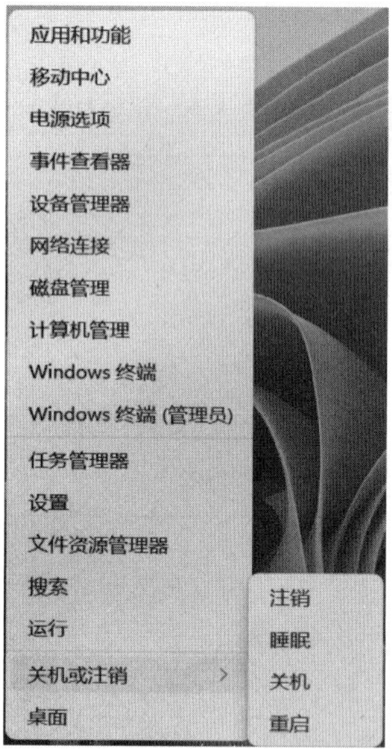

图 2-3 关机选项菜单

2. Windows 11 的退出

计算机的关机与其他家电不同,需要在系统中进行关机操作,而不是简单地关闭系统电源。

① 关机前先关闭当前正在运行的程序,然后右击“开始”按钮,弹出如图 2-3 所示的快捷菜单。

② 选择“关机或注销”命令,系统会级联出图 2-3 右侧的关机菜单。

③ 选择“关机”命令,系统自动保存相关的信息并关机。系统退出后,主机电源自动关闭,指示灯灭,这样计算机就安全地关机了,此时用户将电源显示器的电源开关关闭即可。

关机还有一种特殊情况,即“非正常关机”。当计算机突然出现“死机”“花屏”“黑屏”等情况时,就不能通过“开始”菜单关闭了,此时可按住电源开关按钮几秒,片刻后主机会关闭,而后关闭显示器的电源开关即可。

单击图 2-3 中右侧的关机选项菜单,选择相应选项,也可完成不同程度上的系统退出。

(1) 睡眠。

睡眠状态能够以最小的能耗保证计算机处于锁定状态,从睡眠状态恢复到计算机原始工作状态只需按键盘上的任意键或移动一下鼠标即可。

(2) 重启。

选择“重启”选项后,系统将自动保存相关信息,然后将计算机重新启动并进入“用户登录”界面，再次登录即可。

(3) 注销。

当需要退出当前的用户环境时，可以通过选择“注销”选项系统将个人信息保存到磁盘中，并切换到“用户登录”界面。注销功能和重新启动相似，在注销前要关闭当前运行的程序，以免造成数据的丢失。

2.2.4 Windows 11 桌面

进入 Windows 11 后，首先映入眼帘的是如图 2-2 所示的桌面。桌面是打开计算机并登录到 Windows 11 之后看到的主屏幕区域，就像实际的桌面一样，它是工作的平面，也可以理解为窗口、图标、对话框等工作项所在的屏幕背景。

1. 桌面图标

桌面图标由一个形象的小图片和说明文字组成，初始化的 Windows 11 桌面给人清新明亮、简洁的感觉，系统安装成功之后，桌面上没有呈现任何图标。在使用过程中，用户可以根据需要将自己常用的应用程序的快捷方式、经常要访问的文件或文件夹的快捷方式放置到桌面上，通过对其快捷方式的访问，达到快速访问应用程序、文件或文件夹本身的目的，因此不同计算机的桌面呈现出不同的图标。

2. “开始”菜单

“开始”按钮是用来运行 Windows 11 应用程序的入口，是执行程序常用的方式。单击“开始”按钮，弹出如图 2-4 所示的“开始”菜单，它更像平板计算机的主屏幕。在已固定区列出了常用程序的列表，通过它可以快速启动常用的程序。推荐的项目区列出了经常使用的文件列表，便于用户快速打开相应文件。

要查看其他应用程序，可以单击图 2-4 右上角的“所有应用”按钮，打开如图 2-5 所示的“开始”菜单，滚动鼠标可以查看安装的所有应用程序。单击图 2-5 中右上角的“返回”按钮，可以返回图 2-4 所示的界面。

图 2-4 中左下角为当前用户图标，单击它可以设置用户账户。

图 2-4 中右下角为“电源”按钮，单击它可以“睡眠”“关机”“重启”计算机。

在图 2-4 中最上面的搜索区输入搜索内容，可以快速在计算机中查找相应对象。

在 Windows 11 版本上找自己喜爱的应用程序的最佳方式是将它们固定到“开始”菜单。可以通过下面步骤将选取的应用程序固定到“开始”菜单。

(1) 在图 2-5 的界面中向下滚动鼠标，转到要固定到“开始”菜单的应用程序。

(2) 右击它并在弹出的快捷菜单中选择“固定到开始屏幕”命令。也可以从桌面或任何其他位置执行此操作，还可以将文件夹固定到“开始”菜单。

设置好应用程序固定到“开始”菜单后，可拖动应用程序，将其移动到喜欢的固定应用程序列表中的任何位置。此外，如果有超过 18 个应用程序固定到“开始”菜单，则 Windows 11 会添加第二个页面，可通过滚动鼠标在固定应用程序的不同页面之间移动。

3. 回收站

回收站是硬盘上的一块存储空间，被删除的对象往往先放入回收站，但并没有真正地删除。“回收站”窗口如图 2-6 所示。将所选文件删除到回收站中，是一个不完全的删除，如果下次需要使用该删除文件时，可以单击回收站右上角的“…”按钮，在弹出的菜单中选择“还原

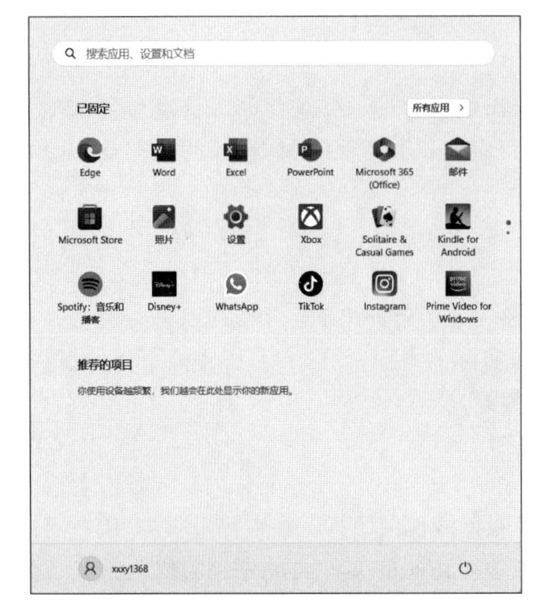

图 2-4 “开始”菜单(1)

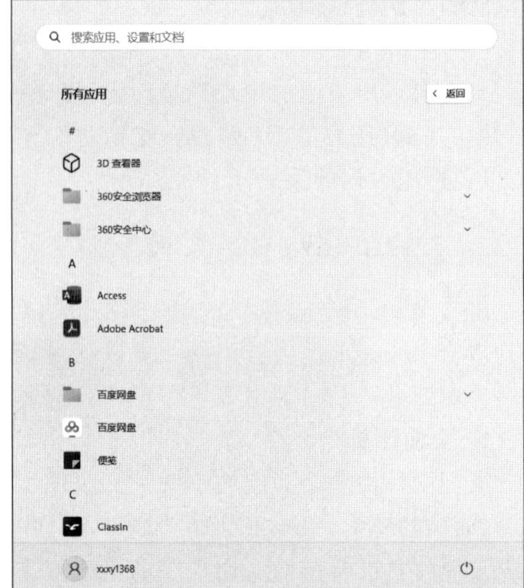

图 2-5 “开始”菜单(2)

选取的项目”命令将其恢复成正常的文件，放回原来的位置；而确定不再需要该文件时，则可以单击工具栏的“删除”按钮，将其真正从“回收站”删除；还可以单击“…”按钮，在弹出的菜单中选择“清空回收站”命令将回收站中的全部文件删除。

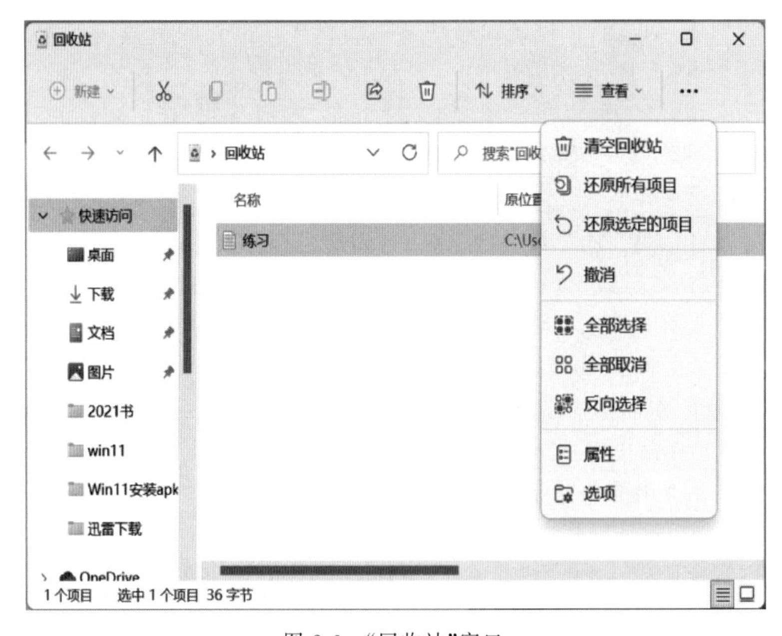

图 2-6 “回收站”窗口

回收站的空间可以调整。在回收站上右击，在弹出的快捷菜单中选择“属性”命令，打开如图 2-7 所示的“回收站 属性”对话框，可以调整回收站的空间。如果选择“不将文件移到回收站中，移除文件后立即将其删除(R)”单选按钮，则删除的文件不移入回收站，而是直接彻底删除而不能还原。建议选中“显示删除确认对话框”复选框，以便在删除文件或文件夹时给以提示，以免误删除。

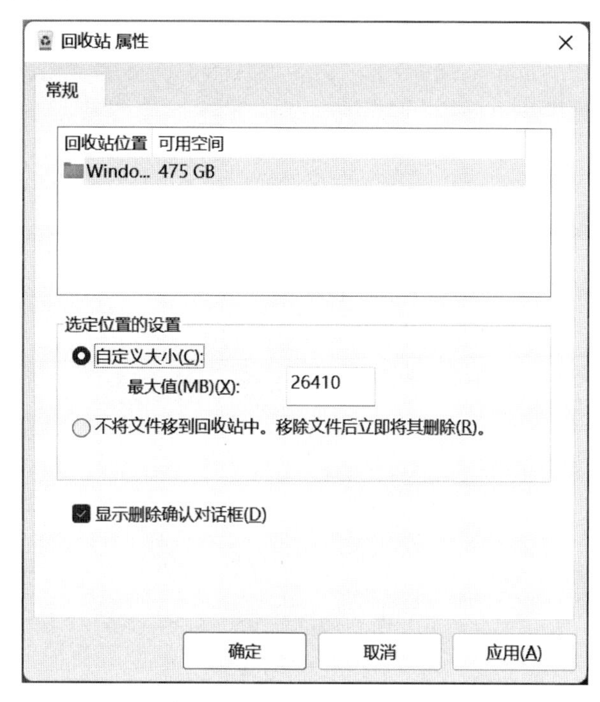

图 2-7 “回收站 属性”对话框

4. 任务栏

(1) 任务栏组成。

Windows 11 系统中任务栏位于屏幕的底部，且不能通过使用鼠标将任务栏拖到屏幕的其他位置。Windows 11 中任务栏的功能也进行了大量调整，删除了一些功能，但添加了居中的任务栏，如图 2-8 所示。任务栏最左边是“开始”按钮，往右依次是“快速启动区”“活动任务区”“系统通知区”“显示桌面按钮”。单击任务栏中的任何一个程序按钮，可以激活相应的程序，或切换到不同的任务。

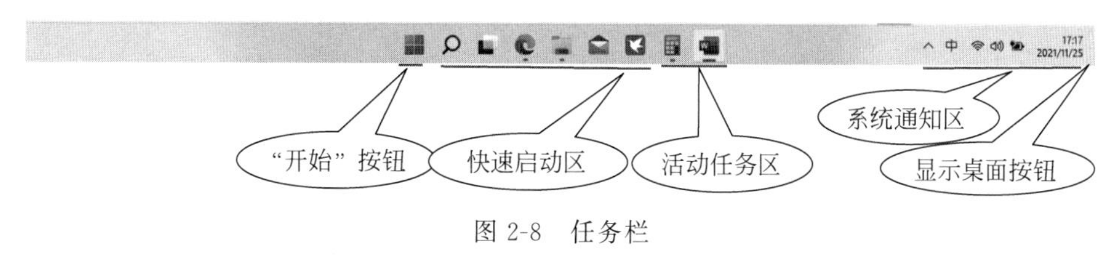

图 2-8 任务栏

① “开始”按钮。

“开始”按钮位于任务栏的最左边，单击该按钮可以打开“开始”菜单，用户可以从“开始”菜单中启动应用程序或选择所需的菜单命令。

② 快速启动区。

用户可以将自己经常要访问的程序的快捷方式放入这个区中。如果用户想要删除快速启动区中的选项，可右击对应的图标，在弹出的快捷菜单中选择“从任务栏取消固定”命令即可。

③ 活动任务区。

该区显示当前所有运行中的应用程序和所有打开的文件夹窗口所对应的图标。需要注意的是，如果应用程序或文件夹窗口所对应的图标在“快速启动区”中出现，则其不在“活动任务区”中出现。Windows 11 中当前运行着的程序的图标下都有一条短横线，当前活动窗口的应用程序图标下是一条长横线。此外，为了使任务栏能够节省更多的空间，相同应用程序打开的所有文件只对应一个图标。为了方便用户快速地定位已经打开的目标文件或文件夹，Windows 11 依旧提供了实时预览功能和跳跃菜单功能。

实时预览功能：使用该功能可以快速地定位已经打开的目标文件或文件夹。移动鼠标指向任务栏中打开程序所对应的图标，可以预览该程序打开的多个界面，如图 2-9 所示，单击预览的界面，即可切换到该文件或文件夹。

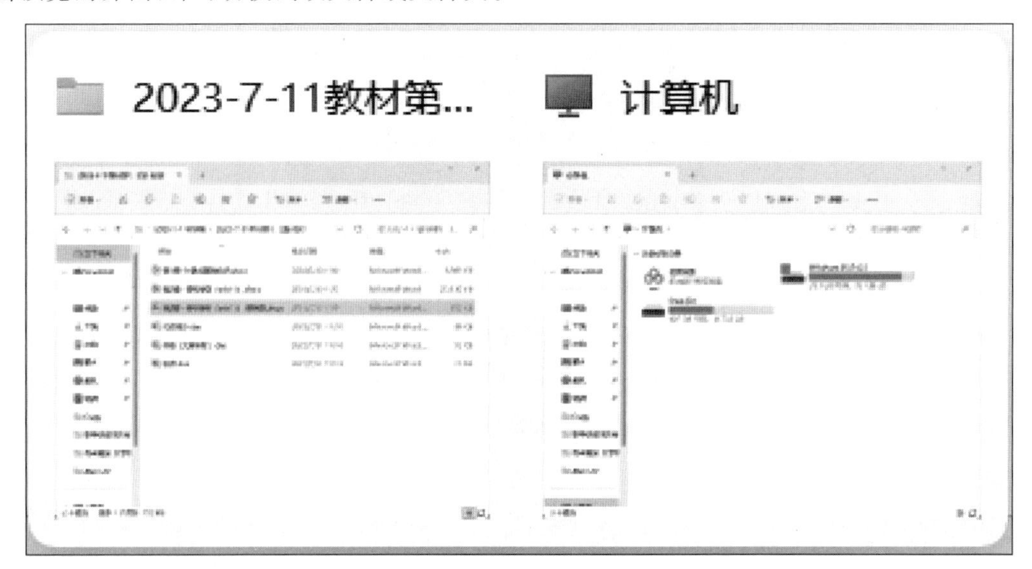

图 2-9　实时预览功能

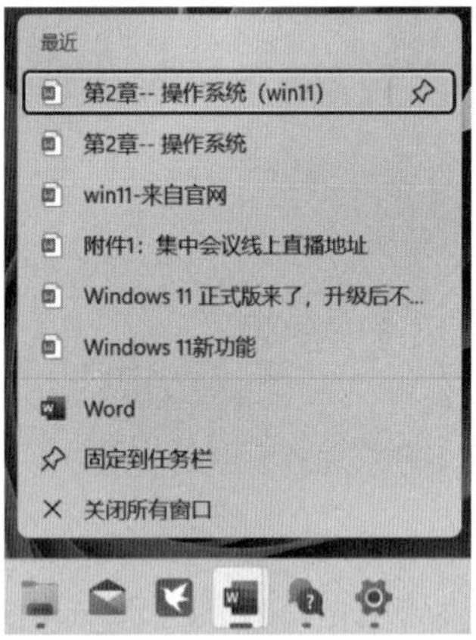

跳跃菜单功能：右击“快速启动区”或“活动任务区”中的图标，出现如图 2-10 所示的跳跃快捷菜单。使用跳跃菜单可以访问经常被指定程序打开的若干文件。需要注意的是，不同图标所对应的跳跃菜单会略有不同。

图 2-10　跳跃菜单功能

④ 系统通知区。

系统通知区用于显示时钟、音量及一些告知特定程序和计算机设置状态的图标。单击系统通知区中的 ^ 图标，会出现常驻内存的项目。Windows 11 新增了一个组合键，即 Win+A，这个组合键可以在屏幕右下角打开“快速设置”对话框，如图 2-11 所示，方便用户调节音量、控制 Wi-Fi/蓝牙以及开启专注模式、飞行模式、辅助功能等。值得注意的是，该对话框如同安卓手机的控制中心一般，单击右下角的“快速编辑设置”按钮 ，会出现 “添加”按钮，单击“添加”按钮，如图 2-12 所示，可以自定义功能按钮，添加常用的功能。

⑤ 显示桌面按钮。

显示桌面按钮可以在当前打开窗口与桌面之间进行切换，当单击该按钮时可显示桌面。

图 2-11 “快速设置”对话框

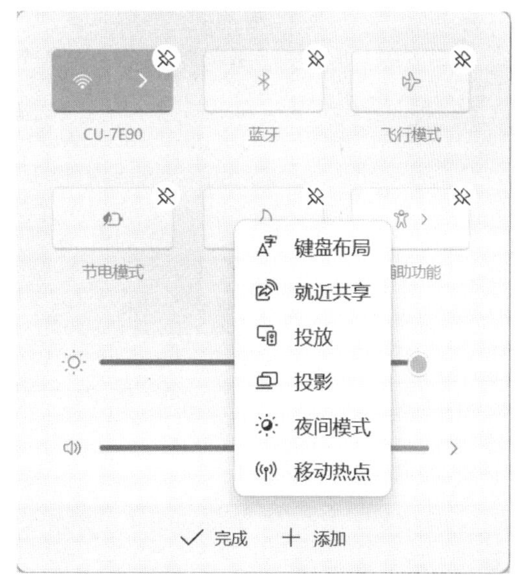

图 2-12 “快速设置添加”对话框

(2) 任务栏设置。

① 将应用固定到任务栏。

若应用没有打开，则找到该应用，在应用上右击，在弹出的快捷菜单中选择“固定到任务栏”命令即可。若应用已经打开，则在任务栏上找到应用图标按钮，右击此按钮，在弹出的快捷菜单中选择“固定到任务栏”命令，如图 2-13 所示。如果要取消固定，则在应用图标上右击，在弹出的快捷菜单中选择“从任务栏取消固定”命令。

图 2-13 将应用固定到任务栏

② 个性化任务栏设置。

在任务栏空白处右击，在弹出的快捷菜单中选择“任务栏设置”命令，打开如图 2-14 所示的“任务栏”窗口，在该窗口中可以设置任务栏项，以以往熟悉的方式使用任务栏；还可以设置自动隐藏任务栏、在任务栏上设置“显示桌面按钮”等操作。若要更改任务栏的颜色可以选择“开始”→“设置”→“个性化”→“颜色”→“主题色”，在“颜色”窗口可使任务栏的颜色更改为整个主题颜色。

③ 任务栏通知区设置。

任务栏的“系统通知区”用于显示经常选择的应用程序的图标，如电池、音量、时钟和日历以及操作中心。这些图标提供有关传入电子邮件、更新和网络连接等的状态和通知。初始时“系统通知区”已经有一些图标，安装新程序时有时会自动将此程序的图标添加到通知区域，用户可以根据自己的需要更改在此处显示的图标和通知，甚至隐藏一些图标和通知。

图 2-14 “任务栏”窗口(1)

操作方法：在图 2-15 的“任务栏”窗口中，选择打开“系统托盘图标”区域，选择在任务栏上显示哪些图标，以及指定不希望显示的图标；选择打开“其他系统托盘图标”区域，可以选择任务栏角中可能显示的图标，所有图标将显示在“显示隐藏的图标” ^ 所展开的溢出区中，如图 2-16 所示。也可以使用鼠标拖曳的方法显示或隐藏图标，方法是：单击通知区域旁边的箭头，然后将要隐藏的图标拖曳到如图 2-16 所示的溢出区，也可以将任意多个隐藏图标从溢出区拖动到通知区。

图 2-15 “任务栏”窗口(2)

图 2-16 溢出区

2.2.5 键盘及鼠标的使用

Windows 11 系统以及各种程序呈现给用户的基本界面都是窗口，几乎所有操作都是在各种各样的窗口中完成的。如果操作时需要询问用户某些信息，还会显示出某种对话框来与用户交互传递信息。操作可以用键盘，也可以用鼠标来完成。

在 Windows 11 操作中，通过键盘不但可以输入文字，还可以进行窗口、菜单等各项操作。但使用鼠标能够更简易、快速地对窗口、菜单等进行操作，从而充分利用 Windows 11 的特点。

1. 组合键

键盘操作 Windows 常用到组合键，主要有以下两种。

(1) 键名 1＋键名 2。

表示按住“键名 1”不放，再按一下“键名 2”。例如，Ctrl＋Shift，按住 Ctrl 键不放，再按一下 Shift 键。

(2) 键名 1＋键名 2＋键名 3。

表示同时按住“键名 1”和“键名 2”不放，再按一下“键名 3”。例如，Ctrl＋Shift＋Esc，同时按住 Ctrl 键和 Shift 键不放，再按一下 Esc 键。

2. 鼠标操作

在 Windows 操作中，鼠标的操作主要有以下几种。

(1) 单击(Click)：将鼠标箭头(光标)移到一个对象上，单击，然后释放。这种操作用得最多。以后如不特别指明，单击即指单击鼠标左键。

(2) 双击(Double Click)：将鼠标箭头移到一个对象上，快速连续地两次单击鼠标，然后释放。以后如不特别指明，双击也指双击鼠标左键。

(3) 右击(Click)：将鼠标箭头移到一个对象上，单击右键，然后释放。右击一般是调用该对象的快捷菜单，提供操作该对象的常用命令。

(4) 拖放(拖到后放开)：将鼠标箭头移到一个对象上，按住鼠标左键，然后移动鼠标箭头直到适当的位置再释放，该对象就从原来位置移到了当前位置。

(5) 右拖放(与右键配合拖放)：将鼠标箭头移到一个对象上，按住鼠标右键，然后移动鼠标箭头直到适当的位置再释放，在弹出的快捷菜单中可以选择相应的操作选项。

3. 鼠标指针

鼠标指针指示鼠标的位置，移动鼠标，鼠标指针随之移动。在使用鼠标时，鼠标指针能够变换形状而指示不同的含义。常见的鼠标指针形状参见“控制面板”中“鼠标属性”窗口的“指针”选项卡，其意义如下。

- 普通选取指针 ↖：鼠标指针为这种形状时，可以选取对象，进行单击、双击或拖动操作。

- 帮助选取指针 ：鼠标指针为这种形状时，可以单击对象，获得帮助信息。
- 后台工作指针 ：其形状为一个箭头和一个圆形，表示前台应用程序可以进行选取操作，而后台应用程序处于忙的状态。
- 忙状态指针 ：其形状为一个圆形，此时不能进行选取操作。
- 精确选取指针 ：通常用于绘画操作的精确定位，如在“画图”程序中画图。
- 文本编辑指针 ：其形状为一个竖线，用于文本编辑，称为插入点。
- 垂直改变大小指针 ：用于改变窗口的垂直方向距离。
- 水平改变大小指针 ：用于改变窗口的水平方向距离。
- 改变对角线大小指针 或 ：用于改变窗口的对角线大小。
- 移动指针 ：用于移动窗口或对话框的位置。
- 禁止指针 ：表示禁止用户的操作。
- 链接选择 ：用于打开一个超链接。

2.2.6 Windows 11 窗口

窗口是在运行程序时屏幕上显示信息的一块矩形区域。Windows 11 中的每个程序都具有一个或多个窗口用于显示信息。用户可以在窗口中进行查看文件夹、文件或图标等操作。图 2-17 为窗口的组成。

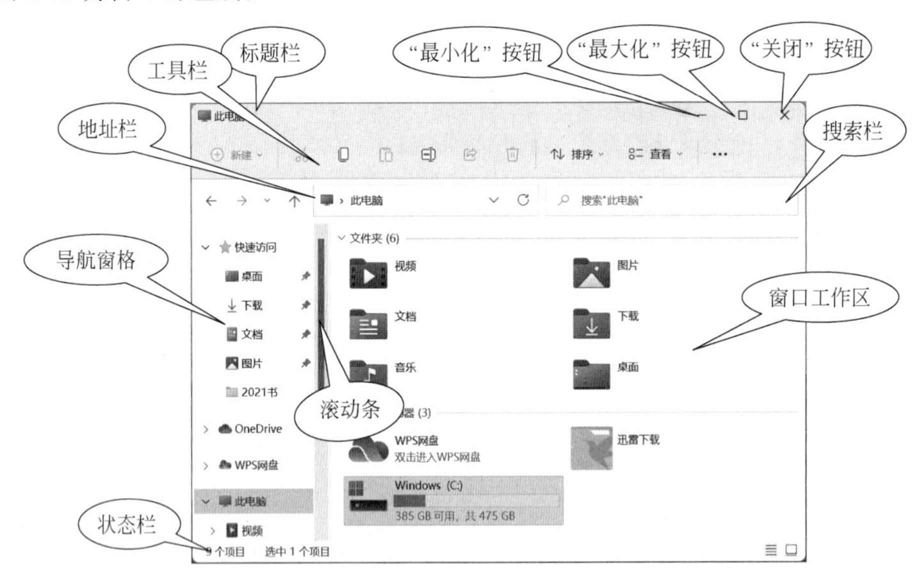

图 2-17 窗口的组成

1. 窗口组成

(1) 标题栏。

标题栏位于窗口顶部，用于显示窗口标题，拖动标题栏可以改变窗口位置。

在标题栏的右侧有三个按钮，即“最小化”按钮、“最大化”(或“还原”)按钮和“关闭”按钮。最大化状态可以使一个窗口占据整个屏幕，窗口处于这种状态时不显示窗口边框；最小化状态以 Windows 图标按钮的形式显在任务栏上；“关闭”按钮关闭整个窗口；在最大化情况下，中间的按钮为“还原”按钮，还原状态下（既不是最大化也不是最小化的状态，该状态下中间的按钮为“最大化”按钮）使用鼠标可以调节窗口大小。

单击窗口左上角或按 Alt+Space 组合键，将显示如图 2-18 所示的窗口控制菜单。在控制菜单中通过选择相应选项，可使窗口处于恢复状态、最大化、最小化或关闭状态。另外，选择“移动”选项，可使用键盘的方向键在屏幕上移动窗口，窗口移动到适当的位置后按 Enter 键完成操作；选择“大小”选项，可使用键盘的方向键来调节窗口大小。

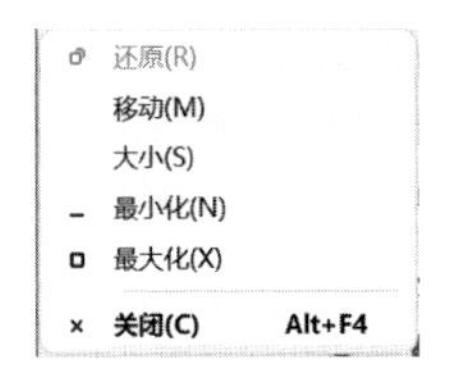

图 2-18 窗口控制菜单

（2）地址栏。

地址栏显示当前窗口文件在系统中的位置。其左侧包括“返回”按钮 ← 和“前进”按钮 →，用于打开最近浏览过的窗口。

（3）搜索栏。

搜索栏用于快速搜索计算机中的文件或文件夹。

（4）工具栏。

该栏显示一些诸如复制、剪切、粘贴、删除等常用工具，以方便用户进行快速操作。其中单击“查看”按钮的“显示”菜单，弹出如图 2-19 所示的子菜单，可以选择以各种方式查看文件。单击工具栏最右侧的“查看更多”按钮“…”，在弹出的菜单中选择“显示”命令，打开如图 2-20 所示的“文件夹选项”对话框，在该对话框中可以设置是否在快速访问区中显示最近使用的文件或常用文件夹以及查看设置等。

（5）导航窗格。

导航窗格位于工作区的左边区域，可在图 2-19 的子菜单中选择是否设置导航窗格。在图 2-19 左侧的导航窗格中有一个快速访问区，该区域可以显示最近访问的文件或文件夹，以便快速访问。

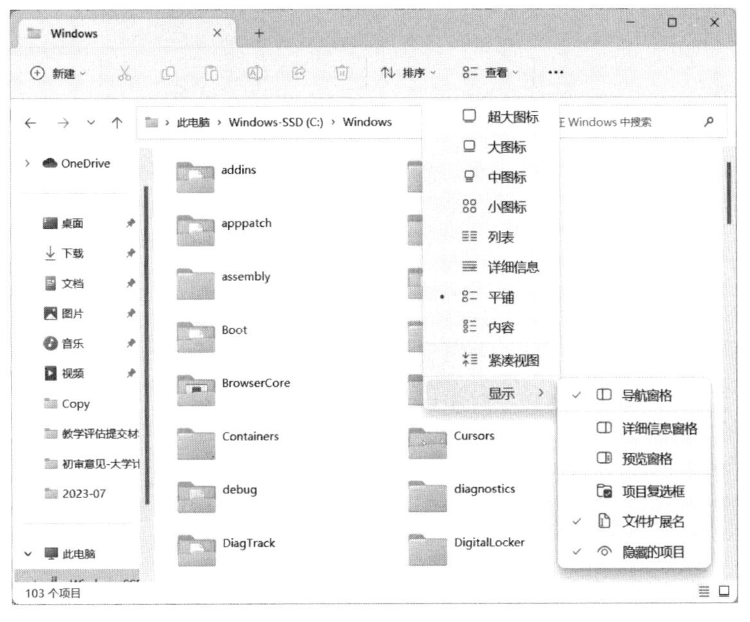

图 2-19 “查看”菜单

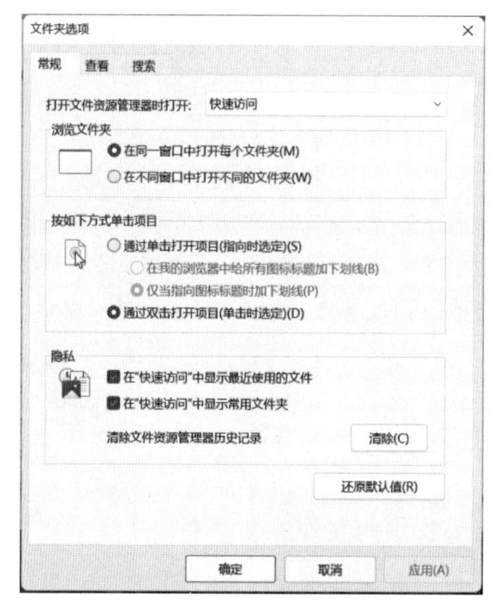

图 2-20 “文件夹选项”对话框

(6) 滚动条。

当窗口中内容较多时,一般会提供垂直滚动条和水平滚动条两种。使用鼠标拖动水平方向上的滚动滑块,可以在水平方向上移动窗口,以便显示窗口水平方向上容纳不下的部分;使用鼠标拖动垂直方向上的滚动滑块,可以在垂直方向上移动窗口,以便显示窗口垂直方向上容纳不下的部分。

(7) 窗口工作区。

窗口工作区用于显示当前窗口中存放的文件和文件夹内容。

(8) 状态栏。

状态栏用于显示当前窗口中选择对象的信息。

2. 窗口操作

(1) 打开窗口。

在 Windows 11 中,用户启动一个程序、打开一个文件或文件夹时都将打开一个窗口。打开对象窗口的具体方法有如下几种。

- 双击一个对象,将打开对象窗口。
- 选中对象后按 Enter 键即可打开该对象窗口。
- 在对象图标上右击,在弹出的快捷菜单中选择“打开”命令。

(2) 移动窗口。

移动窗口的方法是在窗口标题栏上按住鼠标左键不放,直到拖动到适当位置再释放鼠标即可。其中,将窗口向屏幕最上方拖动到顶部时,窗口会最大化显示;向屏幕最左侧拖动时,窗口会半屏显示在桌面左侧;向屏幕最右侧拖动时,窗口会半屏显示在桌面右侧。

(3) 改变窗口大小。

除了可以通过“最大化”“最小化”和“还原”按钮来改变窗口大小外,还可以随意改变窗口大小。当窗口没有处于最大化状态下时,改变窗口大小的方法是:将鼠标指针移至窗口的外边框或四个角上,当光标变为 ↕ 、↔、⤡ 或 ⤢ 形状时,按住鼠标不放拖动到窗口变为需要的大小时释放鼠标即可。

(4) 窗口分屏。

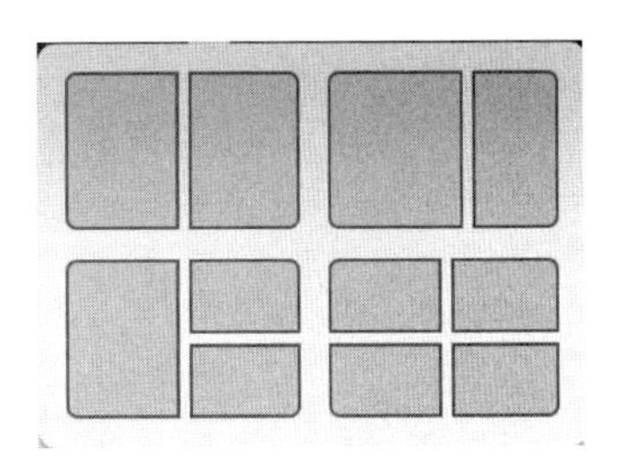

图 2-21　窗口布局界面

当打开多个窗口后，为了使桌面更加整洁，可以将打开的窗口进行布局。Windows 11 默认也提供了窗口分屏功能，将鼠标指针悬停到最大化(还原)按钮上，或者按 Win+Z 组合键，当前窗口右上角会出现如图 2-21 所示的四种不同的窗口布局选项，每种布局的每个窗口均可以单击。选择后，当前窗口就自动变换至所选形状，同时其他打开窗口会集中展现在另一侧，用户可以继续单击，为其他窗口依次布局。如果不想排布其他窗口，可以按 Esc 键退出布局界面。此外，Win+Tab 组合键依旧可以预览全部窗口，并切换不同的桌面。

提示： 在三个或四个部分中使用多窗口会影响可见性和清晰度。建议仅在较大的显示器上使用此设置。

(5) "带鱼屏"优化。

Windows 11 还对时下越来越多的"带鱼屏"做了优化，即当屏幕横纵比超过一定限值时，就会自动激活三个隐藏式分屏方案，分别是"左/中/右""左主/右辅""左辅/右主"。这三种方案即可通过浮动面板调出，也能用鼠标直接拖曳窗口激活。

2.2.7　菜单

菜单主要用于存放各种操作命令，要执行菜单上的命令，只需单击菜单项，然后在弹出的菜单中单击某个命令即可执行。在 Windows 11 中，常用的菜单类型主要有子菜单、下拉列表和快捷菜单，图 2-22 所示为下拉列表，图 2-23 所示为快捷菜单。其中，快捷菜单是右击一个项目或一个区域时弹出的菜单列表，图 2-23 为右击回收站的快捷菜单，对象不同，快捷菜单的内容也有所不同。使用鼠标选择快捷菜单中的相应选项，即可对所选对象实现"打开""删除""复制""发送""创建快捷方式"等操作。

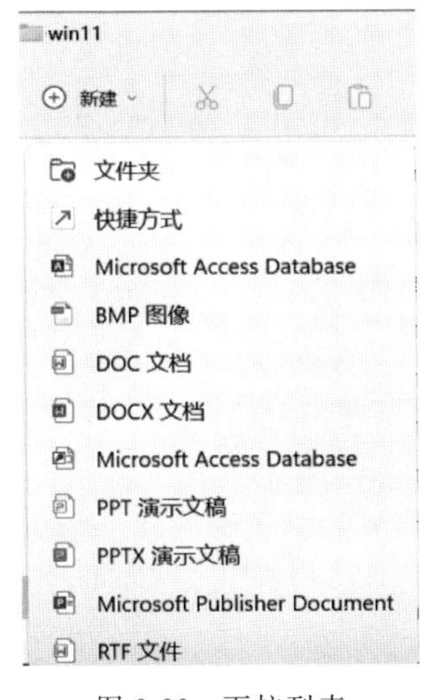

图 2-22　下拉列表

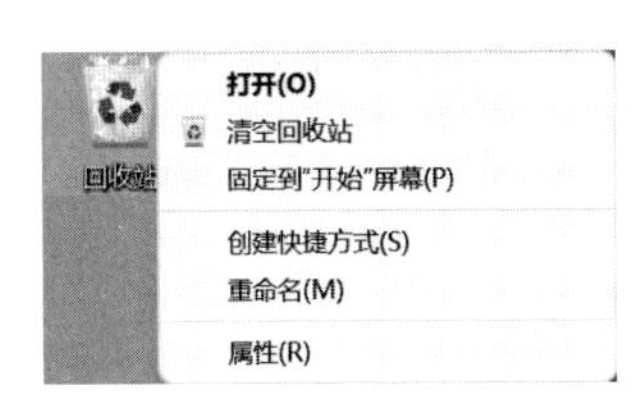

图 2-23　快捷菜单

在菜单中有一些常见的符号标记，它们分别代表的含义如下。

（1）字母标记：表示该菜单命令的快捷键。

（2）✓标记：当选择的某个菜单命令前出现该标记，表示已将该菜单命令选中并应用了效果。选择该命令后，其他相关的命令也将同时存在。

（3）•标记：当选择某个菜单命令后，其名称左侧出现该标记，表示已将该菜单命令选中。选择该命令后，其他相关的命令将不再起作用。

（4）>标记：如果菜单命令后有该标记，表示选择该菜单命令将弹出相应的子菜单。在弹出的子菜单中即可选择所需的菜单命令。

（5）…标记：表示执行该菜单命令后，将打开一个对话框，在其中可进行相关的设置。

2.2.8　对话框

在执行 Windows 11 的一些命令时，会打开一个用于对该命令或操作对象进行下一步设置的对话框，可以通过选择选项或输入数据来进行设置。选择不同的命令，打开的对话框内容也不同，但其中包含的设置参数类型是类似的。图 2-20 是 Windows 11 的对话框。对话框中的基本构成元素有以下几种。

（1）复选框：复选框一般是使用一个空心的方框表示给出单一选项或一组相关选项。当处于非选中状态时为□，处于选中状态时为☑。复选框可以一次选中一项、多项或一组全部选中，也可不选，如图 2-20 中的“隐私”部分。

（2）单选项：单选项是用一个圆圈表示的，它有两种状态，处于选中状态时为◉，处于非选中状态时为○。在单选项组中只能选择其中的一个选项，也就是说当有个单选项处于选中状态时，其他同组单选项都处于非选中状态，如图 2-20 中的选项。

（3）微调按钮：微调按钮是用户设置某些项目参数的地方，可以直接输入参数，也可以通过微调按钮改变参数大小。

（4）列表框：在一个区域中显示多个选项，可以根据需要选择其中的一项。

（5）下拉列表框：下拉列表框是由一个列表框和一个向下箭头按钮组成。单击向下箭头按钮，将打开多个选项的列表框。

（6）命令按钮：单击命令按钮，可以直接执行命令按钮上显示的命令，如图 2-20 中的“确定”和“取消”按钮。

（7）选项卡：有些更为复杂的对话框，在有限的空间内不能显示出所有的内容，这时就做成了多个选项卡，每个选项卡代表一个主题，不同的主题设置可以在不同的选项卡中来完成。如图 2-20 中的“常规”“查看”“搜索”选项卡。

（8）文本框：文本框是对话框给用户输入信息所提供的位置，在如图 2-24 所示的“选择用户或组”对话框中，其中的“输入对象名称来选择”部分即为文本框。

对话框是一种特殊的窗口，它与普通的 Windows 窗口有相似之处，但是它比一般的窗口更加简洁直观。对话框的大小是不可以改变的，但同一般窗口一样可以通过拖动标题栏来改变对话框的位置。

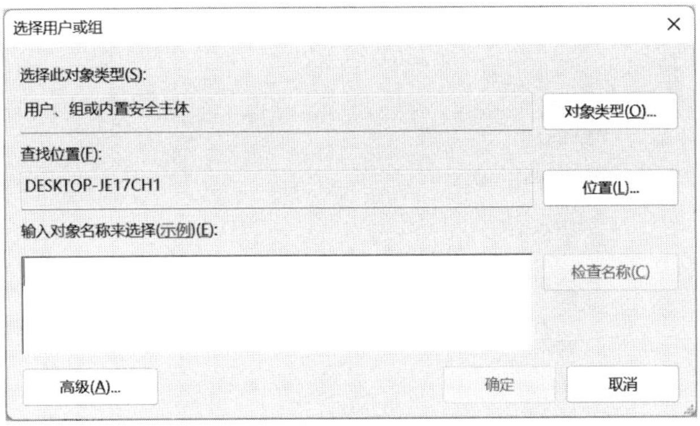

图 2-24 “选择用户或组”对话框

2.2.9 Windows 11 的帮助系统

如果用户在 Windows 11 的操作过程中遇到一些无法处理的问题,可以使用帮助系统。在 Windows 11 中帮助系统更多的是提供一种联网帮助系统。学会使用帮助系统,也是学习和掌握 Windows 11 的一种有效途径。

当在 Windows 11 中进行系统设置时,如果设置过程中遇到疑问,这时可以通过获取帮助来解决。如在如图 2-25 所示的“屏幕”窗口中下面有“获取帮助”的链接,当单击该链接时,会打开如图 2-26 所示的“获取帮助”窗口。在该窗口中可以通过单击相关内容下面的“更多帮助”下面的链接,打开相关文章获取详细的帮助信息。

此外“搜索”从某种意义上来说也是一种帮助,利用任务栏中的“搜索”按钮 也可以有效地达到帮助查找的效果。如要打开“计算器”应用程序,那么在如图 2-27 所示的搜索栏中输入“计算器”,则直接将搜索结果显示在该窗口中。

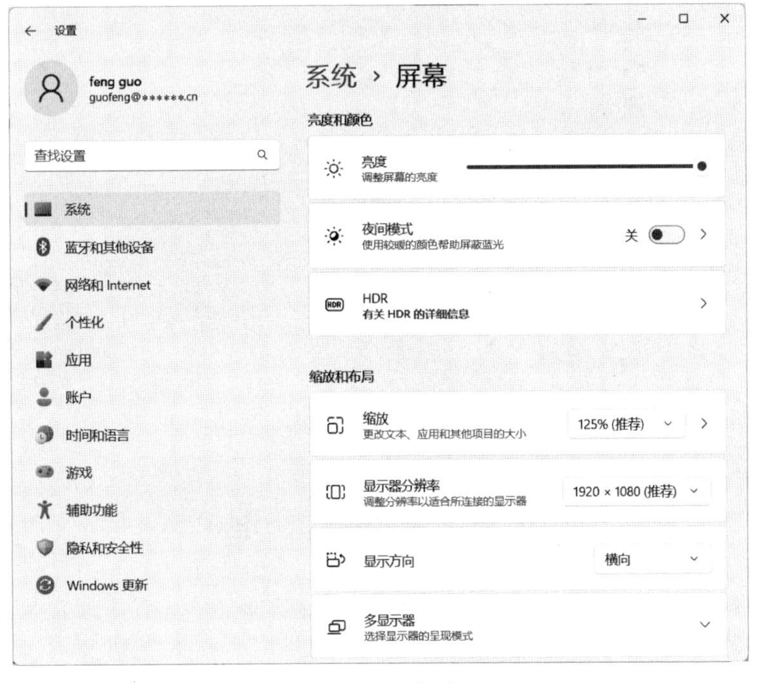

图 2-25 “屏幕”窗口

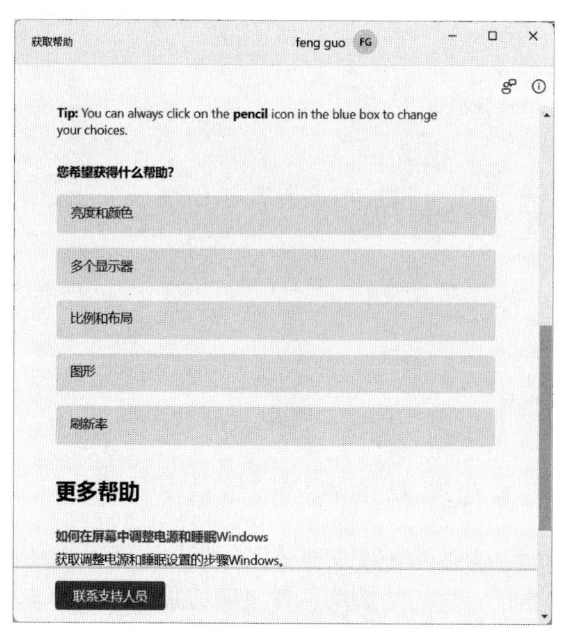

图 2-26 “获取帮助”窗口

图 2-27 搜索帮助窗口

2.3 程序管理

管理程序的启动、运行和退出是操作系统的主要功能之一。程序通常是以文件的形式存储在外存储器上。

1. 运行程序

Windows 11 提供了以下多种运行程序的方法。

(1) 从桌面运行程序。

从桌面运行程序时，所要运行的程序的图标必须显示在桌面上。双击所要运行的程序图标即可运行该程序。

(2) 从“开始”菜单运行程序。

单击“开始”按钮，在弹出的“开始”菜单中选择所运行程序所在的选项即可。如在“开始”菜单中启动“记事本”程序：单击“开始”按钮，选择“所有应用”，按字母顺序滚动鼠标找到“记事本”选项，即可打开记事本程序。

(3) 从“计算机”运行程序。

双击桌面上的“计算机”图标，此时显示“计算机”窗口，在打开的窗口中找到待运行程序的文件名，双击即可运行该程序。

(4) 从“文件资源管理器”运行程序。

在任务栏上单击“文件资源管理器”按钮，打开“文件资源管理器”窗口，在该窗口中找到待运行程序的文件名，双击即可运行该程序。

(5) 在 DOS 环境下运行程序。

利用组合键 Win+R 打开如图 2-28 所示的“运行”对话框，在文本框中输入 cmd 命令，单击“确定”按钮，打开如图 2-29 所示的 MS-DOS 方式命令提示符窗口。在 DOS 的提示符下面输入需要运行的程序名，按 Enter 键即可运行所选程序。DOS 窗口使用完毕后，单击窗口右上角的“关闭”按钮，或在 DOS 提示符下面输入 EXIT(退出)命令都可以退出 MS-DOS。

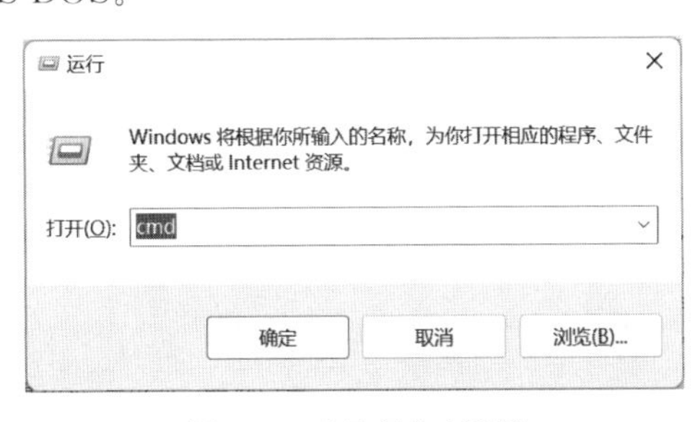

图 2-28 “运行”对话框

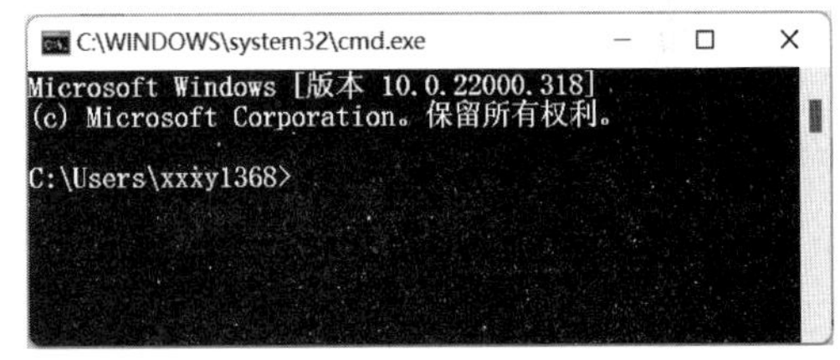

图 2-29 MS-DOS 方式命令提示符窗口

Windows 11 也提供了适用于 IT 专业人员、程序员和高级用户的一种命令行外壳程序和脚本环境 Windows PowerShell。单击“开始”按钮，选择“所有应用”，按字母顺序滚动鼠标找到 Windows Terminal 并单击，即可打开 Windows PowerShell 窗口。Windows PowerShell 引入了许多非常有用的新概念，从而进一步扩展了在 Windows 命令提示符中获得的知识和创建的脚本，并使命令行用户和脚本编写者可以利用.NET 的强大功能。也可以理解为 Windows PowerShell 是 Windows 命令提示符的扩展。

2. 切换程序

在 Windows 11 下可以同时运行多个程序，每个程序都有自己单独的窗口，但只有一个窗口是活动窗口，可以接受用户的各种操作。可以在多个程序间进行切换，选择另一个窗口为活动窗口。

(1) 任务栏切换：所有打开的窗口都会以按钮的形式显示在任务栏上，单击任务栏上所需切换到的程序窗口按钮，可以从当前程序切换到所选程序。

(2) 键盘切换。

- Alt+Tab 组合键，按住 Alt 键不放，再按 Tab 键即可实现各窗口间的切换。
- Alt+Esc 组合键，按住 Alt 键不放，再按 Esc 键也可实现各窗口间的切换。

(3) 鼠标切换：单击后面窗口露出来的一部分也可以实现窗口切换。

(4) 窗口分屏切换：在图 2-21 中选择任何一种窗口布局，可在布局窗口中看到所有打开的窗口，切换即可。

3. 退出程序

Windows 11 提供了以下多种退出程序的方法。

(1) 单击程序窗口右上角的“关闭”按钮。

(2) 使用鼠标选择控制菜单下的“关闭”命令。

(3) 双击控制菜单的“关闭”按钮。

(4) 右击任务栏上的程序按钮，然后选择快捷菜单中的“关闭所有窗口”命令。

(5) 按组合键 Alt+F4。

图 2-30 “任务管理器”窗口

(6) 按组合键 Ctrl+Shift+Esc 后，打开如图 2-30 所示的“任务管理器”窗口，在该窗口中选择待退出的程序，单击“结束任务”按钮，即可退出所选程序。

4. 安装程序

安装应用程序有以下方法。

(1) 自动执行安装：对于有自动安装程序的软件而言，用户只需单击其中的“安装”按钮即可。

(2) 运行安装文件：在资源管理器中浏览软件所在的光盘，找到安装程序（通常为 SETPUT. EXE 或 INSTALL. EXE）并双击运行它，之后按提示一步步进行即可。

(3) 从 Internet 下载和安装程序：若从 Internet 下载和安装程序，应首先确保该程序的发布者以及提供该程序的网站是值得信任的。通常整套软件会被捆绑成一个 exe 准文件，用户运行该文件后即可直接安装应用程序。

5. 删除程序

删除应用程序有以下方法。

(1) 在“开始”菜单中找到目标程序，在该目标程序上右击，在弹出的快捷菜单中选择“卸载”命令，用户根据删除程序的引导就可以完成删除任务。

(2) 在“开始”菜单中找到“设置”，在打开的“设置”窗口中选择“应用”，单击“安装的应用”选项，打开如图 2-31 所示的“安装的应用”窗口，在该窗口的“应用列表”中找到要删除的应用程序，在其后面的“ ⋮ ”按钮上单击，在弹出的菜单中选择“卸载”命令，即可删除该应用程序。

提示：删除应用程序最好不要直接从文件夹中删除，因为一方面可能无法删除干净，另一方面可能会导致其他程序无法运行。

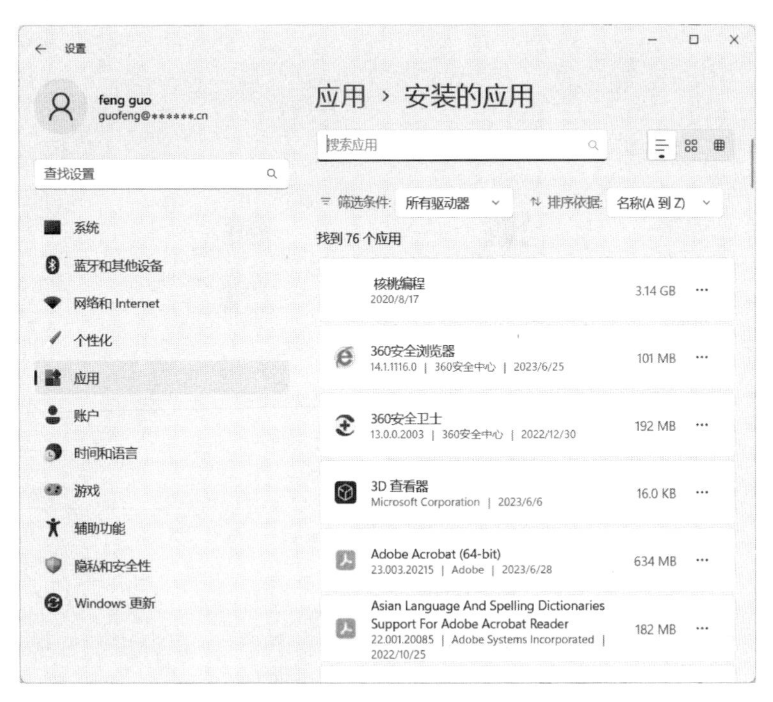

图 2-31 “安装的应用”窗口

2.4 文件和文件夹管理

在使用计算机的过程中,文件与文件夹的管理是非常重要的操作,其中主要包括创建、选取、移动、复制、重命名、压缩、删除等操作。

2.4.1 文件资源管理器

Windows 11 带来了全新的文件资源管理器,系统图标全面改版,更易识别。Windows 11 中“计算机”与“文件资源管理器”都是 Windows 提供的用于管理文件和文件夹的工具,两者的功能类似,其原因是它们调用的都是同一个应用程序 Explorer.exe。这里以“文件资源管理器”为例介绍。

1. “文件资源管理器”窗口

(1) 启动资源管理器。

启动文件资源管理器可以有多种方法:例如单击任务栏中的“文件资源管理器”图标;或是单击 Windows 11 的“开始”按钮,选择“所有应用”,按字母顺序滚动鼠标找到“文件资源管理器”;或是右击任务栏中的“开始”按钮,在弹出的快捷菜单中选择“文件资源管理器”命令,都可以打开如图 2-32 所示的“文件资源管理器”窗口。

Windows 的“文件资源管理器”窗口打开后,即可使用它来浏览计算机中的文件信息和硬件信息。Windows 的“文件资源管理器”窗口被分成左右两个窗格,左边是列表窗口,可以以目录树的形式显示计算机中的驱动器和文件夹,这样用户可以清楚地看出各个文件夹之间或文件夹和驱动器之间的层次关系;右边是选项内容窗口,显示当前选中的选项里面

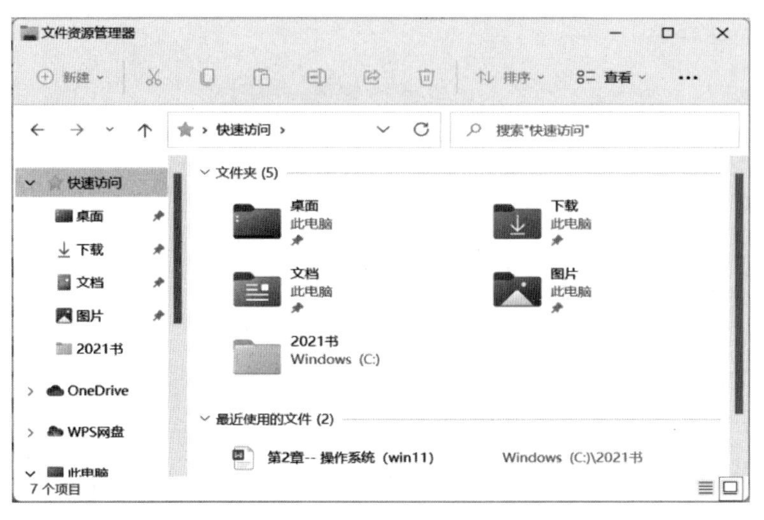

图 2-32 “文件资源管理器”窗口

的内容。

在 Windows 11 的“文件资源管理器”窗口中右击空白处,在弹出的快捷菜单中新增了“查看”命令,便于快速切换界面视图,选择各种大小的图标,或详细信息。值得注意的是,列表展现了不同视图的快捷键,方便用户记住,并进一步提高了操作效率。

(2) 快速访问区。

该区域中有“桌面”“下载”“文档”等快捷方式。其中,“桌面”指向桌面的快捷方式;“下载”指向从因特网下载时默认存档的位置。该区域还记录了用户最近访问过的文件或文件夹所在的位置。当用户拖动一个文件夹到该区域时,表示在快速访问区中建立起快捷方式。

(3) 文件夹标识。

如果需要使用的文件或文件夹包含在一个主文件夹中,那么必须将其主文件夹打开,然后将所要的文件夹打开。文件夹图标前面有“ › ”标记,则表示该文件夹下面还包含子文件夹,可以直接通过单击这一标记来展开这一文件夹;如果文件夹图标前面有“ ∨ ”标记,则表示该文件夹下面的子文件夹已经展开。如果一次打开的文件夹太多,“文件资源管理器”窗口中显得特别杂乱,所以使用文件夹后最好单击文件夹前面或上面的“ ∨ ”标记将其折叠。

(4) 快捷方式。

有些图标的左下角有一个小箭头,这样的图标代表快捷方式,通过它可以快速启动它所对应的应用程序。

提示:快捷方式图标被删除并不表示删除它所对应的应用程序,只是无法用此方式启动该应用程序而已。

2. 查看显示方式

选择“文件资源管理器”窗口中的“查看”菜单,可以更改文件夹窗口和文件夹内容窗口(文件列表窗口)中项目图标的显示方式。

(1) 查看显示方式。

在“文件资源管理器”窗口中,可以使用两种方法重新选择文件窗口中的项目图标的显示方式。

① 从“查看”菜单中改变文件窗口中项目图标的显示方式。

选择“文件资源管理器”窗口栏中的“查看”菜单，显示查看下拉式菜单。根据个人的习惯和需要，在“查看”菜单中可以将项目图标的排列方式选择为超大图标、大图标、中等图标、小图标、列表、详细信息、平铺和内容八种方式之一。

② 使用查看选项按钮，改变文件窗口中项目图标的显示方式。

单击“文件资源管理器”窗口中右下角的两个“ ≡ ▭ ”查看按钮，可以分别以详细信息方式和大图标方式显示。

(2) 排列图标文件列表窗口中的文件图标。

选择“文件资源管理器”窗口中的“排序”菜单，显示排序下拉式菜单，可以根据需要改变图标的排列方式。

2.4.2 选择文件或文件夹

选择操作是移动、复制、删除等操作的前提，下面介绍文件或文件夹选取的方法。

1. 选择一个文件或文件夹

单击该文件或文件夹即可选择。

2. 选择多个连续多个文件或文件夹

在“文件资源管理器”窗口的文件列表或“计算机”窗口中选择多个连续排列的文件或文件夹，方法有两种。

(1) 按住 Shift 键选择多个连续文件。

单击第一个要选择的文件或文件夹图标，使其处于高亮选中状态，按住 Shift 键不放，单击最后一个要选择的文件或文件夹，即可将多个连续的文件一起选中，如图 2-33 所示。松开 Shift 键，即可对所选文件进行操作。

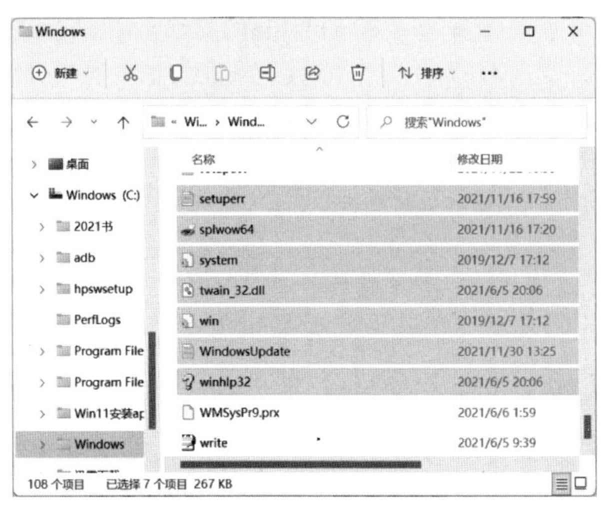

图 2-33 选择多个连续文件

(2) 使用鼠标框选多个连续的文件。

在第一个或最后一个要选择的文件外侧按住鼠标左键，然后拖动出一个矩形框将所要选择的文件或文件夹框住,松开鼠标,文件或文件夹将被高亮选中。

3. 选择多个不连续文件或文件夹

按住 Ctrl 键不放,依次单击要选择的其他文件或文件夹。将需要选择的文件全部选中后,松开 Ctrl 键即可进行操作。图 2-34 所示为一次性选择多个不连续文件。

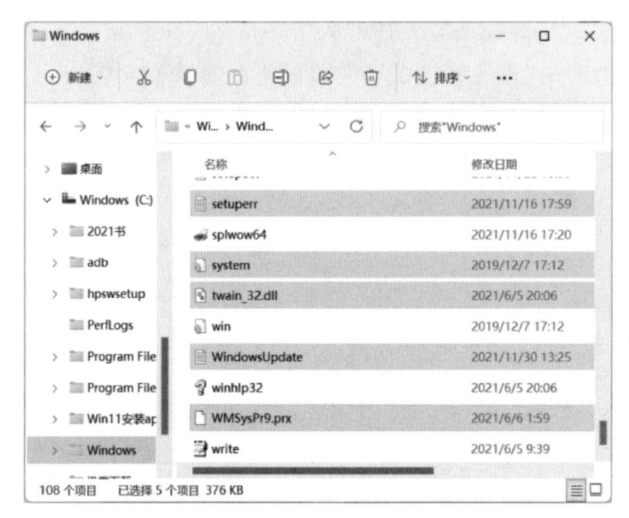

图 2-34 选择多个不连续文件

2.4.3 创建文件夹

在 Windows 11 中,有些文件夹是在安装时系统自动创建的,不能随意地向这些文件夹中放入其他的文件夹或文件,当用户要存入自己的文件时,可以创建自己的文件夹。创建文件夹的方法有多种。

(1) 在桌面创建文件夹。

在桌面空白处右击,在弹出的快捷菜单中选择"新建"命令,在弹出的子菜单中选择"文件夹"命令,将新建一个名为"新建文件夹"的文件夹于桌面上。此时新建文件夹的名字为"新建文件夹",其文字处于选中状态,可以根据需要输入新的文件夹名,输入后按 Enter 键或单击,则文件夹创建并命名完成。

(2) 通过"计算机"或"文件资源管理器"创建文件夹。

打开"计算机"或"文件资源管理器"窗口,选择创建文件夹的位置。例如,要在 D 盘上新建一文件夹,双击 D 盘将其打开,然后选择"新建"中的"文件夹"命令,或在 D 盘文件列表窗口的空白处右击,在弹出的快捷菜单中选择"新建"中的"文件夹"命令,创建并命名文件夹。

2.4.4 移动、复制、删除文件或文件夹

1. 移动文件或文件夹

为了更好地管理计算机中的文件,经常需要调整一些文件或文件夹的位置,将其从一个磁盘(或文件夹)移动到另一个磁盘(或文件夹)。移动文件或文件夹的方法相同,都有很多种,以下是几种常用的移动方法。

(1) "剪切"和"粘贴"的配合使用。

选中需要移动的文件或文件夹,选择工具栏中的"剪切"命令按钮,将选择的文件或文件

夹剪切到剪贴板上。然后将目标文件夹打开，选择工具栏中的“粘贴”命令按钮，将所剪切的文件或文件夹移动到打开的文件夹中。

提示：该方法还可以通过快捷菜单中的“剪切”和“粘贴”来实现。

（2）用鼠标左键拖动移动文件或文件夹。

按下 Shift 键的同时按住鼠标左键拖动所要移动的文件或文件夹到目标处，松开鼠标，即可将文件或文件夹移动到目标处。

（3）用鼠标右键拖动移动文件或文件夹。

按住鼠标右键拖动所要移动的文件或文件夹到目标处（此时目标处的文件夹的文件名将被高亮选中），松开鼠标，显示如图 2-35 所示的快捷菜单。选择快捷菜单中的“移动到当前位置”命令，即可将文件或文件夹移动到目标处。

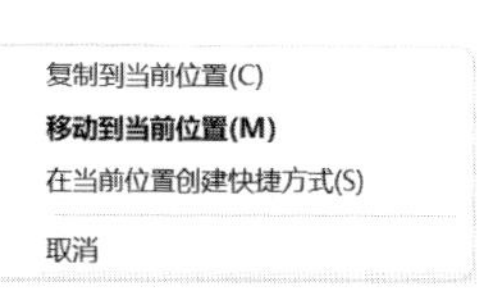

图 2-35　快捷菜单

2. 复制文件或文件夹

对于一些重要的文件有时为了避免其数据丢失，要将一个文件从一个磁盘（或文件夹）复制到另一个磁盘（或文件夹）中，以作为备份。同移动文件一样，复制文件或文件夹的方法相同，都有很多种，以下是几种常用的复制方法。

（1）“复制”和“粘贴”的配合使用。

选中需要复制的文件或文件夹，选择工具栏中的“复制”命令按钮，将选中的文件或文件夹复制到剪贴板上，然后将其目标文件夹打开，选择工具栏中的“粘贴”命令按钮，将所复制的文件或文件夹复制到打开的文件夹中。

提示：该方法还可以通过快捷菜单中的“复制”和“粘贴”来实现。

（2）用鼠标左键拖动复制文件或文件夹。

按下 Ctrl 键的同时按住鼠标左键拖动所要复制的文件或文件夹到目标位置，松开鼠标，即可将所选文件或文件夹复制到目标处。

（3）用鼠标右键拖动复制文件或文件夹。

按住鼠标右键拖动所要复制的文件或文件夹到目标位置（此时目标处的文件夹的文件名将被高亮选中），松开鼠标，显示如图 2-35 所示的快捷菜单，选择快捷菜单中的“复制到当前位置”命令，即可将所选文件或文件夹复制到目标处。

3. 删除文件或文件夹

无用的一些文件或文件夹应该及时删除，以腾出足够的磁盘空间供其他工作使用。删除文件或文件夹的方法相同，都有很多种。

（1）使用菜单栏删除文件或文件夹。

选取要删除的文件或文件夹，在“文件资源管理器”或“计算机”窗口的工具栏中选择“删除”命令按钮即可。

（2）使用键盘删除文件或文件夹。

选取要删除的文件或文件夹，按下 Delete 键即可。

（3）直接拖入“回收站”。

选取要删除的文件或文件夹，在回收站图标可见的情况下，拖动待删除的文件或文件夹到“回收站”即可。

(4) 使用快捷菜单删除文件或文件夹。

选择要删除的文件或文件夹，在其上右击，在弹出的快捷菜单中选择“删除”命令即可。

(5) 彻底删除文件或文件夹。

以上删除方式都是将被删除的对象放入回收站，需要时还可以将其还原。而彻底删除是将被删除的对象直接删除而不放入回收站，因此无法还原。操作如下：选中将要删除的文件或文件夹，按 Shift+Delete 组合键，显示如图 2-36 所示的提示信息，单击“是”按钮，即可将所选文件或文件夹彻底删除。

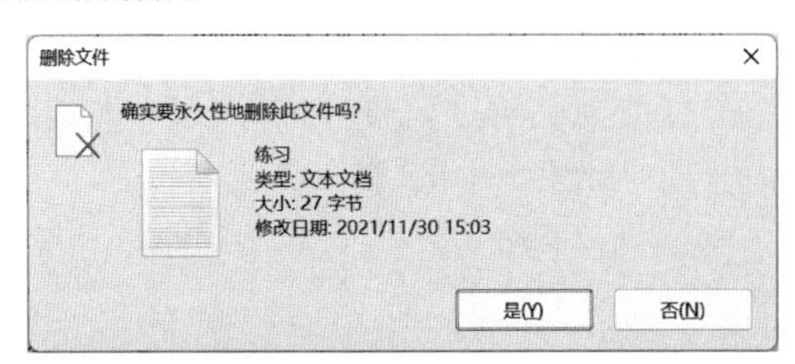

图 2-36 彻底删除信息提示对话框

2.4.5 搜索和重命名文件或文件夹

1. 搜索

如果计算机中文件和文件夹过多，当用户在使用其中某些文件时短时间内有可能找不到，这时使用 Windows 11 的搜索功能，可以帮助用户快速搜索到所需的文件或文件夹。

(1) 使用任务栏中的“搜索”按钮。

用户可以使用任务栏中的“搜索”按钮来搜索查找对象，以获取帮助信息。例如要查找任务栏设置的相关信息，可以在搜索窗口的文本框中输入“任务栏设置”，搜索结果如图 2-37 所示，选择相应内容，可以打开相应设置窗口。

图 2-37 使用“搜索”按钮搜索

（2）使用“文件资源管理器”的搜索框。

若已知所需文件或文件夹位于某个特定的文件夹中，可使用“文件资源管理器”中位于每个文件夹顶部的“搜索”框进行搜索。例如，要在C盘Windows文件夹中查找所有的文本文件，则需首先打开C盘上的Windows文件夹窗口，在其窗口顶部的“搜索”框中输入“＊.txt”，则开始搜索，搜索结果如图2-38所示。

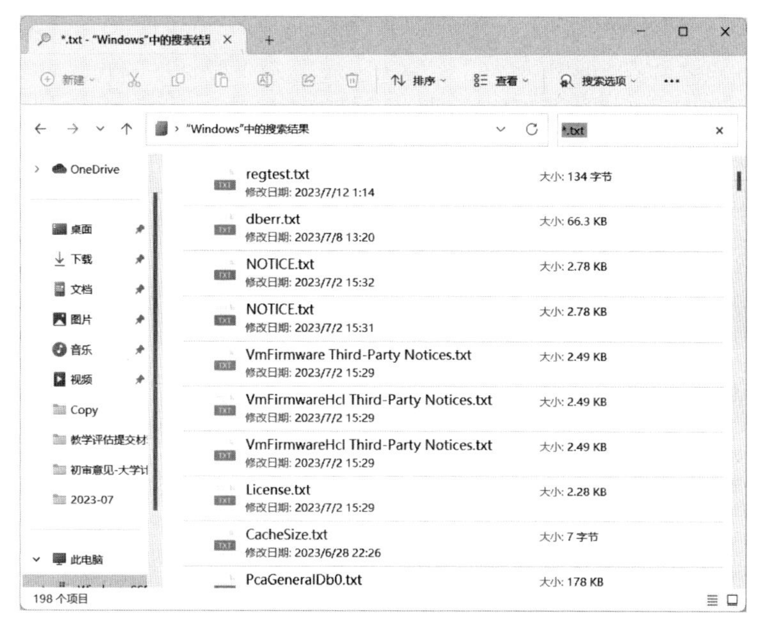

图2-38　使用“文件资源管理器”的搜索框搜索

如果用户想要基于一个或多个属性来搜索文件，则搜索时可在图2-38所示的窗口中单击“查看”命令右侧的“查看更多”按钮 ••• ，弹出如图2-39所示的菜单，选择“搜索选项”，弹出如图2-40所示的子菜单，可以按照“日期”“类型”“大小”等进一步制订筛选条件，从而更加快速地查找指定的文件或文件夹。

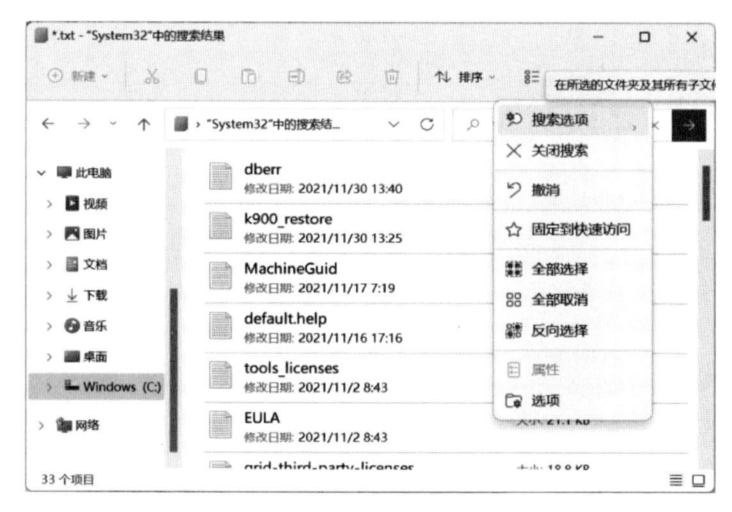

图2-39　包含“搜索选项”的菜单

图2-40　“搜索选项”子菜单

提示：搜索时可以使用通配符“*”和“?”，搜索条件可以按组合条件进行。

2. 重命名

在对文件或文件夹的管理中，常常遇到需要对文件或文件夹进行重命名。对文件夹或文件进行重命名可以有多种方法。

(1) 使用工具栏中的“重命名”命令。

选取要重命名的文件或文件夹，选择工具栏中的“重命名”命令按钮，所选文件或文件夹名字将被高亮选中在一个文本框中，如图 2-41 所示。在文本框中输入文件或文件夹的新名称，按 Enter 键或单击文件列表的其他位置，即可完成对文件或文件夹的重命名。

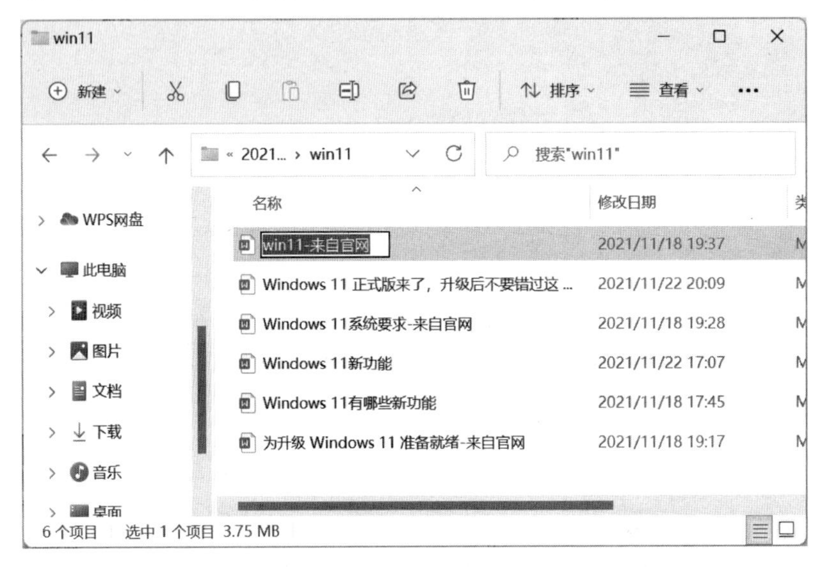

图 2-41　重命名文件

(2) 使用快捷菜单重命名。

在需要重命名的文件或文件夹上右击，在弹出的快捷菜单中选择“重命名”命令，此时所选文件或文件夹的名字将被高亮选中在一个文本框中，输入新名称，然后按 Enter 键即可。

(3) 两次单击鼠标重命名。

单击需要重命名的文件或文件夹，然后再次单击此文件或文件夹的名称，此时所选文件或文件夹的名字将被高亮选中在一个文本框中，输入新名称，然后按 Enter 键即可。

2.4.6　更改文件或文件夹的属性

在某一文件或文件夹上右击，在弹出的快捷菜单中选择“属性”命令，打开如图 2-42 所示的该对象的属性对话框。该对话框提供了该对象的有关信息，如文件类型、打开方式、大小、创建时间、文件的属性等。

(1) “只读”属性：被设置为只读属性的文件只能允许读操作，即只能运行，不能被修改和删除。将文件设置为“只读”属性后，可以保护文件不被修改和破坏。

(2) “隐藏”属性：设置为隐藏属性的文件的文件名不能在窗口中显示。对隐藏属性的文件，如果不知道文件名，就不能删除该文件，也无法调用该文件。如果希望能够在“文件资源管理器”或“计算机”窗口中看到隐藏文件，可以单击“查看”命令右侧的“查看更多”按钮…，在弹出的菜单中选择“选项”命令，在打开的“文件夹选项”对话框的“查看”选项卡中进行设置，如图 2-43 所示。

图 2-42 “练习 属性”对话框

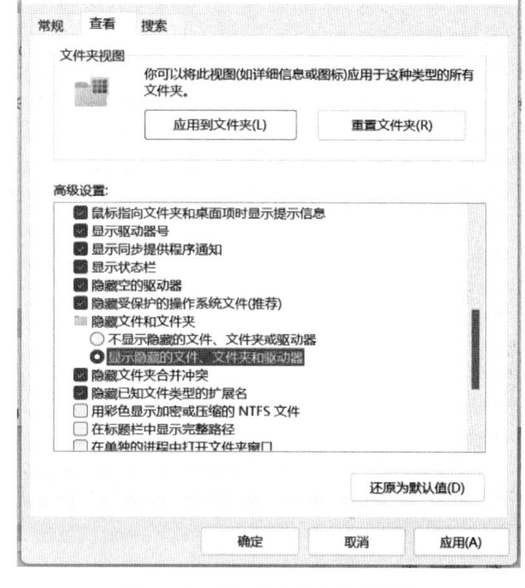

图 2-43 “文件夹选项”对话框

使用属性对话框还可以设置未知类型文件的打开方式。在选择的文件上右击，在弹出的快捷菜单中选择“属性”命令，单击“更改”按钮，在“打开方式”窗口中选择打开此文件的应用程序。

2.4.7 压缩、解压缩文件或文件夹

为了节省磁盘空间，用户可以对一些文件或文件夹进行压缩，压缩文件占据的存储空间较少，而且压缩后可以更快速地将其传输到其他计算机上，以实现不同用户之间的共享。解压缩文件或文件夹就是从压缩文件中提取文件或文件夹。Windows 11 操作系统中置入了压缩文件程序。

1. 压缩文件或文件夹

(1) 利用 Windows 11 系统自带的压缩程序对文件或文件夹进行压缩。

选择要压缩的文件或文件夹，在该文件或文件夹上右击，在弹出的如图 2-44 所示的快捷菜单中选择“压缩为 ZIP 文件”命令，之后打开“正在压缩”对话框，进度条显示压缩进度。压缩完毕后对话框自动关闭，此时窗口中显示压缩好的压缩文件或文件夹。该压缩方式生成的压缩文件的扩展名为.zip。

图 2-44 ZIP 压缩方式

（2）利用 WinRAR 压缩程序对文件或文件夹进行压缩。

如果系统安装了 WinRAR，则选择要压缩的文件或文件夹，如这里选择 Win11 文件夹，在该文件夹上右击，在弹出的快捷菜单中选择“添加到 Win11. rar”命令，之后打开“正在压缩”对话框，进度条显示压缩进度。压缩完毕后对话框自动关闭，此时窗口中显示压缩好的压缩文件或文件夹。该压缩方式生成的压缩文件的扩展名为. RAR。

（3）向压缩文件夹添加文件或文件夹。

压缩文件创建完成后，还可继续向其中添加新的文件或文件夹。操作如下：将要添加的文件或文件夹放到压缩文件夹所在目录下，选择要添加的文件或文件夹，按住鼠标左键不放，将其拖至压缩文件，松开鼠标，打开“正在压缩”对话框，压缩完毕后，需要添加的文件或文件夹就会成功地加入压缩文件中，双击压缩文件可查看其中的内容。

2. 解压缩文件或文件夹

（1）利用 Windows 11 系统自带的压缩程序对文件或文件夹进行解压缩。

在要解压的文件上右击，在弹出的快捷菜单中选择“全部提取”命令，打开“提取压缩(zipped)文件夹”对话框，在该对话框的“文件被提取到这个文件夹”部分设置解压缩后文件或文件夹的存放位置，单击“提取”按钮即可。

（2）利用 WinRAR 压缩程序对文件或文件夹进行解压缩。

如果系统安装了 WinRAR，则选择要解压缩的文件或文件夹，如这里选择 Win11. rar，在该文件上右击，在弹出的快捷菜单中选择“解压到当前文件夹”命令即可。

2.4.8 磁盘管理

选择“开始”→“计算机”，打开如图 2-45 所示的“计算机”窗口（在“文件资源管理器”窗口的左窗格中选择“计算机”也可打开此窗口）。

1. 驱动器

驱动器就是读取、写入和寻找磁盘信息的硬件。在 Windows 系统中，每个驱动器都使用一个特定的字母标识出来。驱动器 C 通常是计算机中的硬盘，如果计算机外挂了多个硬盘或一个硬盘划分出多个分区，那么系统将把它们标识为 D、E、F 等；如果计算机有光驱，一般最后一个驱动器标识就是光驱。

2. 查看磁盘信息

从“计算机”窗口可以看出，使用“计算机”窗口类似于使用“文件资源管理器”窗口，可以以图标的形式查看计算机中所有的文件、文件夹和驱动器等。

（1）通过“计算机”窗口打开文件。

在桌面上双击“计算机”，打开“计算机”窗口，双击文件所在的驱动器或硬盘，如果所要浏览的文件存储在驱动器或硬盘的根目录下，双击文件图标即可；如果所要浏览的文件存储在驱动器或硬盘的根目录下的一个文件夹中，则先双击文件夹将文件夹打开，然后双击文件图标打开所要使用的文件。

（2）排列“计算机”窗口中图标的显示方式和排列顺序。

在“计算机”窗口中，用户完全可以根据实际的需要来选择项目图标的显示和排列方式，方法同“文件资源管理器”窗口一样，此处不再赘述。

3. 查看磁盘属性

在图 2-45 中的 C 盘上右击，在弹出的快捷菜单中选择“属性”命令，弹出磁盘属性对话框，如图 2-46 所示。在该对话框的“常规”选项卡中，可以进行查看磁盘类型、文件系统、已用空间、可用空间和容量，还可以进行磁盘清理等操作。在“工具”“硬件”“共享”等选项卡中可以做相应设置。

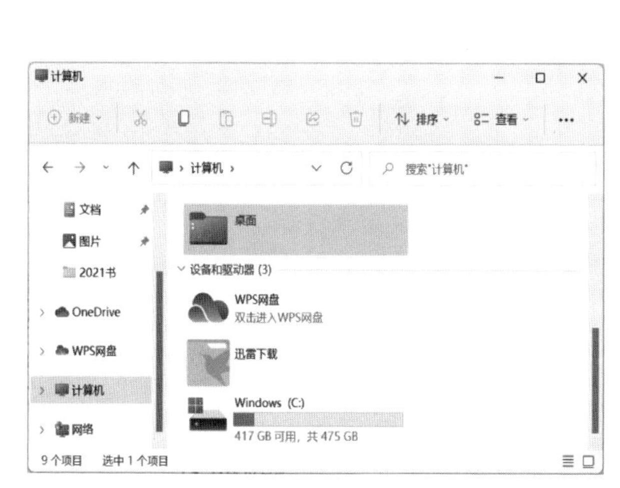

图 2-45 “计算机”窗口

图 2-46 磁盘属性对话框

2.5 系 统 设 置

Windows 11 的“设置”相当于“控制面板”的功能，是用来进行系统设置和设备管理的工具集，使用“设置”可以控制 Windows 11 的外观和工作方式。在一般情况下，用户不用调整这些设置选项，可以根据自己喜好进行诸如改变桌面设置、调整系统时间、添加或删除程序、查看硬件设备等操作。

启动“设置”的方法有很多，最简单的是单击“开始”按钮，在弹出的“开始”菜单上部的“已固定”区选择“设置”选项，打开如图 2-47 所示的“设置”窗口。该窗口分为左右两个窗格，左窗格属于分类窗格，右窗格显示该类下的项目，选择某项目可以展开进行具体设置。

2.5.1 个性化设置

1. 设置主题

主题决定着整个桌面的显示风格，Windows 11 中为用户提供了多个主题供选择。在如图 2-47 所示的“设置”窗口中单击“个性化”，在右侧窗格选择“主题”，打开如图 2-48 所示的“主题”窗口。也可在桌面空白处右击，在弹出的快捷菜单中选择“个性化”命令来打开“个性化”窗口。

图 2-47 “设置”窗口

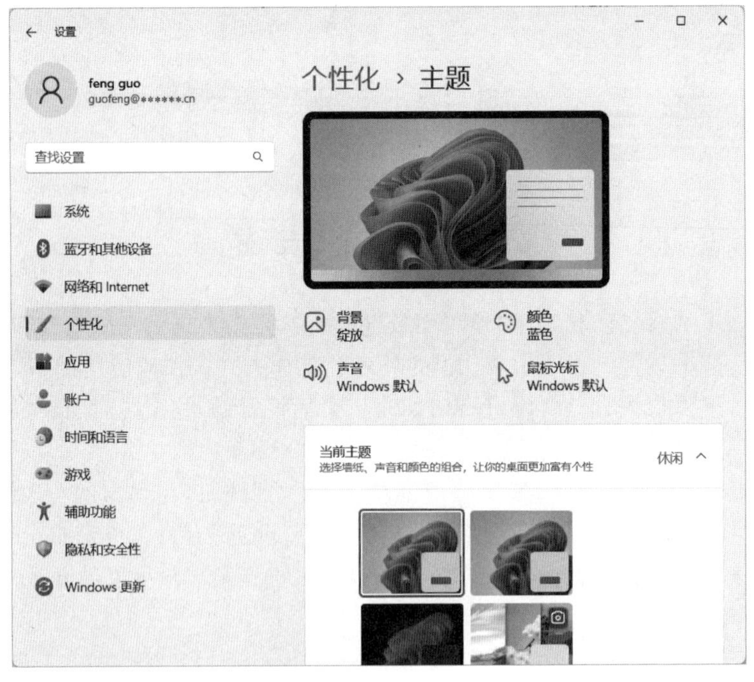

图 2-48 “主题”窗口

在图 2-48 所示的窗口中部主题区域提供了多个主题供选择，用户可以根据喜好选择喜欢的主题。选择一个主题后，其声音、背景、窗口颜色等都会随之改变。

主题是一整套显示方案，更改主题后，之前所有的设置如桌面背景、窗口颜色、声音等元素都将改变。当然，在应用了一个主题后也可以单独更改其他元素，如桌面背景、窗口颜色、声音和屏幕保护程序等。

2. 设置桌面背景

单击"个性化"窗口右侧窗格中的"背景",打开如图 2-49 所示的"背景"窗口。展开"个性化设置背景"区的"图片"按钮,有"图片""纯色""幻灯片放映"三种设置。

图 2-49 "背景"窗口

当背景设置为"图片"时,是选择一张图片作为背景,可以从"最近使用的图像"区选择图片,也可单击"浏览图片"按钮,在文件系统中搜索用户所需的图片文件作为背景。单击"选择适合你的桌面图像"区中的按钮,可以设置图片的放置位置,如居中、填充、适应、拉伸、平铺等方式。其中,"居中"是将图案显示在桌面背景的中央,图案无法覆盖到的区域将使用当前的桌面颜色;"填充"是使用图案填满桌面背景,图案的边缘可能会被裁剪;"适应"是让图案适应桌面背景,并保持当前比例。对于比较大的照片或图案,如果不想看到内容变形,通常可使用该方式;"拉伸"是拉伸图案以适应桌面背景,并尽量维持当前比例,不过图案高度可能会有变化,以填充空白区域;"平铺"是对图案进行重复,以便填满整个屏幕,对于小图案或图标,可考虑该方式。

当背景设置为"纯色"时,会打开"选择你的背景色"色区,选择一种喜欢的颜色作为背景。单击"自定义颜色"区中的"查看颜色"按钮,打开"选取背景颜色"框,可以选取更多颜色。

当背景设置为"幻灯片放映"时,可选择多个图片创建一个幻灯片作为桌面背景。可以单击"为幻灯片选择图像相册"区的"浏览"按钮,在文件系统中搜索用户所需的图片文件夹。选择完后还可以设置图片切换频率的时间、是否扰乱图片顺序等。

Windows 11 提供了大量的背景图案,并将这些图案进行了分组。背景图案保存在 Windows\Web\Wallpaper 目录的子文件夹中,每个文件夹对应一个集合。背景图案可以使用.bmp、.gif、.jpg、.jpeg、.dib 和.png 格式的文件。如果用户要创建新的集合，则只需在 Wallpaper 文件夹下创建子文件夹，并向其中添加文件即可。

3. 设置颜色

单击“个性化”窗口右侧窗格中的“颜色”，打开如图 2-50 所示的“颜色”窗口。在“选择模式”区单击“浅色”按钮，可以选择“浅色”“深色”“自定义”三种显示模式，可以更改 Windows 的应用中显示的颜色。“浅色”模式设置在“开始”菜单和任务栏中具有较浅的配色方案，它适合在夏令时使用，是用户较为习惯的一种模式。“深色”模式具有较暗的颜色集，设计为在低光环境中良好工作。“自定义”模式在浅色和深色之间提供了更多选项。如果选择“浅色”模式，将能够为窗口标题栏和边框显示主题色，但无法选择个性化设置“开始”菜单、任务栏和操作中心的颜色，该选项仅适用于深色和自定义。“透明效果”区可以设置窗口和表面是否显示半透明。也可以在“主题色”区手动或自动设置主题色，选择主题色有助于偏移和补充各种显示模式，在“主题色”下，在“开始”菜单、任务栏和窗口边框上显示主题色中的选择。

图 2-50 “颜色”窗口

4. 设置屏幕保护

当用户在指定时间内没有使用计算机时，通过屏幕保护程序可以使屏幕暂停显示或以动画显示，让屏幕上的图像或字符不会长时间停留在某个固定位置上，从而可以减少屏幕的损耗、节省能源并保障系统安全。屏幕保护程序启动后，只需移动鼠标或按键盘上的任意键，即可退出屏幕保护程序。Windows 11 提供了气泡、彩带、3D 文字等屏幕保护程序，还可以使用计算机内保存的照片作为屏幕保护程序。

在“个性化”设置窗口右侧窗格移动垂直滚动条，选择“锁屏界面”，打开如图 2-51 所示的“锁屏界面”窗口。用户可以将背景更改为喜爱的照片或幻灯片放映，照片和幻灯片的设置就如设置背景图片一样，此处不再赘述。选择"Windows 聚焦"，可以让美丽的照片自动显示在锁屏界面上，Windows 聚焦不仅可以每天更新拍摄自全球各地的新图像，还可以显示有关充分利用 Windows 的提示和技巧。

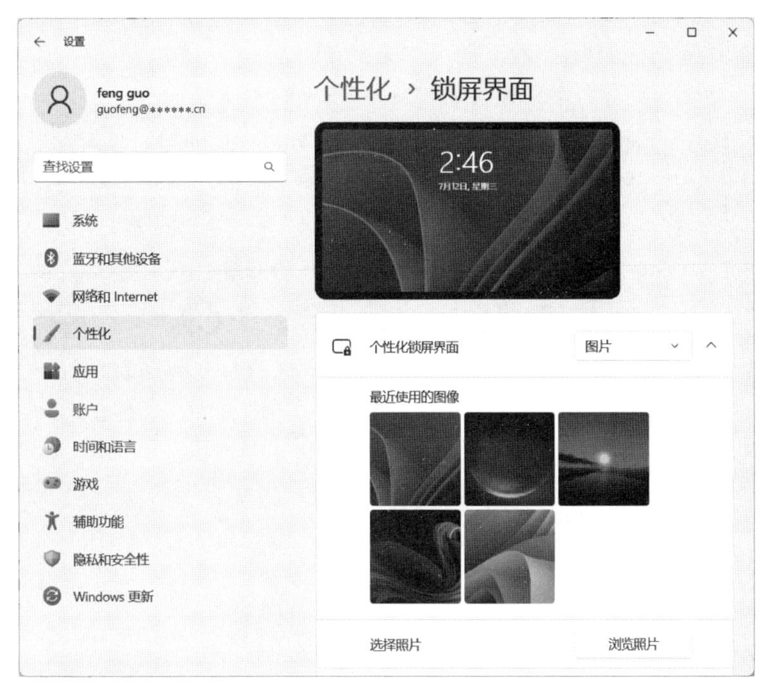

图 2-51 "锁屏界面"窗口

在"锁屏界面"窗口右侧窗格移动垂直滚动条，选择"屏幕保护程序"，打开如图 2-52 所示的"屏幕保护程序设置"对话框。单击"屏幕保护程序"下拉列表框，在其中选择所需的选项，在"等待"数值框中输入启动屏幕保护程序的时间，单击"预览"按钮，可预览设置后的效果。图 2-52 中的"设置"按钮可以对选择的屏幕保护程序做进一步设置，但并不是每个屏幕保护程序都提供了可以设置的选项。若希望在退出屏幕保护程序时能够通过输入密码再恢复屏幕，则可选中"在恢复时显示登录屏幕"复选框，通过登录密码恢复屏幕。设置完相应选项后单击"确定"按钮屏幕保护程序即可生效。

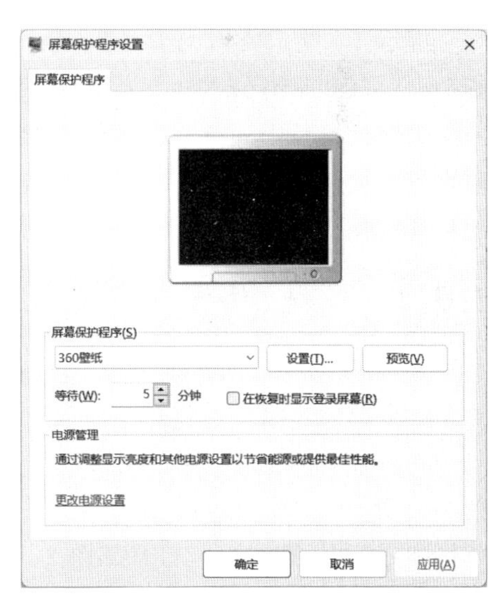

图 2-52 "屏幕保护程序设置"对话框

5. 设置默认桌面图标

默认情况下，Windows 11 安装好后没有任何图标显示在桌面上。为了使用方便，用户往往需要添加一些其他常用图标到桌面上。

在图 2-48 所示的"主题"窗口右侧窗格中移动垂直滚动条，选择"桌面图标设置"，打开如图 2-53 所示的"桌面图标设置"对话框。该对话框中的每个默认图标都有复选框，选中复选框可以显示图标，取消选中复选框可以隐藏图标，选中相应复选框后单击"确定"按钮，即可将该图标显示在桌面或将桌面上的该图标隐藏起来。

当选择图2-53所示对话框中的某个图标后，还可以单击“更改图标”按钮，打开如图2-54所示的“更改图标”对话框，在这里可以为选取的图标更改为一个新的图标。

图2-53 “桌面图标设置”对话框

图2-54 “更改图标”对话框

提示：在桌面空白处右击，在弹出的快捷菜单中选择“查看”子菜单中的“显示桌面图标”命令，可将桌面的图标全部隐藏，再次选择该命令，又可以将桌面的图标全部显示出来。

个性化设置中还有一些其他的设置，如图2-48中的“鼠标光标 Windows 默认”链接可以设置鼠标的指针方案；“声音 Windows 默认”链接可以设置声音方案和启动程序事件时的声音选择。

2.5.2 时钟、语言和区域设置

1. 设置系统日期和时间

本小节处介绍如何在控制面板中进行相应设置。

在图2-53中设置了“控制面板”的桌面图标后，双击桌面上的“控制面板”图标，打开如图2-55所示的“控制面板”窗口。单击“时钟和区域”组，在打开的“时钟和区域”窗口中选择“设置时间和日期”选项，打开如图2-56所示的“日期和时间”对话框，在该对话框中可以查看当前的系统时间和日期。单击该对话框中的“更改日期和时间”按钮，打开如图2-57所示的“日期和时间设置”对话框，在该对话框中可以重新设置日期和时间，设置后单击“确定”按钮即可更改日期和时间。

如果用户需要附加一个或两个地区的时间时，可选择“附加时钟”选项卡，打开如图2-58所示的“日期和时间”的附加时钟设置对话框。在该对话框中选中“显示此时钟”复选框，然后再选择需要显示的时区，还可在“输入显示名称”文本框中为该时钟设置名称。设置后，单

图 2-55 “控制面板”窗口

图 2-56 “日期和时间”对话框

击任务栏的时间后将显示设置效果。

2. 设置时区

在图 2-56 中单击“时区”区域中的“更改时区”按钮，可以打开“时区设置”对话框，在“时区”下拉列表框中可以选择所需的时区。

3. 设置日期、时间或数字格式

在图 2-55 所示的“控制面板”窗口中单击“时钟和区域”组，在打开的“时钟和区域”窗口中选择“更改日期、时间或数字格式”选项，打开如图 2-59 所示的“区域”对话框，在该对话框的“格式”选项卡中可以根据需要来更改日期和时间格式，单击“其他设置”按钮，将打开如图 2-60 所示的“自定义格式”对话框，在该对话框中可以进一步对数字、货币、时间、日期等格式进行设置。

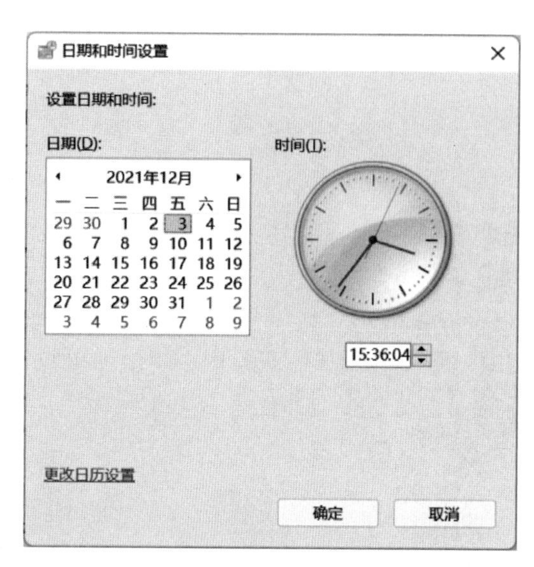

图 2-57 “日期和时间设置”对话框

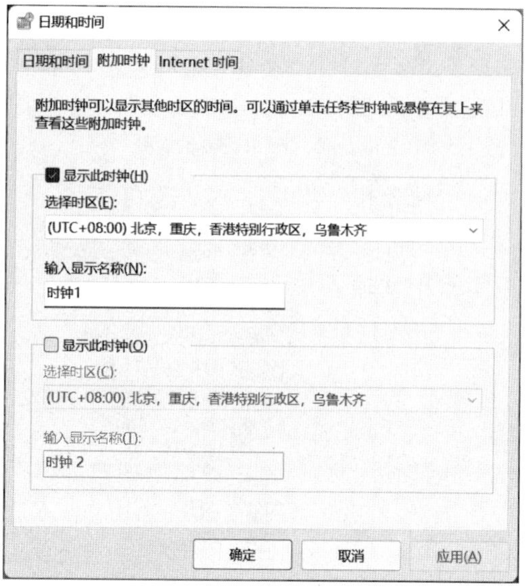

图 2-58 “日期和时间”的附加时钟设置对话框

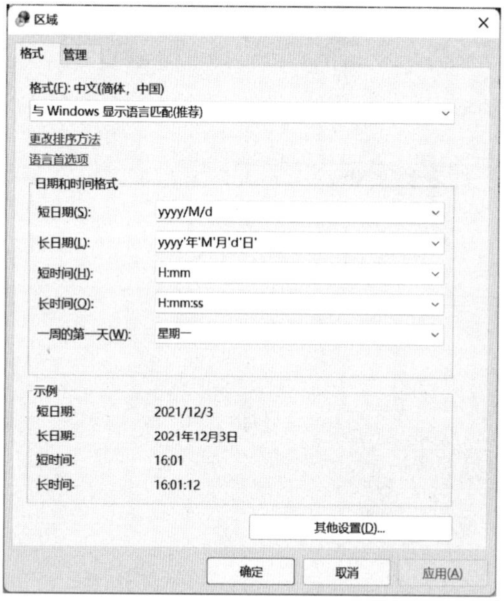

图 2-59 “区域”对话框

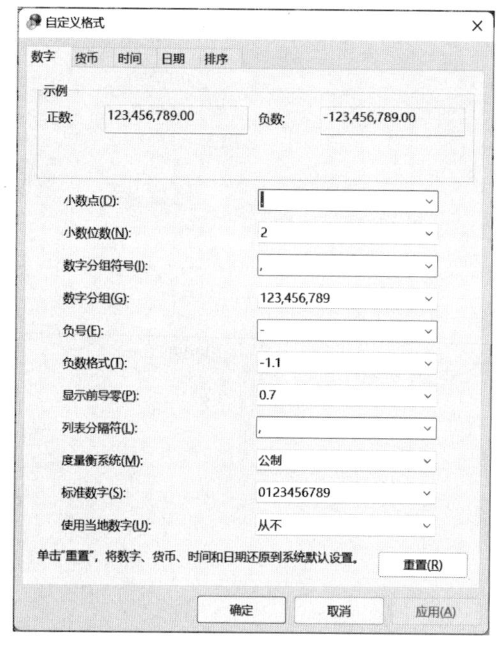

图 2-60 “自定义格式”对话框

4. 设置输入法切换

Windows 11 中自带了简体中文和微软拼音汉字输入法,除了系统自带的汉字输入法外,用户还可以从网上下载一些使用比较广泛的汉字输入法安装到系统中。

在将自己喜欢使用的中文输入法安装完毕后,用户就可以选择自己喜欢使用的输入法输入中文了。

(1) 各种输入法的切换。

使用输入法列表菜单切换输入法:单击任务栏右端的输入法按钮,将显示安装的所有输入法列表菜单，单击输入法列表菜单中需要切换到的输入法即可。

使用输入法热键切换输入法：如果在系统中设置了切换输入法的热键，使用这一热键即可切换输入法，如 Ctrl＋Shift。

(2) 中文输入法和英文输入法之间的切换。

单击任务栏右端的输入法按钮，然后在显示的输入法列表菜单中选择英文输入法。同时按 Ctrl＋Space 组合键，也可以在所选的中文输入法和英文输入法之间切换。Shift 键也可以实现中文输入法和英文输入法之间的切换。

(3) 输入法状态栏。

在任务栏右侧的输入法按钮上右击，弹出如图 2-61 所示的输入法快捷菜单，通过该菜单可以设置全角、半角、字符集、是否开启各类专业词典、按键设置等操作。选择该菜单中的"输入法工具栏"命令，可以打开如图 2-62 所示的输入法工具栏，该工具栏可以对当前输入法进行快捷设置。

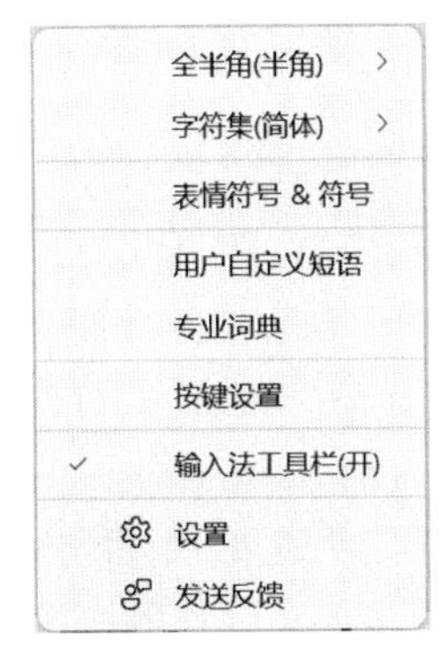

图 2-61 输入法快捷菜单

图 2-62 输入法工具栏

大小写切换：在使用中文输入法时，按下 Caps Lock 键可以输入大写的英文字母，此时按住 Shift 键可以输入小写的英文。

全半角切换：输入法工具栏中 ☽ 按钮用于切换全角和半角字符输入，该按钮显示为 ☽ 状态时可以输入半角字符；单击半角字符按钮 ☽，此按钮将变换为全角字符按钮 ●，此时可以输入全角字符。

中文标点和英文标点之间的切换：单击输入法状态栏全角、半角切换按钮右侧的 °, 按钮，可以切换中文标点和英文标点，当此按钮显示为 °, 状态时可以输入中文标点符号，显示为 °, 状态时可以输入英文标点符号。

2.5.3 硬件设置

1. 硬件的安装、卸载

计算机硬件通常可分为即插即用型和非即插即用型两种。即插即用型有移动磁盘、鼠标、键盘、摄像头等，都不需要安装驱动程序，直接连接即可使用。其卸载方法都很简单，一般情况下直接拔掉硬件即可(或者单击任务栏通知区域的 图标，在弹出的菜单中选择"弹出设备"命令)。非即插即用硬件有打印机、扫描仪等，需要安装相应的驱动程序，且这部分硬件最好是安装厂家提供的驱动程序，以降低故障产生的概率。

Windows 11 对设备的支持有了很大的改进。通常情况下，当连接设备到计算机时，Windows 会自动完成对驱动程序的安装，这时不需要人工的干预，安装完成后，用户可以正常地使用设备。否则，需要手工安装驱动程序。手工安装驱动程序有两种方式。

(1) 如果硬件设备带安装光盘或可以从网上下载到安装程序，则按照向导来进行安装。

(2) 如果硬件设备未提供用来安装的可执行文件，但提供了设备的驱动程序(无自动安装程序)，则用户可手动安装驱动程。方法是：在图 2-55 所示的“控制面板”窗口中单击“硬件和声音”组，在打开的“硬件和声音”窗口中选择“设备和打印机”区域的“设备管理器”选项，打开如图 2-63 所示的“设备管理器”窗口。在计算机名称上右击，在弹出的快捷菜单中选择“添加驱动程序”命令，在打开的“添加驱动程序”向导对话框中，按向导引导完成设备驱动程序的添加。

在图 2-63 所示的“设备管理器”窗口中选择需要的设备，在其上右击，在弹出的快捷菜单中选择“属性”命令，可以查看该设备的相关属性信息。

设备的卸载很简单，在图 2-63 所示的窗口中选择要卸载的设备，在其上右击，在弹出的快捷菜单中选择“卸载设备”命令即可。

2. 设置鼠标

在图 2-55 所示的“控制面板”窗口中单击“硬件和声音”组，在打开的“硬件和声音”窗口中选择“设备和打印机”区域的“鼠标”选项，打开如图 2-64 所示的“鼠标 属性”对话框。其中，“鼠标键”选项卡可以设置鼠标键主要和次要按钮的切换(以选择符合左手或右手习惯)、改变双击速度和设定单击锁定属性；“指针”选项卡可以为鼠标设置不同的指针方案和自定义鼠标指针的大小；“指针选项”选项卡可以设置指针的移动速度、是否显示指针轨迹、当按 Ctrl 键时是否显示指针的位置等属性；“滚轮”选项卡可以用来设置鼠标滚轮是垂直滚动或者水平滚动的距离。

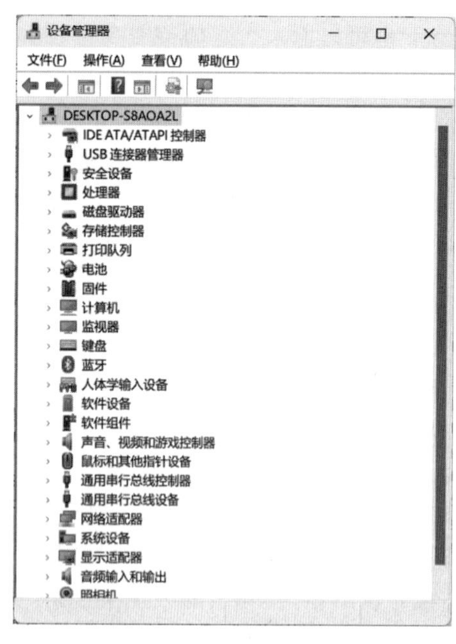

图 2-63 “设备管理器”窗口

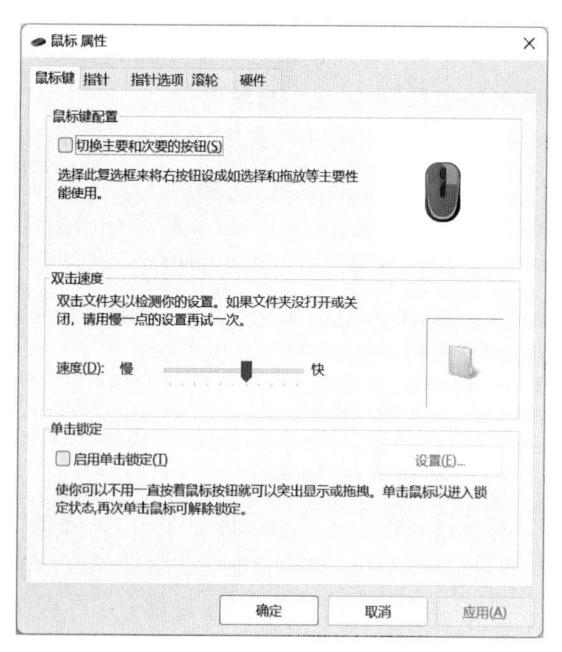

图 2-64 “鼠标 属性”对话框

3. 添加、配置和删除打印机

（1）添加打印机。

在图 2-55 所示的“控制面板”窗口中单击“硬件和声音”组，在打开的“硬件和声音”窗口中选择“设备和打印机”区域的“高级打印机设置”选项，打开如图 2-65 所示的“打印机和扫描仪”窗口。在该窗口中选择要添加到这台计算机的打印机，然后单击，按照向导要求添加打印机。

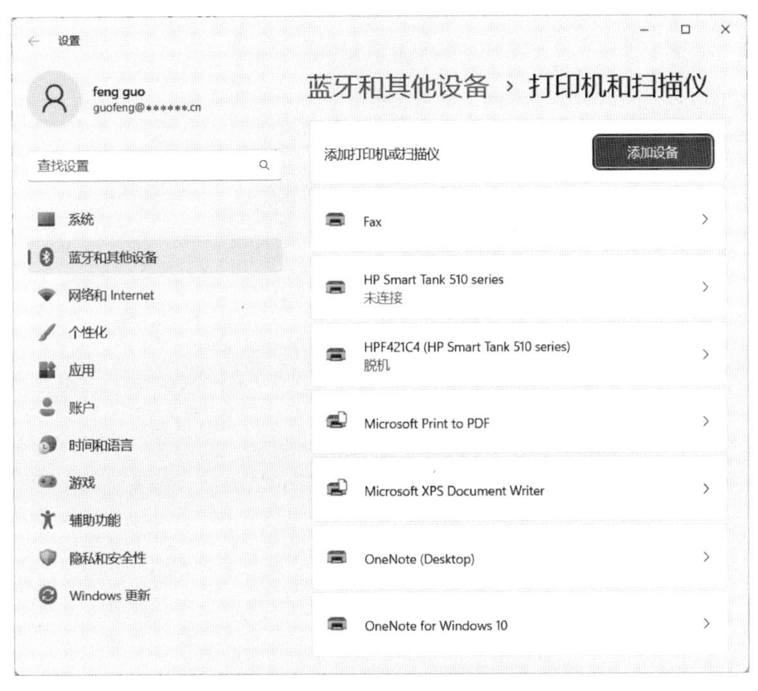

图 2-65 “打印机和扫描仪”窗口

若要添加的打印机未在列表中列出，则可以单击图 2-65 右侧窗格上部的“添加设备”按钮，然后单击“我所需的打印不在列表中”后面的“手动添加”按钮，打开如图 2-66 所示的“添加打印机”对话框，可以选择“我的打印机有点老，请帮我找到它”让计算机帮助搜索、选择“按名称选择共享打印机”、选择“使用 IP 地址或主机名添加打印机”、选择“添加可检测到蓝牙、无线或网络的打印机”，还可以选择“通过手动设置添加本地打印机或网络打印机”。

若选择“通过手动设置添加本地打印机或网络打印机”，则单击“下一步”按钮，打开如图 2-67 所示的“选择打印机端口”对话框，选择所需的打印机端口，单击“下一步”按钮，打开如图 2-68 所示的“安装打印机驱动程序”对话框，在该对话框中先选择厂商和其对应的打印机型号，若所需的厂商不在列表中，可以单击“Windows 更新”按钮，更新后将有更多的厂商和其对应的打印机型号，选择某一厂商的某一打印机型号后单击“下一步”按钮，打开如图 2-69 所示的“键入打印机名称”对话框，设置名称后，单击“下一步”按钮，开始安装打印机驱动程序，在打开的“打印机共享”对话框中选择“不共享这台打印机”，单击“下一步”按钮，结果如图 2-70 所示，单击“完成”按钮即可。

（2）配置打印机。

在安装完打印机之后，需要对所安装的打印机进行配置。简单的打印机只有很少的设

图 2-66 “添加打印机”对话框

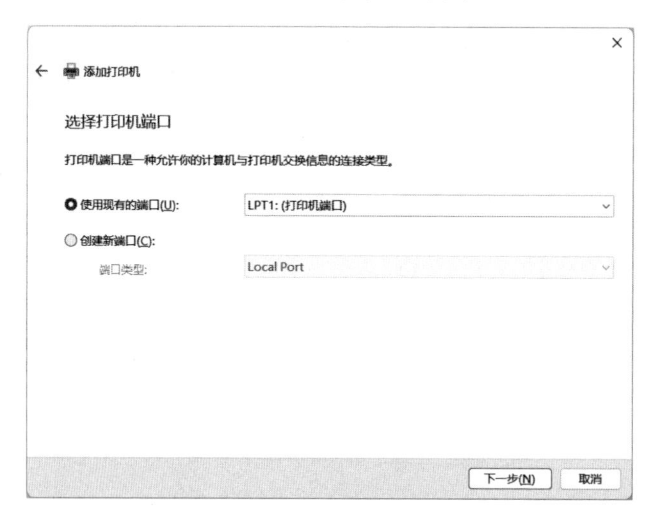

图 2-67 “选择打印机端口”对话框

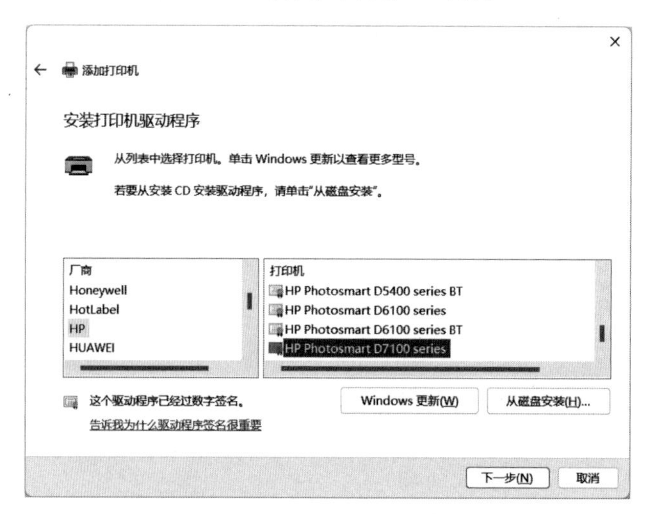

图 2-68 “安装打印机驱动程序”对话框

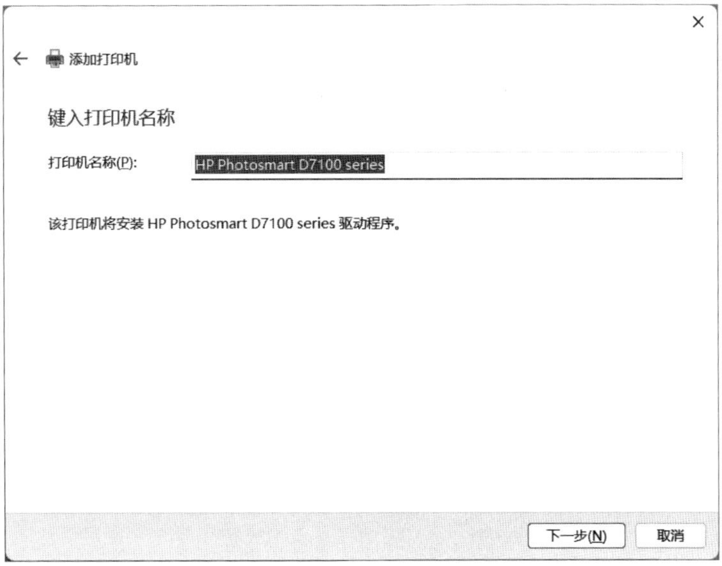

添加打印机
键入打印机名称
打印机名称(P):
HP Photosmart D7100 series
该打印机将安装 HP Photosmart D7100 series 驱动程序。
下一步(N)
取消

图 2-69 “键入打印机名称”对话框

添加打印机
已成功添加 HP Photosmart D7100 series
若要检查打印机是否正常工作，或者要查看打印机的疑难解答信息，请打印一张测试页。
打印测试页(P)
完成(F)
取消

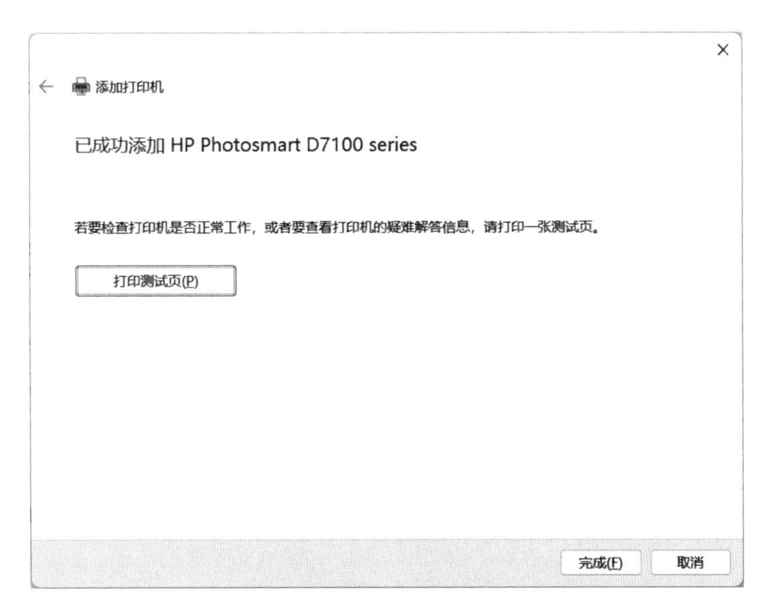

图 2-70 “添加打印机成功”对话框

置或根本没有设置，而激光打印机则有很多的硬件和软件设置选项。

在图 2-63 所示的“打印队列”上右击，在弹出的快捷菜单中选择“属性”命令，打开“打印队列属性”对话框，在“设置”选项卡界面单击“设备和打印机文件夹”按钮，打开如图 2-71 所示的“设备和打印机”窗口，在该窗口中选择要配置的打印机图标，在其上右击，在弹出的快捷菜单中选择“打印机属性”命令，打开如图 2-72 所示的打印机属性设置对话框。其中：

常规：可以设置打印机的位置和打印测试页。

共享：可以设置当前打印机是否共享，也可以更改打印机的驱动程序。

端口：添加、配置和删除打印机的端口。

高级：设置可使用此打印机的时间、优先级、更改驱动程序、后台打印，以及打印管理器、分隔页等。

颜色管理：使用颜色管理系统为不同的显示设备分配不同的颜色描述文件，从而在所有设备上创建统一的颜色体验。通常情况下，Windows 会自行分配颜色，但是如果需要安装和分配自定义颜色描述文件可在此进行设置。

安全：可以设置各个用户的使用权限。

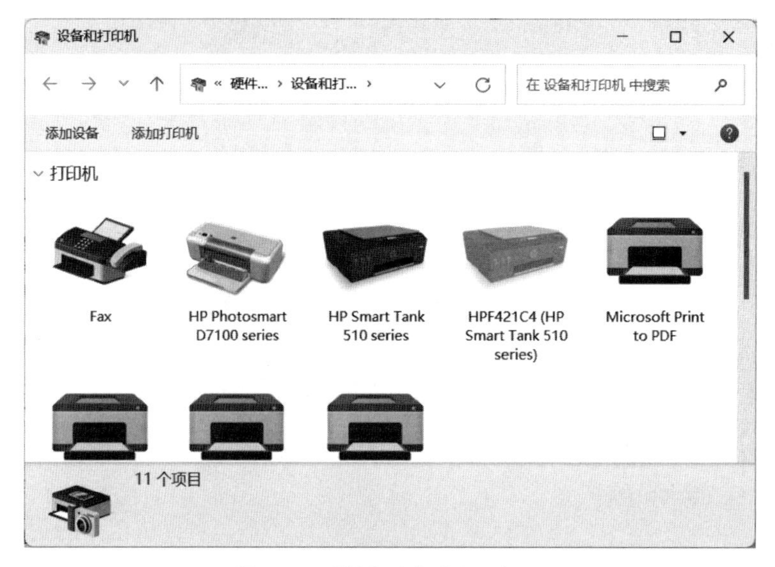

图 2-71 “设备和打印机”窗口

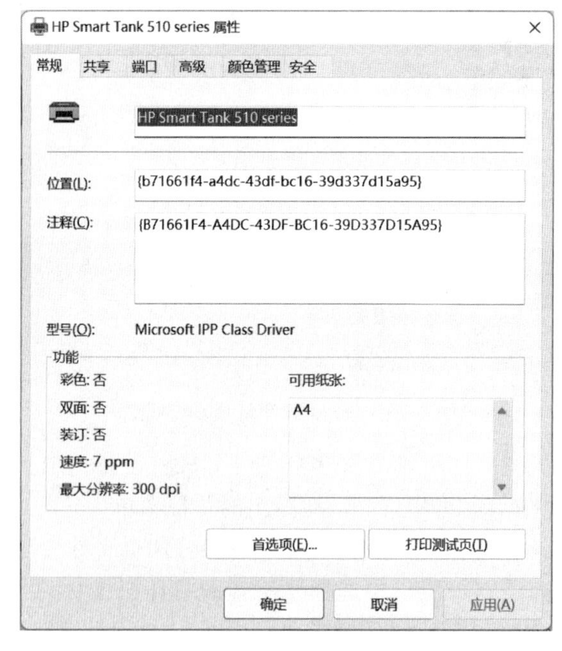

图 2-72 打印机属性设置对话框

(3) 删除打印机。

删除一个已安装的打印机很简单，在图 2-71 所示的窗口中选择要删除的打印机图标后，在其上右击，在弹出的快捷菜单中选择“删除设备”命令，即可将所选打印机删除。

4. 显示设置

(1) 设置屏幕分辨率。

屏幕分辨率指组成显示内容的像素总数。设置不同的分辨率,屏幕上的显示效果也不一样。一般分辨率越高,屏幕上显示的像素越多,相应的图标也就越大。选择“开始”菜单中的“设置”,在打开的“设置”窗口中选择“系统”中的“屏幕”,打开如图 2-73 所示的“屏幕”窗口(在桌面空白处右击,在弹出的快捷菜单中选择“显示更多选项”中的“显示设置”命令,也可打开该窗口),在该窗口中单击“显示器分辨率”区域的分辨率设置按钮,可以选择不同的分辨率。该窗口还可以完成显示器亮度设置、夜间模式设置、缩放设置和多显示器设置等操作。

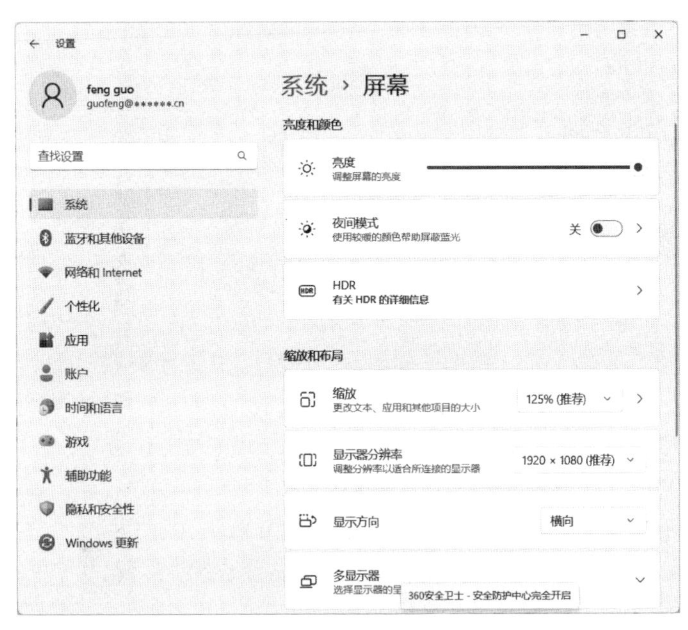

图 2-73 “屏幕”窗口

(2) 设置刷新频率。

显示器的刷新频率是图像在屏幕上每秒刷新的次数。例如,60Hz 显示屏每秒将刷新屏幕 60 次。刷新频率越高,显示内容的闪烁感就越不明显。人眼对闪烁并不是非常敏感,但过低的刷新频率会导致长时间使用后眼睛疲劳,因此选择合适的刷新频率就显得非常重要。在图 2-73 中向下滚动窗格右侧的垂直滚动条,选择“高级显示器设置”,打开如图 2-74 所示的“高级显示器设置”窗口,在“刷新频率”区可以选择设置显示器的刷新频率。

提示:较高的刷新频率会缩短电池使用时间,因为它使用更多电量。

2.5.4 账户设置

当多个用户同时使用一台计算机时,若可以在计算机中创建多个账户,不同的用户可以在各自的账户下进行操作,则更能保证各自文件的安全。Windows 11 支持多用户使用,只需为每个用户建立一个独立的账户,每个用户可以按自己的喜好和习惯配置个人选项,每个用户可以用自己的账号登录 Windows,并且多个用户之间的 Windows 设置是相对独立互不影响的。

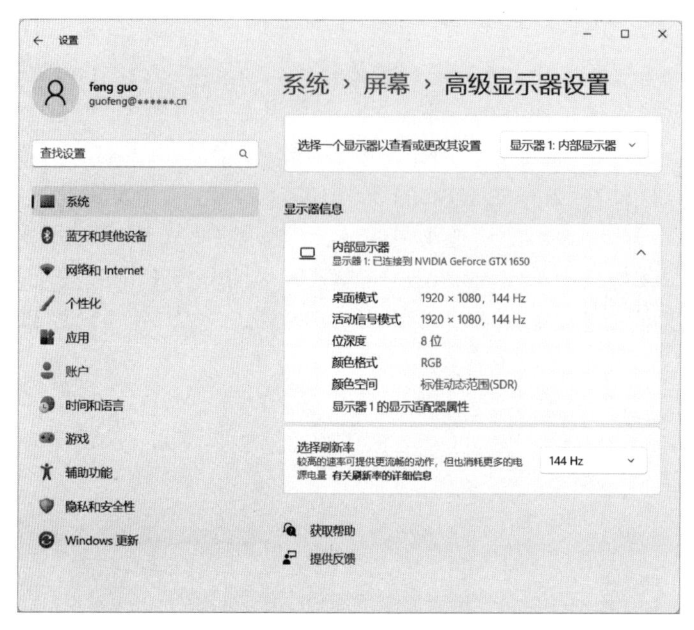

图 2-74 “高级显示器设置”窗口

在 Windows 11 中管理员账户和标准账户有不同的使用权限。管理员账户拥有最高的操作权限，具有完全访问权，可以更改任何设置，还可以访问存储在这台计算机上的所有文件和程序；标准账户可以执行管理员账户下几乎所有的操作，但只能更改不影响其他用户或计算机安全的系统设置。

1. 创建新账户

单击“开始”按钮，选择“设置”，在打开的“设置”窗口中选择“账户”，打开如图 2-75 所示的“账户”窗口。在该窗口中单击“其他用户”区的“添加账户”按钮，在打开的对话框中单击

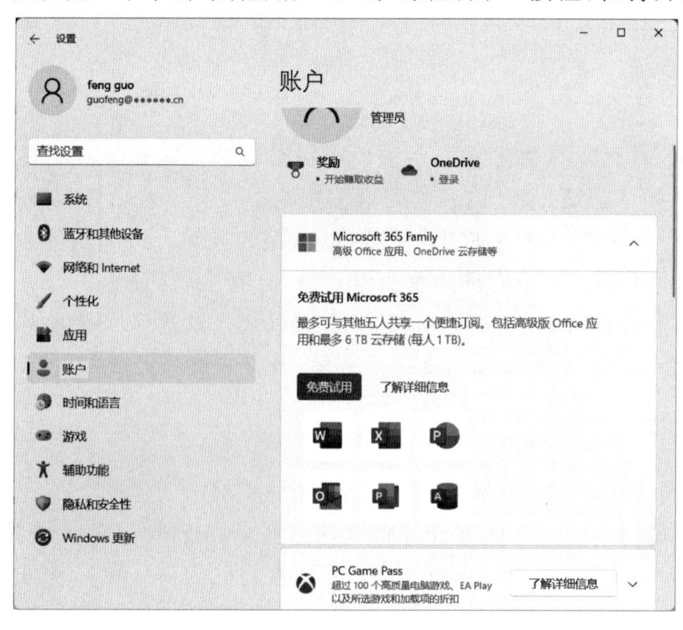

图 2-75 “账户”窗口

"我没有这个人的登录信息"链接,打开如图 2-76 所示的"创建账户"对话框,单击"添加一个没有 Microsoft 账户的用户"链接,打开如图 2-77 所示的"为这台电脑创建用户"对话框,在相应的文本框中设置用户名和密码后单击"下一步"按钮,则创建成功一个新的本地账户,如图 2-78 所示。

图 2-76 "创建账户"对话框

图 2-77 "为这台电脑创建用户"对话框

2. 设置账户

(1) 更改账户类型。

在图 2-78 所示的窗口中选择 GF 账户,单击该账户名,打开如图 2-79 所示的 GF 账户

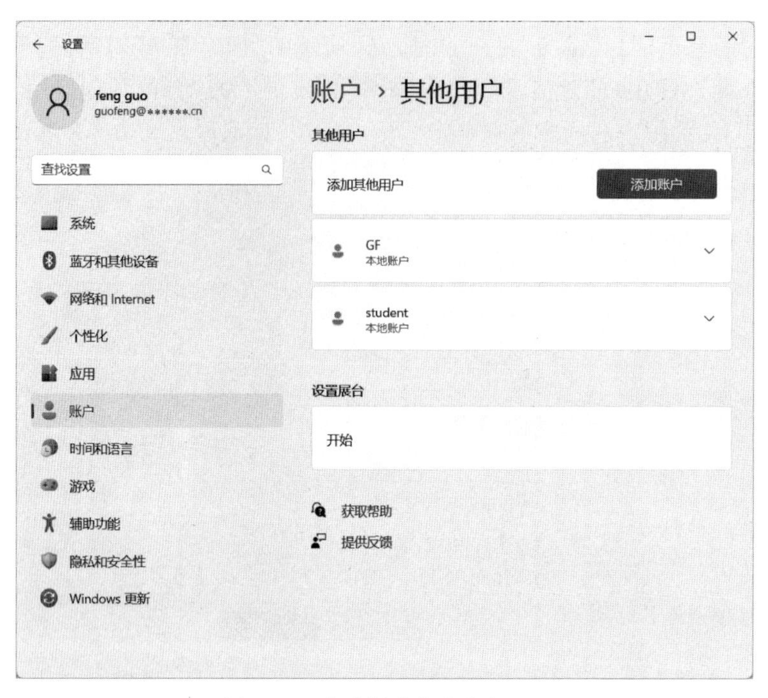

图 2-78　成功创建本地账户 GF

设置窗口,单击“更改账户类型”按钮,打开如图 2-80 所示的“更改账户类型”窗口,在该窗口中若选择管理员,则可将该账户更改为管理员账户。

在图 2-79 中单击“删除”按钮,则可删除该本地账户。

图 2-79　GF 账户设置窗口

(2) 更改账户基本信息。

通过控制面板打开如图 2-81 所示的“更改账户”窗口,在该窗口中可以进行更改账户名

图 2-80 “更改账户类型”窗口

称、更改密码、更改账户类型和删除账户的操作。单击“管理其他账户”链接，则打开如图 2-82 所示的“管理账户”窗口，在该窗口中可以选择所需设置的账户进行相应设置。

图 2-81 “更改账户”窗口

(3) 更改用户账户控制设置。

在图 2-83 所示的“用户账户”窗口中单击“更改用户账户控制设置”链接，打开如图 2-84 所示的“用户账户控制设置”窗口，移动滑块以选择“用户账户控制”，可以保护计算机免受潜在有害程序更改的程度。下面是有关每个选项的详细信息。

• “始终通知”：

当程序试图安装软件或对计算机做出更改时通知你；

当你对 Windows 设置进行更改时通知你；

冻结其他任务，直到你做出响应。

提示：如果你经常安装新软件或访问陌生网站，则推荐使用此选项。

• “仅当应用尝试更改我的计算机时通知我”：

当程序试图安装软件或对计算机做出更改时通知你；

图 2-82 “管理账户”窗口

当你对 Windows 设置进行更改时不通知你；

冻结其他任务，直到你做出响应。

提示：如果你经常安装新软件或访问不熟悉的网站，但更改 Windows 设置时不希望收到通知，则建议使用此选项。

- “从不通知”：

当程序试图安装软件或对计算机做出更改时不通知你；

当你对 Windows 设置进行更改时不通知你；

不会冻结其他任务或等待响应。

提示：出于安全考虑，此选项不推荐使用。

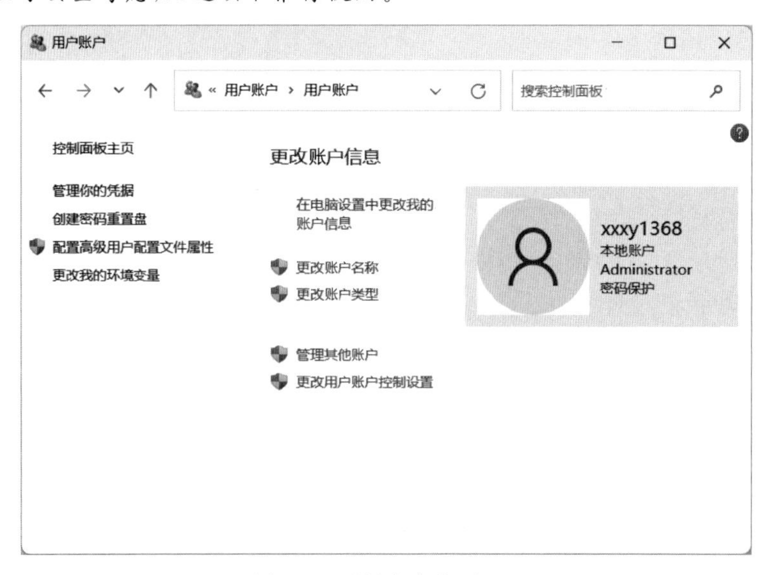

图 2-83 “用户账户”窗口

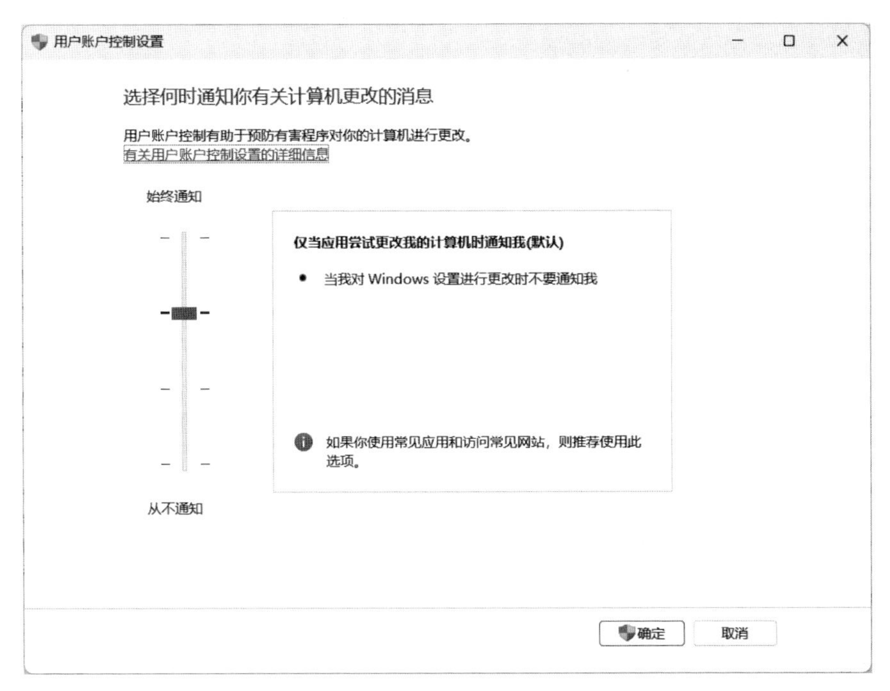

图 2-84 “用户账户控制设置”窗口

2.5.5 程序设置

1. 添加/删除 Windows 组件

Windows 11 提供了若干可供选择的组件,这些组件可以根据需要添加到系统中,也可以从系统中删除。

在图 2-55 所示的“控制面板”窗口中单击“程序”组,打开如图 2-85 所示的“程序”窗口,在其中选择“启用或关闭 Windows 功能”,打开如图 2-86 所示的“Windows 功能”窗口。组件列表框中列出了 Windows 所包含的组件名称,包括已经安装和尚未安装的组件。凡是被选中的复选框,表示组件已经被安装到了系统中;未被选中的复选框,表示尚未安装的组件。用选中或去除复选框中的“√”可以完成相应组件的安装和删除。

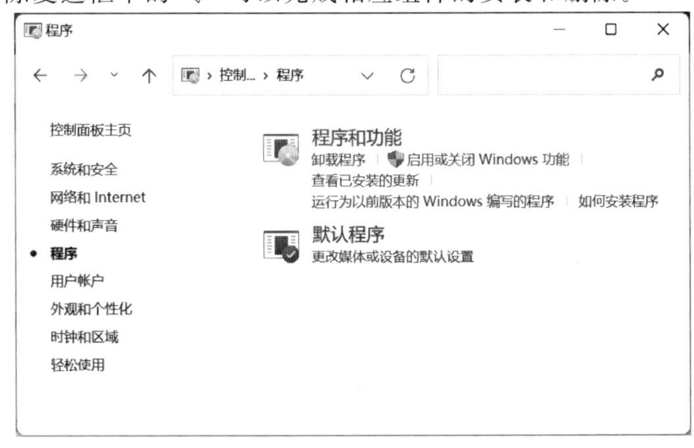

图 2-85 “程序”窗口

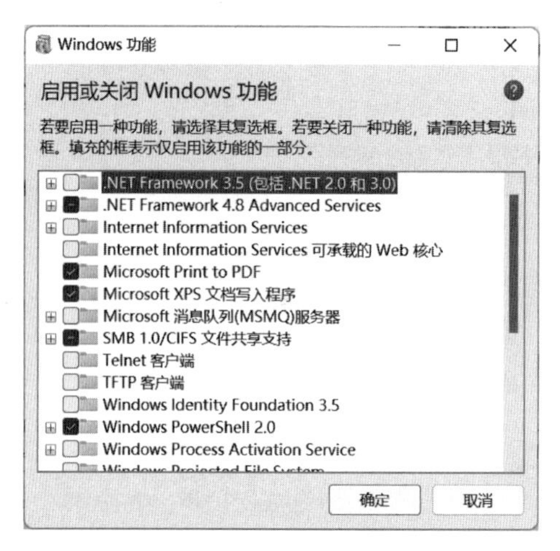

图 2-86 “Windows 功能”窗口

2. Windows 自动更新设置

使用自动更新，就不必联机搜索更新，也不必担心计算机缺少 Windows 的关键修复程序，Windows 会自动检查适用于计算机的最新更新。根据所选择的 Windows Update 设置，Windows 可以自动安装更新，或者只通知有新的更新可用。更新时，系统会收到最新的修复程序和安全改进，有助于设备高效运行并持续受到保护。大多数情况下，重启设备可完成更新。

单击“开始”按钮，选择“设置”，在打开的“设置”窗口中选择“Windows 更新”，打开如图 2-87 所示的“Windows 更新”窗口。在该窗口中单击“检查更新”按钮，则系统会自动检测并更新，更新后单击“立即重新启动”按钮。在该窗口中还可以设置暂停更新、查看更新历史记录等。

图 2-87 “Windows 更新”窗口

2.6 常用附件

Windows 11 中自带了非常实用的工具软件，如记事本、便笺、画图、截图工具、计算器、照片查看器等。即使计算机中没有安装专用的应用程序，通过这些实用的工具软件，也能够满足日常的文本编辑、绘图和计算、图片浏览等需求。

1. 记事本

记事本是一个基本的文本编辑器，用于纯文本文件的编辑，默认文件格式为 TXT。记事本编辑功能没有写字板强大(使用写字板输入和编辑文件的操作方法同 Word 类似，其默认文件格式为 RTF)，但用记事本保存文件不包含特殊格式代码或控制码，可以被 Windows 的大部分应用程序调用，常被用于编辑各种高级语言程序文件，并成为创建网页 HTML 文档的一种较好工具。

单击“开始”按钮，选择“所有应用”中的“记事本”，打开如图 2-88 所示的记事本程序窗口。在记事本的文本区输入字符时，若不自动换行，则每行可以输入很多字符，需要左右移动滚动条来查看内容，很不方便，此时可以通过菜单栏的“格式”中的“自动换行”命令来实现自动换行。

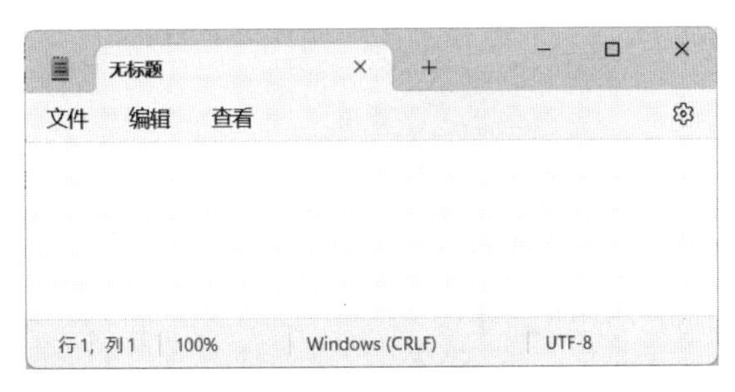

图 2-88　记事本程序窗口

记事本还可以建立时间记录文档，用于记录用户每次打开该文档的日期和时间。操作如下：在记事本文本区的第一行第一列开始位置输入“. LOG”，按 Enter 键即可。以后每次打开该文件时，系统会自动在上一次文件结尾的下一行显示打开该文件时的系统日期和时间，达到跟踪文件编辑时间的目的。当然，也可以通过选择“编辑”菜单中的“时间/日期”命令，将每次打开该文件时的系统时间和日期插入文本中。

2. 便笺

Windows 11 系统的便笺功能可以用来当作备忘录，把便笺固定到任务栏上，只要打开计算机就可以很方便地打开便笺查看，不用去买便签纸贴在显示器上。使用便笺功能记录下当前要做的事情，有计划工作就会更加有效率。

单击“开始”按钮，选择“所有应用”中的“便笺”，打开便笺程序窗口。在任务栏上的便笺按钮上右击，在弹出的快捷菜单中选择“固定到任务栏”命令，可以将便笺固定到任务栏上以方便使用。图 2-89 是一个编辑好的便笺窗口，在该窗口中单击左上方的“＋”按钮可以新建便笺，单

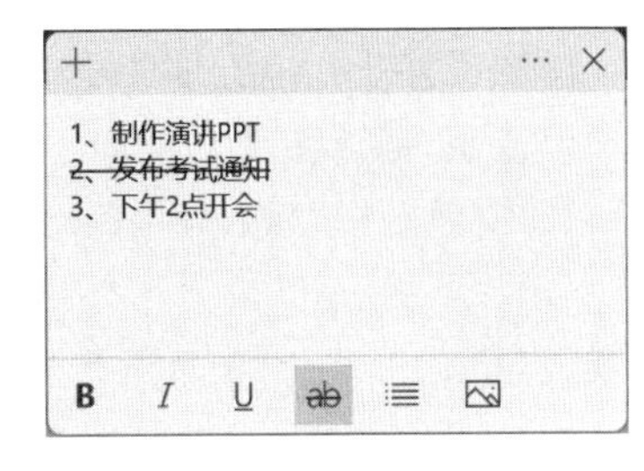

图 2-89　便笺程序窗口

击右上方的"×"按钮可以删除便笺。在标题栏位置拖动便笺可以到合适的位置。单击"…"按钮,可以打开色板,设置便笺的颜色。若有的事情已经完成,可以将其加上删除线,如图2-89所示。

3. 画图

画图是一款图形处理及绘制软件,利用该程序可以手工绘制图像,也可以对来自扫描仪或数码相机的图片进行编辑修改,并在编辑结束后用不同的图形文件格式保存。

单击"开始"按钮,选择"所有应用"中的"画图",打开如图2-90所示的"画图"程序窗口,该窗口主要组成部分如下。

(1) 标题栏:位于窗口的最上方,显示标题名称,在标题栏上按住鼠标右键拖曳可以移动窗口。

(2) 画图菜单:提供了对文件进行操作的命令,如文件、查看。

(3) 快速访问工具栏:提供了常用命令,如保存、撤销、重做。

(4) 功能区:位于快速访问工具栏下方,将一类功能组织在一起,其中包含"剪贴板""图像""工具""画笔"等功能组。

(5) 绘图区:该区域是画图程序中最大的区域,用于显示和编辑当前图像效果。

(6) 状态栏:状态栏显示当前操作图像的相关信息,其左下角显示鼠标的当前坐标,中间部分显示当前图像的像素尺寸,右侧显示图像的显示比例,并可调整。

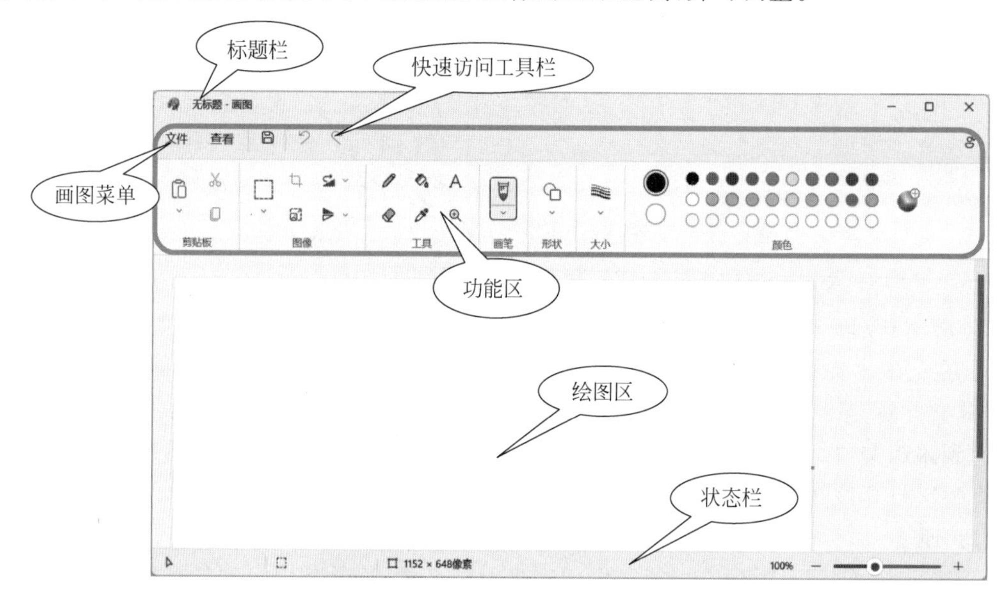

图2-90　画图程序窗口

画图程序中所有绘制工具及编辑命令都集中在功能区中,其按钮根据同类功能组织在一起形成组,各组主要功能如下:

(1) "剪贴板"组:提供"剪切""复制""粘贴"命令,方便编辑。

(2) "图像"组:根据选择物体的不同,提供矩形或自由格式等方式,还可以对图像进行剪裁、重新调整大小、旋转等操作。

(3) "工具"组:提供各种常用的绘图工具,如铅笔、颜色填充、插入文字、橡皮擦、颜色吸取器、放大镜等,单击相应按钮即可使用相应的工具绘图。

(4)“画笔”组：单击“刷子”选项下的箭头按钮，在打开的下拉列表中有9种格式的画笔供选择。单击其中任意的画笔按钮，即可使用画笔工具绘图。

(5)“形状”组：单击“形状”选项下的箭头按钮，在打开的下拉列表中有23种基本图形样式可供选择。单击其中的任意形状按钮，即可在画布中绘制该图形。

(6)“大小”组：单击“粗细”选项下的箭头按钮，在打开的下拉列表中选择任意选项，可设置所有绘图工具的粗细程度。

(7)“颜色”组：选择绘制图像的颜色。

4. 截图工具

Windows 11自带的截图工具用于帮助用户截取屏幕上的图像，并且可以对截取的图像进行编辑。

单击“开始”按钮，选择“所有应用”中的“截图工具”，打开如图2-91所示的“截图工具”程序窗口。单击“新建”按钮或者按Windows＋Shift＋S组合键，则进入截图模式。单击“矩形模式”右侧的向下箭头按钮，弹出如图2-92所示的截图方式菜单，截图工具提供了矩形模式、窗口模式、全屏模式、自由形状模式四种截图方式，可以截取屏幕上的任何对象，如图片、网页等。

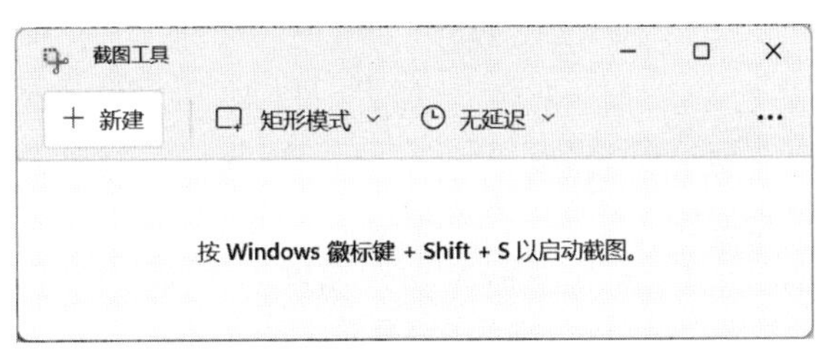

图2-91 “截图工具”程序窗口

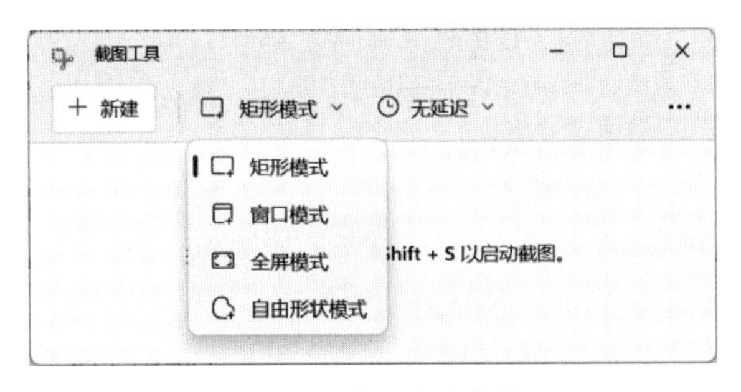

图2-92 截图方式菜单

(1) 矩形模式：矩形模式截取的图形为矩形。

- 在图2-92中选择“矩形模式”选项，此时，除了截图工具窗口外，屏幕处于一种白色半透明状态。
- 当光标变成“＋”形状时，将光标移到所需截图的位置，按住鼠标左键不放，拖动鼠标，被选中的区域变得清晰。释放鼠标左键，打开如图2-93所示的“截图工具”编辑窗口(此处以截取桌面为例)，被选中的区域截取到该窗口中。
- 在图2-93中可通过工具栏，使用“笔”“橡皮”等对图片勾画重点或添加备注。
- 单击图2-93中右上角的“···”按钮，在打开的菜单中选择“保存”命令，可在打开的“另存为”对话框中对图片进行保存，保存的文件格式为PNG格式。

图 2-93 “截图工具”编辑窗口

(2) 窗口模式：可以自动截取一个窗口，如对话框。

- 在图 2-92 中选择“窗口模式”选项，此时，除了“截图工具”编辑窗口外，屏幕处于一种白色半透明状态。
- 将光标移到所需截图的窗口，此时该窗口周围将出现灰色边框，单击，打开“截图工具”编辑窗口，被截取的窗口出现在该编辑窗口中。
- 编辑和保存操作与矩形截图方法一样。

(3) 全屏模式：自动将当前桌面上的所有信息都作为截图内容，截取到“截图工具”编辑窗口，然后按照与矩形截图一样的方法进行编辑和保存操作。

(4) 自由形状模式：截取的图像为任意形状。

在图 2-92 中选择“自由形状模式”选项，此时，除了“截图工具”编辑窗口外，屏幕处于一种白色半透明状态，按住鼠标左键不放，拖动鼠标，选中的区域可以是任意形状，被选中的区域变得清晰。释放鼠标左键，被选中的区域截取到“截图工具”编辑窗口中。编辑和保存操作与矩形截图方法一样。

5. 计算器

Windows 11 自带的计算器程序除了具有标准型模式外，还具有科学模式、程序员模式、日期计算模式，同时还附带了单位转换的功能。Windows 11 中计算器的使用与现实中计算器的使用方法基本相同，使用鼠标单击操作界面中相应的按钮即可计算。

(1) 标准型计算器。

单击“开始”按钮，选择“所有应用”中的“计算器”，打开如图 2-94 所示的“计算器”程序窗口。计算器程序默认的打开模式为标准型，使用标准型模式可以进行加、减、乘、除等简单的四则混合运算。

提示：标准型模式中的混合运算只能按照自左而右的优先级运算。例如，求(1+1)×(5+5)的值，在标准型模式中因没有括号，因此输入后只能按 1+1×5+5 的形式自左而右运算并得到运算结果15,而不是需要的结果20。

(2) 科学型计算器。

在图2-94中单击“标准”左侧的“≡”按钮,在弹出的菜单中选择“科学”命令,打开如图2-95所示的科学型计算器。使用科学型计算器可以进行比较复杂的运算,例如三角函数运算、乘方运算等、方根运算,运算结果可精确到32位。例如,求2^{10}的值,只需在图2-95中先输入“2”,然后单击“x^y”,再输入“10”,然后单击“=”即可得结果1024。上例中的(1+1)×(5+5),可在科学型计算器中完成。

图2-94　标准型计算器

图2-95　科学型计算器

(3) 程序员型计算器。

在图2-94中单击“标准”左侧的“≡”按钮,在弹出的菜单中选择“程序员”命令,打开如图2-96所示的程序员型计算器。使用程序员型计算器不仅可以实现进制之间的转换,而且可以进行与、或、非等逻辑运算。例如,将十进制数25转换为二进制数,只需在图2-96中先单击左上部的“DEC”,然后输入25,再单击“BIN”即可得转换结果11001,如图2-97所示。在图2-97中同时在HEX、DEC、OCT、BIN后显示十六进制数、十进制数、八进制数和二进制数的对应结果。

提示:HEX表示十六进制数;DEC表示十进制数;OCT表示八进制数;BIN表示二进制数。

(4) 日期计算型计算器。

在图2-94中单击“标准”左侧的“≡”按钮,在弹出的菜单中选择“日期计算”命令,打开如图2-98所示的日期计算型计算器。分别选择开始日期和结束日期,则在差值区域以两种方式显示出这两个日期之间相差的天数。

(5) 转换功能。

在图2-94中单击“标准”左侧的“≡”按钮,在弹出的菜单的转换器区域可以选择诸如货

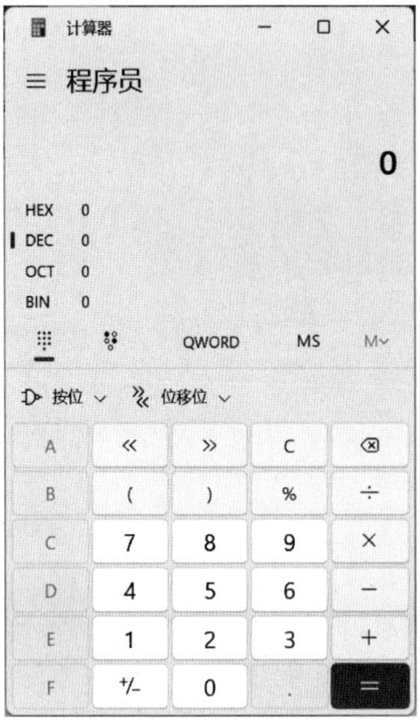

计算器
程序员
0
HEX 0
DEC 0
OCT 0
BIN 0
QWORD MS M
按位 位移位
A « » C ⌫
B ( ) % ÷
C 7 8 9 ×
D 4 5 6 −
E 1 2 3 +
F +/- 0 . =

图 2-96　程序员型计算器

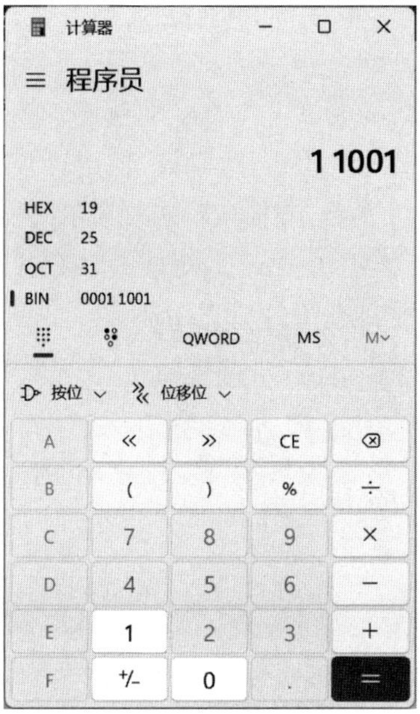

计算器
程序员
1 1001
HEX 19
DEC 25
OCT 31
BIN 0001 1001
QWORD MS M
按位 位移位
A « » CE ⌫
B ( ) % ÷
C 7 8 9 ×
D 4 5 6 −
E 1 2 3 +
F +/- 0 . =

图 2-97　程序员型计算器计算结果

币、容量、长度、重量、温度等 13 种不同形式的单位之间的转换。例如选择“面积”命令，打开如图 2-99 所示的面积转换窗口，在该窗口中设置了公顷和平方米之间的转换。

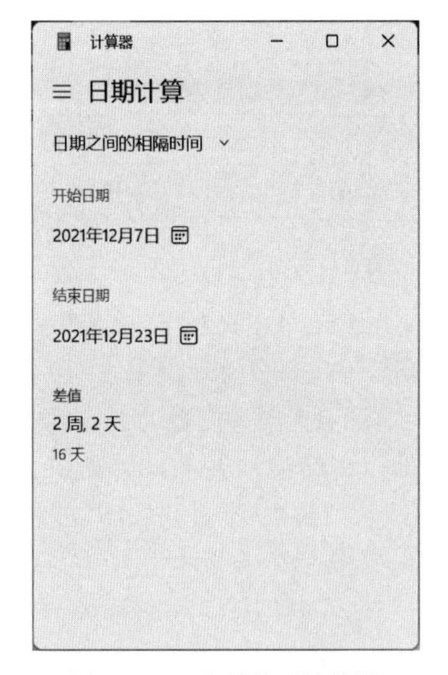

图 2-98　日期计算型计算器

图 2-99　面积转换窗口

6. 照片查看器

照片查看器是 Windows 11 自带的看图工具，当双击 BMP、JPG、JPEG、PNG 等格式的图片时，系统默认情况下自动使用照片查看器打开此图片。例如双击一幅图片，打开如图 2-100 所示的“照片”窗口。

Windows 11 的照片查看器不仅能用于浏览已经保存在计算机中的图片，还具有简单的编辑功能。若一个文件夹中存放了多张照片，则可以通过单击 (下一个)按钮浏览此文件夹中的下一幅图片；单击 (上一个)按钮浏览此文件夹中的上一幅图片。图 2-101 是照片查看器的快捷工具栏，通过该工具栏可以实现放大图像、缩小图像、旋转图像、编辑图像等操作。单击“查看更多”按钮 ，可以设置幻灯片放映模式、添加 3D 效果、添加动画文本，还可以将图片设置为背景或锁屏等操作。

图 2-100 “照片”窗口

图 2-101 照片查看器的快捷工具栏

2.7 系统维护

在计算机的使用过程中，有效的系统维护和安全设置能保障用户拥有一个稳定、顺畅的使用环境，本节介绍 Windows 11 自带的一些系统维护工具和防火墙的使用。

2.7.1 磁盘管理

计算机中所有的文件都存放在硬盘中，硬盘中还存放着许多应用程序的临时文件，同时 Windows 将硬盘的部分空间作为虚拟内存，因此，保持硬盘的正常运转是很重要的。

1. 磁盘检查

若用户在系统正常运行过程中或运行某程序、移动文件、删除文件的过程中，非正常关闭计算机的电源均可能造成磁盘的逻辑错误或物理错误，以至于影响机器的运行速度，或影响文件的正常读写。

磁盘检查程序可以诊断硬盘或 U 盘的错误，分析并修复若干逻辑错误，查找磁盘上的物理错误(坏扇区)，并标记出其位置，下次再执行文件写操作时就不会写到坏扇区中。

在要检查的磁盘驱动器上右击，在弹出的快捷菜单中选择“属性”命令，打开“磁盘属性”对话框，选择“工具”选项卡，如图 2-102 所示，在“查错”区域中单击“检查”按钮，可启动磁盘检查程序开始磁盘检测与修复，结果如图 2-103 所示。

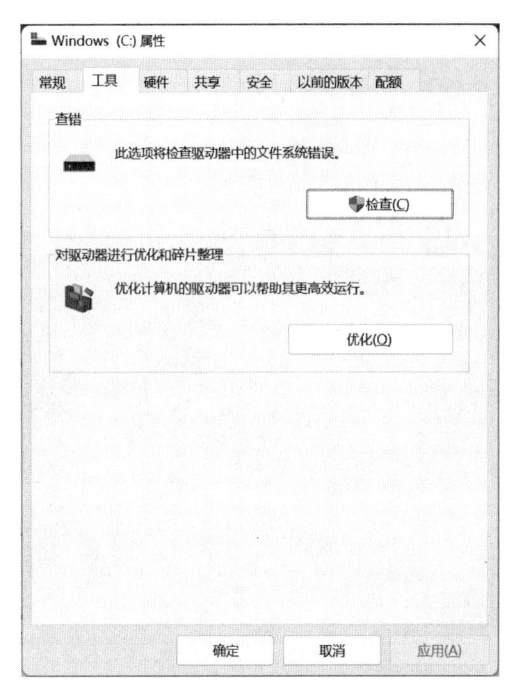

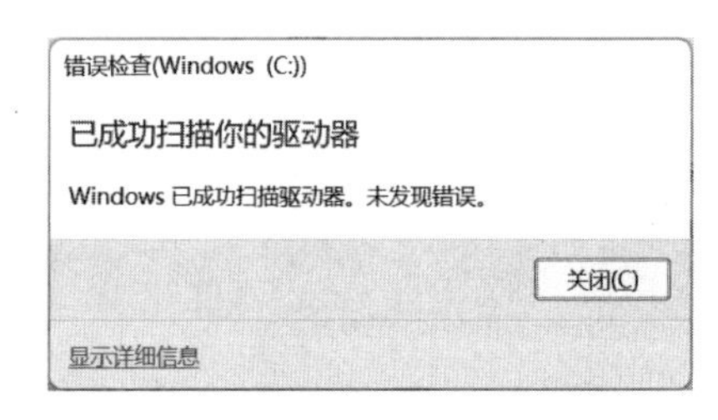

图 2-102 “工具”选项卡　　图 2-103 检查磁盘结果

提示：*进行磁盘检查前最好关闭该磁盘上的所有文件，运行磁盘检查程序过程中，该磁盘分区也不要用于执行其他任务。磁盘检查需要一定的时间。*

2. 磁盘清理

磁盘清理可以删除计算机上不再需要的文件，以释放磁盘空间并让计算机运行得更快。该程序可删除临时文件、Internet 缓存文件，清空回收站并删除各种系统文件和其他不再需要的项。

单击“开始”按钮，选择“所有应用”中的“Windows 工具”，在打开的“Windows 工具”窗口中选择“磁盘清理”程序，打开“磁盘清理：驱动器选择”对话框，选择要清理的驱动器后单击“确定”按钮，便开始检查磁盘空间和可以被清理掉的数据。清理完毕，程序将报告清理后可能释放的磁盘空间，如图 2-104 所示，列出可被删除的目标文件类型和每个目标文件大小的说明，用户在复选框中选取那些确定要删除的文件类型后，单击“确定”按钮，即可删除选取的文件释放出相应的磁盘空间。

3. 碎片整理和优化驱动器

这里的“碎片”是指磁盘上的不连续的空闲空间。当用户对计算机使用了较长一段时间后，由于进行了大量的文件的写入和删除操作，磁盘碎片会显著增加。碎片的增加，会导致字节数较大的文件在磁盘上的不连续存放，这直接影响了大文件的存取速度，也必定会影响机器的整体运行速度。

碎片整理和优化驱动器程序可以重新安排磁盘中的文件存放区和磁盘空闲区，使文件尽可能的存储在连续的单元中，使磁盘空闲区形成连续的空闲区，以便磁盘和驱动器能够更有效地工作。磁盘碎片整理程序可以按计划自动运行，但也可以手动分析磁盘和驱动器以及对其进行碎片整理。

图 2-104　“磁盘清理”对话框

单击“开始”按钮，选择“所有应用”中的“Windows 工具”，在打开的“Windows 工具”窗口中选择“碎片整理和优化驱动器”程序，打开如图 2-105 所示的“优化驱动器”窗口。其中：“分析”按钮，可进行文件系统碎片程度的分析，以确定是否需要对磁盘进行碎片整理；“优化”按钮，可对选取驱动器进行碎片整理，磁盘碎片整理程序可能需要几分钟到几小时才能完成，具体取决于硬盘碎片的大小和程度。在碎片整理过程中，仍然可以使用计算机。“更改设置”按钮，可进行磁盘碎片和优化驱动器程序的计划配置。

图 2-105　“优化驱动器”窗口

提示：如果磁盘已经由其他程序独占使用，或者磁盘使用 NTFS 文件系统、FAT 或 FAT32 之外的文件系统格式化，则无法对该磁盘进行碎片整理，也不能对网络位置进行碎片整理。

2.7.2 查看系统信息

系统信息显示有关计算机硬件配置、计算机组件和软件(包括驱动程序)的详细信息。通过查看系统的运行情况，可以对系统当前运行情况进行判断，以决定应该采取何种操作。

单击"开始"按钮，选择"所有应用"中的"Windows 工具"，在打开的"Windows 工具"窗口中选择"系统信息"程序，打开如图 2-106 所示的"系统信息"窗口。在该窗口中用户可以了解系统的各个组成部分的详细运行情况。想了解哪个部分，单击该窗口的左窗格中列出的类别项前边的"+"，右窗格便会列出有关该类别的详细信息。其中：

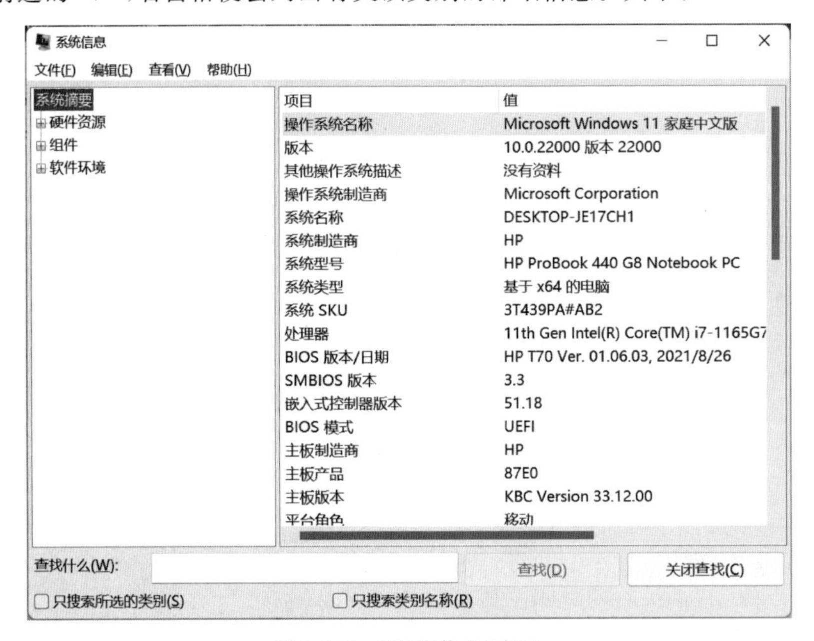

图 2-106 "系统信息"窗口

系统摘要：显示有关计算机和操作系统的常规信息，如计算机名和制造商、计算机使用的基本输入输出系统 (BIOS)的类型以及安装的内存的数量。

硬件资源：显示有关计算机硬件的高级详细信息。

组件：显示有关计算机上安装的磁盘驱动器、声音设备、调制解调器和其他组件的信息。

软件环境：显示有关驱动程序、网络连接以及其他与程序有关的详细信息。

若希望在系统信息中查找特定的详细信息，可在"系统信息"窗口底部的"查找什么"文本框中输入要查找的信息。

2.7.3 备份和还原

在 Windows 11 中，完整的备份可以保护当前设置和文件免受硬件故障、升级问题、恶意软件攻击、文件损坏等风险，如果没有适当的备份，将经常面临丢失文件的风险，包括图片和文档，以及可能花费了很多时间设置的自定义设置。Windows 11 自带了功能强大的备份还原功能，且灵活性强，可以创建系统映像，也可以创建只包含某驱动器或文件的备份。

1. 创建系统映像

系统映像是驱动器的精确副本，默认情况下系统映像包含 Windows 运行所需的驱动器、系统设置、程序及文件。如果硬盘或计算机无法工作，则可以使用系统映像来还原计算机的内容。系统映像必须保存在硬盘驱动器上，默认情况下系统映像仅包含 Windows 运行所需的驱动器。

在“开始”菜单的搜索栏搜索“控制面板”，并单击顶部结果打开“控制面板”窗口。单击窗口左侧的“系统和安全”，在窗口右侧选择“文件历史记录”，在打开的“文件历史记录”窗口中单击左下角的“系统映像备份”选项，打开如图 2-107 所示的“备份和还原”窗口。该图是系统安装后未设置的默认状态，有“创建系统映像”“创建系统修复光盘”“计划备份”“还原文件”四个主要功能，其中后两项需设置备份后才显示。单击左窗格中的“创建系统映像”选项，打开如图 2-108 所示的“创建系统映像”窗口。首先选择备份位置，如果选择 DVD 则需要刻录机同步保存映像(不过一般不建议这么做，因为会涉及刻录成功率等问题，还是硬盘或网络位置存储后再刻录到 DVD 更好)，这里选择备份在硬盘上；选择好备份保存的驱动器后，单击“下一步”按钮，选择要备份的内容，系统映像只能整个分区选择，不能只选择某个文件或文件夹，一般只需备份系统盘(默认已选中)，若需要且空间又允许也可以连后面分区一起备份；单击“下一步”按钮，确认备份设置无误后单击“开始备份”按钮即可开始备份。这时保存备份的驱动器下就会有 Windows Image Backup 目录。依次展开可以看到以计算机名命名的文件夹，里面是 XML、VHD、配置文件等。

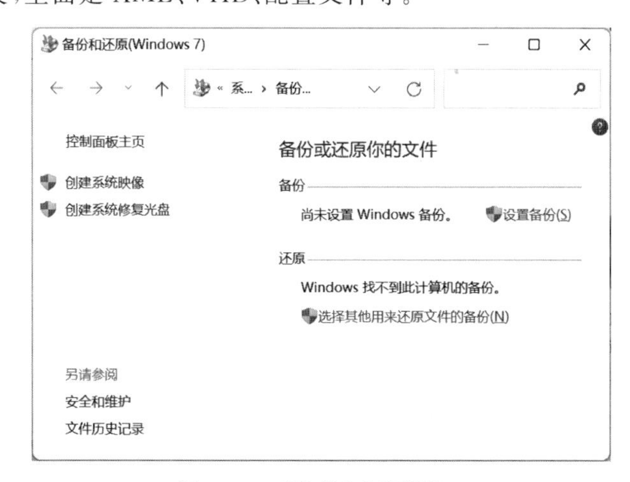

图 2-107 “备份和还原”窗口

提示：考虑安全方面的因素，尽量不要将系统映像文件存储在与系统安装分区位于同一个硬盘上，否则整个硬盘出现故障时，Windows 系统将无法从映像中进行彻底还原操作。

2. 创建文件备份

系统映像在备份时是整个分区的备份，因此要备份的是用户的某些文件或文件夹，还是创建定期备份文件，应根据需要还原所需文件和文件夹。如果以前从未使用过 Windows 备份，图 2-107 中显示的是“设置备份”选项，选择后可按照向导备份文件；如果以前创建过备份，则图 2-107 中显示的是“立即备份”选项，选择后可以等待定期计划备份发生，或者可以

图 2-108 “创建系统映像”窗口

通过单击“更改设置”手动创建新备份。

在图 2-107 中单击“设置备份”链接，打开“设置备份”对话框，选择保存备份的位置后(建议将备份保存到外部硬盘上，此处选择移动硬盘 D)，单击“下一步”按钮；在打开的对话框中选择“让我选择”单选按钮(“让 Windows 选择”将包括系统映像、库、桌面和默认 Windows 文件夹的数据文件；“让我选择”则可以自己选择要备份的项目以及是否要包括系统映像，后者更灵活、更能满足用户意愿)，单击“下一步”按钮；在打开的如图 2-109 所示的“设置备份”的选择备份内容对话框中，选择要备份的文件或文件夹，如果只备份用户文件或文件夹，可以不选中下面的复选框，单击“下一步”按钮；在打开的如图 2-110 所示的“设置备份”的查看备份设置对话框，可以查看备份位置和备份内容。

单击如图 2-110 所示对话框中的“更改计划”链接，可以打开如图 2-111 所示的“设置备份”的设置计划对话框，以设置按计划运行备份；单击“确定”按钮，则开始备份，在如图 2-112 所示的窗口中可以看到备份进度。如果不希望按计划时间备份，也可以在图 2-112 所示的窗口中左侧区域单击“关闭计划”链接，关闭计划后在该窗口备份区域将会出现“启用计划”，需要时则可随时再单击“启用计划”选项即可。

3. 创建系统修复光盘

系统崩溃现象时常发生，如果手头有一个修复光盘，那么系统往往很快就能恢复正常，而 Windows 11 系统恰好提供了这样一种功能。

在图 2-107 所示的窗口中单击“创建系统修复光盘”链接，打开系统修复光盘创建向导对话框，依照向导的提示选择一个 CD 或 DVD 驱动器，同时将空白光盘插入该驱动器中，之后按照默认设置完成剩余操作，最后按下计算机电源键重新启动计算机，如果出现提示，请按任意键从系统修复光盘启动计算机。

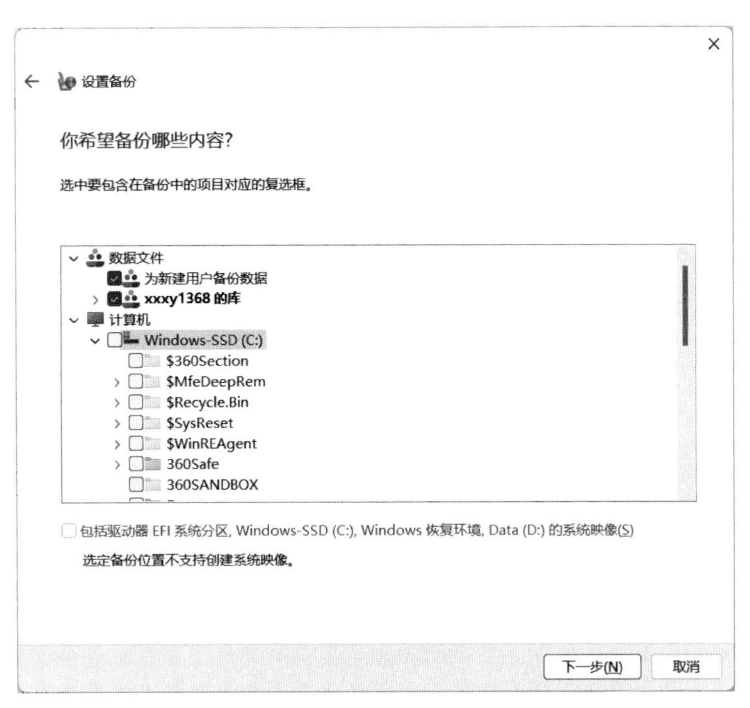

图 2-109 “设置备份”的选择备份内容对话框

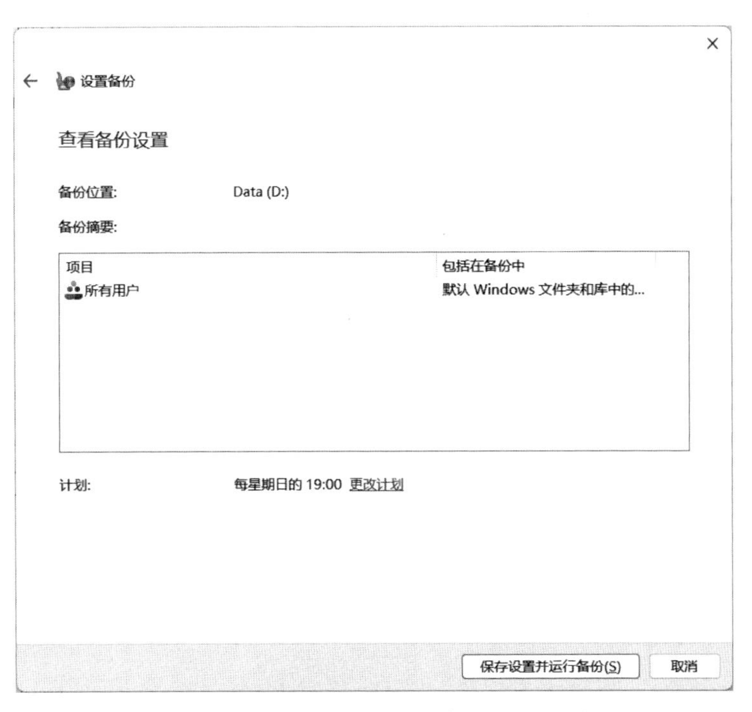

图 2-110 “设置备份”的查看备份设置对话框

4. 系统还原

使用系统映像无法还原单个项目,系统映像只能完全覆盖还原,当前的所有程序、系统设置和文件都将被系统映像中的相应内容替换。所以系统映像一般是在系统无法正常启动

图 2-111 “设置备份”的设置计划对话框

图 2-112 备份进度

或想主动恢复到以前的某个时间状态时才会使用。

系统还原有以下两种方法。

(1) 开机快速按 F8 键还原。

开机启动时快速按下 F8 键，然后在出现的选项界面中选择“修复计算机”选项，单击“下一步”按钮，输入用户名和密码，在“系统恢复选项”菜单中选择“系统映像恢复”选项，然后系统会自动扫描驱动器下备份的系统映像并进入镜像恢复窗口，窗口中会列出该镜像的保存位置、日期和时间以及计算机名称，如果有多个系统映像，请选择下面的“选择系统映像”，选择某个时间点的映像进行恢复(这时候还可以单击下面的“高级”按钮，到网络上搜索系统映像进行还原)，选择镜像后，单击“下一步”按钮，进行确认后，即可开始还原。

(2) 使用 Windows 11 安装光盘或系统修复光盘还原。

还可以使用 Windows 11 安装光盘或系统修复光盘进行还原，设置计算机从光盘启动，按照向导完成操作即可，此处不再赘述。

5. 备份文件还原

有了备份文件在手后，以后不管遇到多大的故障，都能快速将所备份的文件或文件夹恢复到正常状态，且备份文件可以还原单个项目。在图 2-107 所示的窗口中单击“选择其他用来还原文件的备份”链接，打开文件还原向导对话框，如图 2-113 所示，选择要从中还原文件的备份(或者单击“浏览网络位置”按钮，从网络的某个位置选择目标备份文件)，单击“下一步”按钮，在打开的如图 2-114 所示的下一步向导对话框中，若选中“选择此备份中的所有文件”复选框，则可还原整个目标备份内容；若单击“浏览文件”按钮，可通过“浏览文件的备份”对话框来选择仅还原目标备份中的某个或某几个文件或文件夹。选择好要还原的内容后，单击“下一步”按钮，确定文件还原后存放的位置(既可以在原始位置还原，也可以还原在其他位置)，单击“还原”按钮即可。

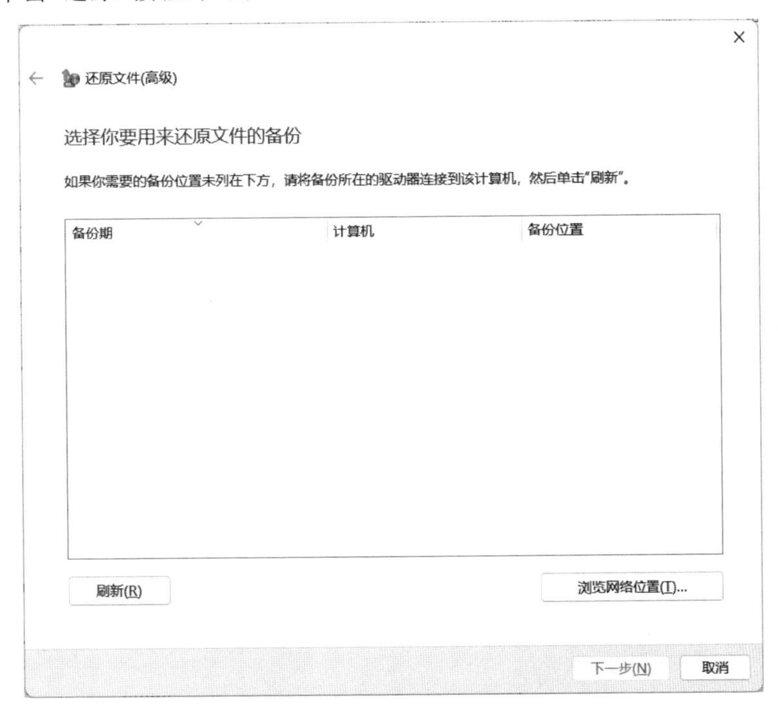

图 2-113　选择目标备份文件对话框

2.7.4 系统安全

大部分人工作和生活都离不开互联网，因此防火墙对于保护计算机安全就显得尤为重要。而 Windows 11 自带的防火墙提供了更加强大的保护功能。

在“开始”菜单的搜索栏搜索“控制面板”，并单击顶部结果打开“控制面板”窗口。单击窗口左窗格的“系统和安全”，在窗口右窗格中选择“Windows Defender 防火墙”，打开如

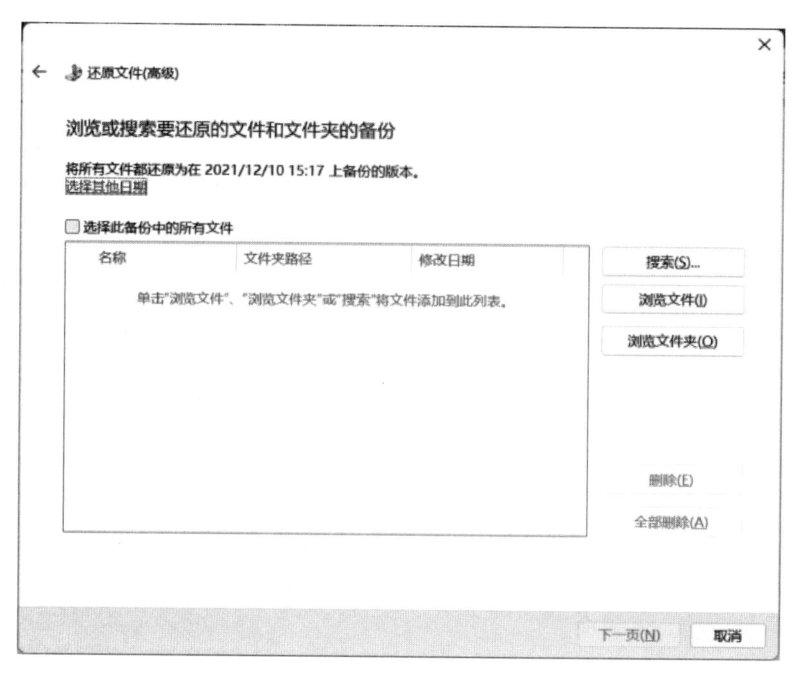

图 2-114　选择还原对象对话框

图 2-115 所示的"Windows Defender 防火墙"窗口。在该窗口右窗格可以看到各种类型的网络的连接情况,通过窗口左侧的列表项可以完成防火墙的设置。

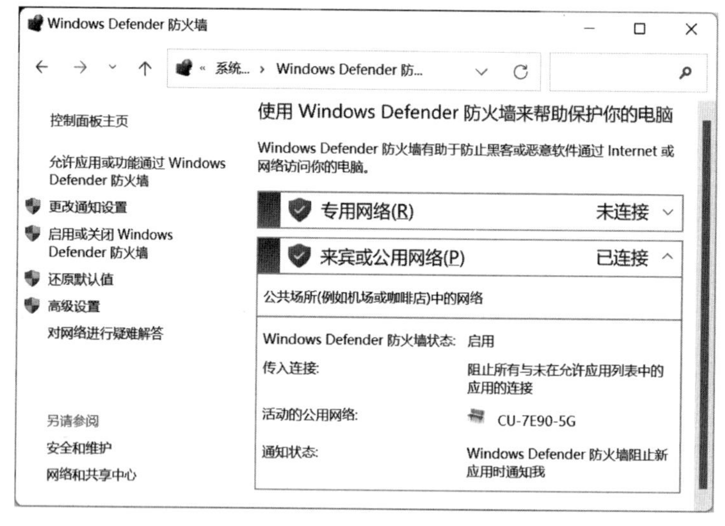

图 2-115　"Windows Defender 防火墙"窗口

1. 启用或关闭 Windows Defender 防火墙

防火墙如果设置不好,不但阻止不了网络的恶意攻击,还可能会阻挡用户自己正常访问互联网。

Windows 11 为每种类型的网络都提供了启用或关闭防火墙的操作,在图 2-115 左窗格中单击"启用或关闭 Windows Defender 防火墙"链接,打开如图 2-116 所示的"自定义设置"窗口。

图 2-116 “自定义设置”窗口

(1) 启用 Windows Defender 防火墙。

默认情况下已选中该设置。当 Windows 防火墙处于打开状态时，大部分程序都被阻止通过防火墙进行通信。如果要允许某个程序通过防火墙进行通信，可以将其添加到允许的程序列表中。

① 阻止所有传入连接，包括位于允许应用列表中的应用。

此设置将阻止所有主动连接到计算机的尝试。当需要为计算机提供最大程度的保护时可以使用该设置。使用此设置，Windows Defender 防火墙在阻止应用时不会通知，并且将会忽略允许的应用列表中的应用。即便阻止所有接入连接，仍然可以查看大多数网页、发送和接收电子邮件，以及发送和接收即时消息。

② Windows Defender 防火墙阻止新应用时通知我。

如果选中此复选框，当 Windows Defender 防火墙阻止新应用时会通知用户，并为用户提供解除阻止此程序的选项。

(2) 关闭 Windows Defender 防火墙(不推荐)。

避免使用此设置，除非计算机上运行了其他防火墙。关闭 Windows Defender 防火墙可能会使计算机更容易受到黑客和恶意软件的侵害。

2. Windows Defender 防火墙的高级设置

想要把防火墙设置得更全面详细，Windows 11 的防火墙还提供了高级设置功能。在图 2-115 左窗格中单击“高级设置”链接，打开如图 2-117 所示的“高级安全 Windows Defender 防火墙”窗口，在这里可以为每种网络类型的配置文件进行设置，包括出站规则、入站规则、连接安全规则等。

3. 还原默认设置

Windows 11 系统提供的防火墙还原默认设置功能使得 Windows 11 的用户可以放心大胆去设置防火墙，若设置失误，还原默认设置功能可将防火墙恢复到初始状态。

在图 2-115 左窗格中单击“还原默认值”链接，打开“还原默认值”窗口，单击“还原默认值”按钮即将防火墙恢复到初始状态。

还原默认值设置将会删除为所有网络位置类型设置的所有 Windows Defender 防火墙

设置。这可能会导致以前已允许通过防火墙的某些程序停止工作。

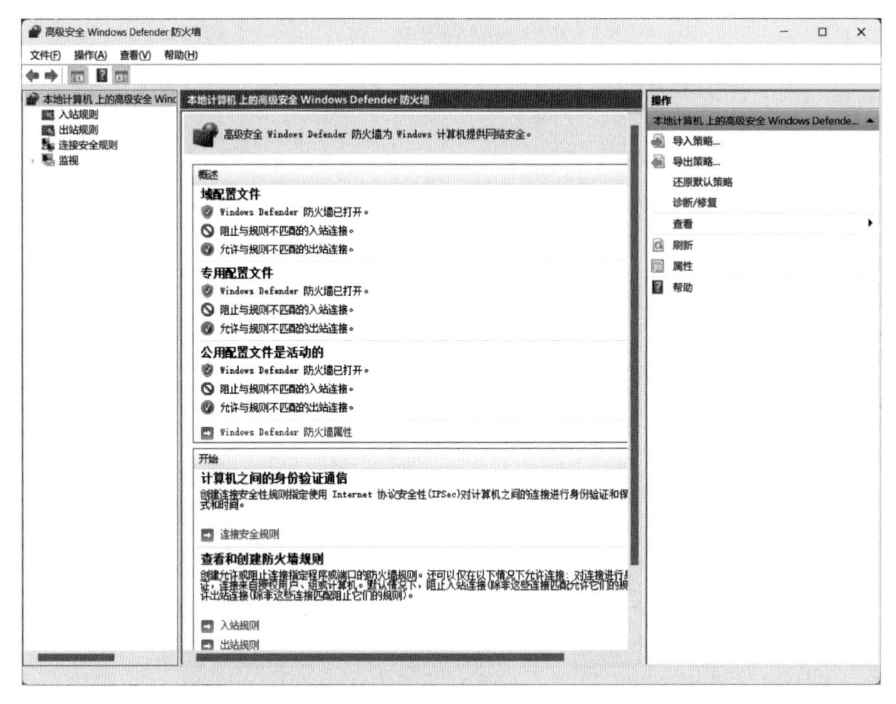

图 2-117 “高级安全 Windows Defender 防火墙”窗口

4. 允许程序通过 Windows 防火墙进行通信

默认情况下,Windows 防火墙会阻止大多数应用,以便使计算机更安全,但有时也需要某些应用通过防火墙进行通信,以便正常工作。

在图 2-115 左窗格中单击“允许应用或功能通过 Windows Defender 防火墙”链接,打开如图 2-118 所示的“允许的应用”窗口,单击“更改设置”按钮,选中要允许的应用和功能旁边的复选框和要允许通信的网络位置,然后单击“确定”按钮即可。

图 2-118 “允许的应用”窗口

提示:防火墙因无法确定电子邮件的内容,而无法防止电子邮件病毒和网络钓鱼,因此,除了防火墙外还要安装一个好的防病毒程序,并定期更新。

习 题 2

一、思考题

1. 什么是操作系统？操作系统通过哪几方面来对计算机进行管理？
2. Windows 11 有哪些主要改进功能？
3. 资源管理器的主要功能是什么？
4. 鼠标有哪些基本操作？鼠标指针有哪些形状？各代表系统的什么状态？
5. 如何选择多个连续和不连续的文件？
6. 如何设置任务栏的自动隐藏和任务栏的对齐方式？
7. 在 Windows 11 中如何搜索指定的文件？
8. Windows 11 的备份有哪几种？备份有何好处？
9. 如何通过控制面板将不常用的软件删除？
10. 在 Windows 11 中如何查看隐藏文件和文件夹？
11. 在 Windows 11 中如何设置应用通过防火墙进行通信？

二、选择题

1. 在计算机系统中，操作系统是(　　)。
   (A) 处于系统软件之上的用户软件　(B) 处于应用软件之上的系统软件
   (C) 处于裸机之上的第一层软件　(D) 处于硬件之下的低层软件
2. 下面几种操作系统中，(　　)不是网络操作系统。
   (A) MS-DOS　(B) Windows 11　(C) Windows XP　(D) UNIX
3. 操作系统是管理和控制计算机(　　)资源的系统软件。
   (A) CPU 和存储设备　(B) 主机和外部设备
   (C) 硬件和软件　(D) 系统软件和应用软件
4. 对话框和窗口的区别是：对话框(　　)。
   (A) 有“最大化”按钮　(B) 有“最小化”按钮
   (C) 只能移动而不能缩小　(D) 单击“最大化”按钮可放大到整个屏幕
5. Windows 11 中，任务栏可以放在(　　)。
   (A) 桌面底部　(B) 桌面顶部　(C) 桌面两侧　(D) 以上说法均正确
6. (　　)组合键可用来在任务栏的两个应用程序按钮之间切换。
   (A) Alt+Shift　(B) Alt+Tab　(C) Ctrl+Esc　(D) Ctrl+Tab
7. 选择了(　　)选项之后，用户就不能再自行移动桌面上的图标了。
   (A) 自动排列　(B) 按类型排列　(C) 平铺　(D) 层叠
8. 以下说法中不正确的是(　　)。
   (A) 启动应用程序的一种方法是在其图标上右击，再从其快捷菜单上选择“打开”命令
   (B) 删除了一个应用程序的快捷方式就删除了相应的应用程序文件
   (C) 在中文 Windows 11 中利用 Ctrl+Space 组合键可在英文输入法和选中的中文输入法间切换

(D) 将一个文件图标拖放到另一个驱动器图标上，将移动这个文件到另一个磁盘上

9. “资源管理器”中的“复制”命令可以用来复制(　　)。

(A) 菜单项　　(B) 文件夹　　(C) 窗口　　(D) 对话框

10. 下列关于回收站叙述中，正确的是(　　)。

(A) 只能改变位置不能改变大小

(B) 只能改变大小不能改变位置

(C) 既不能改变位置也不能改变大小

(D) 既能改变位置也能改变大小

11. 以下除(　　)外都是 Windows 11 自带的工具。

(A) 记事本　　(B) 画图　　(C) 写字板　　(D) 电子表格

12. 在 Windows 11 的“资源管理器”窗口中，使用(　　)可以按名称、类型、大小、日期排列窗口中的内容。

(A) “新建”菜单　　(B) 快捷菜单　　(C) “排序”菜单　　(D) “查看”菜单

三、填空题

1. MS-DOS 是一种________用户、________任务的操作系统。

2. 在 Windows 11 的菜单命令中，有些命令是暗淡显示的，说明该命令________；有些命令后有“ > ”符号，说明该命令________；有些命令后有“…”符号，说明该命令________。

3. 在 Windows 11 中，把活动窗口或对话框复制到剪贴板上，可按________键。

4. Windows 11 桌面上可以有________个活动窗口。

5. 在回收站尚未清空之前，可以从回收站中________删除的文件或文件夹。

6. 将鼠标移到窗口的________位置拖曳，可以移动窗口。

7. 若一个文件夹有子文件夹，那么在资源管理器的导航窗格中，单击该文件夹的图标或标识名的作用是________。

8. “碎片”是指磁盘上的不连续的________，当碎片的增加，会导致字节数较大的文件在磁盘上的________存放，这直接影响了大文件的存取速度，也必定会影响机器的整体运行速度。

9. Windows 11 提供了多种退出程序的方法，其中最常用的是单击程序窗口右上角的________按钮来退出程序。

10. 系统映像在备份时是整个分区的备份，因此是要备份用户的某些文件或文件夹，还是创建定期备份文件，应根据需要还原所需________和________。

11. 利用 Windows 11 系统自带的压缩程序生成的压缩文件的扩展名为________，利用 WinRAR 压缩程序生成的压缩文件的扩展名为________。

12. Windows 11 的照片查看器除了能用于浏览已经保存在计算机中的图片外，还具备简单的________功能。

四、操作题

1. 在 D 盘上建立一个名为“练习”的文件夹，然后从 C 盘 Program Files 下复制一个文件到新建的文件夹下，并将“练习”文件夹固定到“开始”屏幕。

2. 在 D 盘上建立一个 Word 的快捷方式。

3. 使用查找的方式找出 C 盘上所有文件名中含有字母 a 的文件。

4. 在桌面上建立一名字为 a.txt 的文本文件，并设置其属性为只读文件。

5. 个性化设置：将主题设置为“日出”；屏幕保护程序为三维文字 Windows 11；桌面背景设置由多个图片构成的幻灯片。

6. 任务栏设置：将任务栏设置为自动隐藏，在任务栏上设置“显示桌面”。

7. 改变系统时间和系统日期的设置。

8. 创建用户名为 student 的账户。

9. 为 C 盘创建系统映像。

课外阅读与在线检索

1. 访问 Intel 网站，下载试用测试 CPU 信息的软件。

2. 访问 Intel 网站，下载试用驱动更新助手，它将试图推荐你更新驱动程序，以充分发挥硬件性能。

3. 借助计算机厂商的驱动更新软件或者访问 360 驱动之家、驱动人生等软件，为您的系统匹配合适的驱动程序。

4. Linux 操作系统的影响越来越大，可以访问各种 Linux 资源网站以获取更多信息。中国 Linux 论坛网站是一个有较多最新 Linux 信息的网站，可以访问它并了解更多的有关 Linux 方面的知识。

5. UNIX 是由 AT&T 的贝尔实验室开发的，它最初设计被用来支持多个用户，该系统的大多数程序接受 ASCII 文本，这使得这些程序的链接比较容易。它最初的名字叫 Unics。

6. 还有一些其他的操作系统，如最早的操作系统 OS/2，是 IBM 公司的产品；macOS 是 Apple 公司的操作系统；Solaris 目前是 Oracle 公司的操作系统。可以分别访问它们的网站，了解更多关于它们的信息。

第3章 常用办公软件之 Word 2019

3.1 Word 2019 简介

文字处理软件的主要功能是创建文本或文档文件，同时还具有图文混排的功能。一般而言，字处理有格式化和非格式化两种。非格式化使用 ASCII 码及 Unicode 编码，也称纯文本文件。格式化文件一般称为文档文件，在 Word 2019 中以.docx 为扩展名。Word 文档支持图形、表格及其他类型的数据格式，带有排版信息，如字体、字形、段落、页面设置等。

3.1.1 Word 2019 的新增功能

Word 2019 是 Microsoft Office 2019 的组件之一，是一款优秀的文字处理办公软件。使用 Word 2019 可以轻松创建各类文档，不仅支持对文字进行编辑和排版，还能制作书籍、名片、杂志、报纸等。Word 2019 主要有以下几项新增功能。

(1) 自带翻译功能。以后阅读其他语种的文章时，可以通过“审阅”功能区中的翻译功能直接在 Word 里翻译。

(2) 增加了可定制的便携式触控笔(和铅笔)可以在文档中书写，可以突出显示重要内容、绘图、将墨迹转换为形状，或创建数学公式。

(3) 增加了“学习工具”。通过“视图”功能区的“沉浸式学习工具”来开启“学习工具”模式。进入“学习工具”模式后，可以调整列宽、页面颜色、文字间距，这些操作仅用于阅读过程，不会影响 Word 的原内容格式。

(4) 增加了语音朗读功能。除了在“学习工具”模式中可以将文字转换为语音朗读以外，还可以使用“审阅”功能区的“大声朗读”按钮开启“语音朗读”功能。

(5) 新增了图标库，可以在文档中插入各类图标丰富文档的内容。

(6) 支持 3D 模型的插入，可以 360°旋转以便用户全方位浏览。

3.1.2 Word 2019 的启动与退出

1. 启动应用程序

Office 中包含的组件众多，启动方式基本相同，主要有以下几种方法。

(1) “开始”菜单启动。

选择“开始”→“所有程序”命令，在菜单中可以看到所有已安装的组件，单击需要的组件即可启动相应的程序。

(2) 快捷方式启动。

如果桌面上有 Word 2019 的快捷方式图标，可以通过双击图标来启动对应的应用程序。

(3) 常用文档启动。

双击一个 Word 文档,系统同样可以启动应用程序并打开文档。

提示:对于用户经常使用的组件,系统会自动将该组件添加到“开始”菜单的常用程序列表中,在列表中选择同样可以启动应用程序。

2. 退出应用程序

以下几种方法均可退出应用程序。

(1) 单击 Word 2019 标题栏中的“关闭”按钮。

(2) 在 Word 2019 中选择“文件”→“关闭”命令。

(3) 在标题栏空白处右击,在弹出的快捷菜单中选择“关闭”命令。

(4) 使用 Alt+F4 组合键。

3.1.3 Word 2019 的工作界面

启动 Word 2019 应用程序后,屏幕上会出现如图 3-1 所示的工作窗口。它主要由标题栏、功能区、标尺、状态栏和文档编辑区等部分组成。

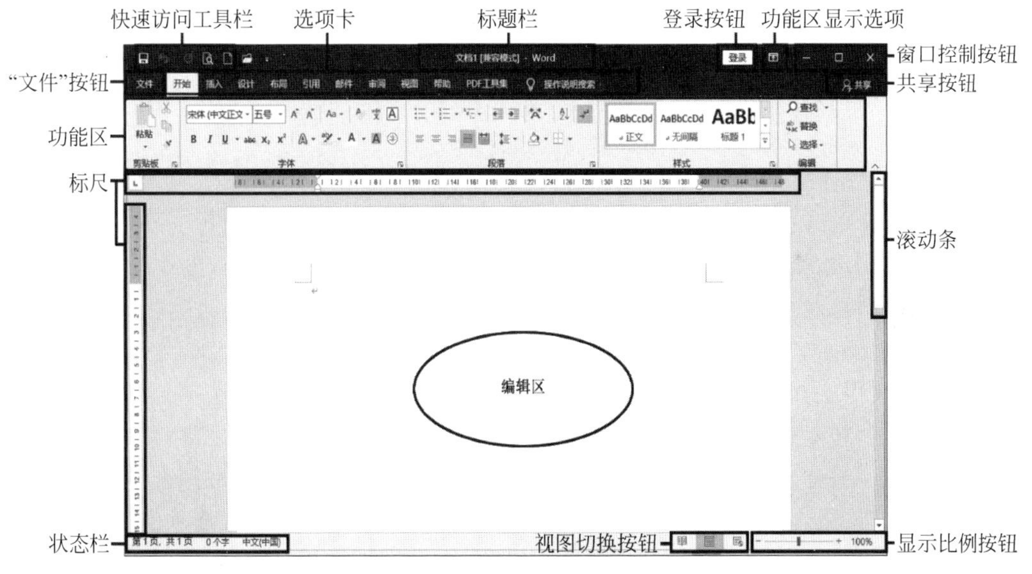

图 3-1 Word 2019 工作窗口

1. 功能区

与 Word 2010 相同,窗口上方看起来像菜单的名称其实是功能区的名称,单击这些名称就会切换到与之相对应的功能区面板。每个功能区根据功能的不同又分为若干组,下面简要介绍每个功能区所拥有的功能。

(1) “开始”功能区。

此功能区包括剪贴板、字体、段落、样式和编辑五个选项组。该功能区主要用于帮助用户对 Word 文档进行文字编辑和格式设置,这是用户最常用的功能区。

(2) “插入”功能区。

此功能区包括页面、表格、插图、加载项、媒体、链接、批注、页眉和页脚、文本、符号等选项组，主要用于在 Word 文档中插入各种元素。

（3）“设计”功能区。

此功能区包括文档格式和页面背景两个选项组，主要用于 Word 文档的页面设计。

（4）“布局”功能区。

此功能区包括页面设置、稿纸、段落、排列四个选项组，用于帮助用户设置 Word 文档的页面布局。

（5）“引用”功能区。

此功能区包括目录、脚注、信息检索、引文与书目、题注、索引和引文目录选项组，用于实现在 Word 文档中插入目录等比较高级的编辑功能。

（6）“邮件”功能区。

此功能区包括创建、开始邮件合并、编写和插入域、预览结果和完成选项组。该功能区的作用比较单一，主要用于在 Word 文档中进行邮件合并的操作。

（7）“审阅”功能区。

此功能区包括校对、语音、辅助功能、语言、中文简繁转换、批注、修订、更改、比较、保护和墨迹选项组，主要用于对 Word 文档进行校对和修订等操作，适用于多人协作处理 Word 长文档。

（8）“视图”功能区。

此功能区包括视图、沉浸式、页面移动、显示、显示比例、窗口和宏等选项组，主要用于帮助用户设置 Word 操作窗口的视图类型。

（9）“帮助”功能区。

此功能区包括帮助、反馈、显示培训内容等功能。

另外，在 Word 中允许用户自定义功能区，既可以创建功能区，也可以在功能区下创建组，让功能区能符合自己的使用习惯。操作如下：在功能区空白处右击，在弹出的快捷菜单中选择“自定义功能区”命令，即可打开“Word 选项”窗口的“自定义功能区”列表，在“自定义功能区”列表中选择相应的主选项卡，即可以自定义功能区显示的主选项。要创建新的功能区，则应单击“新建选项卡”按钮，在“主选项卡”列表中将鼠标指针移动到“新建选项卡（自定义）”上，右击，在弹出的快捷菜单中选择“重命名”命令。在“显示名”右侧文本框中输入名称，单击“确定”按钮，为新建的快捷选项卡命名。单击“新建组”按钮，在选项卡下创建组，右击新建的组，在弹出的快捷菜单中选择“重命名”命令，打开“重命名”对话框，选择一个图标，输入组名称，单击“确定”按钮，在选项卡下创建组。

2. 文档编辑区

文档编辑区是 Word 中面积最大的区域，是用户的工作区，可用于显示编辑的文档和图形，在这个区域中有两个重要的控制符。

（1）插入点：也称光标，它指明了当前文本的输入位置。单击文本区的某处，可定位插入点，也可使用键盘上的光标移动键来定位插入点。

（2）段落标记：标志一个段落的结束。另外，在文本区还有一些控制标记，如空格等，单击“开始”功能区“段落”选项组中的“显示/隐藏编辑标记”按钮，就可以显示或隐藏这些标记。

3. 标尺

标尺是位于工具栏下面的包含有刻度的栏，常用于调整页边距、文本的缩进、快速调整段落的编排和精确调整表格等。如果打开 Word 时没有显示出标尺，可以选中“视图”功能区“显示”组中的“标尺”复选框。

Word 有水平和垂直两种标尺，水平标尺上有四个滑块，左上方的是“首行缩进”，左下方的两个分别为“悬挂缩进”和“左缩进”，右侧滑块是“右缩进”滑块。垂直标尺上面有制表符等标记。

需要说一点的是，Word 标尺必须在页面视图模式下设置才能与打印效果一样。

4. 视图模式

在 Word 中提供了多种视图模式供用户选择，这些视图模式包括“页面视图”“阅读视图”“Web 版式视图”“大纲视图”“草稿视图”五种视图模式。用户可以在“视图”功能区的“视图”选项组中选择需要的文档视图模式，也可以在 Word 文档窗口的右下方单击视图按钮选择视图模式。

（1）页面视图。

“页面视图”可以显示 Word 文档的打印效果外观，主要包括页眉、页脚、图形对象、分栏设置、页面边距等元素，是最接近打印结果的页面视图。

（2）阅读视图。

“阅读视图”以分栏样式显示 Word 文档。在该模式下，功能区等窗口元素被隐藏起来。在阅读视图中，用户还可以单击“工具”按钮选择各种阅读工具。

（3）Web 版式视图。

“Web 版式视图”以网页的形式显示 Word 文档。Web 版式视图适用于发送电子邮件和创建网页。

（4）大纲视图。

“大纲视图”主要用于设置 Word 文档和显示标题的层级结构，并可以方便地折叠和展开各种层级的文档。大纲视图广泛用于 Word 长文档的快速浏览和设置等。

（5）草稿视图。

“草稿视图”取消了页面边距、分栏、页眉页脚和图片等元素，仅显示标题和正文，是最节省计算机系统硬件资源的视图方式。

5. 沉浸式学习工具

Word 2019 中有一些新增功能，如“沉浸式学习工具”，可以让 Word 自动读出文档的文字，帮助用户流畅阅读并提高理解能力。

打开 Word 文档，切换到“视图”功能区，单击“沉浸式阅读器”按钮，进入“学习工具”页面，页面中包含以下几项功能按钮。

（1）调整文字间距：为了能够更方便地查看文字，可以单击上面的“文字间距”图标，以增加文字间的距离，同时还会自动增加行宽。

（2）设置行焦点：行焦点将为用户删除干扰，可以逐行浏览文档，调整焦点以在视图中一次放入一行、三行或五行。

（3）朗读文档的内容：单击“学习工具”页面中的“大声朗读”按钮，可以在收听文档时突出每个单词。在文档右上角会显示出朗读的控制按钮，单击“设置”按钮，拖动阅读速度滑块，就能够方便地调整语速了。

（4）划分音节：“音节”可以显示音节划分，有助于改进字词识别和改善发音。

3.2 文档的基本操作

所谓文档就是由 Word 编辑的文本。制作文档包括文档建立、文本编辑、格式编排、页面设置、打印输出等几个步骤。

3.2.1 建立新文档

在 Word 2019 窗口左上角，单击"文件"按钮可以打开"文件"面板，包含"开始""新建""打开""保存"等常用命令。在默认打开的"信息"面板中，用户可以进行旧版本格式转换、保护文档(如设置 Word 文档密码)、检查问题和管理自动保存的版本等。

1. 通用型文档

如果需要新建一个空白文档，则可以按照如下步骤进行操作。

(1) 打开 Word 2019 文档窗口，依次选择"文件"→"新建"命令，如图 3-2 所示。

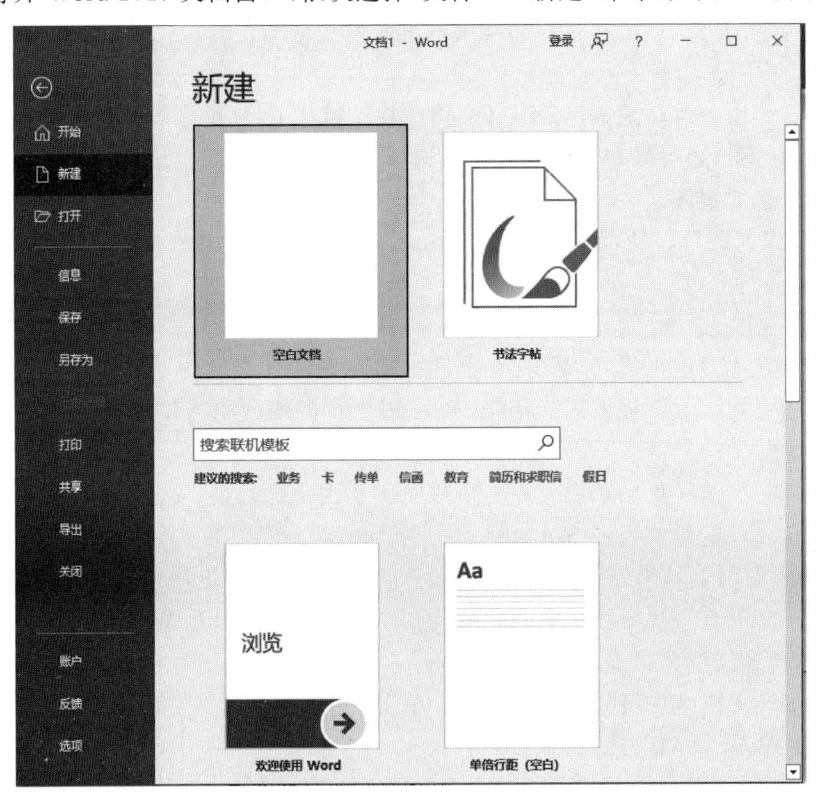

图 3-2 新建 Word 文档

(2) 在打开的"新建"面板中选择需要创建的文档类型，如选择"空白文档""书法字帖"等，完成选择后即可进入编辑窗口。

2. 其他文档模板

除了通用型的空白文档模板之外，Word 2019 中还内置了多种文档模板，如书法字帖、服务发票等。另外，Office.com 网站还提供了证书、奖状、名片、简历等特定功能模板。借助这些模板，用户可以创建比较专业的 Word 文档。

3.2.2 编辑文本

在一篇文档中，最基本的工作就是文字的录入与编辑。在窗口的文本区，插入点总是自动地在左上角的文档开始处闪烁，而鼠标指针可出现在屏幕的任意位置，这就是 Word 中的“即点即输”功能，用户可先设置输入状态，并定位插入点后就可以输入字符了。

1. 使用“撤销键入”或“恢复键入”功能

在编辑 Word 文档时，如果所做的操作不合适，而想返回当前结果前面的状态，则可以通过“撤销键入”或“恢复键入”功能实现。“撤销键入”功能可以保留最近执行的操作记录，用户可以按照从后到前的顺序撤销若干步骤，但不能有选择地撤销不连续的操作。用户可以在窗口左上角“快速访问工具栏”中单击“撤销键入”按钮，执行撤销操作后，可以将 Word 文档恢复到最新编辑的状态。当用户执行一次撤销操作后，可以单击“快速访问工具栏”中已经变成可用状态的“恢复键入”按钮。

2. 使用“重复键入”功能

“快速访问工具栏”中的“重复键入”功能可以在文档中重复执行最后的编辑操作，例如重复输入文本、设置格式或重复插入图片、符号等。

“重复键入”按钮和“恢复键入”按钮位于 Word 文档窗口“快速访问工具栏”的相同位置。当用户进行编辑而未进行“撤销键入”操作时，则显示“重复键入”按钮，即一个向上指向的圆形箭头。当执行过一次“撤销键入”操作后，则显示“恢复键入”按钮。

3. 在文档中插入符号

在 Word 文档窗口中，用户可以通过“符号”对话框插入任意字体的任意字符和特殊符号。操作如下。

(1) 打开文档窗口，切换到“插入”功能区，在“符号”选项组中单击“符号”按钮。

(2) 在打开的符号面板中可以看到一些常用的符号，单击所需要的符号即可将其插入 Word 文档中。如果“符号”选项卡中没有所需要的符号，可以单击“其他符号”按钮。

(3) 打开“符号”对话框，如图 3-3 所示。在“符号”选项卡中单击“子集”右侧的下拉按钮，在打开的下拉列表中选中合适的子集(如“数学运算符”)，然后在符号表格中选中需要的符号，并单击“插入”按钮即可。

4. 为常用符号添加“自动更正”条目

为了能够利用键盘直接输入键盘上没有的符号，用户可以通过在文档中为常用符号添加“自动更正”条目来实现。操作如下。

(1) 打开 Word 文档窗口，切换到“插入”功能区，在“符号”选项组中单击“符号”按钮，并单击“其他符号”选项。

(2) 打开“符号”对话框，查找并选中准备添加自动更正条目的符号，并单击“自动更正”按钮。

(3) 在打开的“自动更正”对话框中切换到“自动更正”选项卡，在“替换”文本框中输入准备使用的替换键，并依次选择“添加”→“确定”命令。

(4) 返回“符号”对话框，继续为其他符号添加自动更正条目。设置完毕单击“取消”按钮关闭“符号”对话框。

5. 文本的复制、剪切和粘贴

复制、剪切和粘贴操作是文档编辑时常见的文本操作，其中复制操作是在原有文本保持不变的基础上，将所选中文本放入剪贴板；而剪切操作则是在删除原有文本的基础上将所选中文本放入剪贴板；粘贴操作则是将剪贴板的内容放到目标位置。操作如下。

(1) 打开 Word 文档窗口，选中需要剪切或复制的文本。然后在"开始"功能区的"剪贴板"选项组中单击"剪切"或"复制"按钮。

(2) 在 Word 文档中将插入点光标定位到目标位置，然后单击"剪贴板"选项组中的"粘贴"按钮即可。

6. 使用"选择性粘贴"

"选择性粘贴"功能可以帮助用户在 Word 文档中有选择地粘贴剪贴板中的内容，例如可以将剪贴板中的内容以图片的形式粘贴到目标位置。操作如下。

(1) 打开 Word 文档窗口，选中需要复制或剪切的文本或对象，执行复制或剪切操作。

(2) 在"开始"功能区的"剪贴板"选项组中单击"粘贴"按钮下方的下拉按钮，并选择下拉列表中的"选择性粘贴"命令。

(3) 在打开的如图 3-4 所示的"选择性粘贴"对话框中选中"粘贴"单选按钮，然后在"形式"列表框中选中一种粘贴格式，并单击"确定"按钮。

(4) 剪贴板中的内容将以指定的形式被粘贴到目标位置。

图 3-3 "符号"对话框

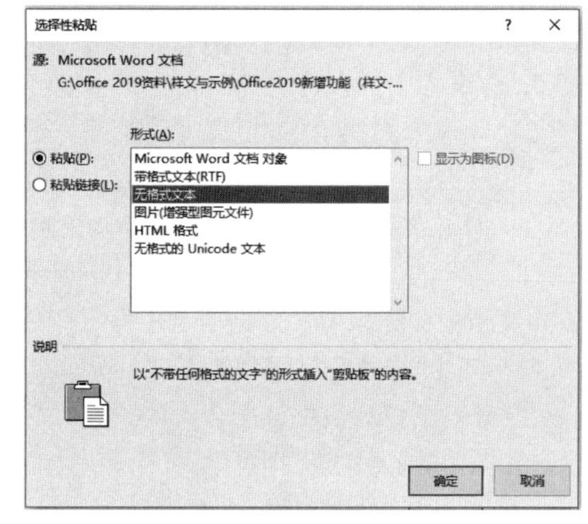

图 3-4 "选择性粘贴"对话框

7. 查找和替换

若在一篇很长的文档中查找某个字符或用新的字符替换已有字符时，用人工来完成既费力又费时。借助 Word 提供的查找和替换功能，用户可以在文档中快速查找特定的字符。操作如下。

(1) 打开 Word 文档窗口，将插入点光标移动到文档的开始位置，然后在"开始"功能区的"编辑"选项组中单击"查找"按钮。

(2) 在打开的导航窗格文本框中输入需要查找的内容，并单击"搜索"按钮即可。用户还可以在导航窗格中单击"搜索"按钮右侧的下拉按钮，在打开的下拉列表中选择"查找"命令。在打开的"查找"对话框中切换到"查找"选项卡，然后在"查找内容"文本框中输入要查找的字符，并单击“查找下一处”按钮。

(3) 查找到的目标内容将以蓝色矩形底色标识，单击“查找下一处”按钮继续查找。

进行查找操作时，默认情况下每次只显示一个查找到的目标。用户也可以通过选择查找选项同时显示所有查找到的内容。

(4) 一般情况下，查找的目的是替换。因此当用户在当前的文档中设置了要查找的内容后，还需要指定用于替换它的内容。在“查找和替换”对话框中选择“替换”选项卡，在“查找内容”文本框中输入要被替换的目标文本，在“替换为”文本框中输入用来替换的新文本。如果希望逐个替换，则单击“替换”按钮；如果希望全部替换查找到的内容，则单击“全部替换”按钮。

使用 Word 的查找和替换功能，不仅可以查找和替换字符，还可以查找和替换字符格式(例如查找或替换字体、字号、字体颜色等格式)。操作如下：在打开的“查找和替换”对话框中单击“更多”按钮，以显示更多的查找选项，在“查找内容”文本框中单击，使光标位于文本框中。然后单击“查找”区域的“格式”按钮，在打开的“格式”下拉列表中单击相应的格式类型，打开“查找字体”对话框，可以选择要查找的字体、字号、颜色、加粗、倾斜等选项，如图 3-5 所示。

图 3-5 “查找和替换”对话框

8. 将阿拉伯数字转换为大写数字

如果用户需要将 Word 文档中的阿拉伯数字转换为人民币大写数字，则可以借助 Word 提供的编号功能实现。操作如下。

(1) 打开 Word 文档窗口，选中需要转换为人民币大写数字的阿拉伯数字。

(2) 切换到“插入”功能区，在“符号”选项组中单击“编号”按钮。

(3) 打开如图 3-6 所示的“编号”对话框，在“编号类型”列表框中选中人民币大写样式

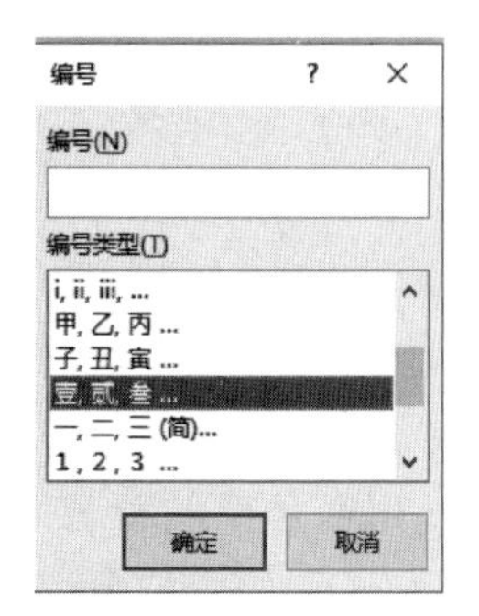

图 3-6 “编号”对话框

的编号类型，并单击“确定”按钮。

9. 使用“字数统计”功能

很多用户在使用Word编辑文档时，希望能够知道当前文档的字数。在Word 2019中，用户只需要切换到“审阅”功能区，在“校对”选项组中单击“字数统计”按钮，打开“字数统计”对话框，用户可以看到字数、字符数等统计信息。用户还可以在状态栏中实时查看当前Word文档的字数，只是无法获取其他统计信息。

10. 在“导航”窗格中显示文档结构图和缩略图

在浏览较长篇幅的文档时，要查看特定的内容，利用滚动条查找既不方便，也不精确。Word中的“导航”窗格可以让用户查看文档结构图和页面缩略图，从而帮助用户快速定位文档位置，实现精确导航。

在Word中打开一份长文档，切换到“视图”功能区，选中“显示”栏中的“导航窗格”复选框，即可在Word编辑窗口的左侧打开“导航”窗格。这里提供的导航方式有标题导航、页面导航、结果导航等。

(1) 标题导航。

文档标题导航是最简单的导航方式。打开“导航”窗格后，单击“标题”按钮，将文档导航方式切换到“标题导航”，系统会对文档进行智能分析，并将文档标题在“导航”窗格中列出，只要单击标题，就会自动定位到相关段落。

提示：该导航的使用条件是长文档必须事先设置标题。如果没有设置标题，就无法用文档标题进行导航，而如果文档事先设置了多级标题，导航效果会更好、更精确。

(2) 页面导航。

用Word编辑文档时会自动分页，文档页面导航就是根据Word文档的默认分页进行导航的。单击“导航”窗格中的“页面”按钮，将文档导航方式切换到“文档页面导航”，系统会在“导航”窗格上以缩略图形式列出文档分页，单击分页缩略图，就能定位到相关页面查阅。

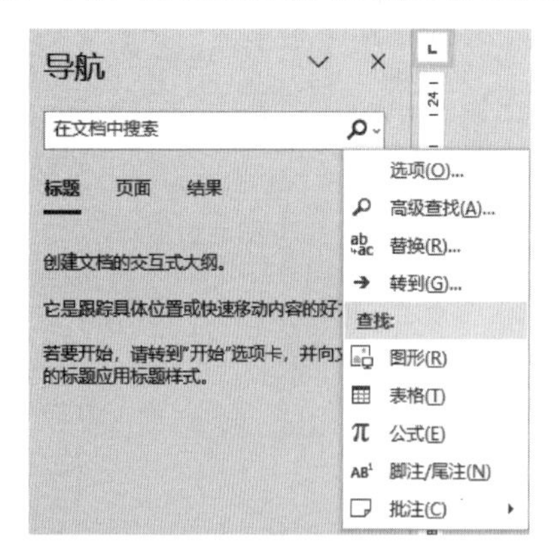

图 3-7 特定对象导航

(3) 结果导航。

单击“导航”窗格中的“结果”按钮，在文本框中输入关键字(词)，“导航”窗格上就会列出包含关键字(词)的导航链接，单击导航链接，就可以快速定位到文档的相关位置。

(4) 特定对象导航。

一篇完整的文档往往包含有图形、表格、公式、批注等对象，Word的导航功能可以快速查找文档中的这些特定对象。单击搜索框右侧放大镜后面的▼，选择“查找”栏中的相关选项，如图3-7所示，就可以快速查找文档中的图形、表格、公式和批注。

3.2.3 文档的打开与保存

1. 打开文档

打开文档是指将保存在磁盘上的文档文件、其他版本的文档或用其他软件创建的其他文档调入内存并显示在窗口中。Word 中打开文档有以下几种情况。

(1) 打开最近使用的文档。

在 Word 2019 中默认会显示最近打开或编辑过的 Word 文档，显示文件的个数与系统设置有关，可以在“Word 选项”对话框的“高级”选项卡中的“显示”选项组中设置。打开最近使用的文档。操作如下：选择“文件”→“打开”→“最近”命令，在列表中单击准备打开的 Word 文档名称即可。

(2) 打开所有支持的 Word 文档。

如果“最近”列表中没有找到想要打开的 Word 文档，单击“打开”中的“浏览”按钮，在“打开”对话框中，根据实际情况选择需要打开的 Word 文档并单击“打开”按钮即可。

(3) 以副本方式打开 Word 文档。

使用“以副本方式”打开 Word 文档可以在相同文件夹中创建一份完全相同的 Word 文档，在原始 Word 文档和副本 Word 文档同时打开的前提下进行编辑和修改。操作如下：在“打开”对话框中，选中需要打开的 Word 文档，然后单击“打开”按钮右侧的下拉按钮，如图 3-8 所示。在打开的下拉列表中选择“以副本方式打开”命令即可。在打开的 Word 文档窗口标题栏中，用户可以看到当前 Word 文档为“副本(1)”模式。

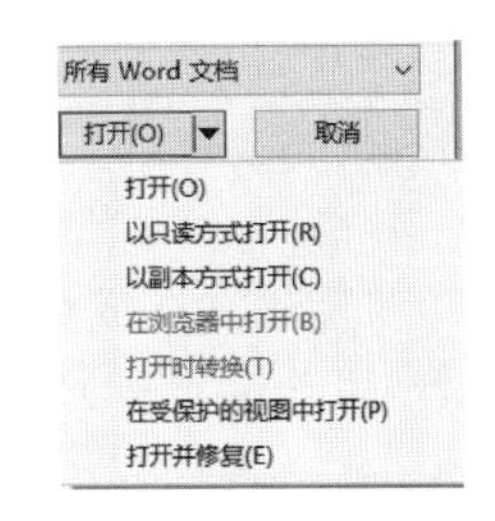

图 3-8 “打开”文档选项

与之类似的是以只读方式打开 Word 文档，其打开的 Word 文档会限制对原始文档的编辑和修改，从而有效保护文档的原始状态。当然，在只读模式下打开的文档允许用户进行“另存为”操作，从而将当前打开的只读方式文档另存为一份全新的可以编辑的文档。

2. 保存文档

在对文档进行首次保存时，必须要给它命名、确定类型，并要决定其存放路径。默认情况下，使用 Word 2019 编辑的文档会保存为.docx 格式的文档。

(1) 将文档保存为 Word 2003 的.doc 文件。

Word 2003 及以前版本的 Word 文档是.doc 格式的文档，与之后版本的.docx 格式有所不同，如果需要将用 Word 2019 编辑的文档保存格式设置为.doc 文件，可依次选择“文件”→“另存为”→“浏览”命令，在打开的“另存为”对话框中单击“保存类型”下拉按钮，在打开的下拉列表中选择“Word 97-2003 文档”命令，并单击“保存”按钮，如图 3-9 所示。

(2) 将 Word 文档直接保存为 PDF 文件。

Word 2019 具有直接将文档另存为 PDF 文件的功能。操作如下：在打开的 Word 文档窗口中依次选择“文件”→“另存为”命令，在“另存为”对话框中选择“保存类型”为 PDF，然后选择 PDF 文件的保存位置并输入 PDF 文件名称，单击“保存”按钮。完成 PDF 文件保存后，如果当前系统安装有 PDF 阅读工具(如 Adobe Reader)，则保存生成的 PDF 文件将被打开。

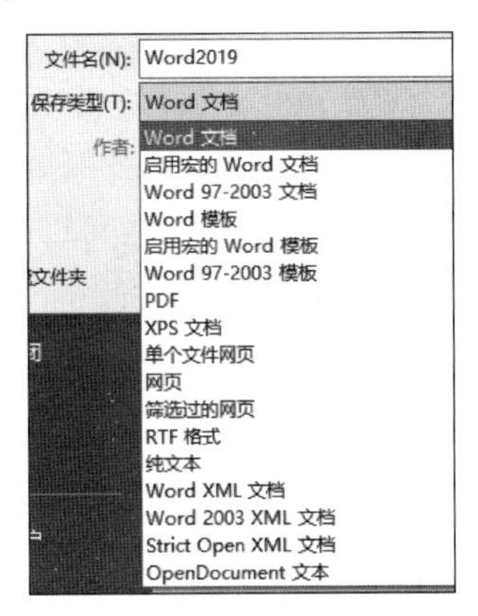

图 3-9 文档的保存类型

(3) 设置 Word 文档属性信息。

Word 文档的属性信息包括作者、标题、主题、关键词、类别、状态和备注等项目，关键词属性属于 Word 文档属性之一。用户通过设置 Word 文档属性,将有助于管理文档。在打开的 Word 文档窗口中依次选择“文件”→“信息”命令,在打开的信息面板中单击“属性”右侧的下拉按钮,在打开的下拉列表中选择“高级属性”命令,在打开的文档属性对话框中切换到“摘要”选项卡,分别输入作者、单位、类别、关键词等相关信息,并单击“确定”按钮即可。

(4) 设置自动保存时间间隔。

Word 2019 默认情况下每隔 10 分钟自动保存一次文件,用户可根据实际情况设置自动保存时间间隔。操作如下:在 Word 窗口中依次选择“文件”→“选项”命令,在“Word 选项”对话框中切换到“保存”选项卡,在“保存自动恢复信息时间间隔”文本框中设置合适的数值,并单击“确定”按钮即可。

3.3 文档的格式编排

文字输入完成后,为了达到美观、漂亮的输出效果,还需要对其进行格式编排,包括字符设置、段落设置和页面设置等。

3.3.1 字符设置

字符是指字母、空格、标点符号、数字和符号(如 &、@、# 等)及汉字。字符设置主要包括设置不同的字体、字号、字形、修饰、颜色和字符间距等。

1. 设置字体和字号

跟所有的 Word 版本一样,用户可以在 Word 2019 文档窗口中方便地设置文本、数字等字符的字体。操作如下:在打开的文档窗口中选中需要设置字体的文本块,在“开始”功能区的“字体”选项组中单击“字体”下拉按钮,在打开的“字体”下拉列表中显示出三组字体:主题字体、最近使用的字体和所有字体。将鼠标指针指向目标字体,则选中的文字块将同步显示应用该字体后的效果。确认该字体符合要求后,单击即可。

同样,在“开始”功能区的“字体”选项组中单击“字号”下拉按钮,在打开的“字号”下拉列表中显示可供选择的字号,如图 3-10 所示。

除上述方法外,也可以使用以下几种方法改变字体大小。

(1) 在“开始”功能区的“字体”选项组中,将字号数值输入“字号”文本框中。字号以“磅”为单位,可以输入后缀为.5 的小数。

(2) 在“开始”功能区的“字体”选项组中单击“增大字体”或“减小字体”按钮也可以改变文字大小。

(3) 选中需要改变字体大小的文本块,将鼠标指针滑向文本块上方,在打开的“浮动工具栏”中可以设置字体大小、选择字体等操作。

2. 设置字体效果

(1) 设置底纹和边框。

选取要格式化的文本,根据需要在“开始”功能区的“字体”选项组中单击“字符底纹”“字符边框”“带圈字符”等,即可实现字符底纹、边框的设置。

(2) 文本突出显示颜色。

在“开始”功能区的“字体”选项组中单击“文本突出显示颜色”下拉三角按钮,并在颜色

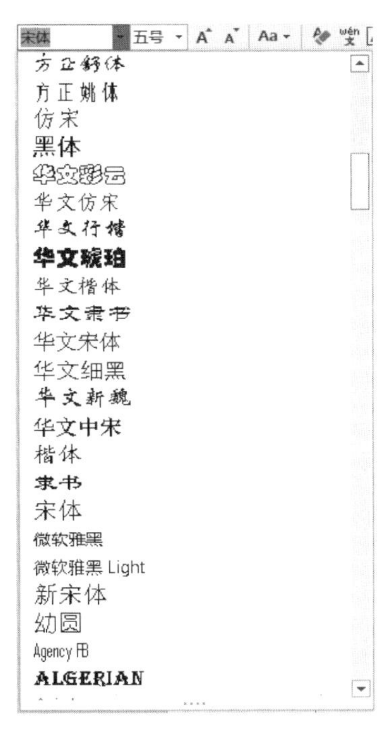

图 3-10　字体和字号

面板中选择一种颜色，将光标移动到文本内部，鼠标指针将变成荧光笔形状，拖动鼠标选中需要突出显示的文本即可。完成突出显示文本的设置后，单击“文本突出显示颜色”下拉三角按钮，在颜色面板中单击“停止突出显示”按钮取消突出显示设置状态。

注意，如果要取消突出显示的文本颜色，可以选中已经设置突出显示的文本，然后单击“文本突出显示颜色”下拉三角按钮，在颜色面板中单击“无颜色”按钮。

（3）设置下画线。

在“开始”功能区的“字体”选项组中单击“下画线”下拉三角按钮，可以在列表中选择一种下画线。如果不满意列表中的内容，可以单击“其他下画线”按钮，在打开的字体对话框中设置其他的效果，如删除线、双删除线、上下标、阴影、阳文、空心等。单击“下画线颜色”按钮，可以调整下画线颜色。

3. 设置字体颜色

（1）设置标准色。

选中需要改变字体颜色的文本块，在“开始”功能区的“字体”选项组中单击“字体颜色”下拉三角按钮，打开字体颜色面板，其中，“自动”包括黑和白两种颜色，并由背景颜色决定使用哪一种；“主题颜色”中为每一种常用颜色提供了多种渐变色；“标准色”包括 10 种标准颜色。用户可以单击“颜色”下拉列表中的任意一种颜色来设置字体颜色。

（2）设置其他颜色。

如果“颜色”下拉列表的颜色无法满足用户的需要，则可以单击“其他颜色”按钮，在打开的“颜色”对话框中可以选择更加丰富的颜色，其中在“标准”选项卡中可以选择标准颜色，而在“自定义”选项卡中则可以使用 RGB 颜色标准精确定义某种颜色。设置完成后单击“确定”按钮即可。

4. 其他字体效果

若想得到更多的字体设置效果，可以在“开始”功能区的“字体”选项组的右下角单击对话框启动按钮（一个指向右下方的小箭头），在打开的“字体”对话框中可以找到其他字体设置选择，包括上标、下标、着重号、字符间距等。

5. 使用格式刷工具

Word 中的格式刷工具可以将特定文本的格式复制到其他文本中，当用户需要为不同文本重复设置成相同格式时，可以用格式刷工具来提高工作效率。操作如下：选中已经设置好格式的文本块，并在“开始”功能区的“剪贴板”选项组中双击“格式刷”按钮，将鼠标指针移动至 Word 文档文本区域，鼠标指针已经变成刷子形状。按住鼠标左键拖选需要设置格式的文本，则使用“格式刷”刷过的文本将被应用被复制的格式。释放鼠标左键，再次拖选其他文本实现同一种格式的多次复制。完成格式的复制后，再次单击“格式刷”按钮即可关闭格式复制功能。

提示：如果是单击“格式刷”按钮，则格式刷记录的文本格式只能被复制一次，不可用于同一种格式的多次复制。

3.3.2 段落设置

段落是指以段落结束标记结束的文字、图形、对象或其项目的集合。段落标记不仅标识了一个段落的结束，而且还带有对每个段落所应用的格式编排。要改变一个文档的外观，可以从段落缩进、段落间距、行距、文本对齐、制表位等方面来进行。

1. 设置段落缩进

通过设置段落缩进，可以调整文档正文内容与页边距之间的距离，有以下几种方法。

(1) 通过“段落”对话框设置段落缩进。

打开 Word 文档窗口，选中需要设置段落缩进的文本段落。在“开始”功能区的“段落”选项组的右下角单击对话框启动按钮（一个指向右下方的小箭头），在打开的“段落”对话框中切换到“缩进和间距”选项卡，在“缩进”区域调整“左侧”或“右侧”文本框设置缩进值，然后单击“特殊格式”下拉按钮，在打开的下拉列表中选择“首行缩进”或“悬挂缩进”命令，并设置缩进值（通常情况下设置缩进值为 2）。设置完毕单击“确定”按钮。

(2) 在“布局”功能区设置缩进。

在 Word 文档窗口的“布局”功能区中，可以快速设置被选中 Word 文档的缩进值。操作如下：在打开的 Word 文档窗口中选中需要设置缩进的段落，切换到“布局”功能区，然后在“段落”选项组中调整左、右缩进值即可。

(3) 增加和减少缩进量。

在 Word 文档中，用户可以使用“增加缩进量”和“减少缩进量”按钮快速设置 Word 文档的段落缩进。操作如下：在打开的 Word 文档窗口中选中需要增加或减少缩进量的段落，在“开始”功能区的“段落”选项组中单击“减少缩进量”或“增加缩进量”按钮设置 Word 文档缩进量。

提示：使用“增加缩进量”和“减少缩进量”按钮只能在页边距以内设置缩进，而不能超出页边距之外。

(4) 使用标尺设置段落缩进。

借助 Word 文档窗口中的标尺，用户可以很方便地设置 Word 文档的段落缩进。操作如下：在打开的 Word 文档窗口中切换到“视图”功能区。在“显示”选项组中选中“标尺”复选框。在标尺上出现四个缩进滑块，拖动首行缩进滑块可以调整首行缩进；拖动悬挂缩进滑块设置悬挂缩进的字符；拖动左缩进和右缩进滑块设置左右缩进，如图 3-11 所示。

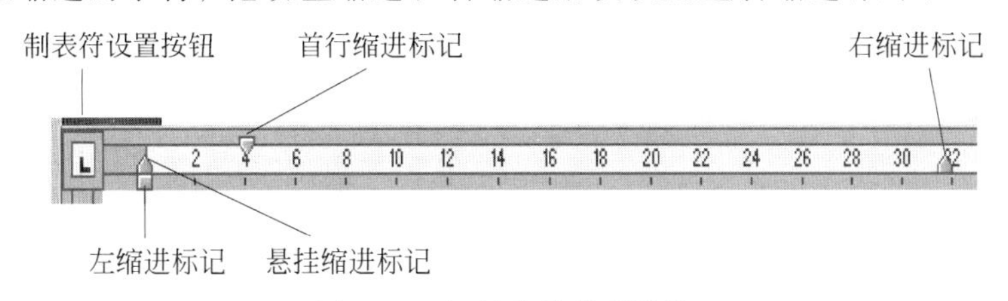

图 3-11　标尺中的缩进滑块

2. 设置段落间距

段落间距有段前间距和段后间距之分。段前间距指上一段落的最后一行与当前段落的第一行之间的距离；段后间距则指当前段落的最后一行与下一段落的第一行之间的距离。在 Word 2019 中，用户可以通过多种渠道设置段落间距。操作如下。

(1) 选中需要设置段落间距的段落，在“开始”功能区的“段落”选项组中单击“行和段落间距”按钮，在打开的“行和段落间距”列表中选择间距倍数(如 1.5)即可。

(2) 选中需要设置段落间距的段落，在“开始”功能区的“段落”选项组中单击启动按钮，打开“段落”对话框，在“缩进和间距”选项卡中设定段前和段后的数值，以设置段落间距，如图 3-12 所示。

(3) 切换到“布局”功能区，在“段落”选项组中调整段前和段后间距的数值，以设置段落间距。

(4) 要为整个文档应用相同间距时，需使用“设计”功能区“文档格式”选项组中的“段落间距”选项，此选项将更改整个文档(包含新段落)的间距，既可以在“样式集”列表中选择诸如紧凑、紧密、疏行、松散等固定样式，也可以按需要指定间距，如图 3-13 所示。

图 3-12　“段落”对话框

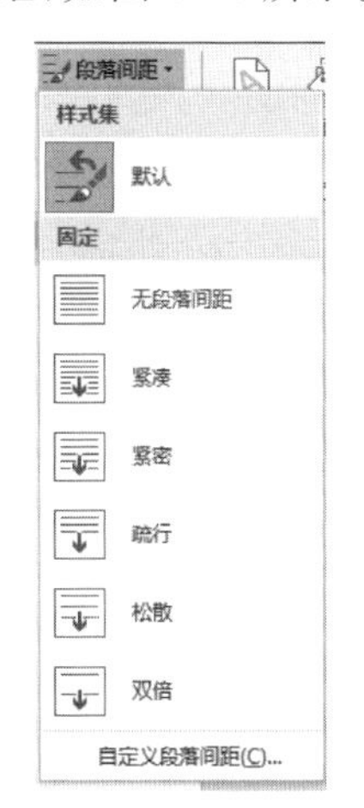

图 3-13　“段落间距”选项

3. 设置行距

行距可以控制正文行之间的距离，设置行距是为了提高段落中文本的清晰度。

在 Word 中，大多数快速样式集的默认间距是：行之间为 1.15；段落间有一个空白行。

设置行距的方法是：选择要更改其行距的段落，在“开始”选项卡的“段落”选项组中单击“行和段落间距”按钮，单击所需的行距对应的数字，如“1.15”，或者单击“行距”下拉按钮，然后在打开的“行距”下拉列表中选择所需的选项。

在“行距”下拉列表中包含6种行距类型，分别具有如下含义。

(1) 单倍行距：行与行之间的距离为标准的1行。

(2) 1.5倍行距：行与行之间的距离为标准行距的1.5倍。

(3) 2倍行距：行与行之间的距离为标准行距的2倍。

(4) 最小值：行与行之间使用大于或等于单倍行距的最小行距值。如果用户指定的最小值小于单倍行距，则使用单倍行距；如果用户指定的最小值大于单倍行距，则使用指定的最小值。

(5) 固定值：行与行之间的距离使用用户指定的值。需要注意该值不能小于字体高度。

(6) 多倍行距：行与行之间的距离使用用户指定的单倍行距的倍数值。

提示：*如果某行包含大文本字符、图形或公式，则 Word 会增加该行的间距。若要均匀分布段落中的各行，请使用固定间距，并指定足够大的间距以适应所在行中的最大字符或图形。如果出现内容显示不完整的情况，则应增加间距量。*

4. 设置文本对齐

文本有两种对齐方式：水平对齐和垂直对齐。常规的是水平对齐。水平对齐是指段落中的文字或其他内容相对于左、右页边距的位置，Word 共提供了5种水平对齐方式：左对齐、右对齐、居中、两端对齐和分散对齐，默认的水平对齐是左对齐。

对齐方式的应用范围为段落，利用“开始”功能区“段落”选项组中的“对齐”按钮和“段落”对话框中的“对齐方式”选项，均可以设置文本对齐方式。

(1) 在“开始”功能区设置文本对齐。

打开 Word 文档窗口，选中需要设置对齐方式的段落，然后在“开始”功能区的“段落”选项组中分别单击“左对齐”按钮、“居中对齐”按钮、“右对齐”按钮、“两端对齐”按钮和“分散对齐”按钮设置不同的对齐方式。

(2) 在“段落”对话框中设置文本对齐。

选中需要设置对齐方式的段落，在“开始”功能区的“段落”选项组中单击启动按钮，在打开的“段落”对话框中单击“对齐方式”下拉按钮，然后在打开的“对齐方式”下拉列表中选择合适的对齐方式。

5. 设置段落分页

通过设置文档段落分页选项，可有效控制段落在两页之间的断开方式。操作如下。

(1) 打开 Word 文档窗口，选中需要设置分页选项的段落或选中全文。在“开始”功能区的“段落”选项组中单击对话框启动按钮。

(2) 在打开的“段落”对话框中切换到“换行和分页”选项卡，在“分页”区域含有4个与分页有关的复选框。用户可根据实际需要选中合适的复选框。

① 孤行控制：当段落被分开在两页中时，如果该段落在任何页的内容只有1行，则该段落将完全放置到下一页。

② 与下段同页：当前选中的段落与下一段落始终保持在同一页中。

③ 段中不分页：禁止在段落中间分页，如果当前页无法完全放置该段落，则该段落内

容将完全放置到下一页。

④ 段前分页：该段落内容将完全放置到下一页。

6. 设置段落边框和底纹

为段落设置边框和底纹，可以使相关段落的内容更突出，从而便于读者阅读。

(1) 设置段落边框。

- 方法一：选择需要设置边框的段落，在“开始”功能区的“段落”选项组中单击“边框”下拉按钮，在打开的“边框”下拉列表中选择合适的边框即可。
- 方法二：在“开始”功能区的“段落”选项组中单击“边框”下拉按钮，并在打开的下拉列表中选择“边框和底纹”命令，在打开的对话框中分别设置边框样式、边框颜色以及边框的宽度，然后单击“应用于”下拉按钮，在打开的下拉列表中选择“段落”命令，并单击“选项”按钮，打开“边框和底纹选项”对话框，在“距正文边距”区域设置边框与正文的边距数值，单击“确定”按钮。返回“边框和底纹”对话框，单击“确定”按钮。

(2) 设置段落底纹。

- 设置纯色底纹：在“开始”功能区的“段落”选项组中单击“底纹”下拉按钮，在打开的底纹“颜色”下拉列表中选择合适的颜色即可。
- 设置图案底纹：选中需要设置图案底纹的段落，在“开始”功能区的“段落”选项组中单击“边框”下拉按钮，并在打开的“边框”下拉列表中选择“边框和底纹”命令，在打开的对话框中切换到“底纹”选项卡，在“图案”区域分别选择图案样式和图案颜色，并单击“确定”按钮。

3.3.3 页面设置

建立新文档时，对纸张大小、方向、分隔符、页码及其他选项应用默认的设置值，但是根据需要用户也可随时改变这些设置值。如果从开始就已确定了要设置的文档外观，那么在建立文档之前，就可以设置这些选项。

1. 设置分隔符

Word 的分隔符用来在插入点位置插入分页符、分栏符或分节符等。

(1) 设置分节符。

通过在 Word 文档中插入分节符，可以将 Word 文档分成多个部分。每个部分可以有不同的页边距、页眉页脚、纸张大小等不同的页面设置。在文档中插入分节符的操作如下：将光标定位到准备插入分节符的位置，然后切换到“布局”功能区，在“页面设置”选项组中单击“分隔符”按钮，在打开的“分隔符”下拉列表中列出 4 种不同类型的分节符，选择合适的分节符插入文档中即可。

- 下一页：插入分节符，在下一页上开始新节。
- 连续：插入分节符，在同一页上开始新节。
- 偶数页：插入分节符，在下一偶数页上开始新节。
- 奇数页：插入分节符，在下一奇数页上开始新节。

提示：一旦删除了分节符，也就删除了该分节符之前的文本所应用的节格式，这一节就将应用其后面一节的格式。

（2）设置分页符。

分页符主要用于在 Word 文档的任意位置强制分页，使分页符后边的内容转到新的一页。它不同于 Word 文档自动分页，分页符前后文档始终处于两个不同的页面中，不会随着字体、版式的改变合并为一页。用户可以通过三种方式在文档中插入分页符。

- 将插入点定位到需要分页的位置，切换到“布局”功能区，在“页面设置”选项组中单击“分隔符”下拉按钮，并在打开的“分隔符”下拉列表中选择“分页符”命令即可。
- 将插入点定位到需要分页的位置，切换到“插入”功能区，在“页”选项组中单击“分页”按钮即可。
- 将插入点定位到需要分页的位置，按 Ctrl＋Enter 组合键插入分页符。

2. 设置页眉和页脚

页眉可以包含文字或图形，通常在每一页的顶端，如公司的标志、章节的标题等；页脚通常在页面的底端，如日期、单位地址等。页眉和页脚不属于文档的正文内容，如果设置了页眉和页脚，Word 会自动将页眉和页脚的内容应用到文档的每一页上。

（1）插入页眉和页脚。

在文档窗口中切换到“插入”功能区，在“页眉和页脚”选项组中单击“页眉”或“页脚”按钮，在打开的页眉或页脚样式列表中选择合适的页眉或页脚样式即可。

（2）编辑页眉和页脚。

默认情况下，Word 文档中的页眉和页脚均为空白内容，只有在页眉和页脚区域输入文本或插入页码等对象后，用户才能看到页眉或页脚。在文档中编辑页眉和页脚的操作如下：在打开的“页眉”面板中单击“编辑页眉”按钮，在页眉或页脚区域输入文本内容，还可以在打开的“页眉和页脚”功能区选择插入页码、日期和时间等对象。完成编辑后单击“关闭页眉和页脚”按钮即可。

（3）在页眉库中添加自定义页眉。

所谓“库”就是一些预先格式化的内容集合，例如页眉库、页脚库、表格库等。在 Word 2019 文档窗口中，用户通过使用这些具有特定格式的库可以快速完成一些版式或内容方面的设置。Word 中的库主要集中在“插入”功能区，用户也可将自定义的设置添加到特定的库中，以便减少重复操作。

在页眉库中添加自定义页眉的操作如下。

在文档窗口中切换到“插入”功能区，在“页眉和页脚”选项组中单击“页眉”按钮，编辑页眉文字，并进行版式设置。选中编辑完成的页眉文字，单击“页眉和页脚”选项组中的“页眉”按钮，并在打开的页眉库中选择“将所选内容保存到页眉库”命令。打开“新建构建模块”对话框，分别输入“名称”和“说明”，其他选项保持默认设置，单击“确定”按钮。要插入自定义的页眉，则只需从 Word 页眉库中选择即可。

（4）删除 Word 库中的自定义页眉。

在文档窗口中切换到“插入”功能区，在“页眉和页脚”选项组中单击“页眉”按钮，在打开的页眉库中右击用户添加的自定义库，并选择快捷菜单中的“整理和删除”命令，打开“构建基块管理器”对话框，单击“删除”按钮，在打开的是否确认删除对话框中单击“是”按钮，单击“关闭”按钮即可。

（5）在奇数和偶数页上添加不同的页眉和页脚。

在文档中双击页眉区域或页脚区域，打开“页眉和页脚”功能区，在“选项”选项组中选中

"奇偶页不同"复选框。在其中一个奇数页上,添加要在奇数页上显示的页眉、页脚或页码编号;在其中一个偶数页上,添加要在偶数页上显示的页眉、页脚或页码编号。

(6) 在首页和奇偶页上建立不同的页眉和页脚。

在篇幅较长或比较正规的文档中,往往需要在首页、奇数页、偶数页使用不同的页眉或页脚,以体现不同页面的特色。操作如下:在文档窗口中切换到"插入"功能区,在"页眉和页脚"选项组中单击"页眉"或"页脚"按钮(本例是使用"页眉"按钮),并在打开的"页眉"下拉列表中选择"编辑页眉"命令,打开"页眉和页脚"功能区,在"选项"选项组中选中"首页不同"和"奇偶页不同"复选框即可。

3. 设置页码

在Word文档篇幅比较大或需要使用页码标明所在页的位置时,用户可以在Word文档中插入页码。默认情况下,页码一般位于页眉或页脚位置。

(1) 在页脚中插入页码。

在文档窗口中切换到"插入"功能区,在"页眉和页脚"选项组中单击"页脚"按钮,并在打开的"页脚"下拉列表中选择"编辑页脚"命令,当页脚处于编辑状态后,在"页眉和页脚"功能区的"页眉和页脚"选项组中依次选择"页码"→"页面底端"命令,并在打开的页码样式列表中选择"普通数字1"或其他样式的页码即可。

(2) 设置页码格式。

切换到"插入"功能区,在"页眉和页脚"选项组中单击"页码"按钮,并在打开的"页码"下拉列表中选择"设置页码格式"命令,如图3-14所示。

- 在打开的"页码格式"对话框中单击"编号格式"下拉按钮,在打开的下拉列表中选择合适的页码数字格式,如图3-15所示。
- 如果当前Word文档包括多个章节,并且希望在页码位置能体现出当前章节号,可以选中"包含章节号"复选框。然后在"章节起始样式"下拉列表框中选择重新编号所依据的章节样式;在"使用分隔符"下拉列表框中选择章节和页码的分隔符。
- 如果在Word文档中需要从当前位置开始重新开始编号,而不是根据上一节的页码连续编号,则可以将插入点光标定位到需要重新编号的位置,然后在"页码编号"区域选中"起始页码"单选按钮,并设置起始页码。

图3-14 "页码"按钮

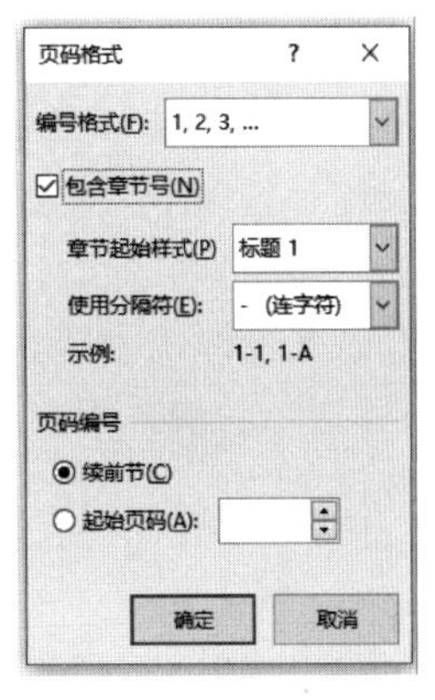

图3-15 "页码格式"对话框

4. 其他页面设置

文档的页面设置除了页的段落分隔符、分节符、页码、页眉和页脚等设置之外，还包括设置文字方向、页边距、纸张方向及纸张来源等。Word 在建立新文档时，对这些选项都有默认的设置，用户可随时改变这些设置，如图 3-16 所示。

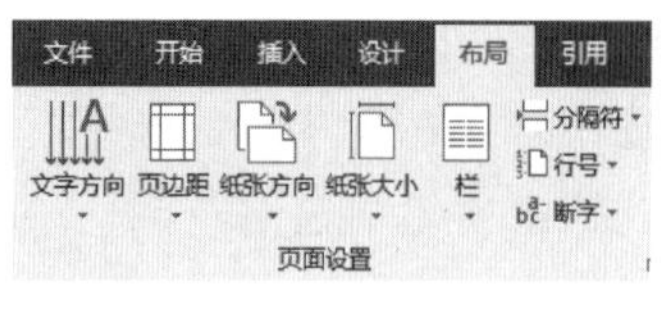

图 3-16 “页面设置”选项组

(1) 设置文字方向。

通常文字的排版方式为水平排版，但是在中文的排版中也可以设置为竖排。操作如下：选中需要设置排版方向的文字，在“布局”功能区中单击“文字方向”按钮，在打开的下拉列表中选择“文字方向选项”命令，在打开的对话框中选择文字的排版方向，在“应用于”下拉列表中选择应用范围，单击“确定”按钮即可完成。

(2) 设置页边距。

设置页边距可以使文档的正文部分跟页面边缘保持比较合适的距离。这样不仅使 Word 文档看起来更加美观，还可以达到节约纸张的目的。设置页面边距有如下两种方式。

- 方法一：切换到“布局”功能区，在“页面设置”选项组中单击“页边距”按钮，并在打开的常用页边距列表中选择合适的页边距。
- 方法二：如果常用页边距列表中没有合适的页边距，可以在“页面设置”对话框中自定义页边距。操作如下：在“页面设置”选项组中单击“页边距”按钮，并在打开的常用页边距列表中选择“自定义边距”命令，在打开的对话框中切换到“页边距”选项卡，在“页边距”区域分别设置上、下、左、右的数值，单击“确定”按钮即可。

(3) 设置纸张方向。

纸张方向包括“纵向”和“横向”两种。用户可以根据页面版式要求选择合适的纸张方向。操作如下：在“页面设置”选项组中单击“纸张方向”按钮，并在打开的“纸张方向”下拉列表中选择横向或纵向类型的纸张。

(4) 设置纸张大小。

用户可以通过如下两种方式设置纸张大小。

- 方法一：在“页面设置”选项组中单击“纸张大小”按钮，并在打开的“纸张大小”下拉列表中选择合适的纸张即可。
- 方法二：上述的“纸张大小”下拉列表中只提供了常用的纸张类型，如果这些纸张类型均不能满足用户的需求，可以在“页面设置”对话框中选择更多的纸张类型或自定义纸张大小。操作如下：在“页面设置”选项组中单击对话框启动按钮，在打开的对话框中切换到“纸张”选项卡，在“纸张大小”区域单击“纸张大小”下拉按钮选择更多的纸张类型，或者自定义纸张尺寸。在“纸张来源”区域可以为 Word 文档的首页和其他页分别选择纸张的来源方式，这样使得 Word 文档首页可以使用不同于其他页的纸张类型(尽管这个功能并不常用)。单击“应用于”下拉按钮，在打开的下拉列表中选择当前纸张设置的应用范围，默认作用于整篇文档。如果选择“插入点之后”命令，则当前纸张的设置仅作用于插入点所在位置之后的页面。

5. 设置分栏

所谓分栏就是将 Word 文档全部页面或选中的内容设置为多栏，从而呈现出报刊、杂志中经常使用的多栏排版页面。默认情况下，Word 提供 5 种分栏类型，即一栏、两栏、三栏、偏左、偏右。用户可以根据实际需要选择合适的分栏类型。

(1) 选择分栏类型。

在 Word 文档中选中需要设置分栏的内容,如果不选中特定文本则为整篇文档或当前节设置分栏。在“页面设置”选项组中单击“栏”按钮,并在打开的列表中选择合适的分栏类型。其中“偏左”或“偏右”分栏是指将文档分成两栏,且左边或右边栏相对较窄。

(2) 自定义分栏。

如果上述分栏类型无法满足用户的实际需求,可以在“栏”对话框中进行自定义分栏,以获取更多的分栏选项。操作如下:将鼠标光标定位到需要设置分栏的节或者选中需要设置分栏的特定文档内容,在“页面设置”选项组中单击“栏”按钮,并在打开的列表中选择“更多栏”命令,打开“栏”对话框,在“列数”文本框中输入分栏数;选中“分隔线”复选框可以在两栏之间显示一条直线分隔线;如果选中“栏宽相等”复选框,则每个栏的宽度均相等,取消选中“栏宽相等”复选框可以分别为每一栏设置栏宽;在“宽度”和“间距”文本框中设置每个栏的宽度数值和两栏之间的距离数值,在“应用于”下拉列表框中可以选择当前分栏设置应用于全部文档或当前节,如图 3-17 所示。

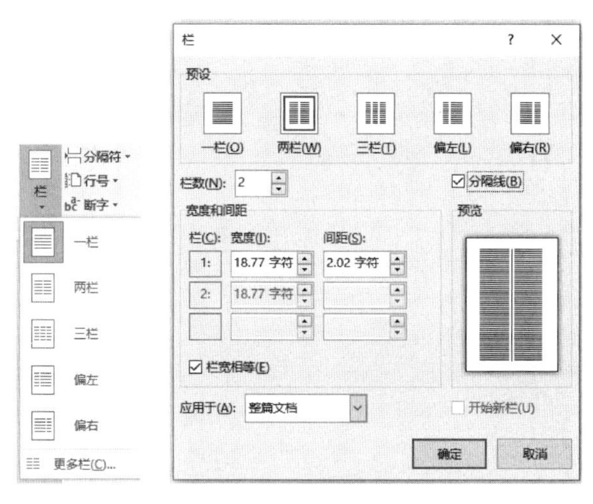

图 3-17 设置“栏”

6. 中文版式设置

Word 中提供了一些特殊的中文版式,如拼音指南、文字方向、首字下沉等版式。应用这些功能可以设置不同的版面格式。

(1) 添加拼音。

在 Word 文档中,用户可以借助“拼音指南”功能为汉字添加汉语拼音。默认情况下拼音会被添加到汉字的上方,且汉字和拼音将被合并成一行,从而使得汉字和拼音的字号很小,因此,常常需要将拼音添加到汉字的右侧。方法如下。

- 选中需要添加汉语拼音的汉字,在“开始”功能区的“字体”选项组中单击“拼音指南”按钮,在打开的对话框中确认所选汉字的读音正确,单击“确定”按钮。
- 返回 Word 文档窗口,选中已经添加拼音的汉字。右击被选中的汉字,在弹出的快捷菜单中选择“复制”命令。在空白位置右击,在弹出的快捷菜单中“粘贴选项”区域中选择“只保留文本”命令,则汉语拼音将被放置到汉字的右侧,如图 3-18 所示。

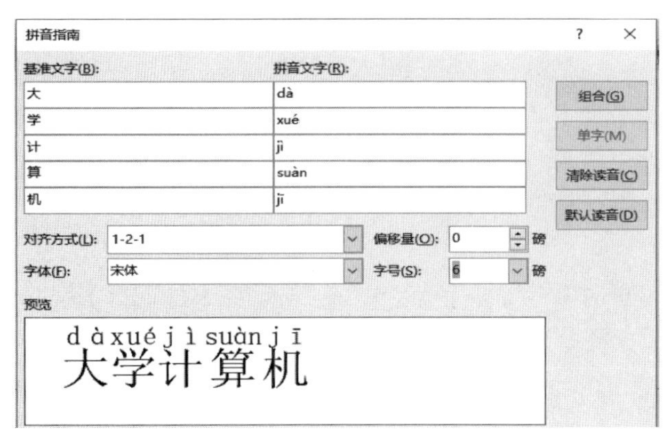

图 3-18 “拼音指南”对话框及设置效果

提示：如果需要的汉语拼音为“大学计算机(dàxuéjìsuànjī)”这种形式，则应该在“拼音指南”对话框中先应用“组合”按钮，再按照上述步骤(2)操作。

(2) 文字方向。

中文文档中的文字既可以是水平的，也可以设置成其他方向。操作如下。

选中文档中要改变文字方向的文本，在“布局”功能区的“页面设置”选项组中选择“文字方向”选项，弹出“文字方向”下拉列表。在打开的下拉列表中选择需要的文字方向格式，或者选择“文字方向选项”选项，打开“文字方向-主文档”对话框。在对话框中的“方向”区域选择需要的一种文字方向；在“应用于”下拉列表中选择“整篇文档”，在“预览”框中可以预览其效果。单击“确定”按钮，即可完成文字方向的设置。

(3) 首字下沉。

首字下沉是指将 Word 文档中段首的一个文字放大，并进行“下沉”或“悬挂”效果的设置，以凸显段落或整篇文档的开始位置。操作如下：将插入点光标定位到需要设置首字下沉的段落中，切换到“插入”功能区，在“文本”选项组中单击“首字下沉”按钮，在打开的下拉列表中选择“下沉”或“悬挂”命令设置段落显示效果。如果需要设置下沉文字的字体或下沉行数等，可以在打开的下拉列表中选择“首字下沉”命令，打开“首字下沉”对话框，选中“下沉”或“悬挂”选项，并选择字体或设置下沉行数，完成设置后单击“确定”按钮，如图 3-19 所示。

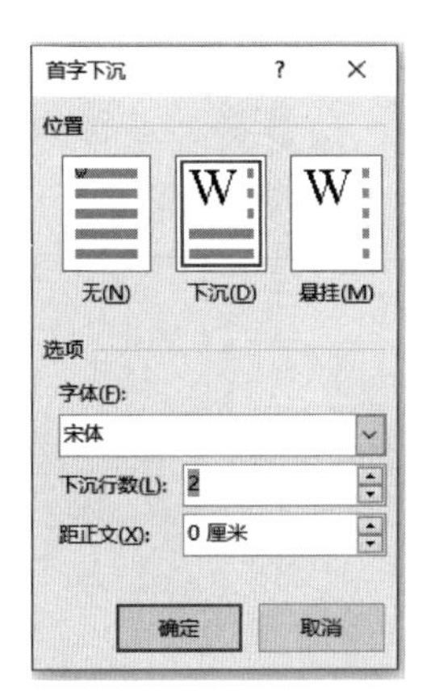

首字下沉是指将 Word 文档中段首的一个文字放大，并进行“下沉”或“悬挂”效果的设置，以凸显段落或整篇文档的开始位置。

图 3-19 首字下沉对话框及设置效果

3.3.4 项目符号与编号设置

在编写文档时要经常使用条目性文本，为使文档的条理清晰，阅读时一目了然，可以为这些项目添加符号或编号。

1. 输入项目符号

项目符号主要用于区分 Word 文档中不同类别的文本内容，可使用原点、星号等符号表示项目符号,并以段落为单位进行标识。操作如下:在打开的 Word 文档窗口中选中需要添加项目符号的段落,在"开始"功能区的"段落"选项组中单击"项目符号"下拉按钮,在打开的"项目符号"下拉列表中选中合适的项目符号即可。在当前项目符号所在行输入内容,当按下 Enter 键时会自动产生另一个项目符号。如果连续按两次 Enter 键将取消项目符号输入状态,恢复到 Word 常规输入状态,如图 3-20 所示。

图 3-20　项目符号库和编号库

2. 输入编号

编号主要用于文档中相同类别文本的不同内容,一般具有顺序性。编号一般使用阿拉伯数字、中文数字或英文字母,以段落为单位进行标识。在文档中输入编号的方法有以下两种。

(1) 打开 Word 文档窗口,在"开始"功能区的"段落"选项组中单击"编号"下拉按钮,在打开的下拉列表中选中合适的编号类型即可。在当前编号所在行输入内容,当按下 Enter 键时会自动产生下一个编号。如果连续按两次 Enter 键将取消编号输入状态,恢复到 Word 常规输入状态。

(2) 打开 Word 文档窗口,选中准备输入编号的段落,在"开始"功能区的"段落"选项组中单击"编号"下拉按钮,在打开的下拉列表中选中合适的编号即可。

3. 用"键入时自动套用格式"生成编号

借助 Word 中的"键入时自动套用格式"功能,用户可以在直接输入数字时自动生成编号。为了实现这个目的,首先需要启用自动编号列表自动套用选项。操作如下。

(1) 打开 Word 文档窗口,依次选择"文件"→"选项"命令。

(2) 在打开的"Word 选项"对话框中切换到"校对"选项卡,在"自动更正选项"区域单击"自动更正选项"按钮。

(3) 打开"自动更正"对话框,切换到"键入时自动套用格式"选项卡,在"键入时自动应用"区域确认"自动编号列表"复选框处于选中状态,并单击"确定"按钮。

(4) 返回文档窗口,在文档中输入任意数字(例如阿拉伯数字 1),然后按下 Tab 键。接着输入具体的文本内容,按下 Enter 键自动生成编号。连续按下两次 Enter 键将取消编号状态,或者在"开始"功能区的"段落"选项组中单击"编号"下拉按钮,在打开的"编号"下拉列表中选择"无"命令取消自动编号状态。

4. 定义新编号格式

在 Word 的编号格式库中内置有多种编号,用户还可以根据实际需要定义新的编号格式。操作如下。

(1) 打开 Word 文档窗口,在"开始"功能区的"段落"选项组中单击"编号"下拉按钮,并在打开的下拉列表中选择"定义新编号格式"命令。

(2) 在打开的"定义新编号格式"对话框中单击"编号样式"下拉按钮,在打开的"编号样式"下拉列表中选择一种编号样式,单击"字体"按钮,如图 3-21 所示。

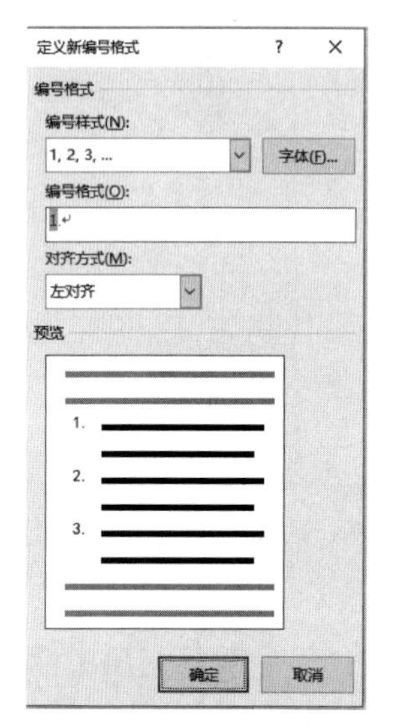

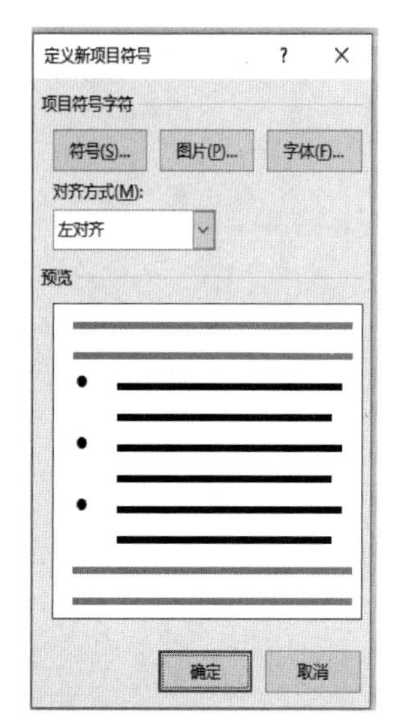

图 3-21　定义新编号与定义新项目符号

(3) 打开"字体"对话框,根据实际需要设置编号的字体、字号、字体颜色、下画线等项目(注意不要设置"效果"选项),单击"确定"按钮。

(4) 返回"定义新编号格式"对话框,在"编号格式"文本框中保持灰色阴影编号代码不变,根据实际需要在代码前面或后面输入必要的字符。例如,在前面输入"第",在后面输入"项",并将默认添加的小点删除,然后在"对齐方式"下拉列表中选择合适的对齐方式,单击"确定"按钮。

(5) 返回文档窗口,在"开始"功能区的"段落"选项组中单击"编号"下拉按钮,在打开的"编号"下拉列表中可以看到定义的新编号格式。

5. 定义新项目符号

在 Word 中内置有多种项目符号,用户既可以选择合适的项目符号,也可以根据实际需要定义新项目符号,使其更具有个性化特征(例如将公司的 Logo 作为项目符号)。在 Word 2019 中定义新项目符号的操作如下。

(1) 打开 Word 文档窗口,在"开始"功能区的"段落"选项组中单击"项目符号"下拉按钮,在打开的"项目符号"下拉列表中选择"定义新项目符号"命令。

(2) 在打开的"定义新项目符号"对话框中,用户可以单击"符号"按钮或"图片"按钮来选择项目符号的属性,例如单击"符号"按钮,如图 3-21 所示。

(3) 打开"符号"对话框,在"字体"下拉列表中可以选择字符集,然后在"字符"列表中选择合适的字符,单击"确定"按钮。

(4) 返回"定义新项目符号"对话框,如果需要定义图片项目符号,可单击"图片"按钮。

(5) 打开"图片项目符号"对话框,在"图片"列表中含有多种适用于项目符号的小图片,可以从中选择一种图片。如果需要使用自定义的图片,则需要单击"导入"按钮。

（6）在打开的“将剪辑添加到管理器”对话框中查找并选中自定义的图片，单击“添加”按钮。

（7）返回“图片项目符号”对话框，在“图片符号”列表中选择添加的自定义图片，单击“确定”按钮。

（8）返回“定义新项目符号”对话框，可以根据需要设置对齐方式，最后单击“确定”按钮即可。

6. 插入多级列表

所谓多级列表是指 Word 文档中编号或项目符号列表的嵌套，以实现层次效果。插入多级列表的操作如下。

（1）打开 Word 文档窗口，在“开始”功能区的“段落”选项组中单击“多级列表”按钮，在打开的“多级列表”列表中选择多级列表的格式。

（2）按照插入常规编号的方法输入条目内容，选中需要更改编号级别的段落，单击“多级列表”按钮，在打开的列表中指向“更改列表级别”选项，并在打开的下一级菜单中选择编号列表的级别。

（3）返回 Word 文档窗口，可以看到创建的多级列表。

3.3.5 样式设置

样式是存储在 Word 中的段落或字符的一组格式化命令，利用它可以快速地改变文本的外观。样式是模板的一个重要组成部分。将定义的样式保存在模板上后，创建文档时使用模板就不必重新定义所需的样式，这样既可以提高工作效率，又可以统一文档风格。

样式中包含字符的字体和大小、文本的对齐方式、文本的行间距和段落间距等。用户只要预先定义好所需要的样式，就可以直接应用它对指定文本进行格式编排。在“开始”功能区的“样式”选项组中可以预览样式的外观。

1. 选择样式

在 Word 2019 的“样式”窗格中可以显示出全部的样式列表，并可以对样式进行比较全面的操作。选择样式的操作如下。

（1）选中需要应用样式的段落或文本块。在“开始”功能区的“样式”选项组中单击右下方的“样式”按钮，打开“样式”窗格，如图 3-22 所示。单击“选项”按钮，打开“样式窗格选项”对话框，在“选择要显示的样式”下拉列表中选中“所有样式”选项，单击“确定”按钮。

（2）返回“样式”窗格，可以看到已经显示出所有的样式。选中“显示预览”复选框可以显示所有样式的预览。

（3）在所有样式列表中选择需要应用的样式，即可将该样式应用到被选中的文本块或段落中。

2. 建立新样式

在 Word 的空白文档窗口中，用户可以新建一种全新的样式。操作如下。

（1）打开 Word 文档窗口，在“开始”功能区的“样式”选项组中单击右下方的“样式”按钮，在“样式”窗格中单击“新建样式”按钮，打开“根据格式化创建新样式”对话框，如图 3-23 所示。在“名称”文本框中输入新建样式的名称，然后单击“样式类型”下拉按钮，在打开的下拉列表中包含如下 5 种类型。

- 段落：新建的样式将应用于段落级别。
- 字符：新建的样式将仅用于字符级别。
- 链接段落和字符：新建的样式将用于段落和字符两种级别。
- 表格：新建的样式主要用于表格。
- 列表：新建的样式主要用于项目符号和编号列表。

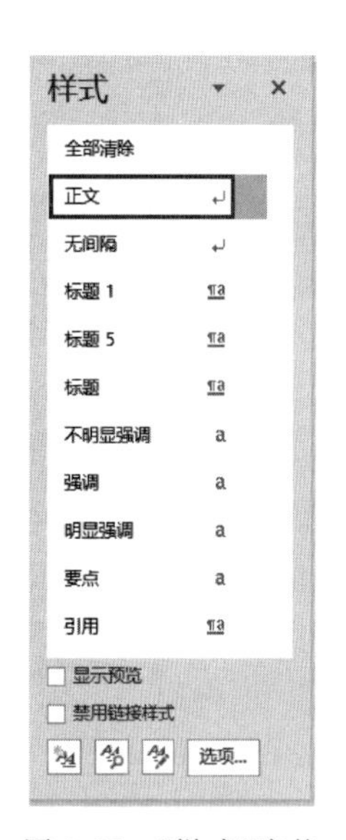

图 3-22 “样式”窗格

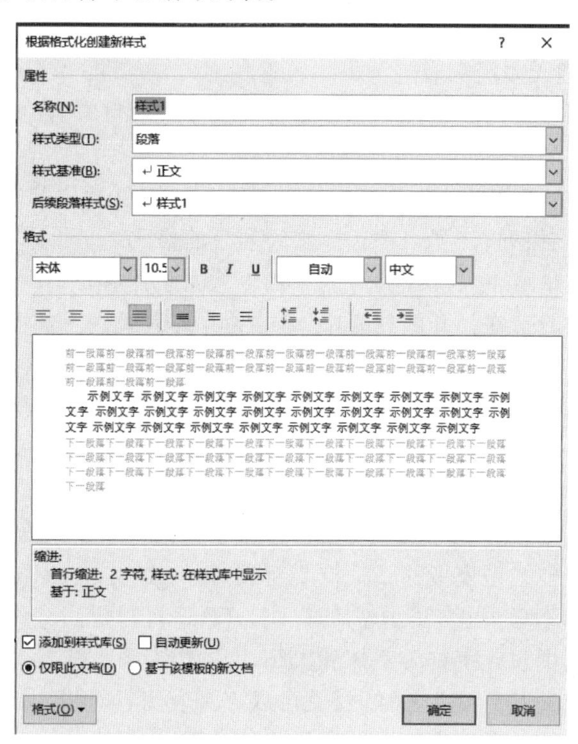

图 3-23 “根据格式化创建新样式”对话框

(2) 选择一种样式类型，单击“样式基准”下拉按钮，在打开的“样式基准”下拉列表中选择 Word 中的某一种内置样式作为新建样式的基准样式，单击“后续段落样式”下拉按钮，在打开的下拉列表中选择新建样式的后续样式，在“格式”区域，根据实际需要设置字体、字号、颜色、段落间距、对齐方式等段落格式和字符格式。如果希望该样式应用于所有文档，则需要选中“基于该模板的新文档”单选按钮。设置完毕单击“确定”按钮即可。

提示：如果用户在选择样式类型时选择了“表格”选项，则样式基准中仅列出与表格相关的样式提供选择，且无法设置段落间距等段落格式。

(3) 如果用户在选择样式类型时选择了“列表”选项，则不再显示“样式基准”，且格式设置仅限于与项目符号和编号列表相关的格式选项。

3. 修改样式

无论是 Word 的内置样式，还是自定义样式，用户随时可以对其进行修改。在 Word 中修改样式的操作如下：在“开始”功能区的“样式”分组的右下角单击“样式”按钮，在打开的“样式”窗格中右击准备修改的样式，在弹出的快捷菜单中选择“修改”命令，打开“修改样式”对话框，用户可以在该对话框中重新设置样式定义。

4. 显示和隐藏样式

用户可以通过在 Word 中设置特定样式的显示和隐藏属性，以确定该样式是否出现在样式列表中。操作如下：在“开始”功能区的“样式”选项组右下角单击“样式”按钮，在打开的“样式”窗格中单击“管理样式”按钮，打开对话框，切换到“推荐”选项卡。在样式列表中选中一种样式，然后单击“显示”“使用前隐藏”或“隐藏”按钮设置样式的属性。其中设置为“使用前隐藏”的样式会一直出现在应用了该样式的 Word 文档样式列表中。完成设置后单击“确定”按钮。返回“样式”窗格，单击“选项”按钮，在打开的“样式窗格选项”对话框中单击“选择要显示的样式”下拉按钮，然后在打开的列表中选择“推荐的样式”，单击“确定”按钮。

通过上述设置，即可在 Word 文档窗口的样式列表中只显示设置为“显示”属性的样式。

3.4 表格的应用

在办公文件中常常需要插入一些表格，如通讯录、职工情况表、财务报表等。Word 提供了较强大的制表功能，使用它不仅可以快速地建立各种表格，而且还可以很容易地对表格进行编辑、调整行高和列宽、设置格式和对表格内的数据进行算术运算及逻辑处理等，Word 表格的结构是以行和列来确定的，其中行和列交叉组成的方框称为单元格，每个单元格都相当一个小文档，可以对它进行各种编辑工作。

3.4.1 创建表格

1. 制作表格

Word 提供了两种制作表格的方法：插入表格和绘制表格。

（1）快速插入表格。

把插入点定位到要插入表格的位置，切换到“插入”功能区，在“表格”选项组中单击“表格”按钮，在打开的“表格”列表中拖动鼠标选中合适数量的行和列即可插入表格，如图 3-24 所示。通过这种方式插入的表格会占满当前页面的全部宽度，用户可以通过修改表格属性设置表格的尺寸。

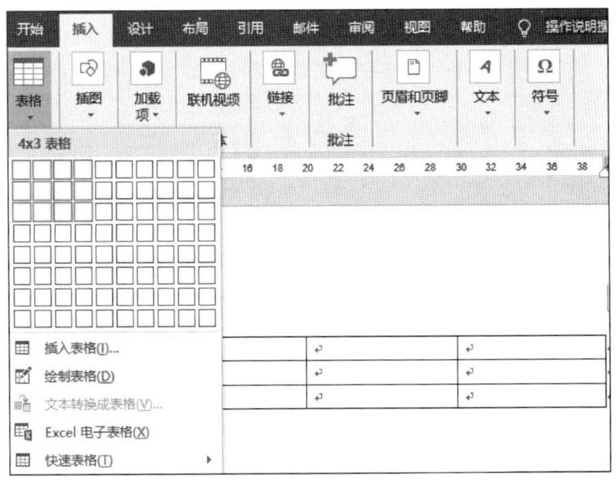

图 3-24 快速插入表格

在如图 3-24 所示的表格中，每个单元格内有一个“格尾标记”，标识出每一个单元格中内容的结束位置。每一行后有一个“行尾标记”，标识出每一行的结束位置。表格的左上角和右下角还分别出现了可移动或选取表格的控制点及改变表格大小的控制点。

（2）使用“插入表格”对话框插入表格。

使用“插入表格”对话框可以插入指定行列的表格，并可以设置所插入表格的列宽。操作如下：切换到“插入”功能区，在“表格”选项组中单击“表格”按钮，并在打开的“表格”列表中选择“插入表格”命令，打开“插入表格”对话框，如图 3-25 所示。在“表格尺寸”区域分别设置表格的行数和列数。如果在“‘自动调整’操作”区域选中“固定列宽”单选按钮，则可以设置表格的固定列宽数值；如果选中“根据内容调整表格”单选按钮，则单元格宽度会根据输入的内容自动调整；如果选中“根据窗口调整表格”单选按钮，则所插入的表格将充满当前页面的宽度。选中“为新表格记忆此尺寸”复选框，则再次创建表格时将使用当前尺寸。设置完毕后单击“确定”按钮。

（3）绘制表格。

利用上述方法可以建立常规表格，使用绘制表格的方法可以创建各种自定义表格。操作如下：在“表格”选项组中单击“表格”按钮，并在打开的“表格”列表中选择“绘制表格”命令，鼠标指针呈现铅笔形状，在 Word 文档中拖动鼠标左键绘制表格边框，然后在适当的位置绘制行和列，完成表格的绘制后，按下键盘上的 Esc 键，或者在“表设计/布局”功能区的“绘图”选项组中单击“绘图表格”按钮，结束表格绘制状态，如图 3-26 所示。

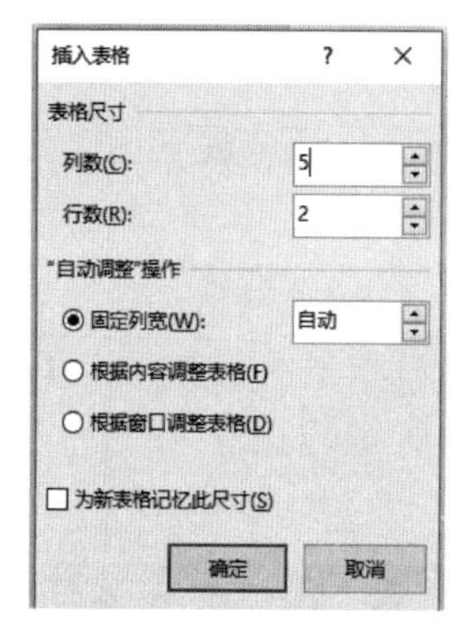

图 3-25 “插入表格”对话框

图 3-26 绘制表格图

提示：*如果在绘制或设置表格的过程中需要删除某行或某列，可以在“表设计/布局”功能区的“布局”选项卡中单击“绘图”选项组中的“橡皮擦”按钮。鼠标指针呈现橡皮擦形状，在特定的行或列线条上拖动鼠标左键即可删除该行或该列。在键盘上按下 Esc 键取消擦除状态。*

2. 编辑表格内容

Word 允许用户向单元格中输入字符、图形和公式。要向某单元格输入内容，首先应单击该单元格，或用光标移动键将插入点置于该单元格内，再按一般文本的输入方法输入数据。在单元格中输入文本时，可以按 Enter 键换行，开始一个新的段落，也可以根据列宽自动产生折行。行的高度会随单元格中字符的行数增加而相应增大。

前面所介绍的一般文本内容的选取、剪切、粘贴、移动和复制等功能都可以在表格的单元格内、单元格之间以及单元格和表格外文本之间应用。

3.4.2 修改表格结构

用上述方法创建的表格结构有时不能满足用户需求，如果要在某处插入或删除一定数量的单元格、行或列，或改变单元格、行或列的数值设置，则需要使用修改表格结构功能。

1. 选取表格对象

同文本编辑一样，对单元格进行修改之前，应先选取操作对象。

（1）选取单元格。

将鼠标指针移到某单元格左下角，指针变成右箭头时单击，或将插入点移到该单元格中均可选取单元格。

（2）选取行或列。

将鼠标指针移动到表格左边，当鼠标指针呈向右指的白色箭头形状时，单击可以选中整行。如果按下鼠标左键向上或向下拖动鼠标，则可以选中多行。将鼠标指针移动到表格顶端，当鼠标指针呈向下指的黑色箭头形状时，单击可以选中整列。如果按下鼠标左键向左或向右拖动鼠标，则可以选中多列。

（3）选取表格。

如果需要设置表格属性或删除整个表格，首先需要选中整个表格。将鼠标指针从表格上滑过，然后单击表格左上角的“全部选中”按钮即可选中整个表格，或者可以通过在表格内部拖动鼠标选中整个表格。

除了上述利用鼠标操作选取表格对象外，还可以使用命令实现该操作。操作如下：在“表设计/布局”功能区切换到“布局”选项卡，单击“表”选项组中的“选择”按钮，并在打开的下拉列表中选择需要的表格对象，包括单元格、行、列和表格。

2. 插入表格元素

插入或删除单元格的操作并不常见，因为插入或删除单元格会使 Word 表格变得参差不齐，不利于 Word 文档排版。用户可以根据实际需要插入和删除单元格。

（1）插入单元格。

在准备插入单元格的相邻单元格中右击，在弹出的快捷菜单中选择“插入”命令，并在打开的下一级菜单中选择“插入单元格”命令，在打开的“插入单元格”对话框中选中“活动单元格右移”或“活动单元格下移”单选按钮，单击“确定”按钮。

提示：如果在“插入单元格”对话框中选中“活动单元格下移”单选按钮，则会插入整行。

（2）插入行或列。

在准备插入行或者列的相邻单元格中右击，在弹出的快捷菜单中选择“插入”命令，并在打开的下一级菜单中选择“在左侧插入列”“在右侧插入列”“在上方插入行”或“在下方插入行”命令。

用户还可以在“布局”选项卡中进行插入行或插入列的操作。在准备插入行或列的相邻单元格中单击，然后在“布局”选项卡的“行和列”选项组中根据实际需要单击插入行或列的命令。

3. 删除表格元素

（1）删除单元格。

右击准备删除的单元格，在弹出的快捷菜单中选择“删除单元格”命令，在打开的对话框中,如果选中“右侧单元格左移”单选按钮,则删除当前单元格;如果选中“下方单元格上移”单选按钮,则删除当前单元格所在行。

也可以在表格中单击准备删除的单元格,然后在“布局”选项卡的“行和列”选项组中单击“删除”按钮,并在打开的下拉列表中选择“删除单元格”命令。

(2) 删除行或列。

在表格中选中需要删除的行或列,然后右击选中的行或列,在弹出的快捷菜单中选择“删除行”或“删除列”命令。也可以在“布局”选项卡的“行和列”选项组中单击“删除”按钮,并在打开的下拉列表中选择“删除行”或“删除列”命令。

4. 单元格操作

(1) 合并单元格。

表格内的单元格,不论是上下排列的还是左右排列的均可以合并为一个单元格,但要求这些单元格必须是相邻的。有以下几种操作方法。

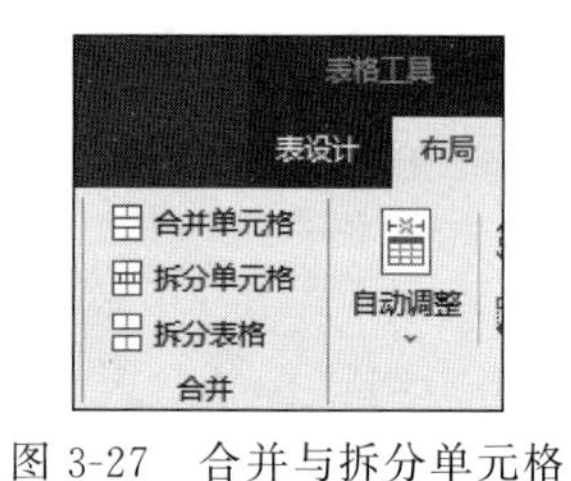

图 3-27 合并与拆分单元格

① 选中准备合并的两个或两个以上的单元格,右击被选中的单元格,在弹出的快捷菜单中选择“合并单元格”命令。也可以在“表设计/布局”功能区中选择“布局”选项卡,在“合并”选项组中选择“合并单元格”命令,如图 3-27 所示。

② 除了使用“合并单元格”命令合并单元格外,用户还可以通过擦除表格线实现合并单元格。

(2) 拆分单元格。

拆分单元格可以是水平方向进行,即将单元格拆分为多列,也可以是垂直方向进行,即将单元格拆分为多行。通过拆分单元格可以制作比较复杂的多功能表格。操作如下:在 Word 表格中右击准备拆分的单元格,在弹出的快捷菜单中选择“拆分单元格”命令,在打开的对话框中分别设置要拆分成的列数和行数,单击“确定”按钮。或者,单击表格中准备拆分的单元格,切换到“布局”选项卡,在“合并”选项组中单击“拆分单元格”按钮,同样可以在打开的对话框中进行设置。

图 3-28 “表格属性”对话框

5. 调整行高与列宽

通过“表格属性”对话框,可以对行高、列宽、表格尺寸或单元格尺寸进行更精确的设置。操作如下。

(1) 打开“表格属性”对话框。

在 Word 表格中右击准备改变行高或列宽的单元格,在弹出的快捷菜单中选择“表格属性”命令,或单击准备改变行高或列宽的单元格,在“表设计/布局”功能区的“布局”选项卡中单击“表”选项组中“属性”按钮,即可打开“表格属性”对话框,如图 3-28 所示。

(2) 调整表格属性。

- 在“表格”选项卡中选中“指定宽度”复选

框，可以调整表格的宽度数值。

- 在“行”选项卡中选中“指定高度”复选框，可设置当前行的高度数值。在“行高值是”下拉列表中，用户可以选择所设置的行高值为最小值或固定值。如果选择“最小值”，则允许当前行根据填充内容自动扩大行高但不小于当前行高值；如果选择“固定值”，则当前行将保持固定的高度不改变。选中“允许跨页断行”复选框则可以在表格需要跨页显示时，允许在当前行断开。
- 在“列”选项卡中选中“指定宽度”复选框，并设置当前列宽数值。单击“前一列”或“后一列”按钮改变当前列。
- 在“单元格”选项卡中选中“指定宽度”复选框并设置单元格宽度数值后，则当前单元格所在列的宽度将自动适应该单元格宽度值。

提示：单元格宽度值优先作用于当前列的宽度值。

6. 设置表格边框

在 Word 表格中选中需要设置边框的单元格、行、列或整个表格。在“表设计”功能区中，在“边框”选项组中分别设置笔样式、笔画粗细和笔颜色等，单击“边框”下拉按钮，在打开的“边框”下拉列表中设置边框的显示位置即可。Word 边框显示位置包含多种设置，例如上框线、所有框线、无框线等，如图 3-29 所示。

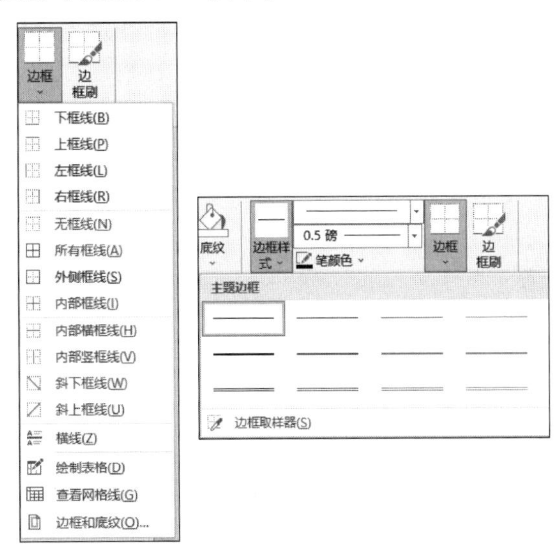

图 3-29　表格边框

7. 设置表格底纹图案

在 Word 中，用户不仅可以为表格设置单一颜色的背景色，还可以为指定的单元格设置图案底纹。操作如下。

(1) 在表格中选中需要设置底纹图案的一个或多个单元格。切换到表“设计”选项卡，在“表格样式”选项组中单击“边框”下拉按钮，然后在打开的“边框”下拉列表中选择“边框和底纹”命令。

(2) 在对话框中切换到“底纹”选项卡，在“图案”区域中单击“样式”下拉按钮，在打开的下拉列表中选择一种样式；单击“颜色”下拉按钮，选择合适的底纹颜色，单击“确定”按钮即可。

3.4.3 表格操作

1. 合并与拆分表格

(1) 合并表格。

要将表格合并在一起,只需将插入点定位到两个表格之间的空白行上,单击 Delete 键删除段落标记即可。

(2) 拆分表格。

根据实际需要,用户可以将一个表格拆分成多个表格。操作如下:单击表格拆分的分界行中任意单元格,切换到"布局"选项卡,在"合并"选项组中单击"拆分表格"按钮即可。

提示:表格的拆分只能是水平方向。

2. 设置制表位选项

用户可以在 Word 中设置制表位选项,以确定制表位的位置、对齐方式、前导符等类型,操作如下。

首先,打开文档窗口,在"开始"功能区的"段落"选项组中单击右下角的对话框启动按钮,在打开的"段落"对话框中单击"制表位"按钮。

接着,在"制表位"对话框的"制表位"列表框中选中特定制表位,然后在"制表位位置"文本框中输入制表位的位置数值;调整"默认制表位"文本框的数值,以设置制表位间隔;在"对齐方式"区域选择制表位的类型;在"前导符"区域选择前导符样式。

Word 包含 5 种不同的制表符,分别是左对齐式制表符、居中式制表符、右对齐式制表符、小数点对齐式制表符、竖线对齐式制表符。

提示:在水平标尺上双击任意制表符也可以打开"制表位"对话框,在对话框中单击"清除"或"全部清除"按钮可以删除制表符。

3. 文本与表格的转换

(1) 将文本转换为表格。

在 Word 中,用户可以将文字转换为表格。其中关键的准备工作是使用分隔符号将文本进行分隔。

Word 中能识别常见的分隔符主要有段落标记(用于创建表格行)、制表符和逗号(用于创建表格列)。对于只有段落标记的多个文本段落,可以将其转换为单列多行的表格;而对于同一个文本段落中含有多个制表符或逗号的文本,可以将其转换为单行多列的表格;若是包括多个段落、多个分隔符的文本则可以转换为多行、多列的表格。

在文档窗口中,为准备转换为表格的文本添加段落标记和分隔符(建议使用常见的逗号分隔符,并且逗号必须是英文半角逗号),并选中需要转换为的表格的所有文字。

切换到"插入"功能区,在"表格"选项组中单击"表格"按钮,在打开的"表格"下拉列表中选择"文本转换成表格"命令,如图 3-30 所示,打开对话框,确认各项设置均合适,单击"确定"按钮。返回 Word 文档窗口,可以看到转换好的表格,如图 3-31 所示。如果自动转换的表格不合适,用户可以恢复到制表位的状态,并调整制表位的数量和位置。

(2) 将表格转换为文本。

如果希望将 Word 表格中含有的文字转换为文本内容,可以执行如下操作。

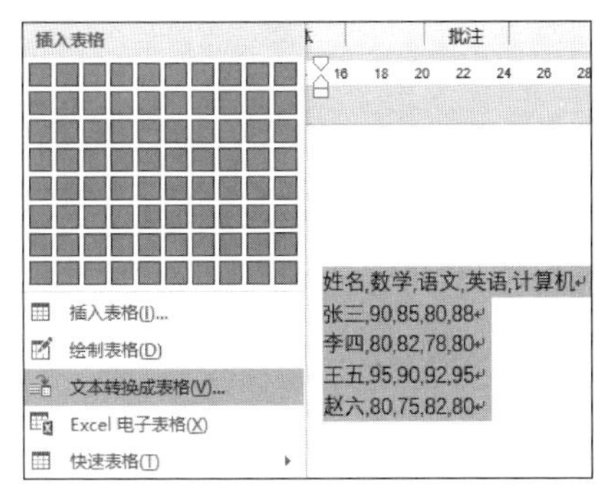

图 3-30　文本转换成表格

姓名	数学	语文	英语	计算机
张三	90	85	80	88
李四	80	82	78	80
王五	95	90	92	95
赵六	80	75	82	80

图 3-31　转换后的表格

首先选中需要转换为文本的单元格，如果需要将整张表格转换为文本，则只需单击表中任意单元格。切换到“布局”选项卡，然后单击“数据”选项组中的“转换为文本”按钮，如图 3-32 所示。在打开的对话框中选中“段落标记”“制表符”“逗号”或“其他字符”单选按钮。选择任何一种标记符号都可以转换为文本，只是转换生成的排版方式或添加的标记符号有所不同。最常用的是“段落标记”和“制表符”两个选项。选中“转换嵌套表格”复选框可以将嵌套表格中的内容同时转换为文本。设置完毕后单击“确定”按钮即可。

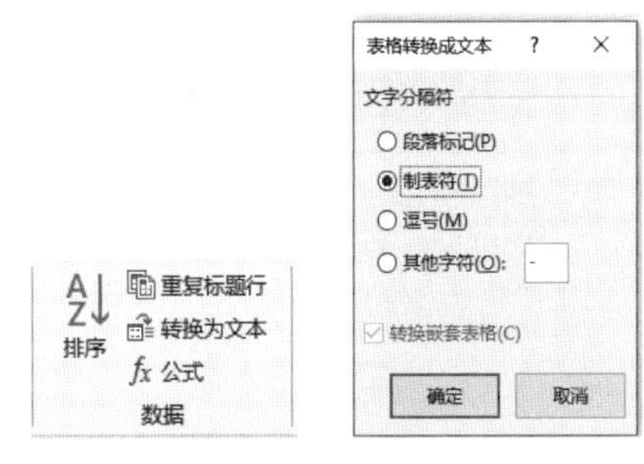

图 3-32　表格转换为文本

4. 使用表格样式格式化表格

表格样式是一组事先设置了表格边框、底纹、对齐方式等格式的表格模板，Word 中提供了多种适用于不同用途的表格样式。用户可以借助这些表格样式快速格式化表格。

单击 Word 表格任意单元格，在表“设计”选项卡中，将鼠标指针指向“表格样式”选项组中的表格样式列表，通过预览选择合适的表格样式。用户还可以打开表格样式菜单，以更全面的视角选择表格样式。

5. 设置表格样式选项

在 Word 中，通过设置表格样式选项进一步控制应用表格样式后的 Word 表格风格。操作如下：单击应用了表格样式的表格，在表“设计”选项卡中，可以通过选中或取消选中“表格样式选项”选项组中的复选框控制表格样式，有以下几种选项。

- “标题行”复选框：可以设置表格第一行是否采用不同的格式。
- “汇总行”复选框：可以设置表格最底部一行是否采用不同的格式。
- “镶边行”复选框：可以设置相邻行是否采用不同的格式。
- “镶边列”复选框：可以设置相邻列是否采用不同的格式。
- “第一列”复选框：可以设置第一列是否采用不同的格式。

- “最后一列”复选框：可以设置最后一列是否采用不同的格式。

6. 在表格中设置“允许跨页断行”

在Word中插入和编辑表格时，有时会根据排版需要使表格中的某一行分别在两个页面中显示。遇到此类问题，可以为表格设置“允许跨页断行”功能。操作如下：首先，打开Word文档窗口，单击表格中任意单元格，切换到“布局”选项卡，并单击“表”选项组中的“属性”按钮。接着，在“表格属性”对话框中切换到“行”选项卡，选中“允许跨页断行”复选框，单击“确定”按钮。

7. 在Word中插入表格题注

在Word文档中，用户可以通过插入表格题注为表格编号，从而更清晰、规范地管理和查找表格。为表格插入题注在Word文档中含有大量表格的情况下尤其适用。操作如下。

(1) 选中准备插入题注的表格，在“引用”功能区的“题注”选项组中单击“插入题注”按钮。或选中整个表格后右击表格，在弹出的快捷菜单中选择“插入题注”命令。

(2) 打开“题注”对话框，在“题注”文本框中会自动出现“表格1”字样，用户可以在其后输入被选中表格的名称，然后单击“编号”按钮。

(3) 在“题注编号”对话框中单击“格式”下拉按钮，选择合适的编号格式。如果选中“包含章节号”复选框，则标号中会出现章节号。设置完毕后单击“确定”按钮。

(4) 返回“题注”对话框，如果选中“题注中不包含标签”复选框，则表格题注中将不显示“表”字样，而只显示编号和用户输入的表格名称。单击“位置”下拉按钮，在打开的“位置”下拉列表中可以选择“所选项目上方”或“所选项目下方”。设置完毕后单击“确定”按钮。

插入的表格题注默认位于表格左上方，用户可以在“开始”功能区设置适合的对齐方式(如居中对齐)。

3.4.4 表格的数据处理

1. 在表格中对数据进行排序

在Word中可以对表格中的数字、文字和日期数据进行排序操作。操作如下。

(1) 在需要进行数据排序的Word表格中单击任意单元格，切换到“布局”选项卡，单击“数据”选项组中的“排序”按钮。

(2) 在“排序”对话框的“列表”区域选中“有标题行”单选按钮。如果选中“无标题行”单选按钮，则Word表格中的标题也会参与排序。

注意：如果当前表格已经启用“重复标题行”设置，则“有标题行”或“无标题行”单选按钮无效。

(3) 在“主要关键字”区域，单击“关键字”下拉按钮选择排序依据的主要关键字。单击“类型”下拉按钮，在打开的“类型”下拉列表中选择“笔划”“数字”“日期”或“拼音”选项。如果参与排序的数据是文字，则可以选择“笔划”或“拼音”选项；如果参与排序的数据是日期类型，则可以选择“日期”选项；如果参与排序的只是数字，则可以选择“数字”选项。选中“升序”或“降序”单选按钮设置排序的顺序类型，如图3-33所示。

(4) 可以在“次要关键字”和“第三关键字”区域进行相关设置，单击“确定”按钮，对Word表格数据进行排序。

2. 对表格中的数据进行计算

可以借助 Word 提供的数学公式对表格中的数据进行数学运算，包括加、减、乘、除、求和、求平均值等常见运算。用户可以使用运算符号以及 Word 提供的函数来构成计算公式。操作如下。

(1) 在准备参与数据计算的表格中单击计算结果单元格，在“布局”选项卡中单击“数据”选项组中的“公式”按钮。

(2) 在打开的“公式”对话框中，“公式”文本框中会根据表格中的数据和当前单元格所在位置自动推荐一个公式，例如“＝SUM(LEFT)”是指计算当前单元格左侧单元格的数据之和。用户可以单击“粘贴函数”下拉按钮选择合适的函数，例如平均数函数 AVERAGE、计数函数 COUNT 等。其中，公式中括号内的参数包括 4 个，分别是左侧(LEFT)、右侧(RIGHT)、上面(ABOVE)和下面(BELOW)。完成公式的编辑后单击“确定”按钮即可得到计算结果，如图 3-34 所示。

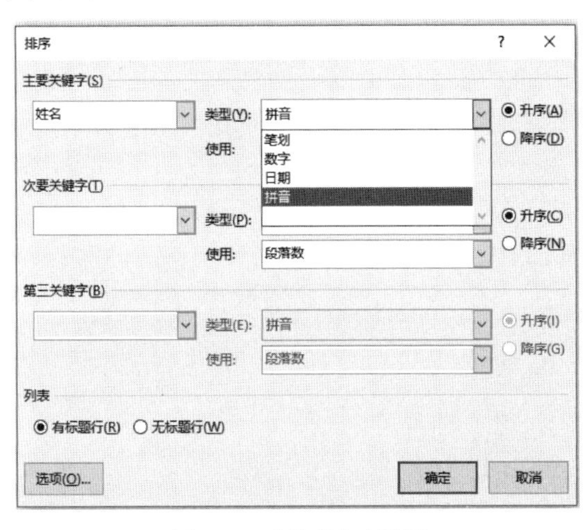

图 3-33 “排序”对话框

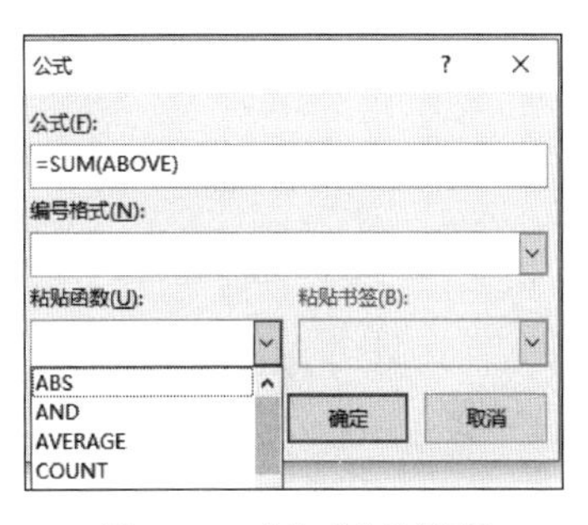

图 3-34 “公式”对话框

(3) 若进行简单计算，也可在文本框中直接输入公式，但必须以等号开头，如“＝A1＋B1”。

(4) 如果要改变运算公式的函数，可从图 3-34 中的“粘贴函数”下拉列表框中选择，此时函数将出现在“公式”文本框中，要改变计算范围，可在函数的()中输入。

(5) 如果要创建很多类似的公式，在 Word 里可以实现像 Excel 一样“填充”的操作。操作如下：复制已经创建的公式，将其粘贴到其他单元格中，选中所有文档内容，右击，在弹出的快捷菜单中选择“更新域”命令。这时，所有的计算公式即可创建完成。

3.5 图文混排

3.5.1 图表操作

1. 图表概述

图表是一种比较形象、直观的表达形式，如折线图、柱形图、饼图等，能直观地表达表格中的信息。通过图表，可以表示各种数据的数量多少、数量增减变化的情况以及部分数量同总数之间的关系等，使读者易于理解，且容易发现隐藏背后的数据趋势和规律。

图表功能在所有 Office 应用软件(包括 Word、Excel、PowerPoint 等)中都可以使用,其中嵌入 Word、PowerPoint 等文档中的图表均是通过 Excel 进行编辑的。下面简要介绍与图表有关的概念。

(1) 数据点:独立的数据值,以柱形图、饼状图、线条或点的形式表现出来。

(2) 数据系列:一组相关的数据点。

(3) 水平(类别)轴:即在二维或三维图表中表示水平方向的轴。

(4) 垂直(值)轴:即在二维或三维图表中表示垂直方向的轴。

(5) 竖(系列)坐标轴:只有在三维图表中才能应用的表示前后方向的轴。

(6) 图例:用于说明图表中每种颜色所代表的数据系列。

(7) 基底:三维图表中的底座。

(8) 背面墙和侧面墙:三维图表中的背景。

2. 创建图表

在 Word 文档中切换到"插入"功能区,在"插图"选项组中单击"图表"按钮,打开"插入图表"对话框,如图 3-35 所示。在左侧的图表类型列表中选择需要创建的图表类型(如柱形图),在右侧图表子类型列表中选择合适的图表(如簇状柱形图),单击"确定"按钮。

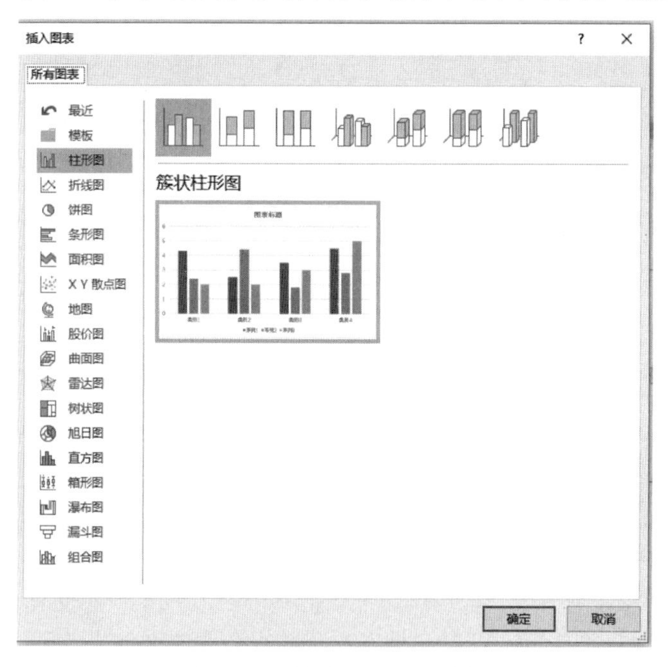

图 3-35 "插入图表"对话框

接着,会同时打开 Word 窗口和 Excel 窗口,如图 3-36 所示。用户首先需要在 Excel 窗口中编辑数据。例如,修改系列名称和类别名称,并编辑具体数值。在编辑 Excel 表格数据的同时,Word 窗口中将同步显示图表结果。完成 Excel 表格数据的编辑后关闭 Excel 窗口,在 Word 窗口中可以看到创建完成的图表。

3. 创建图表模板

Word 中有多种内置的图表模板可供用户选择使用,除此之外,用户还可以根据实际需要创建自定义的图表模板,从而提高工作效率。创建图表模板的操作如下。

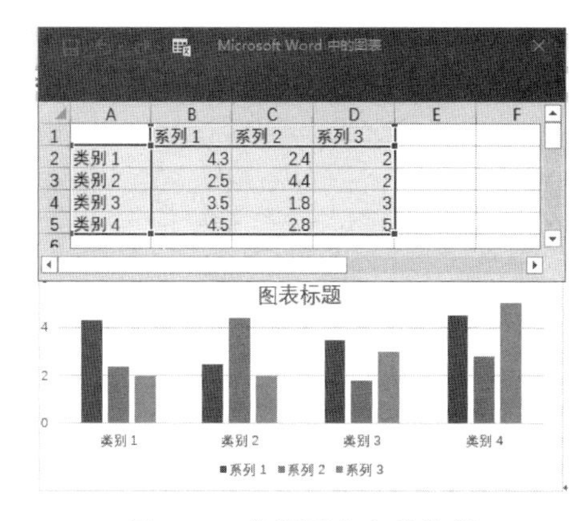

图 3-36 编辑图表中的数据

(1) 根据工作需要制作一张准备用于创建模板的 Word 图表。

(2) 选中创建的图表,右击,在弹出的快捷菜单中选择“另存为模板”命令。

(3) 打开“保存图表模板”对话框,图表保存位置保持不变,在“文件名”文本框中输入名称,单击“保存”按钮即可。

4. 使用自定义图表模板创建图表

用户在成功创建自定义的图表模板后,可以根据需要使用自定义的图表模板创建图表。操作如下。

(1) 切换到“插入”功能区,在“插图”选项组中单击“图表”按钮。

(2) 在打开的“插入图表”对话框中单击“模板”选项,在右侧的“我的模板”列表中选中用户创建的自定义模板,单击“确定”按钮。

(3) 返回 Word 窗口,将根据选中的自定义图表模板自动创建一张 Word 图表,并自动打开 Excel 表格窗口。用户可以根据实际需要修改图表的各要素以使其符合要求。

3.5.2 图形操作

1. 插入图形

在 Word 文档中可以插入各种各样的图片,如 Office 自带的图标、计算机中保存的各种图片,还可以使用自选图形绘制工具绘制线条、箭头等各类图形。

(1) 插入图标。

图标是一个小的图片或对象,代表一个文件、程序、网页或命令,具有高度浓缩并快捷传达信息、便于记忆的特性。图标的应用范围很广,应用于计算机软件方面,包括程序标识、数据标识、命令选择、模式信号或切换开关、状态指示等。插入图标的操作如下。

- 在“插入”功能区的“插图”选项组中单击“图标”按钮。
- 打开“插入图标”对话框,在左侧的列表中是系统内置图标的分类,选取某个分类之后,右侧位置会显示该类中所有图标的缩略图,如图 3-37 所示。
- 单击选中的图标,在选取对象的右上角出现“√”,单击“插入”按钮即可。
- 文档光标处出现了插入的图标,新插入的图片周围有 8 个控制点,用于调节图片的大小和位置。
- 选中该图标,在“图形格式”功能区的“图形样式”选项组中可以实现调整图形样式、图形填充、图形效果等。

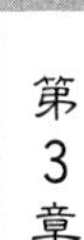

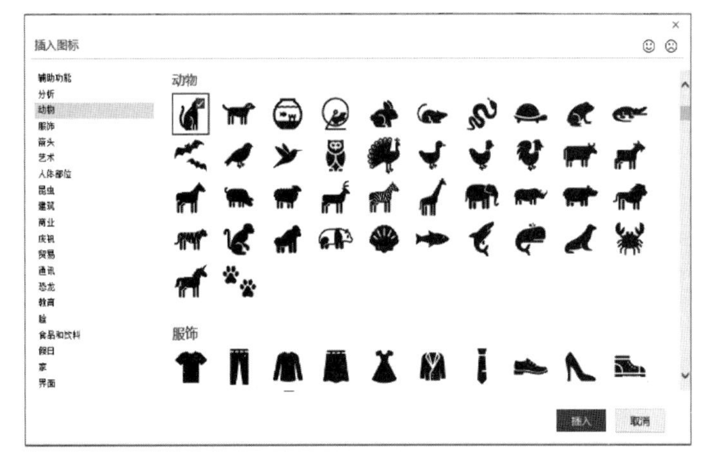

图 3-37　插入图标

(2) 插入图形文件。

Word 文档中除了可插入现成的图标以外，还可以插入各种图形文件，包括位图文件、网络图形文件等。操作如下。

- 在“插入”功能区的“插图”选项组中单击“图片”按钮。
- 打开“插入图片”对话框，按照文件名及文件类型找到并选中需要插入文档中的图片文件，单击“插入”按钮即可。

(3) 绘制自选图形。

除了插入现成图片外，Word 还允许用户绘制一些简单图形。自选图形是指一组常用形状，包括如矩形、圆形等基本形状，以及各种线条和连接符、箭头、流程图符号、星与旗帜、标注等。用户可以直接使用系统提供的基本形状组合成更加复杂的形状。绘制自选图形的操作如下。

- 切换到“插入”功能区，在“插图”选项组中单击“形状”下拉按钮，在打开的“形状”下拉列表中单击需要绘制的形状(例如可以选中“箭头总汇”区域的“右箭头”选项)。
- 将鼠标指针移动到页面位置，按下左键拖动鼠标即可绘制箭头。如果在释放鼠标左键以前按下 Shift 键，则可以成比例绘制形状；如果按住 Ctrl 键，则可以在两个相反方向同时改变形状大小。将图形大小调整至合适大小后，释放鼠标左键完成自选图形的绘制。
- 若对插入的自选图形的整体外观不满意，可以对其顶点进行编辑。操作如下：右击图形，在弹出的快捷菜单中选择“编辑顶点”命令，在所选图形的转折处就会出现黑色方块，用鼠标左键拖动顶点可以调整位置，形状也会随之改变。

(4) 绘制任意多边形。

自选图形库中内置有多种多边形，如三角形、长方形等。但这些形状均为是规则的图形，用户在使用这些图形绘制自定义的图形时会受到一定的限制。用户可以借助 Word 提供的“任意多边形”工具绘制自定义的多边形图形。操作如下。

- 在文档中切换到“插入”功能区，在“插图”选项组中单击“形状”按钮，在打开的形状面板“线条”区域中单击“任意多边形”选项。
- 将鼠标指针移动到页面中，在任意多边形起点位置单击，接着移动鼠标指针至任意多边形第二个顶点处单击，以此类推，分别单击第三个顶点、第四个顶点……。如果所绘制的多边形为非闭合的形状，则在最后一个顶点处双击；如果所绘制的多边形为闭合的形状，则当最后一个顶点靠近起点位置时，终点会自动附着到起点并重合，此时单击即可。

（5）设置叠放次序。

在文档中插入或绘制多个对象时，用户可以设置对象的叠放次序，以决定哪个对象在上层，哪个对象在下层。设置时，应先选择对象，在功能区上单击“图片格式”选项卡，在“排列”选项组中可以单击相应的操作。

- “上移一层”组的“上移一层”：可以将对象上移一层。
- “上移一层”组的“置于顶层”：可以将对象置于最前面。
- “上移一层”组的“浮于文字上方”：可以将对象置于文字的前面，挡住文字。
- “下移一层”组的“下移一层”：可以将对象下移一层。
- “下移一层”组的“置于底层”：将对象置于最底层，有可能被上层的对象挡住。
- “下移一层”组的“衬于文字下方”：可以将对象置于文字的后面。

用户也可以用右键菜单来进行设置，即右击已选中的文本，在弹出的快捷菜单中选择“置于顶层”或“置于底层”命令，然后选择相应的子菜单，如“下移一层”，如图 3-38 所示。

（6）组合图形。

使用自选图形工具绘制的图形一般包括多个独立的形状，当需要选中、移动和修改图形大小时，往往需要选中所有的独立形状，操作起来不太方便。用户可以借助“组合”命令将多个独立的形状组合的一个图形对象，然后对组合后的图形对象进行操作。操作如下。

- 在“开始”功能区的“编辑”选项组中单击“选择”按钮，并在打开的下拉列表中选择“选择对象”命令，将鼠标指针移动到 Word 页面中，鼠标指针呈白色鼠标箭头形状，在按住 Ctrl 键的同时单击选中所有的独立形状。
- 右击被选中的所有独立形状，在弹出的快捷菜单中选择“组合”命令，并在打开的下一级菜单中选择“组合”命令，通过上述设置，被选中的独立形状将组合成一个图形对象，可以进行整体操作，如图 3-39 所示。
- 如果希望对组合对象中某个形状进行单独操作，可以右击组合对象，在弹出的快捷菜单中选择“组合”命令，在打开的下一级菜单中选择“取消组合”命令。

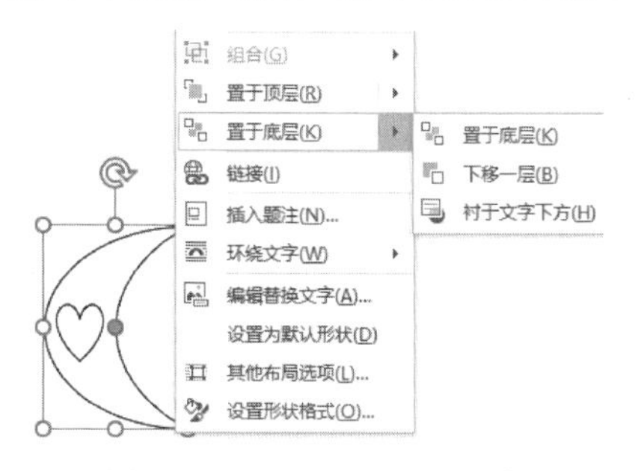

图 3-38　设置图形叠放次序

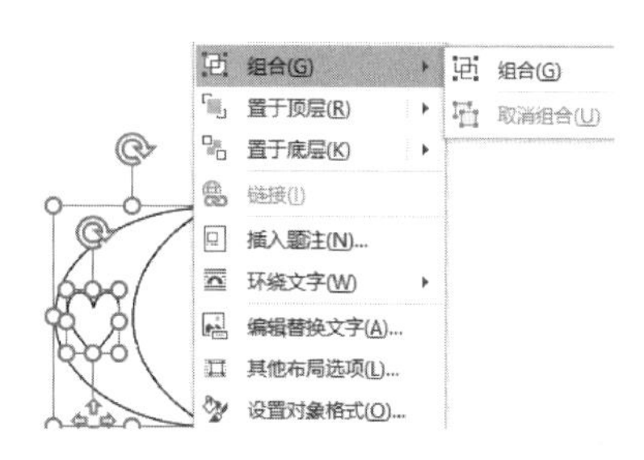

图 3-39　组合图形

（7）使用“屏幕截图”功能插入图片。

借助 Word 的“屏幕截图”功能，用户可以将已经打开且未处于最小化状态的窗口截图并插入当前 Word 文档中。注意，“屏幕截图”功能只能应用于文件扩展名为.docx 的 Word

文档中，在文件扩展名为.doc的兼容Word文档中是无法实现的。操作如下。

- 将准备插入到文档中的窗口处于非最小化状态，打开文档窗口，切换到“插入”功能区，在“插图”选项组中单击“屏幕截图”按钮。
- 打开“可用的视窗”下拉列表，Word将显示智能监测到的可用窗口。单击需要插入截图的窗口即可。
- 如果用户仅仅需要将特定窗口的一部分作为截图插入Word文档中，则可以只保留该特定窗口为非最小化状态，然后在“可用视窗”下拉列表中选择“屏幕剪辑”命令。进入屏幕裁剪状态后，拖动鼠标选择需要的部分窗口即可将其截图插入当前Word文档中。

2. 设置图形格式

插入各类图形后，还需要进行一定的编辑和调整才能满足要求，这就是设置图形格式，包括修改图片大小、裁剪、设置文字环绕方式等。

(1) 应用图片样式。

Word中有针对图形、图片、图表、艺术字、自动形状、文本框等对象的样式设置，样式包括渐变效果、颜色、边框、形状和底纹等多种效果，可以帮助用户快速设置上述对象的格式。操作如下：插入一张图片并选中图片后，会自动打开“图片格式”功能区，在“图形样式”选项组中，可以使用预设的样式快速设置图片的格式。

注意，当鼠标指针悬停在一个图片样式上方时，文档中的图片会即时预览实际效果。

(2) 调整自选图形大小。

- 利用控制柄修改自选图形大小。如果对图形的大小没有严格的要求，可以拖动控制柄设置自选图形的大小。操作如下：单击自选图形，自选图形周围将出现8个控制手柄，拖动相应方向的控制手柄即可改变自选图形的大小。注意，按下Shift键的同时拖动控制手柄，可以使图形的比例保持不变。
- 在“图片格式”功能区中指定自选图形尺寸。如果对图形的尺寸有精确要求，可以在“图片格式”功能区中设置“大小”选项组中的高度和宽度数值。
- 在“布局”对话框指定自选图形尺寸。右击图形，在弹出的快捷菜单中选择“大小和位置”命令，在打开的“布局”对话框中切换到“大小”选项卡，在“形状高度”和“形状宽度”区域分别设置绝对值数值，同样可以精确设置图形的尺寸。

(3) 裁剪图片。

在文档中，用户可以对图片进行裁剪操作，以截取图片中最需要的部分。操作如下：首先将图片的环绕方式设置为非嵌入型，然后单击需要进行裁剪的图片。在“图片格式”功能区中单击“大小”选项组中的“裁剪”按钮，图片周围出现8个方向的裁剪控制柄，用鼠标拖动控制柄将对图片进行相应方向的裁剪，也可以通过拖动控制柄将图片复原，直至调整合适为止。

(4) 旋转图片。

对于文档中的图片，用户可以根据需要进行旋转。旋转图片的方法有以下两种。

- 使用旋转手柄旋转图片：如果对于图片的旋转角度没有精确要求，可以使用旋转手柄旋转图片。首先选中图片，图片的上方将出现一个旋转手柄。将鼠标移动到旋转手柄上，鼠标光标呈现旋转箭头的形状，按住鼠标左键沿圆周方向正时针或逆时针旋转图片即可。

- 应用 Word 预设旋转效果：选中需要旋转的图片，在“图片格式”功能区中单击“排列”选项组中的“旋转对象”按钮，在打开的下拉列表中选中“向右旋转 90°”“向左旋转 90°”“垂直翻转”或“水平翻转”。在下拉列表中选择“其他旋转选项”命令，即可切换到“布局”对话框的“大小”选项卡，在“旋转”区域调整“旋转”文本框的数值，单击“确定”按钮即可旋转图片。

(5) 设置文字环绕方式。

在默认情况下，插入文档中的图片作为字符插入特定位置，其位置随着其他字符的改变而改变，用户不能自由移动图片。而通过为图片设置文字环绕方式，可以自由移动图片的位置。操作如下：选中需要设置文字环绕的图片，在打开的“图片格式”功能区中单击“排列”选项组中的“位置”按钮，在打开的预设位置列表中选择合适的文字环绕方式。文字环绕方式包括“顶端居左，四周型文字环绕”“顶端居中，四周型文字环绕”“中间居左，四周型文字环绕”“中间居中，四周型文字环绕”“中间居右，四周型文字环绕”“底端居左，四周型文字环绕”“底端居中，四周型文字环绕”“底端居右，四周型文字环绕”8 种方式。选择“其他布局选项”命令，可以在“布局”对话框的“文字环绕”选项卡中进行选择，如图 3-40 所示。

(6) 为图片设置艺术效果。

在文档中，用户可以为图片设置艺术效果，这些艺术效果包括铅笔素描、影印、图样等多种效果。操作如下：首先选中准备设置艺术效果的图片，在打开的“图片格式”功能区中单击“调整”选项组中的“艺术效果”按钮，在打开的“艺术效果”下拉列表中选择合适的艺术效果选项即可(如“粉笔素描”)。

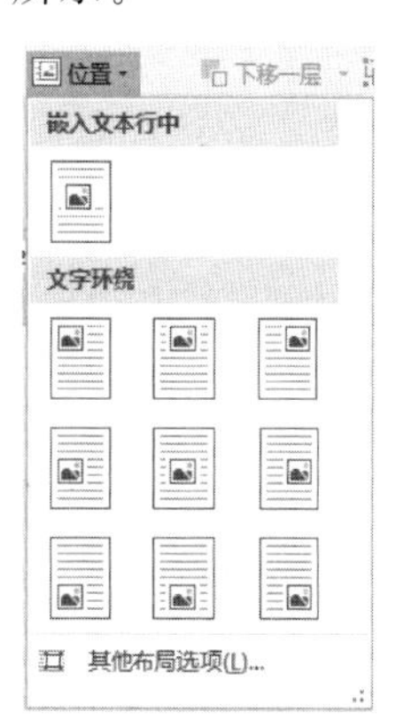

图 3-40　设置文字环绕方式

(7) 为图片创建超链接。

Word 文档中的超链接不仅可以是文字形式，还可以是图片形式。操作如下：选中需要创建超链接的图片，切换到“插入”功能区，在“链接”选项组中单击“链接”按钮，打开“插入超链接”对话框，在“地址”文本框中输入网页链接地址，单击“确定”按钮。返回文档窗口，将鼠标指针指向图片，将显示图片对应的超链接地址。

3. 3D 模型

3D 模型就是三维的、立体的模型，它是用三维软件建造的立体模型，包括各种建筑、人物、动植物、机械等，也包括计算机模型领域。

常见的是基于图像构建的 3D 模型，此种方式只需要提供一组物体不同角度的序列照片在计算机辅助下即可自动生成物体的 3D 模型。该方式操作简单，自动化程度高，成本低，真实感强。通过 3D 模型的展示，用户不仅可以更为清晰、直观地浏览内容，而且可以通过任意视角全方位浏览欣赏。

(1) 插入 3D 模型。

将插入点光标移动到需要插入 3D 模型的位置，在“插入”功能区中单击“插图”选项组中的“3D 模型”按钮，在打开的“插入 3D 模型”对话框中选中要插入的文件对象后单击“插入”按钮即可。

(2) 以不同视角浏览3D模型。

选中刚插入的3D模型，与普通的图形类似，周围有8个控制点，可以调节其大小和位置，不同的是在选中对象的中心位置有一个用于调整观察3D模型不同角度的旋钮，通过鼠标拖动，可以浏览模型的不同角度，如图3-41所示。通过“3D模型”功能区中“3D模型视图”选项组可以看到该3D模型的不同视图；单击该选项组右下角的“设置3D模型格式”按钮，可以在打开的任务窗格中对模型的外观进行微调。

图3-41 插入3D模型

4. 艺术字

Office中的艺术字结合了文本和图形的特点，能够使文本具有图形的某些属性，如设置旋转、三维、映像等效果，在Word、Excel、PowerPoint等Office组件中都可以使用艺术字功能。

(1) 插入艺术字。

将插入点光标移动到准备插入艺术字的位置，在“插入”功能区中单击“文本”选项组中的“艺术字”按钮，在打开的“艺术字”预设样式列表中选择合适的样式。打开艺术字的文字文本框，直接输入用作艺术字的文本，如“插入艺术字”。用户可以对输入的艺术字分别设置字体和字号，如图3-42所示。

插入艺术字后，可以随时修改艺术字的文字、字体、字号、颜色等设置，操作非常方便，只需要单击艺术字即可进入编辑状态。因为艺术字具有图片和图形的很多属性，所以用户可以为艺术字进行与图片相似的设置，如旋转、文字环绕方式等。

(2) 设置艺术字形状。

Word提供的艺术字形状丰富多彩，包括弧形、圆形、波形等多种形状。通过设置艺术字形状，能够使文档更加美观。操作如下：选中需要设置形状的艺术字文字，在打开的“形状格式”功能区中单击“艺术字样式”选项组中的“文字效果”按钮，列表中包含阴影、映像、发光等效果，其中“转换”选项中列出了多种形状可供选择，如图3-43所示。

(3) 设置艺术字效果。

为文档中的艺术字设置“三维旋转”，可以呈现3D立体旋转效果，从而使插入艺术字的文档表现力更加丰富多彩。操作如下：选中需要设置三维旋转的艺术字，在打开的“形状格式”功能区中单击“艺术字样式”选项组中的“文字效果”按钮，在打开的下拉列表中选择“三维旋转”命令，在打开的三维旋转列表中，用户可以选择“平行”“透视”和“倾斜”三种旋转类型，每种旋转类型又有多种样式可供选择，如图 3-43 所示。

图 3-42　插入艺术字

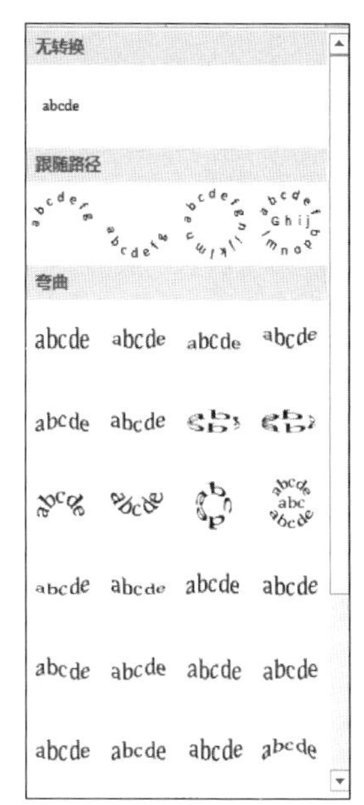

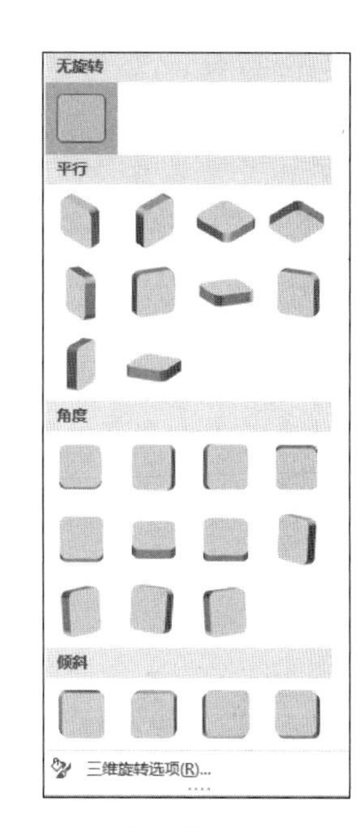

图 3-43　艺术字形状和三维旋转

用户还可以对艺术字的三维旋转做进一步设置，在三维旋转列表中选择“三维旋转选项”命令，打开“设置文本效果格式”对话框，在“三维旋转”选项卡中，设置艺术字文字在 X、Y、Z 三个维度上的旋转角度，单击“重置”按钮可恢复 Word 的默认设置。

5. 文本框

如果文档中需要将一段文字独立于其他内容，使它可以在文档中任意移动，则需要使用文本框。通过使用文本框，用户可以将文本很方便地放置到文档页面的指定位置，而不必受到段落格式、页面设置等因素的影响。

文本框是一个方框形式的图形对象，框内可以放置文字、表格、图表及图形等对象。Word 内置有多种样式的文本框供用户选择使用，操作如下。

(1) 插入文本框。

切换到“插入”功能区，在“文本”选项组中单击“文本框”按钮，在打开的内置文本框列表中选择合适的文本框类型，返回文档窗口，所插入的文本框处于编辑状态，直接输入用户的文本内容即可。

(2) 设置文本框大小。

选中插入的文本框后，会自动打开“形状格式”功能区，在“大小”选项组中可以设置文本框的高度和宽度。也可以右击文本框，在弹出的快捷菜单中选择“其他布局选项”命令，在“布局”对话框中设置文本框的大小。方法与自选图形的大小设置类似。

(3) 设置文本框边框。

有时，根据实际需要为文档中的文本框设置边框样式，或设置为无边框。操作如下：选中文本框，在打开的“形状格式”功能区中单击“形状样式”选项组中的“形状轮廓”按钮，打开“形状轮廓”列表，如图 3-44 所示。在“主题颜色”和“标准色”区域可以设置文本框的边框颜色；选择“无轮廓”可以取消文本框的边框；将鼠标指针指向“粗细”选项，在打开的下一级菜单中可以选择文本框的边框宽度；将鼠标指向“虚线”选项，在打开的下一级菜单中可以选择文本框虚线边框形状。

(4) 设置文本框样式。

Word 中内置有多种文本框样式供用户选择使用，这些样式包括边框类型、填充颜色等项目。设置文本框样式的操作如下：单击文本框，在打开的“形状格式”功能区中单击“形状样式”选项组中的“其他”按钮，在打开的文本框样式列表中选择合适的文本框样式和颜色即可。

(5) 文本框布局属性。

右击文本框，在弹出的快捷菜单中选择“设置形状格式”命令，在打开的面板中单击“文本选项”选项卡下方的“布局属性”按钮，在对话框中可以针对文本框中文字的垂直对齐方式、文字方向、文字与边框的距离等进行调整，如图 3-45 所示。

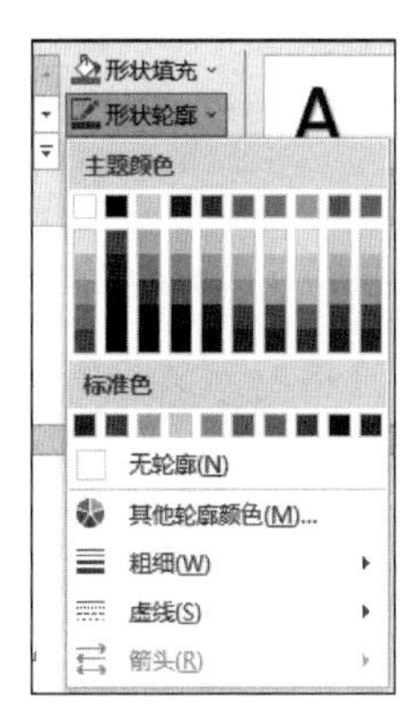

图 3-44　文本框形状轮廓

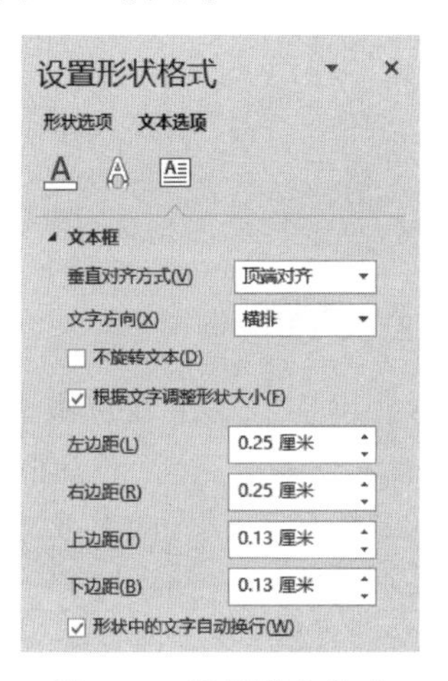

图 3-45　设置形状格式

6. 添加图片题注

如果 Word 文档中含有大量图片，为了能更好地管理这些图片，可以为图片添加题注。添加了题注的图片会获得一个编号，并且在删除或添加图片时，所有的图片编号会自动改变，以保持编号的连续性。添加图片题注的操作如下。

(1) 右击需要添加题注的图片，在弹出的快捷菜单中选择“插入题注”命令；或者单击选中图片，在“引用”功能区的“题注”选项组中单击“插入题注”按钮。

(2) 在打开的“题注”对话框中单击“编号”按钮，如图 3-46 所示。

(3) 打开“题注编号”对话框，单击“格式”下拉按钮，在打开的“格式”下拉列表中选择合适的编号格式。如果希望在题注中包含文档的章节号，则需要选中“包含章节号”复选框。设置完毕后单击“确定”按钮。

(4) 返回“题注”对话框，在“标签”下拉列表中选择 Figure，即“图表”。如果希望在文档中使用自定义的标签，则可以单击“新建标签”按钮，在打开的对话框中创建自定义标签(例如“图 3-”)，并在“标签”列表中选择自定义的标签。如果不希望在图片题注中显示标签，可以选中“题注中不包含标签”复选框。单击“位置”下拉按钮选择题注的位置，设置完毕后单击“确定”按钮。

（5）添加题注后，单击题注右边部分的文字进入编辑状态，输入图片的描述性内容。

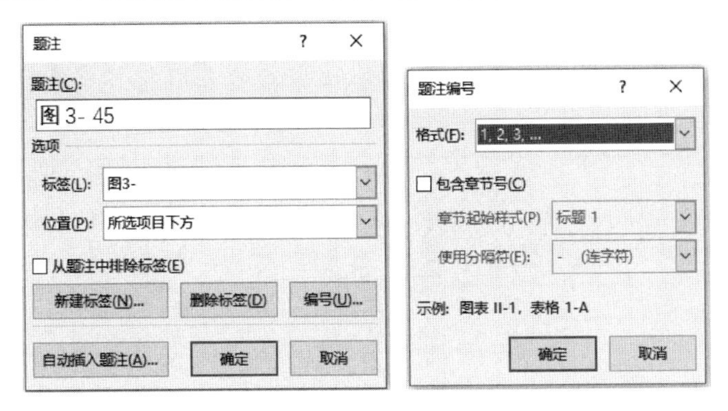

图 3-46　插入题注

3.5.3　编辑公式

1. 插入内置公式

Word 中提供了多种常用的公式供用户直接插入文档中，用户可以直接插入内置公式，以提高工作效率。操作如下：在文档窗口中切换到“插入”功能区，在“符号”选项组中单击“公式”下拉按钮，在打开的内置公式列表中选择需要的公式（如“二次公式”）。

提示：如果在 Word 提供的内置公式中找不到用户需要的公式，可以在公式列表中指向“Office.com 中的其他公式”选项，在打开的来自 Office.com 的更多公式列表中选择所需的公式，如图 3-47 所示。

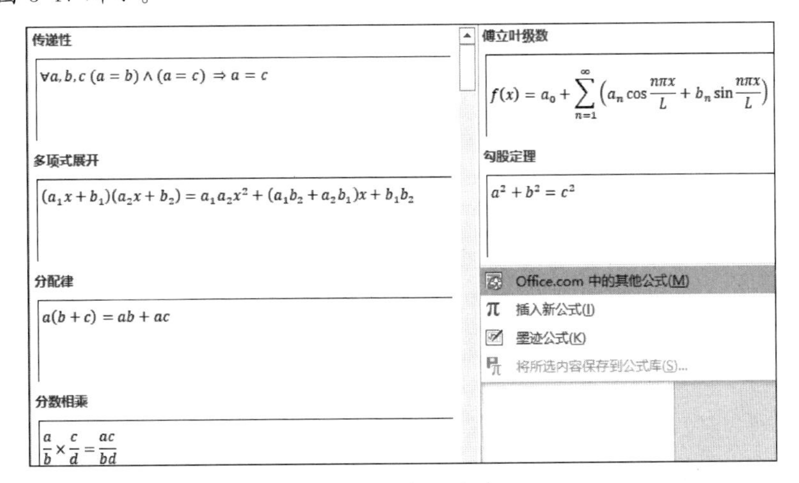

图 3-47　插入公式

2. 创建新公式

Word 提供创建空白公式对象的功能，用于可以根据实际需要在文档中灵活创建公式。操作如下：在文档窗口中切换到“插入”功能区，在“符号”选项组中单击“公式”按钮（非“公式”下拉按钮），在文档中将创建一个空白公式框架，通过键盘或选择“公式”功能区的“符号”选项组的内容输入公式内容。

提示：在“公式”功能区的“符号”选项组中，默认显示“基础数学”符号。除此之外，

Word 还提供了希腊字母、字母类符号、运算符、箭头、求反关系运算符、几何学等多种符号供用户使用。可以在“符号”选项组的右下角单击“其他”按钮，打开“符号”列表，单击顶部的下拉按钮，可以看到 Word 提供的符号类别，选择需要的类别即可将其显示在“符号”列表中，如图 3-48 所示。

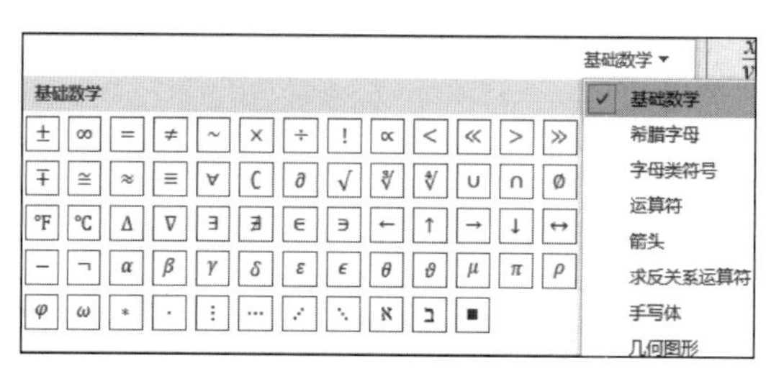

图 3-48 公式中的符号

3. 将新公式保存到公式库

用户创建了自定义公式后，如果该公式今后会经常使用，可以将其保存到公式库中。操作如下：对需要保存到公式库中的公式右击，在弹出的快捷菜单中选择“另存为新公式”命令，打开“新建构建基块”对话框，在“名称”文本框中输入公式名称，其他选项保持默认设置，单击“确定”按钮。

提示：保存到公式库中的自定义公式将在“公式”功能区的“工具”选项组中的公式列表中找到。

3.5.4 SmartArt 图形

SmartArt 是 Word 2007 及以后版本中新增加的一项图形功能，该图形是一种文本和形状相结合的图形，能以可视化的方式直观地表达出各项内容之间的关系。在 Word 文档中，SmartArt 图形主要用于制作流程图、组织结构图等。

1. SmartArt 类型

(1) 列表型：显示非有序信息或分组信息，主要用于强调信息的重要性。

(2) 流程型：表示任务流程的顺序或步骤。

(3) 循环型：表示阶段、任务或事件的连续序列，主要用于强调重复过程。

(4) 层次结构型：用于显示组织中的分层信息或上下级关系，常应用于组织结构图。

(5) 关系型：用于表示两个或多个项目之间的关系，或者多个信息集合之间的关系。

(6) 矩阵型：用于以象限的方式显示部分与整体的关系。

(7) 棱锥图型：用于显示比例关系、互连关系或层次关系，其特点是最大的部分置于底部，向上渐窄。

(8) 图片型：主要应用于包含图片的信息列表。

2. 插入 SmartArt 图形

在文档中切换到“插入”功能区，在“插图”选项组中单击 SmartArt 按钮，在打开的“选择 SmartArt 图形”对话框中，单击左侧的类别名称选择合适的类别，然后在对话框右侧选择需要的 SmartArt 图形，单击“确定”按钮。返回文档窗口，在插入的 SmartArt 图形中单击文本占位符输入合适的文字即可，如图 3-49 所示。

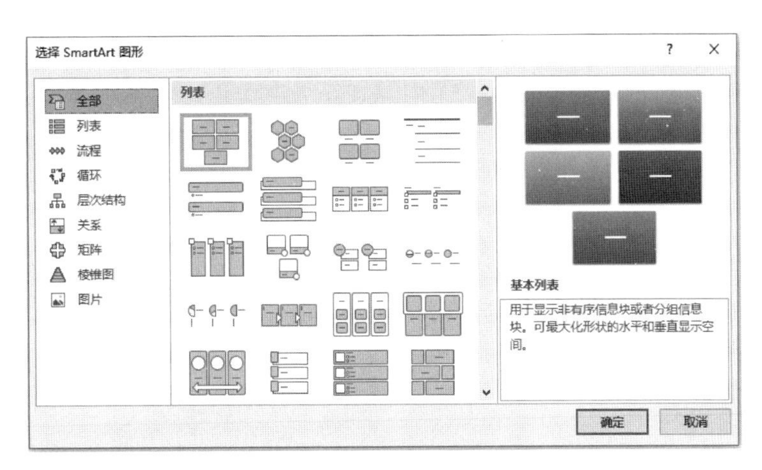

图 3-49　选择 SmartArt 图形

3. 更改 SmartArt 图形几何形状

SmartArt 图形具有默认的几何形状，如矩形或圆形。用户可以根据需要将 SmartArt 图形的形状更改为 Word 形状库中提供的任意形状。操作如下：选中需要更改几何形状的 SmartArt 图形形状，打开“SmartArt 设计/格式”功能区，切换到“格式”选项卡，单击“形状”选项组中的“更改形状”按钮，在打开的形状列表中选择合适的几何形状即可。

如果在更改 SmartArt 图形的几何形状后希望恢复为默认形状，可以右击更改后的几何形状，在弹出的快捷菜单中选择“重设形状”命令。

4. 增大减小和旋转 SmartArt 图形形状

在 Word 文档中，用户可以方便地增大、减小和旋转 SmartArt 图形形状。操作如下：选中需要增大、减小或旋转的 SmartArt 图形形状，在“SmartArt 设计/格式”功能区的“格式”选项卡中，单击“形状”选项组中的“增大”或“减小”按钮可增大或减小形状，同时减小或增大其他形状，以保持 SmartArt 图形整体大小不变，同时各个形状之间的位置关系也不会发生变化。利用选中图形边框上的箭头按钮打开“在此处键入文字”对话框，不仅可以输入各项子图形中的文本，还可以增加或减少子图形的个数，如图 3-50 所示。

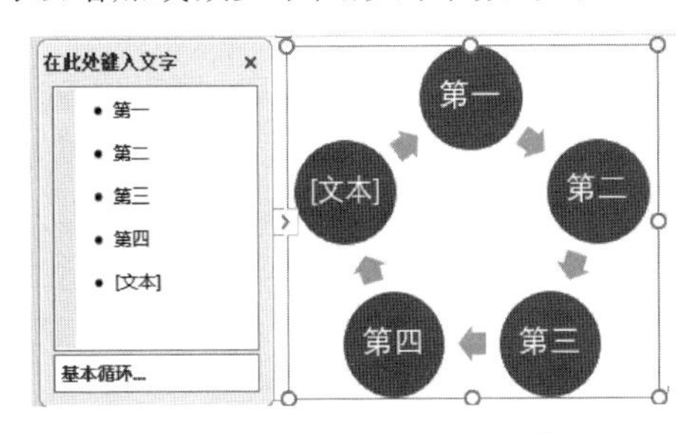

图 3-50　SmartArt 图形操作

在“排列”选项组中单击“旋转”按钮，可以旋转或翻转所选对象，包括 90°旋转、水平翻转、垂直翻转等。如果用户需要更精确地设置 SmartArt 图形形状的旋转角度，可以在旋转菜单中选择“其他旋转选项”，打开“布局”对话框，在“大小”选项卡中设置具体的旋转角度数值，单击“确定”按钮即可。

3.6 Word 高级编辑

3.6.1 邮件合并

如果用户需要借助 Word 应用程序去创建一组内容相似的文档，则可以尝试邮件合并功能。例如，老师需要向各位同学发送成绩单，则在所有的发送文件中除了学号、姓名和各科成绩存在差异之外，其余套用信函的内容完全相同。类似于这样的文档创建工作，就可以应用邮件合并。常规方法是将一个主文档与一个数据源合并而成。

1. 编辑主文档

主文档就是用来存放固定内容的文档，如同一般 Word 文档的编辑。以编辑“期末成绩单”为例，主文档内容如图 3-51 所示。

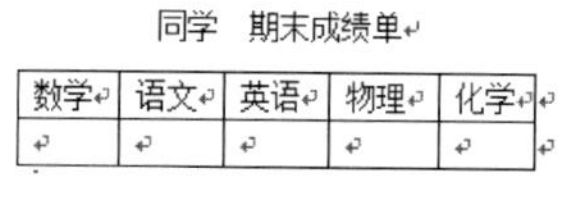
同学　期末成绩单

数学	语文	英语	物理	化学

图 3-51　主文档内容

2. 编辑数据源文档

数据源则用于存放需要变化的内容。合并时 Word 会将数据源中的内容插入主文档的合并域中，这样就可以产生以主文档为模板的不同文本内容。

(1) 自定义地址列表字段。

在文档中切换到“邮件”功能区，在“开始邮件合并”选项组中单击“选择收件人”按钮，在打开的列表中选择“键入新列表”命令。

在文档中创建收件人列表时，默认情况下提供了常用的字段名。用户可以根据需要添加、删除或重命名地址列表字段。在打开的“新建地址列表”对话框中，单击“自定义列”按钮，打开“自定义地址列表”对话框，用户可以分别单击“添加”“删除”或“重命名”按钮添加字段、删除字段或重命名字段。另外，用户还可以通过“上移”或“下移”按钮改变字段顺序。完成设置后单击“确定”按钮。

(2) 输入联系人记录。

在打开的“新建地址列表”对话框中，根据实际需要分别输入第一条记录的相关列，不需要输入的列留空即可。完成第一条记录的输入后，单击“新建条目”按钮。根据需要添加多个收件人条目，添加完成后单击“确定”按钮，如图 3-52 所示。接着打开“保存通讯录”对话框，在“文件名”文本框中输入通讯录文件名称，选择合适的保存位置，单击“保存”按钮。

提示：使用 Word 创建的收件人列表实际上是一个 Access 数据库文件，如果用户的计算机系统中安装有 Access 数据库系统，用户可以使用 Access 打开并编辑该列表。如果没有安装 Access 数据库系统，也可以直接在 Word 中进行编辑。

如果有现成的数据源(如 Excel 文件)，可以在“选择收件人”列表中选择“使用现有列表”命令，在打开的“选择数据源”对话框中选择数据源文件。

3. 向主文档插入合并域

(1) 插入合并域。

通过“插入合并域”功能可以将数据源引用到主文档中。操作如下：打开 Word 文档，

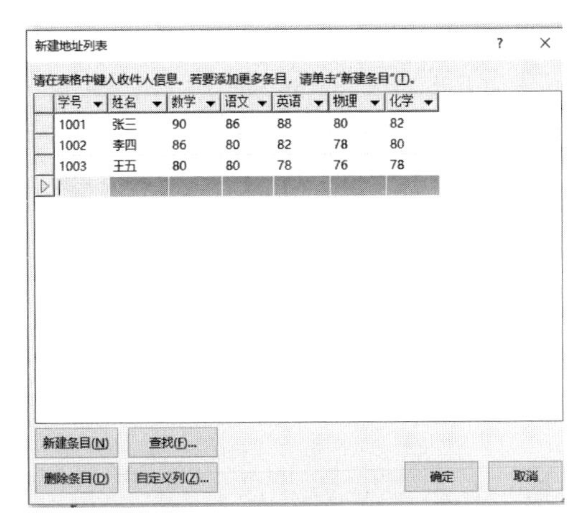

图 3-52 "新建地址列表"对话框

将插入点光标移动到需要插入域的位置。切换到"邮件"功能区，在"编写和插入域"选项组中单击"插入合并域"按钮，打开"插入合并域"对话框，在"域"列表框中选中合适的域并单击"插入"按钮，完成插入域的操作后，在"插入合并域"对话框中单击"关闭"按钮。也可以单击"插入合并域"下拉按钮，在展开的列表中选择需要插入的属性，则属性域符号会出现在文档的插入点位置，如图 3-53 所示。

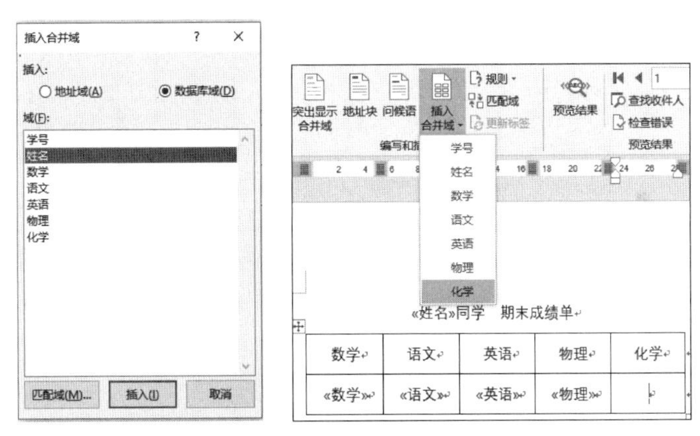

图 3-53 插入合并域

返回文档窗口，在"预览结果"选项组中单击"预览结果"按钮可预览完成合并的结果。

(2) 插入称谓。

在制作信函时，为了表示对客户的尊重，希望在姓名字段的后面填写称谓，如"先生"或"女士"。虽然数据源文档中未直接提供称谓字段(数据源中有性别字段)，但可以通过邮件合并的规则将性别字段转换为相应的称谓。操作如下：单击"规则"按钮，在打开的下拉列表中选择"如果…那么…否则…"，在"插入 Word 域：如果"对话框中，将"域名"选择为"性别"，在"比较对象"文本框中输入所要比较的信息，在下方的两个文本框中依次输入"先生"和"女士"。通过该对话框可以很容易地了解到：如果当前人员的性别为男，则在其姓名后方插入文字"先生"，否则插入文字"女士"，如图 3-54 所示。

4. 完成并生成多个文档

在文档中插入了合并域后，为了确保制作的文档正确无误，在最终合并前应该先预览一下结果。单击“预览结果”选项组中“预览结果”按钮可以看到合并后的内容。在确认文档正确无误后，就可以对文档完成最终的制作了。操作如下：在“完成”选项组中单击“完成并合并”按钮，在随后打开的下拉列表中选择“编辑单个文档”命令，此时可以选择合并所有的记录或者选择记录范围（如1到10号记录），单击“确定”按钮即可，如图3-55所示。

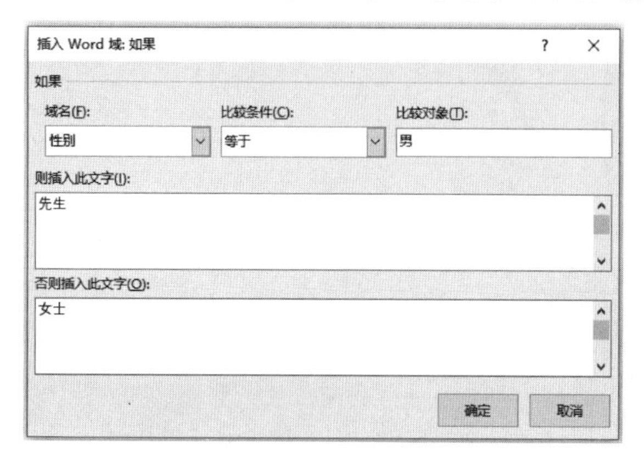

图3-54　应用“规则”示例

张三同学　期末成绩单

数学	语文	英语	物理	化学
90	86	88	80	82

图3-55　邮件合并结果(首记录)

5. 制作信封

利用邮件合并功能，不仅可以很方便地制作出大量的同类型文档，还能制作信封。操作如下：新建一个Word文档，切换到“邮件”功能区，接着单击“创建”选项卡中的“中文信封”按钮，即可调用“信封制作向导”，按照向导依次操作：选择信封样式→选择生成信封的方式和数量→输入收信人信息→输入寄信人信息，即可完成制作信封，对生成的文档进行相应的保存操作。

另外，用户可以使用“开始邮件合并”列表中的“邮件合并分步向导”命令，该功能用于帮助用户在文档中完成信函、电子邮件、信封、标签或目录的邮件合并工作，采用分步完成的方式进行，因此更适用于邮件合并功能的普通用户。

3.6.2　自动生成目录

排版一本书或一份篇幅较长的文档之后，需要生成目录。通过浏览目录可以方便地查找文档中的部分内容或快速预览全文结构。利用Word自动生成目录方法如下。

1. 应用样式

Word中内置了很多样式，用户可以根据需要直接使用。首先打开需要设置样式的文档，选择要在目录中显示的标题，切换到“开始”功能区，在“样式”选项组中选择需要的样式。一般常用的目录是3级形式，因此文档中主要是用到标题1、标题2、标题3，用户可根据需要自行调整格式，包括字体、字号、段落间距等设置。

2. 插入目录

把光标移到需放置目录的位置，切换到“引用”功能区，在“目录”选项组中单击“目录”按钮，在打开的下拉列表中既可以选择目录样式，也可以使用“自定义目录”功能。打开“目录”对话框，如图3-56所示。在打开的对话框中设置“制表符前导符”“显示级别”等，单击“选项”按钮可以进一步打开“目录选项”对话框，设置有效样式与目录级别之间的关系；单击“修改”按钮可以进一步打开“样式”对话框，修改某个样式的格式设置。返回“目录”对话框，单击“确定”按钮即可完成插入目录的操作。

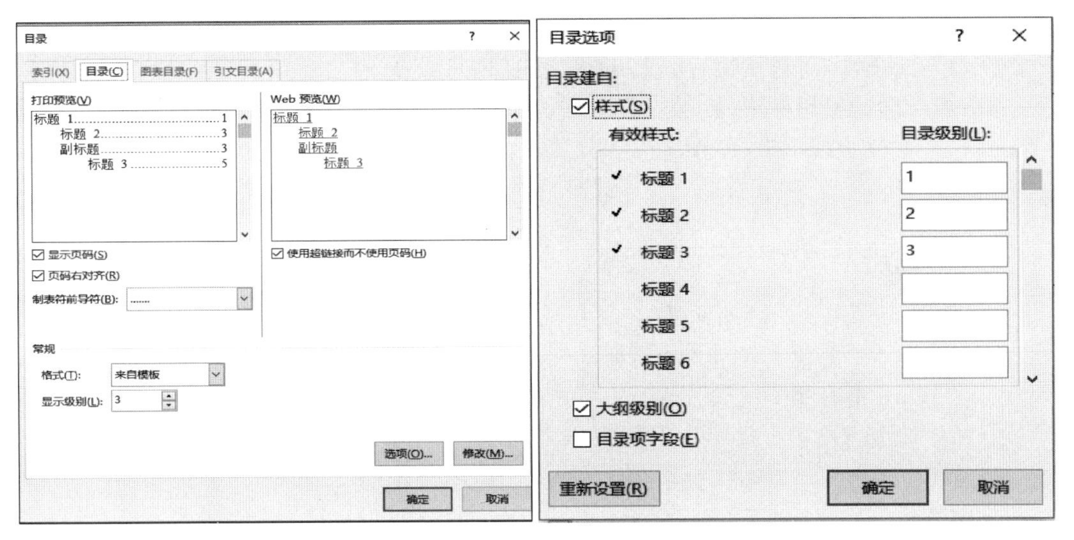

图 3-56　自定义目录

3.6.3　参考文献的引用

参考文献是在学术研究过程中,对某一著作或论文的整体的参考或借鉴。这里主要是指文章等写作过程中参考过的文献,需要在文章中标注。

文档中的“脚注”和“尾注”是一种解释性或说明性的文本,是提供给文档正文的参考资料。一般脚注是作为对正文的说明,出现在文档中每一页的末尾;而尾注是作为整个文档的引用文献,位于整篇文章的末尾。

“脚注”和“尾注”由相互连接的注释引用标记和其对应的注释文本两部分组成。引用标记由 Word 自动编号,也可以创建自定义标记。标记通常采用阿拉伯数字(1,2,3,…)或中文数字(一,二,三,…),也可以采用英文字母形式。“脚注”和“尾注”的标记是连续编号的,在添加、删除或移动自动编号的注释时,Word 将自动对引用注释标记重新编号。

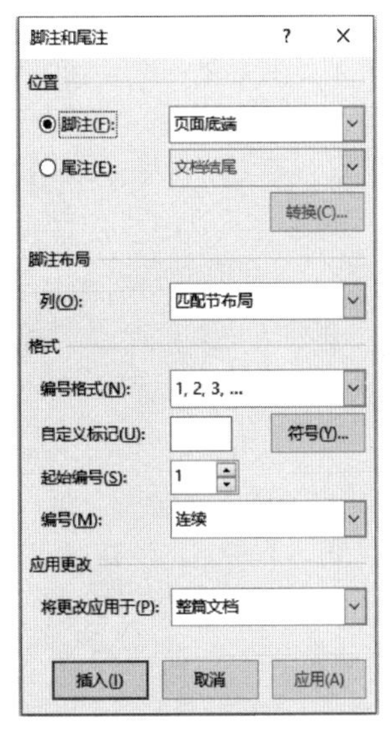

图 3-57　“脚注和尾注”对话框

1. 设置脚注和尾注

将插入点移到要插入脚注或尾注的位置,切换到“引用”功能区,单击“脚注”选项组右下角的对话框启动按钮,打开“脚注和尾注”对话框,如图 3-57 所示。在“位置”和“格式”处选择适合的选项后,单击“插入”按钮回到文档中,此时在文档需插入脚注或尾注的字符后面已插入了编号为“1”的引用标记(当选择的是“自动编号”时),同时在该页的底端显示一条水平线,为注释分隔符。在分隔符下部的窗口中,可以输入注释文本。

2. 查看脚注和尾注

在 Word 中,查看脚注和尾注文本的方法很简单,可将鼠标指针指向文档中的注释引用标记,注释文本将出现在标记上。用户也可以双击注释引用标记,将焦点直接移到注释区,即可以查看注释。

通过“引用”功能区“脚注”选项组中的“显示备注”按钮，会打开“显示备注”对话框，用户选中“脚注”或“尾注”单选按钮后单击“确定”按钮即可查看。

选取要删除的引用标记，然后按 Delete 键即可实现删除。

习　题　3

一、思考题

1. Word 窗口主要由哪些元素组成？功能区包含哪些常用选项卡？
2. 在 Word 中如何实现查找和替换？
3. 在 Word 中有哪些视图方式？它们之间有什么不同？
4. 如何使用表格进行排序和计算？
5. 在 Word 中使用“样式”有什么作用？
6. 脚注和尾注有什么不同？

二、选择题

1. 打开一个 Word 文档，通常是指(　　)。
   (A) 显示并打印指定文档的内容
   (B) 把文档内容从磁盘调入内存并显示出来
   (C) 把文档从内存中读入并显示出来
   (D) 为指定文件开设一个空的文档窗口
2. 在 Word 中可通过(　　)下的命令打开最近打开的文档。
   (A) 文件　(B) 开始　(C) 插入　(D) 引用
3. 在 Word 中可以同时显示水平标尺和垂直标尺的视图方式是(　　)。
   (A) 页面视图　(B) Web 版式视图　(C) 普通视图　(D) 大纲视图
4. 在 Word 文档中，每个段落都有自己的段落标记，段落标记的位置在(　　)。
   (A) 段落首部　(B) 段落中间　(C) 段落尾部　(D) 段落每一行尾部
5. 在文档中每一页都需要出现的内容应当放到(　　)中。
   (A) 对象　(B) 文本框　(C) 文本　(D) 页眉与页脚
6. 为 Word 文档快速生成文档目录，可使用(　　)命令。
   (A) 引用→目录　(B) 开始→目录　(C) 视图→目录　(D) 插入→目录
7. 表格操作时，利用(　　)中的命令可以改变表中内容的垂直方向对齐方式。
   (A) 表格工具→布局　(B) 布局
   (C) 表格工具→表设计　(D) 设计
8. 文档编辑时，按 Enter 键将产生一个(　　)，按 Shift+Enter 组合键将产生一个(　　)。
   (A) 分节符　(B) 分页符　(C) 逻辑结束符　(D) 段落结束符
9. 在 Word 中用新的名字保存文件应使用(　　)命令。
   (A) 文件→另存为　(B) 复制文件到新命名的文件中
   (C) 文件→保存　(D) 快速访问工具栏中的保存

10. 设 Windows 为系统默认状态，在 Word 编辑状态下，移动鼠标至文档行首空白处(文本选取区)单击三下，会选择文档的(　　)。

(A) 一句话　　(B) 一行　　(C) 一段　　(D) 全文

三、填空题

1. 将文档分为左右两个版面的功能叫作________，将段落的第一个字放大突出显示的是________功能。

2. “剪切”命令用于删除文本和图形，并将删除的文本或图形放置到________。

3. 当工具栏中的“剪切”和“复制”按钮颜色暗淡，不能使用时，表示________。

4. 在 Word 中要选取间隔的文件内容，需要按________键来实现。

5. 在 Word 默认情况下，输入了错误的英文单词时，单词下方会出现________。

6. 要将文档中某个词全部删除或变成为另一个词，可以用________的方法。

7. 在编辑状态下，输入的内容是 dzsw，而出现的内容是“电子商务”，这是 Word 软件的________功能。

8. 打印预览中显示的文档外观与________视图的外观完全相同。

9. 在 Word 编辑状态下，如要调整段落的左右边界，用________的方法最为直观、快捷。

10. Word 中“格式刷”按钮的作用是________。

四、操作题

1. 在网上查找与“Word 的主要功能与特点”相关的材料，将文档排版，要求如下。

(1) 第一个段落设置为“首字下沉”。

(2) 合理应用项目符号和项目编号。

(3) 添加页眉和页脚。

2. 在 Word 中按照要求绘制课程表，要求如下。

(1) 将表格外部边框线条粗细设置为 3 磅、橙色；内部线条粗细设置为 0.5 磅、形状和颜色保持与图示的一致；表格底纹设置为淡蓝色。

(2) 将“应用数学专业课程表”编辑为艺术字，并设置为细上弯弧形状、宋体、24 号、红色。

(3) 将“课程”列的文字字体设置为黑色、宋体、小五号、居中；“时间”列表示时间的字体设置为红色、Times New Roman、五号、居中，其他字体设置为黑色、宋体、五号、居中；“日期”行的文字字体设置为黑色、宋体、五号、居中。

(4) 绘制完成的课程表如下所示。

应用数学专业课程表

时 课	日期 程 间	星期一	星期二	星期三	星期四	星期五
上	1、2 节	数学分析	组合数学	数据库	离散数学	高等代数
	8:00~10:00	数学分析	组合数学	数据库	离散数学	高等代数
	3、4 节	高等代数	解析几何	数学分析	C++	数学分析
午	10:20~12:00	高等代数	解析几何	数学分析	C++	数学分析
下	1、2 节	体育	英语	高等代数	英语	体育
	14:00~16:20	体育	英语	高等代数	英语	体育
	3、4 节	数据库	C++	解析几何	组织生活	
午	16:40~18:30	数据库	C++	解析几何	组织生活	
晚	1、2 节	自习	自习	自习	自习	
上	19:30~21:20	自习	自习	自习	自习	

3. 参考下图制作个人简历。

个人简历

<table>
<tr><td colspan="6">基本信息</td><td rowspan="5">照片</td></tr>
<tr><td>姓名</td><td></td><td>年龄</td><td></td><td>性别</td><td></td></tr>
<tr><td>籍贯</td><td></td><td>民族</td><td></td><td>政治面貌</td><td></td></tr>
<tr><td>手机号码</td><td colspan="2"></td><td>电子邮箱</td><td colspan="2"></td></tr>
<tr><td>现居住地址</td><td colspan="5"></td></tr>
<tr><td colspan="7">学习情况</td></tr>
<tr><td colspan="2">起止日期</td><td colspan="3">院校名称</td><td>所学专业</td><td>学历</td></tr>
<tr><td colspan="2"></td><td colspan="3"></td><td></td><td></td></tr>
<tr><td colspan="2"></td><td colspan="3"></td><td></td><td></td></tr>
<tr><td colspan="7">个人实践经历</td></tr>
<tr><td colspan="2">起止日期</td><td colspan="3">工作单位</td><td colspan="2">担任职位</td></tr>
<tr><td colspan="2"></td><td colspan="3"></td><td colspan="2"></td></tr>
<tr><td colspan="2"></td><td colspan="3"></td><td colspan="2"></td></tr>
<tr><td colspan="7">所获奖项情况</td></tr>
<tr><td colspan="7"></td></tr>
<tr><td colspan="7">自我评价</td></tr>
<tr><td colspan="7"></td></tr>
<tr><td>备注</td><td colspan="6"></td></tr>
</table>

4. 制作一份公司简介。

(1) 简介内容包括公司名称、性质、经营范围、经营理念、员工人数、联系方式等。

(2) 合理应用文本框、图片、SmartAet 图形。

5. 制作"研讨会通知",邀请不少于 10 位老师参会。要求使用"邮件合并"功能完成,主文档中至少有姓名、称谓两个合并域。

6. 按照学校的本科毕业论文规范进行排版,要求如下。

(1) 题目页、摘要、目录等无页眉,页码使用大写罗马数字按顺序编排,页码设置在页面底端居中。

(2) 从正文页开始设置页眉为论文题目名称,页码使用阿拉伯数字,从 1 开始。

(3) 正文各级标题应用样式,目录内容自动提取,不超过 3 级。

(4) 图、表的使用应符合论文格式规范,图、表均应有编号和名称。

(5) 论文的最后列出本文参考文献,与正文中的引用标记一一对应。

课外阅读与在线检索

1. Office 官方网站提供图标、模板、培训、下载、支持和在线帮助。通过网站用户可以了解 Microsoft Office 各组件的新功能和应用程序,帮助用户更轻松地使用 Microsoft

Office。网站功能主要包括 Office 帮助、Office 入门、系统要求、Office 产品激活、查找产品密钥、更多 Office 支持等。

2. Word 联盟创建于 2010 年，力求打造中国最专业的办公软件学习平台，其中包括最新的 Microsoft Word 教程技术及 Word 视频教程、各 Word 版本的下载等众多资讯供用户查询。

3. Office 之家的内容非常完整，全部内容都是图文形式的，虽然没有视频教程，不过多数内容是免费的，内容讲解非常全面，非常适合初学人士使用。

4. Office 学习网的特点是对各种版本的 Office 都有很好的支持，网站全部都是 Office 教程，"教程学习网"名副其实。

5. Office 达人网不仅有 Office 教程，还有很多与职场相关的知识及应用，让职场小白在学习 Office 的同时可以在工作中更出色。

第 4 章　常用办公软件之 Excel 2019

4.1　Excel 2019 简介

电子表格处理软件的主要功能是对电子数据进行处理和管理。它不仅包括电子表格的制作和电子数据的存储，而且可以利用公式对数据进行复杂运算，并生成可视化数据。Excel 是微软办公套装软件的一个重要的组成部分。利用它可以进行各种数据的处理、统计分析和辅助决策等操作。它被广泛地应用于管理、统计财经、金融等众多领域。Excel 是 Microsoft Office 中的电子表格程序。可以使用 Excel 创建工作簿（电子表格集合）并设置工作簿格式，以便分析数据和做出更明智的业务决策。Excel 的任务窗格能够支持用户联机访问帮助信息。工作簿是 Excel 的数据文件，一个工作簿中最多可以容纳多张工作表，在 Excel 2019 中以. xlsx 为工作簿的扩展名，工作表是 Excel 的主界面。

4.1.1　Excel 的基本概念

工作簿、工作表和单元格是 Excel 的三个重要概念。工作簿是计算和储存数据的文件，一个工作簿就是一个 Excel 文件，其扩展名为. xlsx 或. xls。Excel 2010 以前版本文件的扩展名是. xls，Excel 2010 及以后版本文件的扩展名是. xlsx。一个工作簿可以包含多个工作表，这样可使一个文件中包含多种类型的相关信息，用户可以将若干相关工作表组成一个工作簿，操作时不必打开多个文件，而直接在同一文件的不同工作表中方便地切换。

Excel 2016 以前的版本默认情况下 Excel 的一个工作簿中有 3 个工作表，名称分别是 Sheet1、Sheet2 和 Sheet3，默认当前工作表为 Sheet1，Excel 2016 以后的版本的默认情况下 Excel 的一个工作簿中有 1 个工作表，名称是 Sheet1。用户根据实际情况可以增减工作表和选择工作表。

单元格是组成工作表的最小单位。Excel 的工作表由 65 536 行 256 列组成，每一行列交叉处即为一单元格。每个单元格用它所在的列号和行号来引用，如 A6、D20 等。

工作簿的建立方法有两种：一种是建立一个空白工作簿；另一种是根据模板建立工作簿。

4.1.2　Excel 2019 的新增功能

Excel 2019 是 Microsoft Office 2019 的组件之一，是一款优秀的电子表格处理办公软件。使用 Excel 2019 可以轻松创建电子表格，不仅支持对非数值型数据进行编辑和排版，还能对数值型数据进行结构化和可视化处理等。Excel 2019 主要有以下几项新增功能。

（1）“Excel 选项”对话框中新增“数据”选项卡。

在 Excel 2019 中的“Excel 选项”对话框中新增加了一个“数据”选项卡，该选项卡主要用于数据分析和数据导入设置。另外，在“数据”选项卡中单击“编辑默认布局”按钮，在打开的“编辑默认布局”对话框中的“报表布局”下拉列表框中可对数据透视表的默认布局效果进行更改。

（2）提示包含已输入字符的函数。

对函数比较熟悉、经常手动输入函数的 Excel 用户都知道，在 Excel 2016 中输入函数时，只会提示以输入字符开头的函数，而在 Excel 2019 中输入函数时，会提示包含输入字符的函数。

（3）获取外部数据发生变化。

Excel 可以从不同的数据源中导入数据，如从外部文本文件中导入数据等。Excel 2019 中获取外部数据时发生了一些轻微的变化，增加了“自表格/区域”功能，方便获取工作表中的数据；增加了“最近使用的源”功能，方便快速获取最近导入过的数据。

（4）IFS、CONCAT 和 TEXTJOIN 等函数。

函数功能是 Excel 的重要组成功能。为了方便用户进行数据统计计算，Excel 2019 增加了更多的新函数，例如，多条件判断函数 IFS、多列合并函数 CONCAT、文本字符串函数 TEXTJOIN 及由 IFS 函数和其他函数延伸出来的 MAXIFS、MINIFS 函数等，使 Excel 的计算功能更加强大。而 Excel 2019 将这些新函数加到“插入函数”对话框中，方便用户随时调用。

（5）漏斗图。

在 Excel 2019 中新增漏斗图图表，用于显示流程中多个阶段的值，例如，使用漏斗图来显示销售过程中每个阶段的销售潜在客户数。通常情况下，值逐渐减小，从而使条形图呈现出漏斗形状。

（6）插入图标。

在使用图表对产品或人进行分析时，经常会使用产品图标或人物图标对图表的数据系列进行填充，让图表更直观。在 Excel 2019 之前的版本中，要使用网上的矢量图标，需要将其从网上下载到计算机中，然后以图片的形式进行插入，而在 Excel 2019 中直接集成了各种类型的矢量图标，通过“插入图标”功能就可以直接将其插入表格中。

（7）3D 模型。

使用 3D 可以增加工作簿的可视感和创意感，在 Excel 2019 中提供了 3D 模型功能，可以轻松插入.fbx、.obj、.3mf 等格式的 3D 模型，并可以对模型进行放大、缩小或旋转等操作。

4.1.3 Excel 2019 的启动与退出

1. 启动应用程序

Office 中包含的组件众多，启动方式基本相同，主要有以下几种方法。

（1）“开始”菜单启动。

选择“开始”→“所有程序”命令，在菜单中可以看到所有已安装的组件，单击需要的组件即可启动相应的程序。

（2）快捷方式启动。

如果桌面上有 Excel 2019 的快捷方式图标，可以通过双击图标来启动 Excel 2019。

(3) 常用文档启动。

双击一个 Excel 文档,系统同样可以启动 Excel 2019 并打开文档。

提示:对于用户经常使用的组件,系统会自动将该组件添加到"开始"菜单的常用程序列表中,在列表中选择同样可以启动应用程序。

2. 退出应用程序

以下几种方法均可退出应用程序。

(1) 单击 Excel 2019 标题栏上的"关闭"按钮。

(2) 在 Excel 2019 中选择"文件"→"关闭"命令。

(3) 在标题栏空白处右击,在弹出的快捷菜单中选择"关闭"命令。

(4) 使用 Alt+F4 组合键。

4.1.4 Excel 2019 的工作界面

启动 Excel 2019 应用程序后,屏幕上会出现如图 4-1 所示的工作窗口。它主要由名称框、编辑栏、行列标题、工作表区、工作表标签等部分组成。

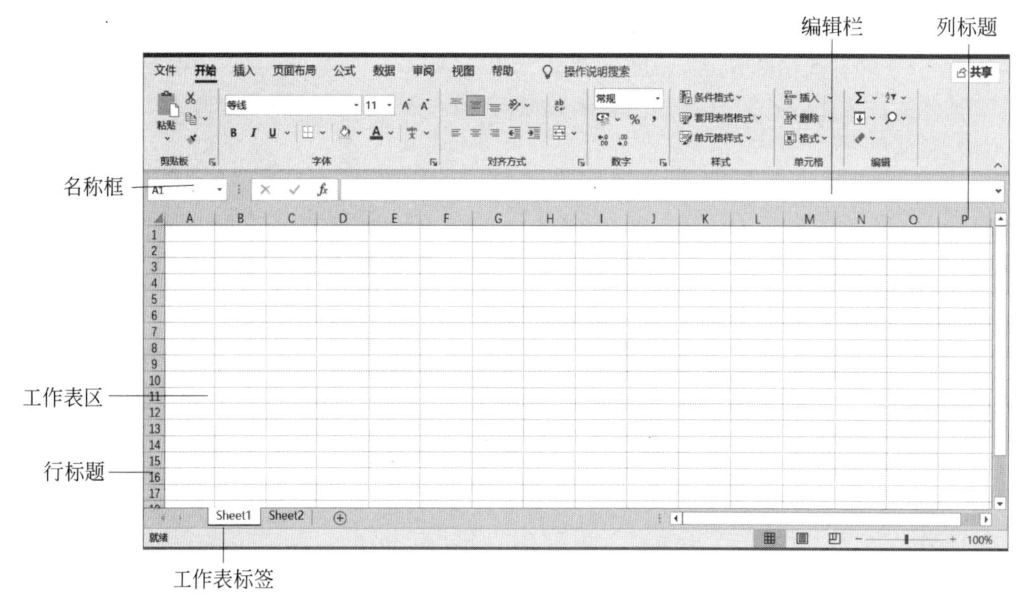

图 4-1 Excel 2019 工作窗口

(1) 名称框:用来显示活动单元格的地址。

(2) 编辑栏:默认在工具栏的下方,用来显示活动单元格中的数据、公式和文本。

(3) 行、列标题:用来定位单元格。

(4) 工作表区:用来记录数据的区域。

(5) 工作表标签:用来显示工作表的名称。

其余部分如功能区部分与 Word 类似,略(只简要介绍不同的地方)。

与 Word 2019 相同,Excel 2019 窗口上方看起来像菜单的名称其实是功能区的名称,单击这些名称就会切换到与之相对应的功能区面板。每个功能区根据功能的不同又分为若干组,下面简要介绍与 Word 不同的功能区所拥有的功能。

1. “公式”功能区

此功能区中包括函数库、定义的名称、公式审核和计算4个选项组，该功能区主要用于帮助用户对Excel文档中的电子数据进行处理，是用户最常用的功能区。

2. “数据”功能区

此功能区包括获取外部数据、获取与转换、连接、排序和筛选、数据工具、预测、分级显示等选项组，主要用于在Excel文档中的电子数据的分析与可视化。

4.2 工作表的基本操作

利用Excel 2019创建工作簿以后，默认情况下由1个工作表组成，改变工作簿中工作表的个数可通过单击“新工作表”按钮来实现，Excel最多可创建255个工作表。根据用户的需要可对工作表选取、切换、插入、删除、重命名、移动与复制、隐藏或显示。

4.2.1 选取工作表

工作簿通常由多个工作表组成。想对单个或多个工作表进行操作，则必须选取工作表。工作表的选取通过单击工作表标签栏进行。

单击要操作的工作表标签，该工作表内容出现在工作簿窗口，标签栏中相应标签变为白色，名称下出现下画线。当工作表标签过多而在标签栏显示不下时，可通过标签栏滚动按钮前后翻阅标签名。

选取多个连续工作表，可先单击第一个工作表，然后按住Shift键单击最后一个工作表；选取多个非连续工作表则通过按住Ctrl键单击选取；选取工作簿中所有的工作表则在任意工作表标签上右击，在弹出的快捷菜单中选择“选取全部工作表”命令即可。

多个选中的工作表组成一个工作表组，在标题栏中出现“[工作组]”字样。选取工作组的好处是：在其中一个工作表的任意单元格中输入数据或设置格式，在工作组其他工作表的相同单元格中将出现相同数据或相同格式。显然，如果想在工作簿多个工作表中输入相同数据或设置相同格式，设置工作组可节省不少时间。

工作组的取消可通过单击工作组外任意一个工作表标签来进行。

4.2.2 切换工作表

如果用户经常编辑几个工作表，就需要在不同的工作表之间进行切换，以便完成各个工作表中数据的编辑与处理工作。切换工作表有如下几种方法。

(1) 单击：直接单击需要编辑的工作表标签。

(2) 利用鼠标右键：在工作表标签导航按钮上右击，在弹出的快捷菜单中选择需切换的工作表名称。

(3) 利用工作表标签导航按钮：利用工作表标签导航按钮可以达到当前工作表的前一张、后一张、第一张和最后一张工作表。

(4) 利用组合键：按Ctrl+Page Up组合键可切换到前一张工作表，按Ctrl+Page Down组合键可切换到后一张工作表。

4.2.3 插入与删除工作表

如果想在某工作表前插入一空白工作表,则有如下两种方法。

(1) 只需单击该工作表(如 Sheet1),然后选择"开始"→"单元格"选项组中的"插入"→"插入工作表"命令,可在 Sheet1 之前插入一张空白的新工作表,且成为活动工作表。

(2) 只需单击该工作表(如 Sheet1),然后右击,在弹出的快捷菜单中选择"插入"命令,就可在 Sheet1 之前插入一张空白的新工作表,且成为活动工作表。

如果想删除整个工作表,只要选中要删除工作表的标签,在"开始"→"单元格"选项组中单击"删除"按钮,在打开的下拉列表中选择"删除工作表"命令即可。删除工作组的操作与之类似。

提示:工作表被删除后不可用"常用"工具栏的"撤销"按钮恢复,所以要慎重。

4.2.4 重命名工作表

工作表初始名字为 Sheet1,Sheet2……如果一个工作簿中建立了多个工作表,显然希望工作表的名字最好能反映出工作表的内容,以便于识别。重命名工作表有以下方法。

(1) 先用鼠标双击要命名的工作表标签,工作表名将突出显示,再输入新的工作表名,按 Enter 键确定。

(2) 先单击要重命名的工作表标签,并右击,在弹出的快捷菜单中选择"重命名"命令,再输入新的工作表名,按 Enter 键确定。

(3) 先单击要重命名的工作表标签,选择"开始"→"单元格"选项组中的"格式"→"重命名工作表"命令,工作表名将突出显示,再输入新的工作表名,按 Enter 键确定。

4.2.5 移动与复制工作表

实际运用中,为了更好地共享和组织数据,常常需要复制或移动工作表。复制、移动既可在工作簿之间又可在工作簿内部进行。其操作方式分为菜单命令操作和鼠标操作。

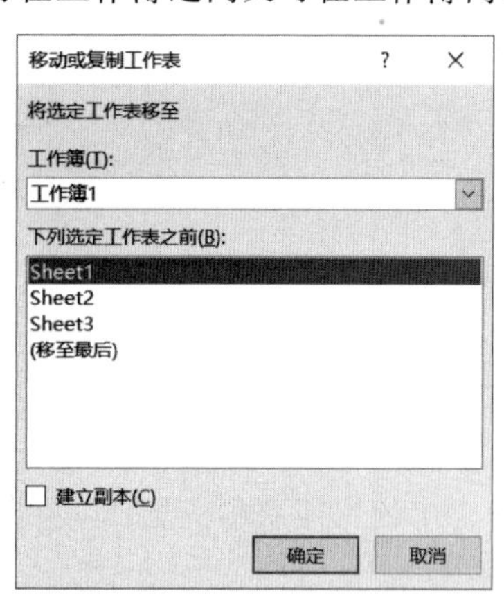

图 4-2 移动或复制工作表

(1) 使用菜单命令复制或移动工作表。

如果在工作簿之间复制或移动工作表,需先打开源工作表所在工作簿和所要复制到的工作簿,然后单击所要复制或移动的工作表标签,如 Sheet1,然后在"开始"→"单元格"选项组中单击"格式"按钮,在打开的下拉列表中选择"移动或复制工作表"命令,在打开的"移动或复制工作表"对话框中选择目标工作簿并设置移动或复制后的位置,如果想复制工作表则选中"建立副本"复选框,否则执行的是移动操作。最后单击"确定"按钮,如图 4-2 所示。

工作簿内工作表的复制或移动也可以用上述方法完成,只要在"工作簿"列表框中选择源工作簿即可,此处不再赘述。

(2) 使用鼠标复制或移动工作表。

工作簿内工作表的复制或移动使用鼠标操作更方便。如果想完成复制操作,需按住

Ctrl 键，单击源工作表如 Sheet1，光标变成一个带加号的小表格，用鼠标拖曳要复制的工作表标签到目标工作表如 Sheet3 上即可，Sheet1 将复制到 Sheet3 之前。如果想执行移动操作，则不用按 Ctrl 键，直接拖曳即可，此时光标变成一个没有加号的小表格。

对工作表的操作还可通过快捷菜单来进行。操作如下：右击要操作的工作表，在弹出的快捷菜单中选择"移动或复制"命令。

4.2.6 隐藏或显示工作表

为了防止重要的数据信息外露，可以将含有重要信息的工作表隐藏起来。选中需要隐藏的工作表，然后在"开始"→"单元格"选项组中单击"格式"按钮，在打开的下拉列表中选择"隐藏和取消隐藏"命令，在打开的子菜单中选择"隐藏工作表"命令。

在"开始"→"单元格"选项组中单击"格式"按钮，在打开的下拉列表中选择"隐藏和取消隐藏"命令，在打开的子菜单中选择"取消隐藏工作表"命令，在"取消隐藏工作表"列表中选择要取消隐藏的工作表，然后单击"确定"按钮。

4.3 数据基本操作

4.3.1 选取单元格区域

在任何时候，工作表中有且仅有一个单元格是激活的，单击单元格即可使单元格被粗边框包围，此时输入数据即出现在该单元格中，该单元格又称"当前单元格"。单元格的选取是单元格操作中的常用操作之一，它包括单个单元格选取、多个连续单元格选取和多个不连续单元格选取。

（1）选取单个单元格。

选取单个单元格即单元格的激活。除了用鼠标、键盘上的方向键外，在名称框中输入单元格地址（如 B26），也可选取单个单元格。

（2）选取多个连续单元格。

用鼠标拖曳可使多个连续单元格被选取；或者单击要选区域的左上角单元格，按住 Shift 键再单击右下角单元格；或在名称框中输入起止单元格地址（如 B2:E6），也可选取多个连续单元格。

（3）选取多个不连续单元格。

用户可选择一个区域，再按住 Ctrl 键不放，然后选择其他区域。

提示：在工作表中任意单击一个单元格即可清除单元区域的选取。

4.3.2 数据的输入

在工作表中用户可以输入两种数据：常量和公式，两者的区别在于单元格内容是否以等号（=）开头。数据既可以从键盘直接输入，也可以自动输入，通过设置还可以在输入时检查其正确性。

在单元格中输入结束后按 Enter 键、Tab 键、箭头键或单击编辑栏的"√"按钮均可确认输入，按 Esc 键或单击编辑栏的×按钮可取消输入。输入的常量数据类型分为文本型、数值型和日期时间型。

(1) 文本型数据输入。

Excel 中文本包括汉字、英文字母、数字、空格及其他键盘能输入的符号。文本输入时向左对齐。有些数字如电话号码、邮政编码常常当作字符处理,此时只需在输入数字前加上一个单引号,Excel 将把它当作字符沿单元格左对齐。当输入的文字长度超出单元格宽度时,如右边单元格无内容,则扩展到右边列;否则将截断显示。

(2) 数值型数据输入。

数值型数据除了数字(0~9)组成的字符串外,还包括+、-、E、e、$、/、%以及小数点(.)、千分位符号(,)、特殊字符(如 $ 50,000)等。另外,Excel 还支持分数的输入,输入时在整数和分数之间应有一个空格。当分数小于 1 时,例如 3/4,要写成 0 3/4,不写 0 会被 Excel 识别为日期 3 月 4 日。字符¥和 $ 放在数字前会被解释为货币单位,如 $1.8。数值型数据在单元格中一律靠右对齐。

Excel 数值输入与数值显示未必相同,若输入数据太长,Excel 自动以科学记数法表示,如用户输入 123451234512,Excel 表示为 1.23E+11,E 代表科学记数法,其前面为基数,后面为 10 的幂数。又如单元格数字格式设置为带两位小数,此时输入三位小数,则末位将进行四舍五入。

提示:Excel 计算时将以输入数值而不是显示数值为准。但有一种情况例外,因为 Excel 的数字精度为 15 位,当数字长度超过 15 位时,Excel 会将多余的数字转换为 0,如输入 1234512345123456 时,在计算中以 1234512345123450 参与计算。

(3) 日期时间型数据输入。

Excel 内置了一些日期时间型数据格式,当输入数据与这些相匹配时,Excel 将识别它们。常见日期时间格式为“mm/dd/yy”“dd-mm-yy”“yy/mm/dd”“yy-mm-dd”“yy 年 mm 月 dd 日”“hh:mm(AM/PM)”,其中表示时间时,在 AM/PM 与分钟之间应有空格,如 7:20 PM,缺少空格将被当作字符数据处理。

提示:如果以“.”分隔号来输入日期,如 2019.5.5,Excel 会将其识别为文本格式,而不是日期格式,在日期运算中是无法计算的。

(4) 输入有效数据。

用户可以预先设置选取的一个或多个单元格允许输入的数据类型、范围,以保证输入数据的有效性。例如,选取要定义有效数据的若干单元格,在“数据”功能区中单击“数据工具”选项组中的“数据验证”按钮,在打开的下拉列表中选择“数据验证”命令,打开“数据验证”对话框,选择“设置”选项卡,在“允许”下拉列表框中选择允许输入数据类型,如“整数”“时间”等;在“数据”下拉列表框中选择所需操作符,如“介于”“不等于”等,然后在数值栏中根据需要输入上下限;选择“出错警告”选项卡,可进行警告信息的设置;单击“确定”按钮。

4.3.3 数据的自动填充

如果输入有规律的数据,可以考虑使用 Excel 的数据自动输入功能,它可以方便、快捷地输入等差、等比直至预定义的数据填充序列。

1. 自动填充

根据初始值决定的填充值:将鼠标指针移至初始值所在单元格的右下角,鼠标指针变为实心十字形时拖曳至填充的最后一个单元格,即可完成自动填充。

(1) 单个单元格内容为纯字符、纯数字或是公式，填充相当于数据复制。

(2) 单个单元格内容为文字与数字混合体，填充时文字不变，最右边的数字递增。如初始值为 A1，填充为 A2，…。

(3) 单个单元格内容为 Excel 预设的自动填充序列中一员，按预设序列填充。如初始值为一月，自动填充为二月，三月，…。

(4) 如果有连续单元格存在等差关系，如 1，3，5，…或 A1，A3，A5，…则先选中该区域，再运用自动填充可自动输入其余的等差值，拖曳可以由上往下或由左往右进行拖动，也可以反方向进行。

2. 产生一个序列

在单元格中输入初值并按 Enter 键，单击选中的第 1 个单元格或要填充的区域，在“开始”功能区的“编辑”功能组中单击“填充”按钮，在打开的下拉列表中选择“序列”命令，在“序列”对话框的“序列产生在”栏中选中“列”或“行”单选按钮，在“类型”栏中选中所需要的类型单选按钮，单击“确定”按钮。

3. 自定义序列

选择“文件”→“选项”→“高级”→“编辑自定义列表”命令，在打开的“自定义序列”对话框的“自定义序列”列表框中选择“新序列”，在右面的“输入序列”列表框中可以自定义需要的序列，定义好后，单击“添加”按钮，再单击“确定”按钮即可。

提示：*序列中各项之间用英文的逗号加以分隔。*

以“学籍管理资料”为例，建立工作簿。选择“文件“→”新建“命令，新建一个工作簿，在“成绩原始资料”工作表的单元格区域中输入相关内容，如图 4-3 所示。

	A	B	C	D	E	F	G	H	I	J	K	L	M
1	学号	姓名	性别	出生日期	作业1	作业2	作业3	期中	平时	期末	总评	等级	离差
2	1521430060	邵忻悦	女	1999年2月3日	89	78	83	66		39			
3	1721240012	马悦	女	2000年4月5日	78	88	78	54		89			
4	2021290061	赵仁彰	男	2002年2月8日	67	86	90	55		89			
5	2021290062	路嘉骏	男	2000年5月21日	45	88	92	39		78			
6	2021290063	周桐	男	2000年4月12日	67	74	78	89		67			
7	2021290064	刘嘉宁	男	1999年11月23日	83	76	88	89		45			
8	2021290065	孙玉杰	男	1999年12月30日	78	66	86	78		67			
9	2021290066	池源恒	男	1998年9月1日	90	54	88	67		85			
10	2021290067	赵紫骏	男	1999年9月1日	92	55	74	45		84			
11	2021290068	牛怀正	男	1999年3月23日	78	39	76	67		73			
12	2021290069	郭韬	男	1998年7月20日	88	89	66	85		88			
13	2021290070	杨海容	男	1999年7月25日	86	85	54	84		90			
14	2021290071	王怀远	男	1999年4月2日	88	84	55	73		90			
15	2021290072	唐豫洲	男	1997年4月2日	74	73	39	88		83			
16	2021290073	吴雅萱	女	1998年6月3日	76	88	89	90		78			
17	2021290074	史雨萌	女	1997年8月23日	66	90	89	90		90			
18	2021290075	张迪旸	女	2001年5月18日	54	90	78	83		92			
19	2021290076	王雨萌	女	2000年10月27日	55	89	67	78		78			
20	2021290077	韩湘	女	2000年1月14日	39	78	45	90		88			
21	2021290078	陈安琪	女	2000年2月11日	89	67	67	92		92			
22	2021290079	谢佳琪	女	2000年3月24日	85	45	85	78		78			
23	2021290080	徐莉	女	2001年3月8日	84	67	84	88		88			
24	2021290081	许蔫凡	女	2001年8月14日	73	83	73	86		86			
25	2021290082	任思宇	女	2002年7月23日	88	78	88	88		88			
26	2021290083	吴一凡	女	2001年2月9日	90	90	90	74		74			
27	2021290084	蒋叶敏	女	2001年4月8日	90	92	90	76		76			
28													

图 4-3 “成绩原始资料”工作表

4.3.4 公式的输入

每个公式均以“＝”开头，后跟运算式或函数式，公式中有运算符和数据参数。

(1) 运算符。

运算符包括算术运算符、关系运算符、文本运算等。

算术运算符：+、-、*、/、^、%等。

关系运算符：=、>、<、>=、<=、<>。

文本运算符：&,如"ex"& "cel"运算结果是“excel”。

引用运算符：“:”号和“,”号。

“:”(冒号)：区域运算符,对两个引用之间的所有单元格进行引用。例如SUM(A3:F6),表示计算以A3到F6为对角线的矩形区域的数据的和。

“,”(逗号)：联合运算符,将多个引用合并为一个引用。例如SUM(A3:B6,D8:G12),表示计算A3到B6和D8到G12两个矩形区域数据的和。

(2) 单元格引用。

用来参与运算的既可以是数字或字符串,也可以是引用某一个单元格的地址。若采用地址引用,其实也是使用该单元格的值作为参数参与运算。

公式的复制可以避免大量重复输入公式的工作,复制公式时,若在公式中使用单元格和区域,应根据不同的情况使用不同的单元格引用。单元格引用分为相对引用、绝对引用和混合引用。

相对引用：Excel中默认的单元格引用为相对引用,如A1、A2等。相对引用是当公式在复制时会根据移动的位置自动调节公式中引用单元格的地址。

绝对引用：在行号和列号前均加上$符号,则代表绝对引用。公式复制时,绝对引用单元格将不随着公式位置变化而改变。例如,将F2单元格中的公式“=AVERAGE(C2:E2)”改为“=AVERAGE($C$2:$E$2)”,再将公式复制到F3时,会发现F3中的值仍为F2中的值,公式未发生改变。

混合引用：指单元格地址的行号或列号前加上$符号,如$A1或A$1。当公式因复制或插入而引起行列变化时,公式的相对地址部分会随位置变化,而绝对地址部分仍保持不变。

三种引用输入时可以互相转换：在公式中用鼠标或键盘选取引用单元格的部分,反复按F4键可进行引用间的转换。转换规律如下：A1→$A$1→A$1→$A1→A1。

若要引用B列的所有单元格,则用B:B表示；若要引用第5行的所有单元格,则用5:5表示；若要引用第5行到第10行的所有单元格,则用5:10表示。

若要引用同一工作簿其他工作表中的某一单元格的数据,其格式为工作表名!单元格地址；若要引用其他工作簿某一工作表中的某一单元格的数据,格式为[工作簿名]工作表名!单元格地址。

4.3.5 函数的使用

一些复杂运算如果由用户自己来设计公式计算将会很麻烦,有些甚至无法做到(如开平方根)。Excel提供了许多内置函数,为用户对数据进行运算和分析带来极大方便。这些函数涵盖范围包括财务、日期与时间、数学与三角函数、统计、查找与引用等,如表4-1～表4-4所示。

函数的语法形式为：函数名称(参数1,参数2,…)。

其中,参数可以是常量、单元格、区域、区域名、公式或其他函数。

表 4-1　常用的数值数据函数

函　　数	功　　能
ABS(数值表达式)	返回数值表达式值的绝对值
INT(数值表达式)	返回数值表达式值的整数部分
SQR(数值表达式)	返回数值表达式值的平方根
SGN(数值表达式)	返回数值表达式值的符号值

表 4-2　常用的文本函数

函　　数	功　　能
LEFT(字符串表达式,n)	从字符串表达式左侧第 1 个字符开始截取 n 个字符
RIGHT(字符串表达式,n)	从字符串表达式右侧第 1 个字符开始截取 n 个字符
LEN(字符串表达式)	返回字符串表达式中字符的个数
MID(字符串表达式,n1[,n2])	从字符串表达式左边 n1 位置开始,截取连续 n2 个字符
TEXTJOIN(分隔符, 是否忽略空白单元格, 需连接的文本 1, [需连接的文本 2],…)	用指定的分隔符连接指定的文本

表 4-3　常用的日期时间函数

函　　数	功　　能
NOW()	返回系统当前的日期时间
DATE()	返回系统当前的日期
TIME()	返回系统当前的时间
DAY(日期表达式)	返回日期中的日
MONTH(日期表达式)	返回日期中的月份
YEAR(日期表达式)	返回日期中的年份

表 4-4　常用的数学、统计和逻辑函数

函　　数	功　　能
SUM(数值 1,数值 2,…)	计算一组数据的总和
AVERAGE(数值 1,数值 2,…)	计算一组数据的平均值
MAX(数值 1,数值 2,…)	计算一组数据的最大值
MIN(数值 1,数值 2,…)	计算一组数据的最小值
CONUT(数值 1,数值 2,…)	计算一组数据的个数
RANK(数值,引用方位,排位方式)	计算某数值在一组数据中的排位
IF(测试条件,真值,假值)	判断一个条件是否满足,如果满足,则返回真值,否则返回假值
IFS(测试条件 1,真值,测试条件 2,真值,…)	检查是否满足一个或多个条件并返回与第一个条件为真的真值
SUMIF(区域,条件,求和区域)	对满足条件的单元格求和
AVERAGEIF(区域,条件,求平均值区域)	对满足条件的单元格求算术平均值

1. 函数输入

函数输入有两种方法：一是粘贴函数法；二是直接输入法。由于 Excel 有几百个函数,记住函数的所有参数难度很大,为此 Excel 提供了粘贴函数的方法,用于引导用户正确输入函数。如果熟知公式,可直接输入。

例如,在"学籍管理资料"工作簿中,将"成绩原始资料"工作表的内容复制成"成绩算术计算"工作表。在"成绩算术计算"工作表中完成以下计算:计算平时成绩、总评成绩、离差和排名。

(1) 在I列中计算平时成绩,平时成绩为各次作业的平均值。

选取I2单元格,单击"公式"功能区中"库函数"选项组中的"最近使用的函数",在其子菜单中选择AVERAGE函数,打开如图4-4所示的"函数参数"对话框,在打开的"函数参数"对话框的"数值1"文本框中输入"E2:G2"(或单击数值1文本框右侧按钮,该对话框将被折叠,拖动鼠标指针选取E2:G2单元格区域也可),单击"确定"按钮,即可算出第一位同学的平时成绩。

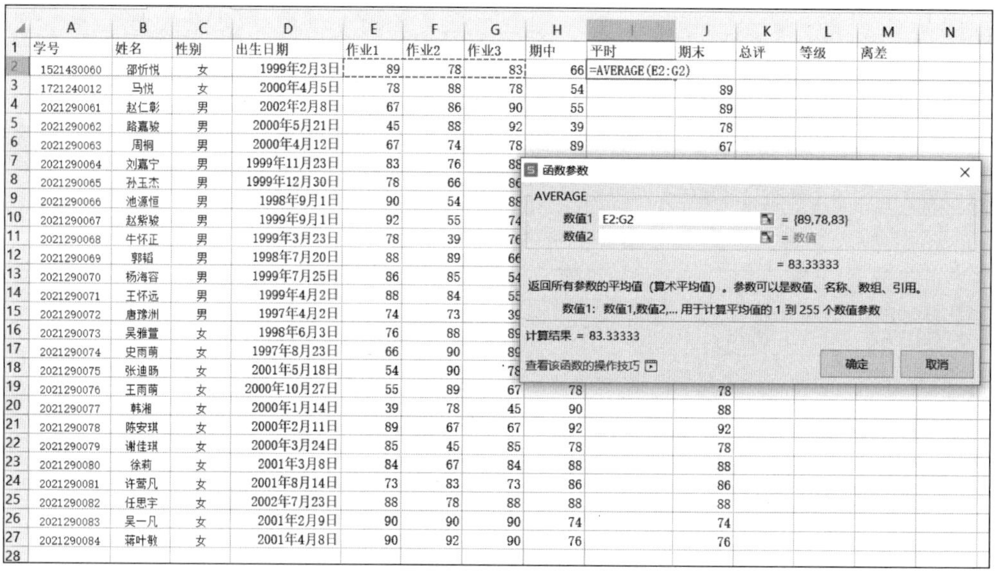

	A	B	C	D	E	F	G	H	I	J	K	L	M	N
1	学号	姓名	性别	出生日期	作业1	作业2	作业3	期中	平时	期末	总评	等级	离差	
2	1521430060	邵忻悦	女	1999年2月3日	89	78	83	66	=AVERAGE(E2:G2)					
3	1721240012	马悦	女	2000年4月5日	78	88	78	54		89				
4	2021290061	赵仁彰	男	2002年2月8日	67	86	90	55		89				
5	2021290062	路嘉骏	男	2000年5月21日	45	88	92	39		78				
6	2021290063	周桐	男	2000年4月12日	67	74	78	89		67				
7	2021290064	刘嘉宁	男	1999年11月23日	83	76	88							
8	2021290065	孙玉杰	男	1999年12月30日	78	66	86							
9	2021290066	池源恒	男	1998年9月1日	90	54	88							
10	2021290067	赵紫骏	男	1999年9月1日	92	55	74							
11	2021290068	牛怀正	男	1999年3月23日	78	39	76							
12	2021290069	郭韬	男	1998年7月20日	88	89	66							
13	2021290070	杨海容	男	1999年7月25日	86	85	54							
14	2021290071	王怀远	男	1999年4月2日	88	84	55							
15	2021290072	唐豫洲	男	1997年4月2日	74	73	39							
16	2021290073	吴雅萱	女	1998年6月3日	76	88	89							
17	2021290074	史雨萌	女	1997年8月23日	66	90	89							
18	2021290075	张迪畅	女	2001年5月18日	54	90	78							
19	2021290076	王雨萌	女	2000年10月27日	55	89	67	78		78				
20	2021290077	韩湘	女	2000年1月14日	39	78	45	90		88				
21	2021290078	陈安琪	女	2000年2月11日	89	67	67	92		92				
22	2021290079	谢佳琪	女	2000年3月24日	85	45	85	78		78				
23	2021290080	徐莉	女	2001年3月8日	84	67	84	88		88				
24	2021290081	许莺凡	女	2001年8月14日	73	83	73	86		86				
25	2021290082	任思宇	女	2002年7月23日	88	78	88	88		88				
26	2021290083	吴一凡	女	2001年2月9日	90	90	90	74		74				
27	2021290084	蒋叶敏	女	2001年4月8日	90	92	90	76		76				
28														

函数参数
AVERAGE
数值1 E2:G2 = {89,78,83}
数值2 = 数值
= 83.33333
返回所有参数的平均值(算术平均值)。参数可以是数值、名称、数组、引用。
数值1: 数值1,数值2,... 用于计算平均值的1到255个数值参数
计算结果 = 83.33333
查看该函数的操作技巧
确定 取消

图4-4 AVERAGE函数参数对话框

提示:也可通过单击"公式"功能区中的"插入函数"按钮,在打开的"插入函数"对话框中选择类别和相应函数。同样,也可通过单击"公式"功能区中的"其他函数"按钮,在其子菜单中选择公式类型,在其子菜单中选择AVERAGE函数。

选取I2单元格,拖动填充柄至I27单元格后释放鼠标,则相应的数值将自动填充到单元格中,如图4-5所示。

提示:此处通过填充柄的拖曳完成的其余单元格的自动填充,实际上是将采用了相对地址引用的公式"=AVERAGE(E2:G2)"复制到了其他单元格。

(2) 计算"总评"成绩,要求平时成绩占30%,期中成绩占20%,期末成绩占50%。

在K2单元格中输入公式:=I2*0.3+H2*0.2+J2*0.5,按Enter键,即可得到第一位同学的总评成绩。选取K2单元格,利用填充柄计算其他同学的总评成绩,如图4-6所示。

(3) 计算"离差"成绩:"离差"成绩为总评成绩减去总评平均成绩。

在M2单元格中输入公式:=K2-AVERAGE($K$2:$K$27),按Enter键,即可得到第一位同学的成绩离差,再利用填充柄计算其他各行的成绩离差,结果如图4-7所示。

提示:此处计算"离差"公式中的$K$2:$K$27部分,采用的是绝对引用,当复制公式"K2-AVERAGE($K$2:$K$27)"时,K2会随位置的改变而改变,而总评平均成绩

	A	B	C	D	E	F	G	H	I	J	K	L	M
1	学号	姓名	性别	出生日期	作业1	作业2	作业3	期中	平时	期末	总评	等级	离差
2	1521430060	邵忻悦	女	1999年2月3日	89	78	83	66	83.33	39			
3	1721240012	马悦	女	2000年4月5日	78	88	78	54	81.33	89			
4	2021290061	赵仁彰	男	2002年2月8日	67	86	90	55	81.00	89			
5	2021290062	路嘉骏	男	2000年5月21日	45	88	92	39	75.00	78			
6	2021290063	周桐	男	2000年4月12日	67	74	78	89	73.00	67			
7	2021290064	刘嘉宁	男	1999年11月23日	83	76	88	89	82.33	45			
8	2021290065	孙玉杰	男	1999年12月30日	78	66	86	78	76.67	67			
9	2021290066	池源恒	男	1998年9月1日	90	54	88	67	77.33	85			
10	2021290067	赵紫骏	男	1999年9月1日	92	55	74	45	73.67	84			
11	2021290068	牛怀正	男	1999年3月23日	78	39	76	67	64.33	73			
12	2021290069	郭韬	男	1998年7月20日	88	89	66	85	81.00	88			
13	2021290070	杨海容	男	1999年7月25日	86	85	54	84	75.00	90			
14	2021290071	王怀远	男	1999年4月2日	88	84	55	73	75.67	90			
15	2021290072	唐豫洲	男	1997年4月2日	74	73	39	88	62.00	83			
16	2021290073	吴雅萱	女	1998年6月3日	76	88	89	90	84.33	78			
17	2021290074	史雨萌	女	1997年8月23日	66	90	89	90	81.67	90			
18	2021290075	张迪旸	女	2001年5月18日	54	90	78	83	74.00	92			
19	2021290076	王雨萌	女	2000年10月27日	55	89	67	78	70.33	78			
20	2021290077	韩湘	女	2000年1月14日	39	78	45	90	54.00	88			
21	2021290078	陈安琪	女	2000年2月11日	89	67	67	92	74.33	92			
22	2021290079	谢佳琪	女	2000年3月24日	85	45	85	78	71.67	78			
23	2021290080	徐莉	女	2001年3月8日	84	67	84	88	78.33	88			
24	2021290081	许蕾凡	女	2001年8月14日	73	83	73	86	76.33	86			
25	2021290082	任思宇	女	2002年7月23日	88	78	88	88	84.67	88			
26	2021290083	吴一凡	女	2001年2月9日	90	90	90	74	90.00	74			
27	2021290084	蒋叶敦	女	2001年4月8日	90	92	90	76	90.67	76			
28													

图 4-5 平时成绩计算示例

	A	B	C	D	E	F	G	H	I	J	K	L	M
1	学号	姓名	性别	出生日期	作业1	作业2	作业3	期中	平时	期末	总评	等级	离差
2	1521430060	邵忻悦	女	1999年2月3日	89	78	83	66	83.33	39	57.7		
3	1721240012	马悦	女	2000年4月5日	78	88	78	54	81.33	89	79.7		
4	2021290061	赵仁彰	男	2002年2月8日	67	86	90	55	81.00	89	79.8		
5	2021290062	路嘉骏	男	2000年5月21日	45	88	92	39	75.00	78	69.3		
6	2021290063	周桐	男	2000年4月12日	67	74	78	89	73.00	67	73.2		
7	2021290064	刘嘉宁	男	1999年11月23日	83	76	88	89	82.33	45	65		
8	2021290065	孙玉杰	男	1999年12月30日	78	66	86	78	76.67	67	72.1		
9	2021290066	池源恒	男	1998年9月1日	90	54	88	67	77.33	85	79.1		
10	2021290067	赵紫骏	男	1999年9月1日	92	55	74	45	73.67	84	73.1		
11	2021290068	牛怀正	男	1999年3月23日	78	39	76	67	64.33	73	69.2		
12	2021290069	郭韬	男	1998年7月20日	88	89	66	85	81.00	88	85.3		
13	2021290070	杨海容	男	1999年7月25日	86	85	54	84	75.00	90	84.3		
14	2021290071	王怀远	男	1999年4月2日	88	84	55	73	75.67	90	82.3		
15	2021290072	唐豫洲	男	1997年4月2日	74	73	39	88	62.00	83	77.7		
16	2021290073	吴雅萱	女	1998年6月3日	76	88	89	90	84.33	78	82.3		
17	2021290074	史雨萌	女	1997年8月23日	66	90	89	90	81.67	90	87.5		
18	2021290075	张迪旸	女	2001年5月18日	54	90	78	83	74.00	92	84.8		
19	2021290076	王雨萌	女	2000年10月27日	55	89	67	78	70.33	78	75.7		
20	2021290077	韩湘	女	2000年1月14日	39	78	45	90	54.00	88	78.2		
21	2021290078	陈安琪	女	2000年2月11日	89	67	67	92	74.33	92	86.7		
22	2021290079	谢佳琪	女	2000年3月24日	85	45	85	78	71.67	78	76.1		
23	2021290080	徐莉	女	2001年3月8日	84	67	84	88	78.33	88	85.1		
24	2021290081	许蕾凡	女	2001年8月14日	73	83	73	86	76.33	86	83.1		
25	2021290082	任思宇	女	2002年7月23日	88	78	88	88	84.67	88	87		
26	2021290083	吴一凡	女	2001年2月9日	90	90	90	74	90.00	74	78.8		
27	2021290084	蒋叶敦	女	2001年4月8日	90	92	90	76	90.67	76	80.4		
28													

图 4-6 计算总评

由于被绝对引用则不会改变。

(4) 计算成绩排名："排名"为总评成绩从高到低进行排序，该总评成绩对应的序号。

在 N2 单元格中输入公式：=RANK(K2,$K$2:$K$27,0)，按 Enter 键，即可得到第一位同学的排名，再利用填充柄计算其他各行的排名，结果如图 4-8 所示。

提示：此处计算"排名"公式中的$K$2:$K$27 部分，采用的是绝对引用，当复制公式"RANK(M2,$M$2:$M$27,0)"时，K2 会随位置的改变而改变，而数组由于被绝对引用则不会改变。

	A	B	C	D	E	F	G	H	I	J	K	L	M
1	学号	姓名	性别	出生日期	作业1	作业2	作业3	期中	平时	期末	总评	等级	离差
2	1521430060	邵忻悦	女	1999年2月3日	89	78	83	66	83.33	39	57.7		-20.51153846
3	1721240012	马悦	女	2000年4月5日	78	88	78	54	81.33	89	79.7		1.488461538
4	2021290061	赵仁彰	男	2002年2月8日	67	86	90	55	81.00	89	79.8		1.588461538
5	2021290062	路嘉骏	男	2000年5月21日	45	88	92	39	75.00	78	69.3		-8.911538462
6	2021290063	周桐	男	2000年4月12日	67	74	78	89	73.00	67	73.2		-5.011538462
7	2021290064	刘嘉宁	男	1999年11月23日	83	76	88	89	82.33	45	65		-13.21153846
8	2021290065	孙玉杰	男	1999年12月30日	78	66	86	78	76.67	67	72.1		-6.111538462
9	2021290066	池源恒	男	1998年9月1日	90	54	88	67	77.33	85	79.1		0.888461538
10	2021290067	赵紫骏	男	1999年9月1日	92	55	74	45	73.67	84	73.1		-5.111538462
11	2021290068	牛怀正	男	1999年3月23日	78	39	76	67	64.33	73	69.2		-9.011538462
12	2021290069	郭韬	男	1998年7月20日	88	89	66	85	81.00	88	85.3		7.088461538
13	2021290070	杨海容	男	1999年7月25日	86	85	54	84	75.00	90	84.3		6.088461538
14	2021290071	王怀远	男	1999年4月2日	88	84	55	73	75.67	90	82.3		4.088461538
15	2021290072	唐豫洲	男	1997年4月2日	74	73	39	88	62.00	83	77.7		-0.511538462
16	2021290073	吴雅萱	女	1998年6月3日	76	88	89	90	84.33	78	82.3		4.088461538
17	2021290074	史雨萌	女	1997年8月23日	66	90	89	90	81.67	90	87.5		9.288461538
18	2021290075	张迪旸	女	2001年5月18日	54	90	78	83	74.00	92	84.8		6.588461538
19	2021290076	王雨萌	女	2000年10月27日	55	89	67	78	70.33	78	75.7		-2.511538462
20	2021290077	韩湘	女	2000年1月14日	39	78	45	90	54.00	88	78.2		-0.011538462
21	2021290078	陈安琪	女	2000年2月11日	89	67	67	92	74.33	92	86.7		8.488461538
22	2021290079	谢佳琪	女	2000年3月24日	85	45	85	78	71.67	78	76.1		-2.111538462
23	2021290080	徐莉	女	2001年3月8日	84	67	84	88	78.33	88	85.1		6.888461538
24	2021290081	许莺凡	女	2001年8月14日	73	83	73	86	76.33	86	83.1		4.888461538
25	2021290082	任思宇	女	2002年7月23日	88	78	88	88	84.67	88	87		8.788461538
26	2021290083	吴一凡	女	2001年2月9日	90	90	90	74	90.00	74	78.8		0.588461538
27	2021290084	蒋叶敏	女	2001年4月8日	90	92	90	76	90.67	76	80.4		2.188461538
28													

图 4-7　计算离差

	A	B	C	D	E	F	G	H	I	J	K	L	M	N
1	学号	姓名	性别	出生日期	作业1	作业2	作业3	期中	平时	期末	总评	等级	离差	排名
2	1521430060	邵忻悦	女	1999年2月3日	89	78	83	66	83.33	39	57.7		-20.51153846	26
3	1721240012	马悦	女	2000年4月5日	78	88	78	54	81.33	89	79.7		1.488461538	13
4	2021290061	赵仁彰	男	2002年2月8日	67	86	90	55	81.00	89	79.8		1.588461538	12
5	2021290062	路嘉骏	男	2000年5月21日	45	88	92	39	75.00	78	69.3		-8.911538462	23
6	2021290063	周桐	男	2000年4月12日	67	74	78	89	73.00	67	73.2		-5.011538462	20
7	2021290064	刘嘉宁	男	1999年11月23日	83	76	88	89	82.33	45	65		-13.21153846	25
8	2021290065	孙玉杰	男	1999年12月30日	78	66	86	78	76.67	67	72.1		-6.111538462	22
9	2021290066	池源恒	男	1998年9月1日	90	54	88	67	77.33	85	79.1		0.888461538	14
10	2021290067	赵紫骏	男	1999年9月1日	92	55	74	45	73.67	84	73.1		-5.111538462	21
11	2021290068	牛怀正	男	1999年3月23日	78	39	76	67	64.33	73	69.2		-9.011538462	24
12	2021290069	郭韬	男	1998年7月20日	88	89	66	85	81.00	88	85.3		7.088461538	4
13	2021290070	杨海容	男	1999年7月25日	86	85	54	84	75.00	90	84.3		6.088461538	7
14	2021290071	王怀远	男	1999年4月2日	88	84	55	73	75.67	90	82.3		4.088461538	9
15	2021290072	唐豫洲	男	1997年4月2日	74	73	39	88	62.00	83	77.7		-0.511538462	17
16	2021290073	吴雅萱	女	1998年6月3日	76	88	89	90	84.33	78	82.3		4.088461538	9
17	2021290074	史雨萌	女	1997年8月23日	66	90	89	90	81.67	90	87.5		9.288461538	1
18	2021290075	张迪旸	女	2001年5月18日	54	90	78	83	74.00	92	84.8		6.588461538	6
19	2021290076	王雨萌	女	2000年10月27日	55	89	67	78	70.33	78	75.7		-2.511538462	19
20	2021290077	韩湘	女	2000年1月14日	39	78	45	90	54.00	88	78.2		-0.011538462	16
21	2021290078	陈安琪	女	2000年2月11日	89	67	67	92	74.33	92	86.7		8.488461538	3
22	2021290079	谢佳琪	女	2000年3月24日	85	45	85	78	71.67	78	76.1		-2.111538462	18
23	2021290080	徐莉	女	2001年3月8日	84	67	84	88	78.33	88	85.1		6.888461538	5
24	2021290081	许莺凡	女	2001年8月14日	73	83	73	86	76.33	86	83.1		4.888461538	8
25	2021290082	任思宇	女	2002年7月23日	88	78	88	88	84.67	88	87		8.788461538	2
26	2021290083	吴一凡	女	2001年2月9日	90	90	90	74	90.00	74	78.8		0.588461538	15
27	2021290084	蒋叶敏	女	2001年4月8日	90	92	90	76	90.67	76	80.4		2.188461538	11
28														

图 4-8　用 RANK 函数计算排名

2. 函数的嵌套

在“学籍管理资料”工作簿中，将“成绩算术计算”工作表的内容，复制成“成绩等级计算”工作表。在“成绩等级计算”工作表中，根据总评成绩在 L2 单元格计算成绩的等级。其中：总评成绩＞＝90，等级为“优”；90＞总评成绩＞＝80，等级为“良”；80＞总评成绩＞＝70，等级为“中”；70＞总评成绩＞＝60，等级为“及格”；总评成绩＜60，等级为“不及格”。

选取存储计算结果的单元格 L2，选择“公式”→“函数库”→“最近使用的函数”命令，在其子菜单中选择 IF 函数，打开如图 4-9 所示的“函数参数”对话框。

在“函数参数”对话框中将鼠标指针放入 Logical_test(测试条件)文本框中，直接输入“K2＜60”，将鼠标指针放入 Value_if_true(真值)文本框中，直接输入“不及格”。将鼠标指

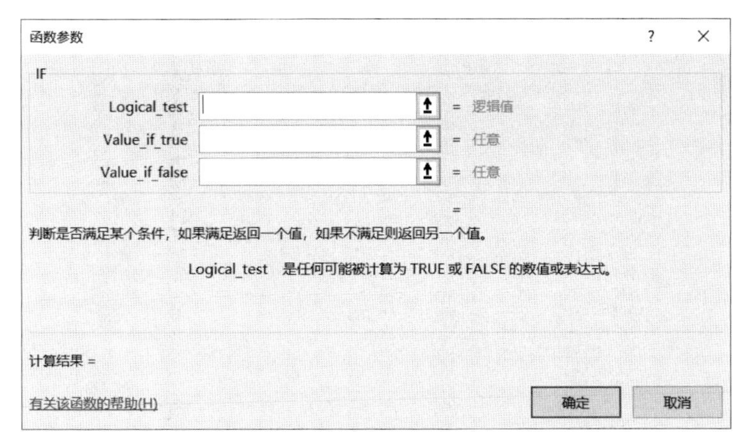

图 4-9 IF“函数参数”对话框

针放入 Value_if_false(假值)文本框中，在工作表的名称栏弹出的下拉列表中选择“IF”选项，如图 4-10 所示。

IF | =IF(K2<60,"不及格",IF())

	A	B	C	D	E	F	G	H	I	J	K	L	M	N
1	学号	姓名	性别	出生日期	作业1	作业2	作业3	期中	平时	期末	总评	等级	离差	排名
2	1521430060	邵忻悦	女	1999年2月3日	89	78	83	66	83.33	39	57.7	=IF(K2<60,"不及格",IF())		
3	1721240012	马悦	女	2000年4月5日	78	88	78	54	81.33	89	79.7		1.488461538	13
4	2021290061	赵仁彰	男	2002年2月8日	67	86	90	55	81.00	89	79.8		1.588461538	12
5	2021290062	路嘉骏	男	2000年5月21日	45	88	92	39	75.00	78	69.3		-8.911538462	23
6	2021290063	周桐	男	2000年4月12日	67	74	78	89	73.00	67	73.2		-5.011538462	20
7	2021290064	刘嘉宁	男	1999年11月23日	83	76	88	[illegible]	[illegible]	[illegible]	[illegible]		[illegible]	25
8	2021290065	孙玉杰	男	1999年12月30日	78	66	86	[illegible]	[illegible]	[illegible]	[illegible]		[illegible]	22
9	2021290066	池源恒	男	1998年9月1日	90	54	88	[illegible]	[illegible]	[illegible]	[illegible]		[illegible]	14
10	2021290067	赵紫骏	男	1999年9月1日	92	55	74	45	73.67	84	73.1		-5.111538462	21
11	2021290068	牛怀正	男	1999年3月23日	78	39	76	67	64.33	73	69.2		-9.011538462	24
12	2021290069	郭韬	男	1998年7月20日	88	89	66	85	81.00	88	85.3		7.088461538	4
13	2021290070	杨海容	男	1999年7月25日	86	85	54	84	75.00	90	84.3		6.088461538	7
14	2021290071	王怀远	男	1999年4月2日	88	84	55	73	75.67	90	82.3		4.088461538	9
15	2021290072	唐豫洲	男	1997年4月2日	74	73	39	88	62.00	83	77.7		-0.511538462	17
16	2021290073	吴雅萱	女	1998年6月3日	76	88	89	90	84.33	78	82.3		4.088461538	9
17	2021290074	史雨萌	女	1997年8月23日	66	90	89	90	81.67	90	87.5		9.288461538	1
18	2021290075	张迪旸	女	2001年5月18日	54	90	78	83	74.00	92	84.8		6.588461538	6
19	2021290076	王雨萌	女	2000年10月27日	55	89	67	78	70.33	78	75.7		-2.511538462	19
20	2021290077	韩湘	女	2000年1月14日	39	78	45	90	54.00	88	78.2		-0.011538462	16
21	2021290078	陈安琪	女	2000年2月11日	89	67	67	92	74.33	92	86.7		8.488461538	3
22	2021290079	谢佳琪	女	2000年3月24日	85	45	85	78	71.67	78	76.1		-2.111538462	18
23	2021290080	徐莉	女	2001年3月8日	84	67	84	88	78.33	88	85.1		6.888461538	5
24	2021290081	许萱凡	女	2001年8月14日	73	83	73	86	76.33	86	83.1		4.888461538	8
25	2021290082	任思宇	女	2002年7月23日	88	78	88	88	84.67	88	87		8.788461538	2
26	2021290083	吴一凡	女	2001年2月9日	90	90	90	74	90.00	74	78.8		0.588461538	15
27	2021290084	蒋叶敏	女	2001年4月8日	90	92	90	76	90.67	76	80.4		2.188461538	11
28														

函数参数

图 4-10 IF 函数的嵌套选择

返回“函数参数”对话框，将鼠标指针放入“测试条件”文本框中，直接输入“K2＜70”，将鼠标指针放入“真值”文本框中，直接输入“及格”，将鼠标指针放入“假值”文本框中，在工作表的名称栏弹出的下拉列表中选择“IF”选项，返回“函数参数”对话框；将鼠标指针放入“测试条件”文本框中，直接输入“K2＜80”，将鼠标指针放入“真值”文本框中，直接输入“中”，将鼠标指针放入“假值”文本框中，在工作表的名称栏弹出的下拉列表中选择“IF”选项，返回“函数参数”对话框；重复以上步骤完成各条件设置，单击“确定”按钮，则 L2 单元格中计算出结果。再利用填充柄计算其他各列等级的值，如图 4-11 所示。

提示：还可以通过使用 IFS 函数，求解出等级。在 L2 单元格中输入公式：=IFS(K2＜60,"不及格",K2＜70,"及格",K2＜80,"中",K2＜90,"良",K2＜=100,"优")按 Enter 键，即可得到第一位同学的等级，再利用填充柄计算其他各行的等级。

L2 =IF(K2<60,"不及格",IF(K2<70,"及格",IF(K2<80,"中",IF(K2<90,"良","优"))))

	A	B	C	D	E	F	G	H	I	J	K	L	M	N	O
1	学号	姓名	性别	出生日期	作业1	作业2	作业3	期中	平时	期末	总评	等级	离差	排名	
2	1521430060	邵忻悦	女	1999年2月3日	89	78	83	66	83.33	39	57.7	不及格	-20.51153846	26	
3	1721240012	马悦	女	2000年4月5日	78	88	78	54	81.33	89	79.7	中	1.488461538	13	
4	2021290061	赵仁彰	男	2002年2月8日	67	86	90	55	81.00	89	79.8	中	1.588461538	12	
5	2021290062	路嘉骏	男	2000年5月21日	45	88	92	39	75.00	78	69.3	及格	-8.911538462	23	
6	2021290063	周桐	男	2000年4月12日	67	74	78	89	73.00	67	73.2	中	-5.011538462	20	
7	2021290064	刘嘉宁	男	1999年11月23日	83	76	88	89	82.33	45	65	及格	-13.21153846	25	
8	2021290065	孙玉杰	男	1999年12月30日	78	66	86	78	76.67	67	72.1	中	-6.111538462	22	
9	2021290066	池源恒	男	1998年9月1日	90	54	88	67	77.33	85	79.1	中	0.888461538	14	
10	2021290067	赵紫骏	男	1999年9月1日	92	55	74	45	73.67	84	73.1	中	-5.111538462	21	
11	2021290068	牛怀正	男	1999年3月23日	78	39	76	67	64.33	73	69.2	及格	-9.011538462	24	
12	2021290069	郭韬	男	1998年7月20日	88	89	66	85	81.00	88	85.3	良	7.088461538	4	
13	2021290070	杨海容	男	1999年7月25日	86	85	54	84	75.00	90	84.3	良	6.088461538	7	
14	2021290071	王怀远	男	1999年4月2日	88	84	55	73	75.67	90	82.3	良	4.088461538	9	
15	2021290072	唐豫洲	男	1997年4月2日	74	73	39	88	62.00	83	77.7	中	-0.511538462	17	
16	2021290073	吴雅萱	女	1998年6月3日	76	88	89	90	84.33	78	82.3	良	4.088461538	9	
17	2021290074	史雨萌	女	1997年8月23日	66	90	89	90	81.67	90	87.5	良	9.288461538	1	
18	2021290075	张迪旸	女	2001年5月18日	54	90	78	83	74.00	92	84.8	良	6.588461538	6	
19	2021290076	王雨萌	女	2000年10月27日	55	89	67	78	70.33	78	75.7	中	-2.511538462	19	
20	2021290077	韩湘	女	2000年1月14日	39	78	45	90	54.00	88	78.2	中	-0.011538462	16	
21	2021290078	陈安琪	女	2000年2月11日	89	67	67	92	74.33	92	86.7	良	8.488461538	3	
22	2021290079	谢佳琪	女	2000年3月24日	85	45	85	78	71.67	78	76.1	中	-2.111538462	18	
23	2021290080	徐莉	女	2001年3月8日	84	67	84	88	78.33	88	85.1	良	6.888461538	5	
24	2021290081	许萱凡	女	2001年8月14日	73	83	73	86	76.33	86	83.1	良	4.888461538	8	
25	2021290082	任思宇	女	2002年7月23日	88	78	88	88	84.67	88	87	良	8.788461538	2	
26	2021290083	吴一凡	女	2001年2月9日	90	90	90	74	90.00	74	78.8	中	0.588461538	15	
27	2021290084	蒋叶敏	女	2001年4月8日	90	92	90	76	90.67	76	80.4	良	2.188461538	11	
28															

图 4-11 计算等级

3. 自动求和

求和是 Excel 中常用函数之一,Excel 提供了一种自动求和功能,可以快捷输入 SUM 函数。如果要对一个区域中各行(各列)数据分别求和,可选择这个区域以及它右侧一列(下方一行)单元格,在"公式"功能区的"函数库"功能组中单击 $\sum$ (自动求和)按钮。各行(列)数据之和分别显示在右侧一列(下方一行)单元格中。图 4-12 是对期中和期末成绩自动求和。

	B	C	D	E	F	G	H	I	J	K	L	M	N
1	姓名	性别	出生日期	作业1	作业2	作业3	期中	平时	期末	总评	等级	离差	排名
2	邵忻悦	女	1999/2/3	89	78	83	66	83.33	39	57.7	不及格	-20.51153846	26
3	马悦	女	2000/4/5	78	88	78	54	81.33	89	79.7	中	1.488461538	13
4	赵仁彰	男	2002/2/8	67	86	90	55	81.00	89	79.8	中	1.588461538	12
5	路嘉骏	男	2000/5/21	45	88	92	39	75.00	78	69.3	及格	-8.911538462	23
6	周桐	男	2000/4/12	67	74	78	89	73.00	67	73.2	中	-5.011538462	20
7	刘嘉宁	男	1999/11/23	83	76	88	89	82.33	45	65	及格	-13.21153846	25
8	孙玉杰	男	1999/12/30	78	66	86	78	76.67	67	72.1	中	-6.111538462	22
9	池源恒	男	1998/9/1	90	54	88	67	77.33	85	79.1	中	0.888461538	14
10	赵紫骏	男	1999/9/1	92	55	74	45	73.67	84	73.1	中	-5.111538462	21
11	牛怀正	男	1999/3/23	78	39	76	67	64.33	73	69.2	及格	-9.011538462	24
12	郭韬	男	1998/7/20	88	89	66	85	81.00	88	85.3	良	7.088461538	4
13	杨海容	男	1999/7/25	86	85	54	84	75.00	90	84.3	良	6.088461538	7
14	王怀远	男	1999/4/2	88	84	55	73	75.67	90	82.3	良	4.088461538	9
15	唐豫洲	男	1997/4/2	74	73	39	88	62.00	83	77.7	中	-0.511538462	17
16	吴雅萱	女	1998/6/3	76	88	89	90	84.33	78	82.3	良	4.088461538	9
17	史雨萌	女	1997/8/23	66	90	89	90	81.67	90	87.5	良	9.288461538	1
18	张迪旸	女	2001/5/18	54	90	78	83	74.00	92	84.8	良	6.588461538	6
19	王雨萌	女	2000/10/27	55	89	67	78	70.33	78	75.7	中	-2.511538462	19
20	韩湘	女	2000/1/14	39	78	45	90	54.00	88	78.2	中	-0.011538462	16
21	陈安琪	女	2000/2/11	89	67	67	92	74.33	92	86.7	良	8.488461538	3
22	谢佳琪	女	2000/3/24	85	45	85	78	71.67	78	76.1	中	-2.111538462	18
23	徐莉	女	2001/3/8	84	67	84	88	78.33	88	85.1	良	6.888461538	5
24	许萱凡	女	2001/8/14	73	83	73	86	76.33	86	83.1	良	4.888461538	8
25	任思宇	女	2002/7/23	88	78	88	88	84.67	88	87	良	8.788461538	2
26	吴一凡	女	2001/2/9	90	90	90	74	90.00	74	78.8	中	0.588461538	15
27	蒋叶敏	女	2001/4/8	90	92	90	76	90.67	76	80.4	良	2.188461538	11
28							1992		2075				

图 4-12 对期中、期末成绩自动求和

4. 自动计算

Excel 提供自动计算功能,利用它可以自动计算选取单元格的总和、均值、最大值等。其默认计算为求总和。在状态栏右击,可显示自动计算快捷菜单,如图 4-13 所示。

选择设置某自动计算功能后，选取单元格区域时（如I2：I12），其计算结果将在状态栏显示出来。这时状态栏中将显示选取区域数值的平均值、计数、最小值、最大值、求和。

自定义状态栏
√ 单元格模式(D) 就绪
√ 签名(G) 关
√ 信息管理策略(I) 关
√ 权限(P) 关
大写(K) 关
数字(N) 关
√ 滚动(R) 关
√ 自动设置小数点(F) 关
改写模式(O)
√ 结束模式(E)
宏录制(M) 未录制
√ 选择模式(L)
√ 页码(P)
√ 平均值(A)
√ 计数(C)
数值计数(T)
√ 最小值(I)
√ 最大值(X)
√ 求和(S)
√ 上载状态(U)
√ 视图快捷方式(V)
√ 显示比例(Z) 100%
√ 缩放滑块(Z)

图4-13　自动计算快捷菜单

4.3.6　数据的修改

在Excel中，修改数据有两种方法：一是在编辑栏修改，只需先选中要修改的单元格，然后在编辑栏中进行相应修改，单击√按钮确认修改，单击×按钮或按Esc键放弃修改，此种方法适合内容较多和公式的修改。二是直接在单元格中修改，此时需双击单元格，然后进入单元格修改，此种方法适合内容较少的修改。

4.3.7　数据的移动、复制

（1）数据复制和移动。

Excel数据复制方法多种多样，可以利用菜单命令，也可以用鼠标拖放操作。

剪贴板复制数据与Word中操作相似，稍有不同的是在源区域执行复制命令后，区域周围会出现闪烁的虚线。只要闪烁的虚线不消失，粘贴可以进行多次，一旦虚线消失，粘贴无法进行。如果只需粘贴一次，有一种简单的粘贴方法，即在目标区域直接按Enter键。

用鼠标拖放复制数据的操作方法也与Word有点不同：选择源区域，按住Ctrl键后鼠标指针应指向源区域的四周边界，而不是源区域内部，此时鼠标指针变成右上角为小十字的空心箭头。

此外当单个单元格内的数据为纯字符或纯数值，且不是自动填充序列的一员时，使用鼠标自动填充的方法也可以实现数据复制。此方法在同行或同列的相邻单元格内复制数据非常快捷有效，且可达到多次复制的目的。

数据移动与复制类似，可以利用剪贴板的先“剪切”再“粘贴”方式，也可以用鼠标拖放，但不按Ctrl键，此处不再赘述。

（2）选择性粘贴。

一个单元格含有多种特性，如内容、格式、批注等。另外它还可能是一个公式，含有有效规则等，数据复制时往往只需复制它的部分特性。此外，复制数据的同时还可以进行算术运算、行列转置等。这些都可以通过选择性粘贴来实现。

先将数据复制到剪贴板，再选择待粘贴目标区域中的第一个单元格，右击，在弹出的快捷菜单中选择“选择性粘贴”命令，打开如图4-14所示的“选择性粘贴”对话框，在“选择性粘贴”对话框中选择相应选

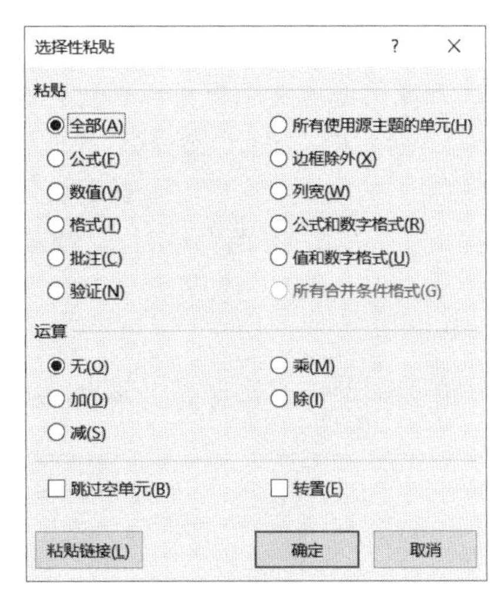

图4-14　“选择性粘贴”对话框

项后,单击“确定”按钮完成选择性粘贴。

选择性粘贴的用途非常广泛,实际运用中只粘贴公式、格式或有效数据的例子非常多,不再举例说明。

4.3.8 数据的删除

Excel 中数据的删除有两个概念:数据清除和数据删除。

(1) 数据清除。

数据清除针对的对象是数据,单元格本身并不受影响。选取单元格或区域后按 Delete 键,完成清除“内容”任务。

(2) 数据删除。

数据删除针对的对象是单元格,删除后选取的单元格连同里面的数据都从工作表中消失。

选取单元格或一个区域后,在“开始”→“单元格”→“删除”下拉列表中选择“删除单元格”命令,在打开的“删除文档”对话框中,用户可选择“右侧单元格左移”或“下方单元格上移”来填充被删掉单元格后留下的空缺。选择“整行”或“整列”将删除选取区域所在的行或列,其下方行或右侧列自动填充空缺。当选取要删除的区域为若干整行或若干整列时,将直接删除而不出现对话框。

4.4 数据格式化

工作表建立和编辑后,就可对工作表中各单元格的数据格式化,使工作表的外观更漂亮,排列更整齐,重点更突出。

单元格数据格式主要有六方面的内容:数字格式、对齐格式、字体、边框线、图案和列宽行高的设置等。数据的格式化一般通过用户自定义格式化,也可通过 Excel 提供的自动格式化功能来实现。

4.4.1 设置单元格格式

自定义格式化工作可以通过两种方法实现:一是使用“开始”→“字体”选项组美化,如图 4-15 所示的“字体”选项组,各按钮的作用一目了然;二是使用“字体”选项卡来美化。单击“开始”→“字体”选项组中右下角的箭头按钮,打开如图 4-16 所示的“设置单元格格式”对话框;三是使用“开始”→“样式”选项组中的“单元格样式”进行样式选择和设置,如图 4-17 所示。相比之下第二种方法格式化功能更完善,但第一种方法和第三种方法使用起来更快捷、方便。

在数据的格式化过程中首先要选取要格式化的区域,然后再使用格式化命令。格式化单元格并不改变其中的数据和公式,只是改变它们的显示形式。

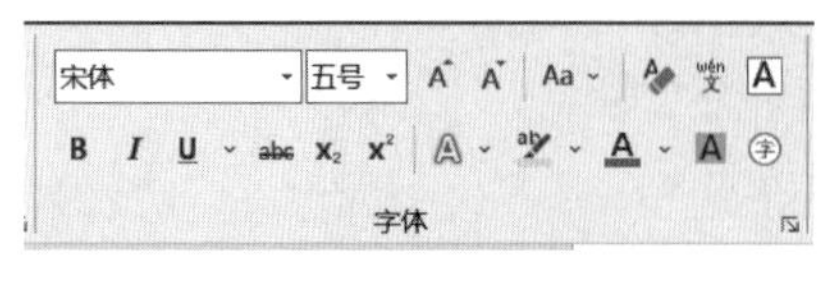

图 4-15 “字体”选项组

1. 设置数字格式

“设置单元格格式”对话框中的“数字”选项卡用于对单元格中的数字格式化,如图 4-18 所示。对话

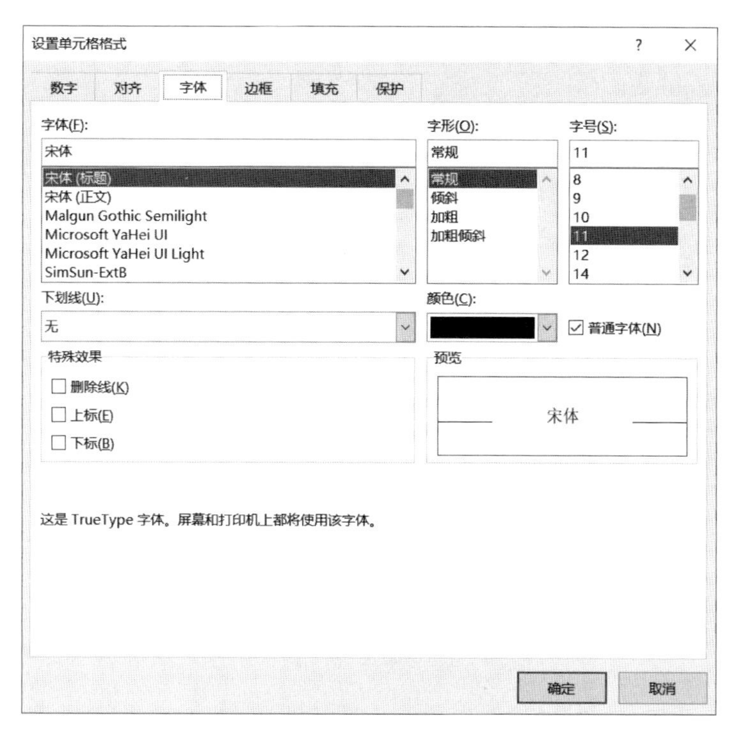

图 4-16 “设置单元格格式”对话框

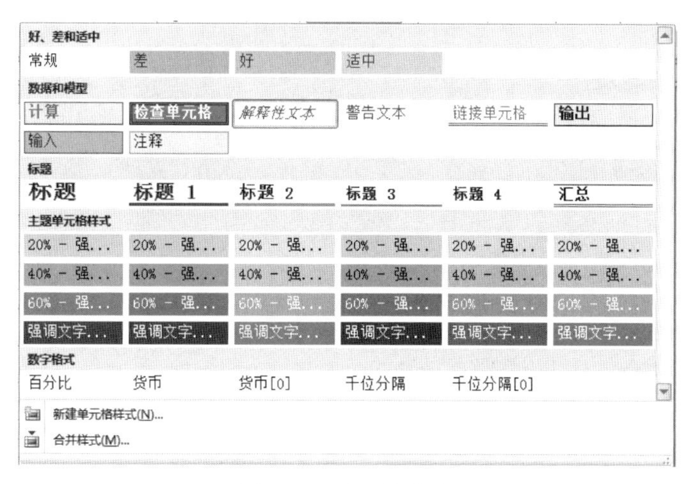

图 4-17 单元格样式

框左边的“分类”列表框中分类列出数字格式的类型，右边显示该类型的格式，用户可以直接选择系统已定义好的格式，也可以修改格式，如小数位数等。

其中，“自定义”格式类型如图 4-19 所示，为用户提供了自己设置所需格式的便利，实际上它直接以格式符形式提供给用户使用和编辑。在默认情况下，Excel 使用的是“G/通用格式”，即数据向右对齐、文字向左对齐、公式以值方式显示，当数据长度超出单元格长度时用科学记数法显示。数值格式包括用整数、定点小数和逗号等显示格式。“0”表示以整数方式显示；“0.00”表示以两位小数方式显示；“#,##0.00”表示小数部分保留两位，整数部分每千位用逗号隔开；“[红色]”表示当数据值为负时，用红色显示等。也可以通过“开始”功能区的“数字”选项组的数字格式实现数字格式设置。

图 4-18 “数字”选项卡

图 4-19 设置数字的自定义格式

2. 设置对齐格式

默认情况下，Excel 根据输入的数据自动调节数据的对齐格式，例如，文字内容左对齐、数值内容右对齐等。通过如图 4-20 所示的“设置单元格格式”对话框的“对齐”选项卡，可以设置单元格的“水平对齐”格式和“垂直对齐”格式。也可以通过如图 4-21 所示的“对齐选项组”实现对齐格式设置。

（1）自动换行：对输入的文本根据单元格列宽自动换行。

（2）缩小字体填充：减小单元格中的字符大小，使数据的宽度与列宽相同。

（3）合并单元格：将多个单元格合并为一个单元格，和“水平对齐”列表框的“居中”按钮结合，一般用于标题的对齐显示。“对齐方式”选项组的“合并后居中”按钮也可提供该功能。

（4）方向：用来改变单元格中文本旋转的角度，角度范围为－90°～90°。

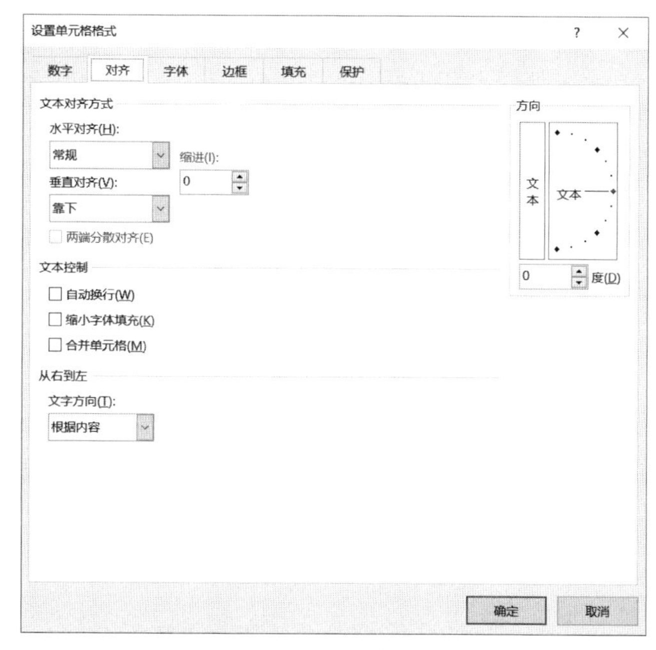

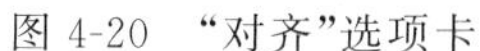
图 4-20 “对齐”选项卡

图 4-21 “对齐方式”选项组

3. 设置字体

在 Excel 的字体设置中，字体类型、字体形状、字体尺寸是最主要的三方面。可通过“单元格格式”对话框的“字体”选项卡进行设置，其各项意义与 Word“字体”对话框相似，此处不再赘述。

4. 设置边框

默认情况下，Excel 的表格线都是一样的淡虚线，这样的边线不适合于突出重点数据，可以给它加上其他类型的边框线。在如图 4-22 所示的“设置单元格格式”对话框的“边框”选项卡中可完成边框的设置。

边框线可以放置在所选区域各单元格的上、下、左、右、外框（即四周）、斜线；在“样式”列表框中可选择边框线的样式，如点虚线、实线、粗实线、双线等；在“颜色”下拉列表框中可以选择边框线的颜色。

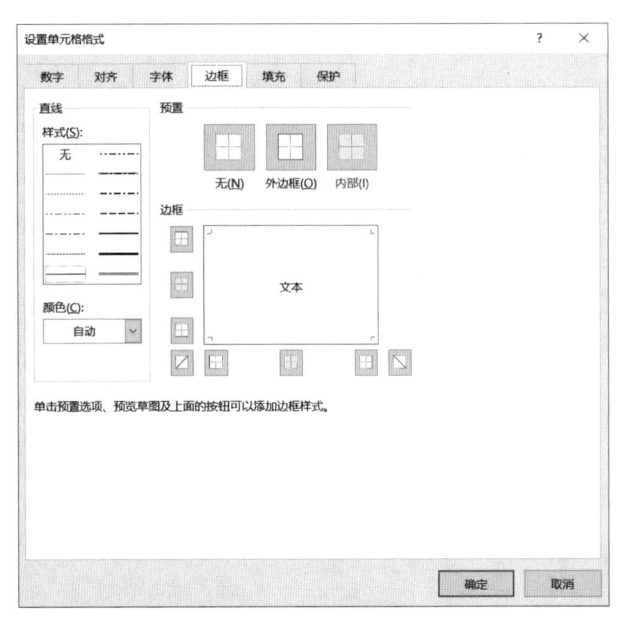

图 4-22 “边框”选项卡

5. 图案

图案就是指对选取区域的颜色和阴影进行设置。设置合适的图案可以使工作表显得更为生动活泼、错落有致。选择“单元格格式”对话框中的“图案”选项卡,如图 4-23 所示。

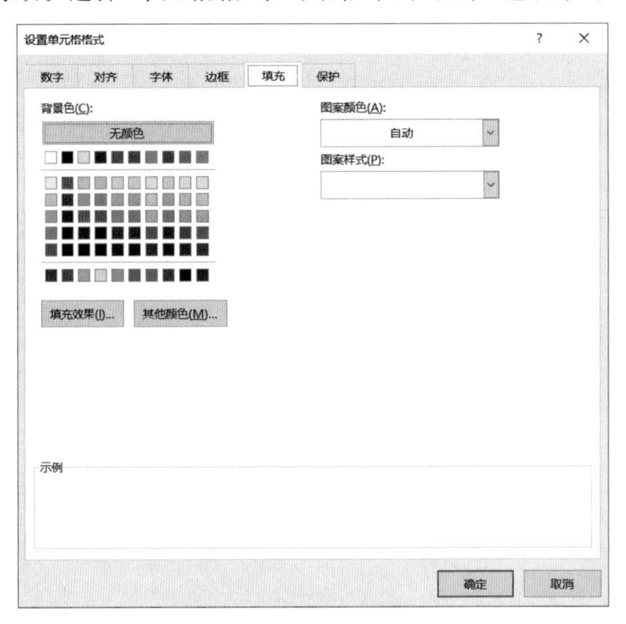

图 4-23 “图案”选项卡

6. 设置列宽、行高

当用户建立工作表时,所有单元格具有相同的宽度和高度。默认情况下,单元格中输入的字符串超过列宽时,超长的文字被截去,数字则用“#######”表示。当然,完整的数据还在单元格中,只是没有显示。因此,可以调整行高和列宽,以便于数据完整显示。

用鼠标拖曳方式调整列宽、行高:鼠标指针指向要调整列宽(或行高)的列标(或行标)

的分隔线上，这时鼠标指针会变成一个双向箭头的形状，拖曳分隔线至适当的位置。

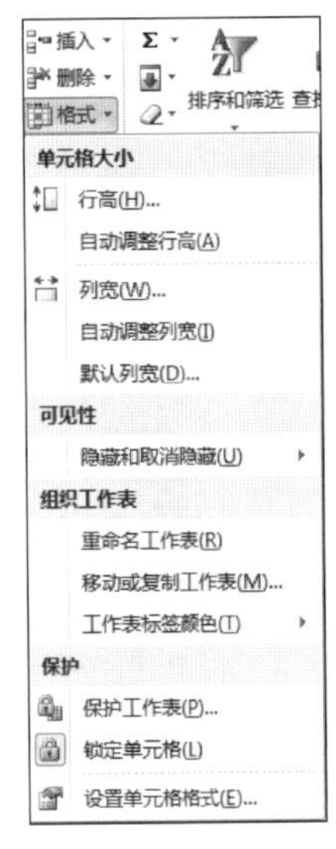

图 4-24 “格式”菜单

精确调整列宽、行高：选择“开始”→“单元格”选项组中的“格式”→“列宽”(或“行高”)子菜单进行设置，如图 4-24 所示。

(1) “列宽”或“行高”：显示其对话框，输入所需的宽度或高度。

(2) 自动调整列宽：取选取列中最宽的数据为宽度自动调整。

(3) 自动调整行高：取选取行中最高的数据为高度自动调整。

(4) 隐藏和取消隐藏：将选取的列或行隐藏，如要对 C、D 两列的内容隐藏，只要选取该两列，选择“隐藏列”命令；“取消隐藏列”命令将隐藏的列或行重新显示。

7. 条件格式

在 Excel 2010 中，条件格式的设置已经很丰富，不过 Excel 2019 在其基础上进一步增强了该功能，视觉效果更佳。

Excel 2019 中丰富了数据条、色阶、图标集的设置样式，其中最为明显的就是“数据条”中增加了突显“负值”的功能，正值和负值对应的数据条以不同的方向绘制，从而使数据的分析结果更清晰。

例如，在“学籍管理资料”工作簿中，将“成绩等级计算”工作表的内容复制成“成绩样式设置”工作表。在“成绩样式设置”工作表中，利用丰富的条件格式分析成绩对比情况。首先，选择需要应用相同条件格式的单元格区域(M2:M27)，单击“开始”→“样式”选项组中的“条件格式”按钮，在打开的下拉列表中将鼠标指针指向“数据条”，即可在其右侧列表中选择所需填充规则。

对当前选中的单元格区域应用“渐变填充”中的“绿色数据条”填充规则，效果如图 4-25 所示。此时，正值和负值的数据条被左右分开，单元格中出现的红色数据条代表负值，绿色数据条代表正值。

P24 *fx*

	A	B	C	D	E	F	G	H	I	J	K	L	M	N	O
1	学号	姓名	性别	出生日期	作业1	作业2	作业3	期中	平时	期末	总评	等级	离差	排名	
2	1.521E+09	邵忻悦	女	1999/2/3	89	78	83	66	83.33	39	57.7	不及格	-20.5115	26	
3	1.721E+09	马悦	女	2000/4/5	78	88	78	54	81.33	89	79.7	中	1.488462	13	
4	2.021E+09	赵仁彰	男	2002/2/8	67	86	90	55	81.00	89	79.8	中	1.588462	12	
5	2.021E+09	路嘉骏	男	2000/5/21	45	88	92	39	75.00	78	69.3	及格	-8.91154	23	
6	2.021E+09	周桐	男	2000/4/12	67	74	78	89	73.00	67	73.2	中	-5.01154	20	
7	2.021E+09	刘嘉宁	男	1999/11/23	83	76	88	89	82.33	45	65	及格	-13.2115	25	
8	2.021E+09	孙玉杰	男	1999/12/30	78	66	86	78	76.67	67	72.1	中	-6.11154	22	
9	2.021E+09	池源恒	男	1998/9/1	90	54	88	67	77.33	85	79.1	中	0.888462	14	
10	2.021E+09	赵紫骏	男	1999/9/1	92	55	74	45	73.67	84	73.1	中	-5.11154	21	
11	2.021E+09	牛怀正	男	1999/3/23	78	39	76	67	64.33	73	69.2	及格	-9.01154	24	
12	2.021E+09	郭韬	男	1998/7/20	88	89	66	85	81.00	88	85.3	良	7.088462	4	
13	2.021E+09	杨海容	男	1999/7/25	86	85	54	84	75.00	90	84.3	良	6.088462	7	
14	2.021E+09	王怀远	男	1999/4/2	88	84	55	73	75.67	90	82.3	良	4.088462	9	
15	2.021E+09	唐豫洲	男	1997/4/2	74	73	39	88	62.00	83	77.7	中	-0.51154	17	
16	2.021E+09	吴雅萱	女	1998/6/3	76	88	89	90	84.33	78	82.3	良	4.088462	9	
17	2.021E+09	史雨萌	女	1997/8/23	66	90	89	90	81.67	90	87.5	良	9.288462	1	
18	2.021E+09	张迪旸	女	2001/5/18	54	90	78	83	74.00	92	84.8	良	6.588462	6	
19	2.021E+09	王雨萌	女	2000/10/27	55	89	67	78	70.33	78	75.7	中	-2.51154	19	
20	2.021E+09	韩湘	女	2000/1/14	39	78	45	90	54.00	88	78.2	中	-0.01154	16	
21	2.021E+09	陈安琪	女	2000/2/11	89	67	67	92	74.33	92	86.7	良	8.488462	3	
22	2.021E+09	谢佳琪	女	2000/3/24	85	45	85	78	71.67	78	76.1	中	-2.11154	18	
23	2.021E+09	徐莉	女	2001/3/8	84	67	84	88	78.33	88	85.1	良	6.888462	5	
24	2.021E+09	许莺凡	女	2001/8/14	73	83	73	86	76.33	86	83.1	良	4.888462	8	
25	2.021E+09	任思宇	女	2002/7/23	88	78	88	88	84.67	88	87	良	8.788462	2	
26	2.021E+09	吴一凡	女	2001/2/9	90	90	90	74	90.00	74	78.8	中	0.588462	15	
27	2.021E+09	蒋叶敏	女	2001/4/8	90	92	90	76	90.67	76	80.4	良	2.188462	11	
28								1992		2075					

图 4-25 使用“渐变填充”中的绿色数据条填充后的“离差”项效果

默认情况下，系统根据选中单元格区域中正、负数值的大小情况自动绘制数据条，不过，用户也可以根据需要进行修改，如更改颜色、更改坐标轴位置等。在如图 4-26 所示的“新建格式规则”对话框中，单击“负值和坐标轴”按钮，在打开的如图 4-27 所示的“负值和坐标轴设置”对话框中，可根据需要更改各选项的设置。

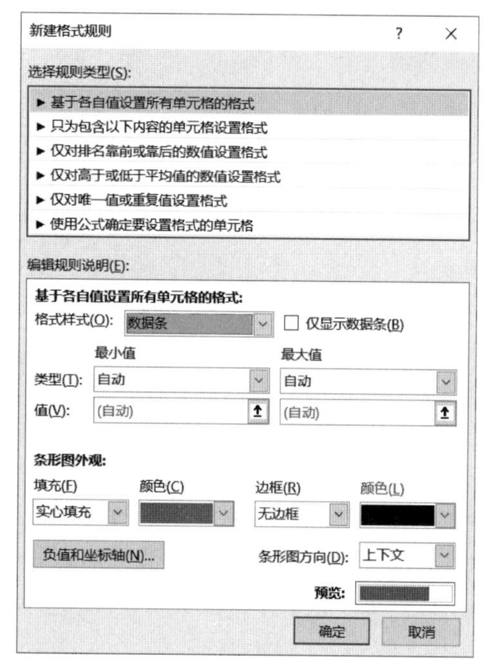

图 4-26　“新建格式规则”对话框

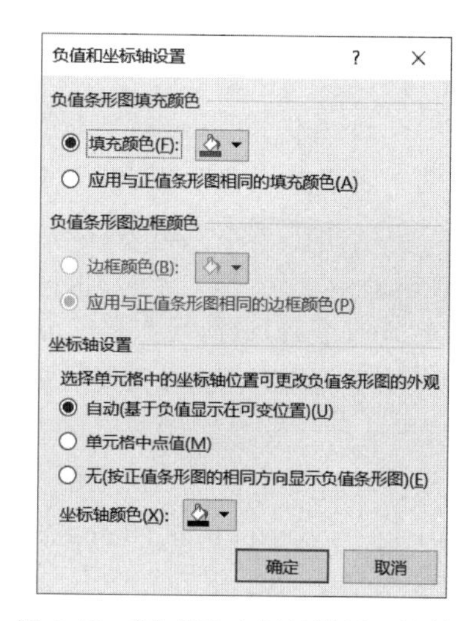

图 4-27　“负值和坐标轴设置”对话框

如果已有的单元格样式不能满足要求，还可以自定义单元格样式。操作如下。

（1）选择“开始”→“样式”选项组中的“单元格样式”→“新建单元格样式”命令，打开“样式”对话框。

（2）在“样式”对话框中选择所包括的样式类型（字体、对齐、边框等）并输入新样式名，如“样式 11”，如图 4-28 所示。

（3）通过“格式”按钮设置所需的样式，返回“样式”对话框，单击“确定”按钮。

（4）选择应用新样式的单元格，单击“单元格样式”按钮，在打开的下拉列表中选择“自定义”栏中的新样式“样式 11”即可，如图 4-29 所示。

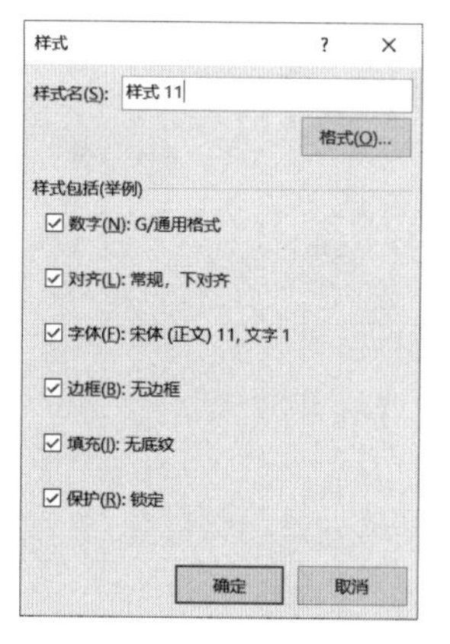

图 4-28　“样式”对话框

4.4.2　表格自动套用格式

Excel 提供的表格自动套用格式功能，预定义好了多种制表格式供用户使用，这样既可节省大量的时间，又有较好效果。

选择“开始”→“样式”选项组中的“套用表格样式”命令，打开所能套用的表格样式下拉

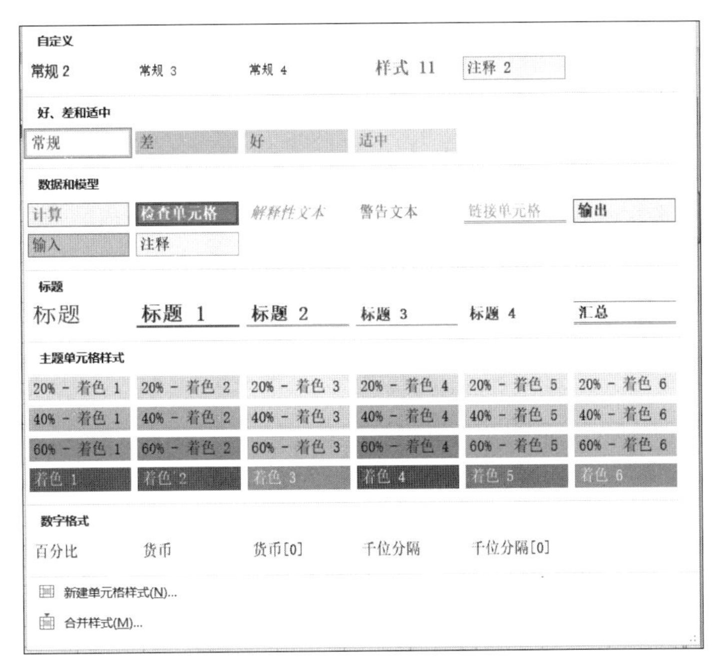

图 4-29　自定义新样式“样式 11”

列表。选择一种样式后，打开如图 4-30 所示的“创建表”对话框，输入要使用该样式的单元格区域，然后单击“确定”按钮即可。

如果已有的表格样式不能满足要求，还可以自定义表格样式，与“自定义单元格样式”类似，此处不再赘述。

图 4-30　“创建表”对话框

4.4.3　格式的复制和删除

对已格式化的数据区域，如果其他区域也要使用该格式，可以不必重复设置格式，通过格式复制来快速完成，也可以把不满意的格式删除。

(1) 格式复制。

格式复制可以使用“开始”→“剪切板”选项组中的“格式刷”按钮，也可以使用“开始”→“剪切板”选项组中的“复制”命令确定复制的格式，然后在选取的目标区域右击，在弹出的快捷菜单中选择“选择性粘贴”命令，在打开的“选择性粘贴”对话框的“粘贴”区域，选中“格式”单选按钮来实现对目标区域的格式复制。

(2) 格式删除。

当对已设置的格式不满意时，可以在选取区域右击，在弹出的快捷菜单中选择“设置单元格格式”命令，打开“设置单元格格式”对话框，对选取的单元格重新进行格式化，也可以使用“开始”→“编辑”选项组中的“清除”→“清除格式”命令进行格式的清除。格式清除后单元格中的数据以通用格式来表示。

4.5　数据图表的使用

将单元格中的数据以各种统计图表的形式显示，使得数据更加直观、易懂。当工作表中的数据源发生变化时，图表中对应项的数据也自动更新。

除了将数据以各种统计图表显示外，还可以将数据创建为数据地图以及插入或绘制各种图形，使工作表中数据、文字图文并茂。图形的插入操作与 Word 相同，此处不再赘述。

4.5.1 图表的建立

将工作表以图形形式表示，能够更快、更好地理解和说明工作表数据。Excel 中的图表是嵌入式的图表，它和创建图表的数据源放置在同一张工作表中，打印时也同时打印；也可以通过移动，将图表放入其他工作表中。Excel 中的图表类型有十多种，有二维图表和三维图表；每一类又有若干子类型。可以通过“插入”→“图表”选项组快速创建图表。

例如，在“学籍管理资料”工作簿中，将“成绩等级计算”工作表的内容复制成“成绩柱形图”工作表。在“成绩柱形图”工作表中，对数据区域 B1:B27 和 E1:G27 建立簇状柱形图。

操作如下：选取数据区域 B1:B27 和 E1:G27，选择“插入”→“图表”命令，打开如图 4-31 所示的“插入图表”对话框。先选择图形类型中的“柱形图”，然后选择子类型“簇状柱形图”，再单击“确定”按钮，结果如图 4-32 所示。

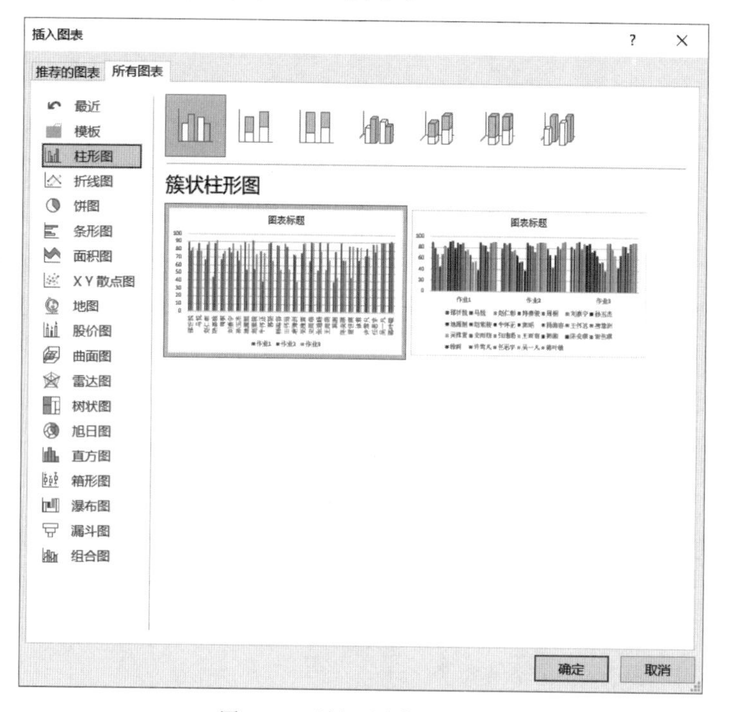

图 4-31 “插入图表”对话框

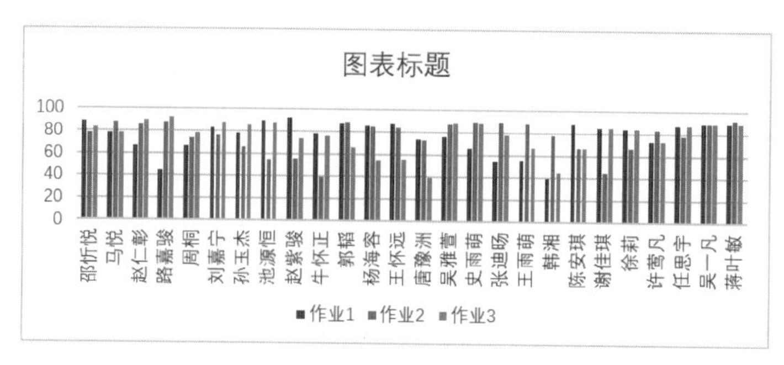

图 4-32 各人的“作业 1”“作业 2”“作业 3”的簇状柱形图

提示：正确地选取数据区域是能否创建图表的关键。选取的数据区域可以连续，也可以不连续。若选取的区域有文字，则文字应在区域的最左列或最上行，作为说明图表中数据的含义。

4.5.2 图表的编辑

图表编辑是指对图表及图表中各个对象的编辑，包括数据的增加、删除、图表类型的更改、数据格式化等。

在 Excel 中，单击图表即可将图表选中，然后可对图表进行编辑。这时菜单栏中增加了“图表设计”和“格式”两个功能组，如图 4-33 所示。

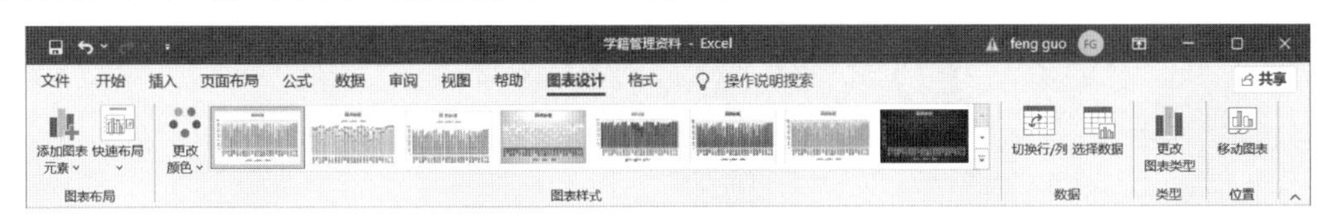

图 4-33 增加图表后的菜单栏

1. 图表对象

一个图表由许多图表对象组成，如图表标题、坐标轴、坐标轴标题、图例等都是图表对象。鼠标指针停留在某个图表对象上时，图表提示功能将显示该图表对象名。

2. 图表的移动、复制、缩放和删除

实际上对选取的图表的移动、复制、缩放和删除操作与任何图形操作相同：拖动图表进行移动；按住 Ctrl 键拖动对图表进行复制；拖动 8 个方向句柄之一进行缩放；按 Delete 键可删除。也可以通过“复制”“剪切”“粘贴”命令实现图表在同一工作表或不同工作表间的移动、复制。还可以选择“图表设计”→“移动图表”命令实现图表的移动。

3. 图表类型的改变

Excel 中提供了丰富的图表类型，对已创建的图表，可根据需要改变图表的类型。改变图表类型时首先单击图表将其选中，然后选择“图表设计”→“类型”→“更改图表类型”命令，在对话框中选择所需的图表类型和子类型。更方便的方法可右击，在弹出的快捷菜单中选择“更改图表类型”命令改变图表类型。

4. 图表中数据的编辑

创建了图表后，图表和创建图表的工作表的数据区域之间建立了联系，若工作表中的数据发生了变化，则图表中的对应数据也自动更新。

(1) 删除数据系列：选取所需删除的数据系列，按 Delete 键即可将整个数据系列从图表中删除，但这不影响工作表中的数据。若删除工作表中的数据，则图表中对应的数据系列也随之删除。

(2) 向图表添加数据系列：向图表添加数据系列可选择“图表设计”→“数据”→“选择数据”命令来完成。

例如，向图 4-32 中添加“期中”数据系列，操作如下。

① 选择“图表设计”→“数据”选项组中的“选择数据”命令，打开如图 4-34 所示的“编辑数据源”对话框。

② 单击“图例项”区域中的“添加”按钮，在打开的“编辑数据系列”对话框的“系列名称”

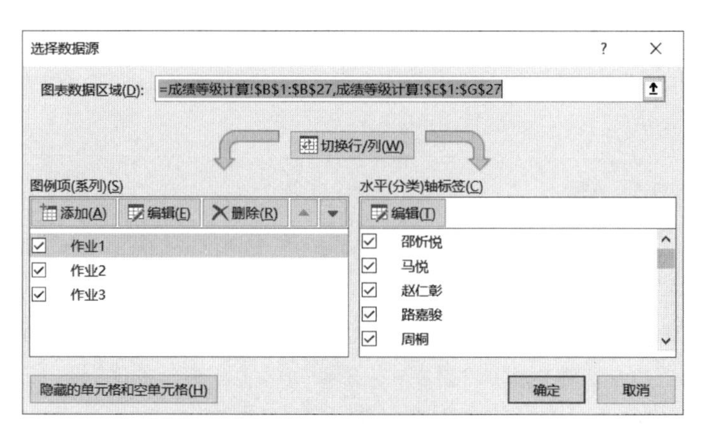

图 4-34 “选择数据源”对话框

区域选择“期中”所在的单元格 H1，在“系列值”区域选择“期中成绩”所在的单元格区域 H3:H27，如图 4-35 所示。

③ 在图 4-35 中单击“确定”按钮，返回“选择数据源”对话框，如图 4-36 所示。此时可看到图 4-36 中“图例项”区域与图 4-34 相比多了“期中”一项。

图 4-35 “编辑数据系列”对话框

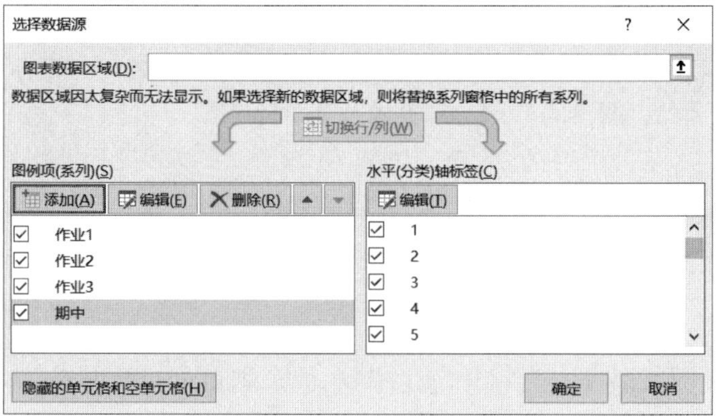

图 4-36 添加了“期中”系列的“选择数据源”对话框

④ 单击“确定”按钮，即可完成“期中”数据系列的添加。添加后的图表如图 4-37 所示。

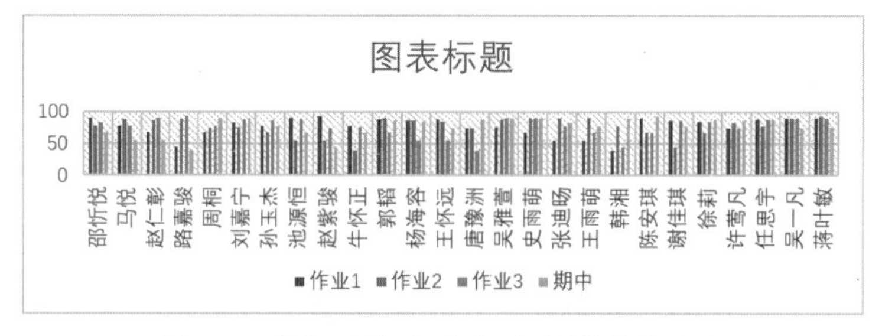

图 4-37 添加了“期中”数据系列的簇状柱形图

5. 图表中系列次序的调整

可通过图 4-36 右侧的▲▼按钮来调节各数据系列的先后顺序。

为便于数据之间的对比和分析，可以对图表的数据系列重新排列。

例如，改变图 4-37 的数据系列次序，则只需在图 4-36 中的“系列”区域，选择要改变系列次序的某数据系列，然后单击右侧的 ▲▼ 按钮来调节各数据系列的先后顺序即可。

例如，将“期中”成绩移到第一位，结果如图 4-38 所示。

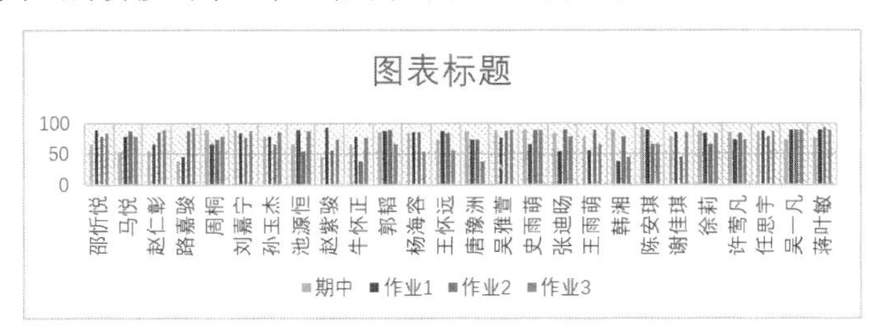

图 4-38　移动“期中”数据系列后的簇状柱形图

6. 图表中文字的编辑

文字的编辑是指对图表增加说明性文字，以便更好地说明图表中的有关内容，也可删除或修改文字。

(1) 添加图表标题和坐标轴标题。例如，在“成绩柱形图”工作表中，按“期末”“总评”“离差”列数据建立如图 4-39 所示的簇状柱形图，并在其上添加图表标题和坐标轴标题。

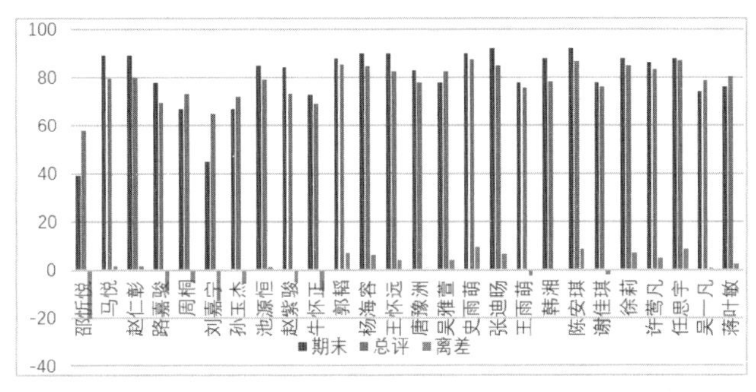

图 4-39　各人的“期末”“总评”“离差”的簇状柱形图

先创建如图 4-39 所示的簇状柱形图，然后选择“图表设计”功能区的“图标布局”→“添加图表元素”→“图表标题”命令，在其子菜单中选择“居中覆盖”命令，添加“学生成绩”图表标题，如图 4-40 所示，再选择“添加图表元素”→“坐标轴标题”，在其子菜单中选择“主要纵坐标轴”命令，添加“成绩”纵坐标标题，如图 4-41 所示。

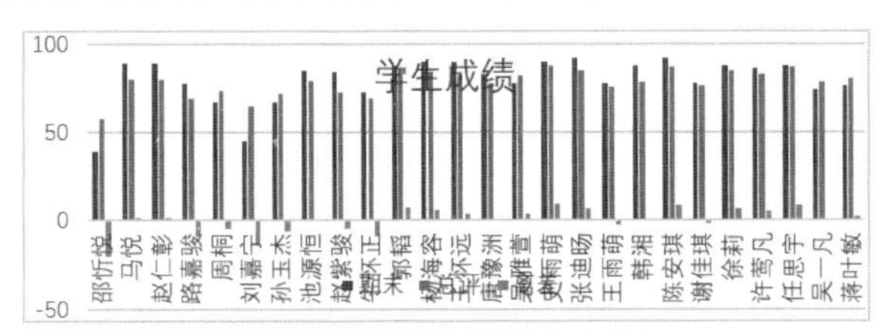

图 4-40　增加图表标题后的各人的“期末”“总评”“离差”的簇状柱形图

(2) 添加数据标志。数据标志是为图表中的数据系列增加数据标志，标志形式与创建的图表类型有关。选中要添加数据标志的图表，然后在“添加图表元素”→“数据标签”命令的子菜单中选择所需的数据标志即可。

(3) 修改和删除文字。若要对添加的文字修改，只要先单击要修改的文字处，就可直接修改或删除其中的内容。

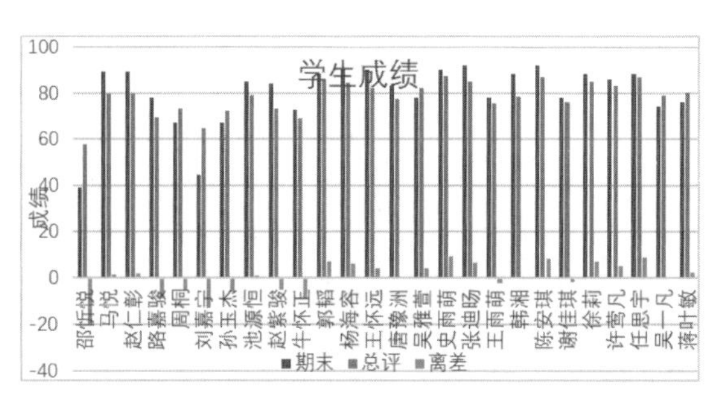

图 4-41 增加纵坐标标题后的各人的“期末”“总评”“离差”的簇状柱形图

7. 显示效果的设置

显示效果的设置指对图表中的对象根据需要进行设置，包括图例、网格线、三维图表视角的改变等。

(1) 图例。

图表上加图例用于解释图表中的数据。创建图表时，图例默认出现在图表的右边，用户可根据需要对图例进行增加、删除和移动等操作。要增加图例，首先选中图表，然后选择“添加图表元素”→“图例”命令，在其子菜单中进行图例显示的设置和图例位置的设置；删除图例，只要选中图例，直接按 Delete 键即可；移动图例，最方便的方法是把选中的图例，直接拖动到所需的位置。

(2) 网格线。

图表上加网格线可以清楚地显示数据。网格线的设置通过“添加图表元素”→“网格线”命令来设置，在其子拉菜单中选择对应的选项即可。

(3) 三维图表视角的改变。

对于三维图表来说，观察角度不同，效果也是不同的。当用户选中图表的绘图区时，右击，在弹出的快捷菜单中选择“三维旋转”命令，在对话框中可以精确地设置三维图像的俯仰角和左右旋转角。但如果只要进行粗略的设置，还是用鼠标直接拖曳绘图区的四个角来改变更为方便。

8. 改变图表布局

创建图表后，可更改它的外观。为了避免手动进行大量的格式设置，Excel 提供了多种有用的预定义布局和样式，可快速将其应用于图表中。选择预定义图表布局的操作如下：单击要设置格式的图表(此处选择图 4-41)，选择“图表设计”→“图表布局”→“快速布局”命令，在打开的下拉列表中选择“布局 5”命令，结果如图 4-42 所示。

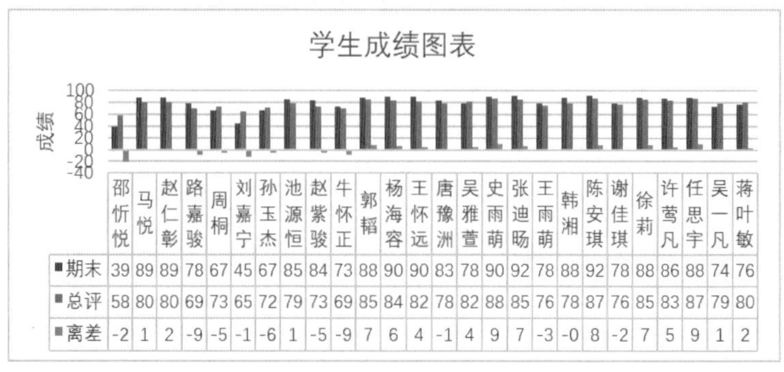

	邵忻悦	马悦	赵仁彰	路嘉骏	周桐	刘嘉宁	孙玉杰	池源恒	赵紫骏	牛怀正	郭韬	杨海容	王怀远	唐豫洲	吴雅萱	史雨萌	张迪旸	王雨萌	韩湘	陈安琪	谢佳琪	徐莉	许莺凡	任思宇	吴一凡	蒋叶敏
■期末	39	89	89	78	67	45	67	85	84	73	88	90	90	83	78	90	92	78	88	92	78	88	86	88	74	76
■总评	58	80	80	69	73	65	72	79	73	69	85	84	82	78	82	88	85	76	78	87	76	85	83	87	79	80
■离差	-2	1	2	-9	-5	-1	-6	1	-5	-9	7	6	4	-1	4	9	7	-3	-0	8	-2	7	5	9	1	2

图 4-42 更改成布局 5 后的各人的“期末”“总评”“离差”的簇状柱形图

4.5.3 图表格式化

图表格式化是指对图表各个对象的格式设置,包括文字和数值的格式、颜色、外观等。格式设置可以有三种方式：一是使用“格式”功能组中的各个选项组,在其中进行各部分的设置；二是在快捷菜单中选择该图表对象格式设置命令；三是双击欲进行格式设置的图表对象。最方便的是最后一种方式。

例如,对图 4-41 进行格式化。

(1) 双击数值轴,在打开的“设置坐标轴格式”对话框中,选择“坐标轴选项”选项卡,设置主要刻度(即大)单位为 10.0,次要刻度单位(即小)为 5.0,如图 4-43 所示的坐标轴格式设置。

(2) 双击图表区,在打开的如图 4-44 所示的“设置图表区格式”对话框中,进行线样式、颜色和边框等设置。

(3) 双击坐标轴标题,在打开的如图 4-45 所示的“设置坐标轴标题格式”对话框中,单击“大小与属性”按钮,设置文字方向为竖排。

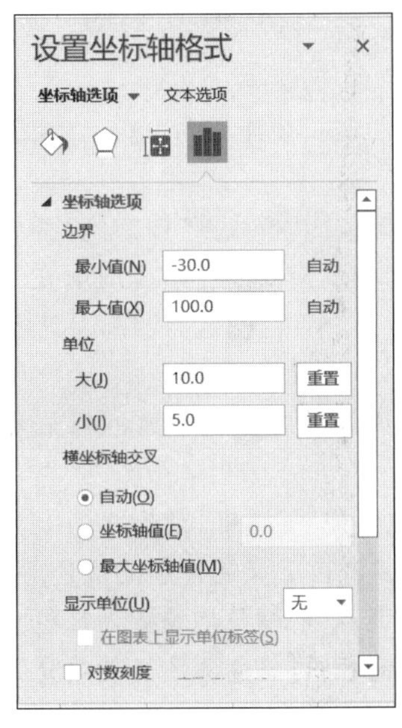

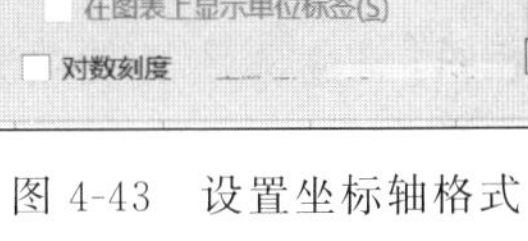

图 4-43 设置坐标轴格式

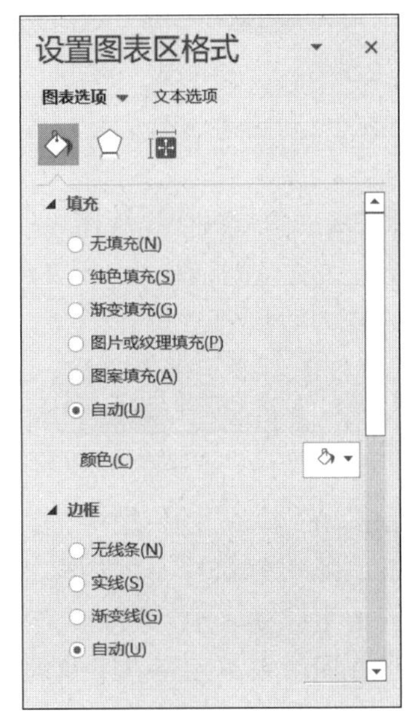

图 4-44 设置图表区格式

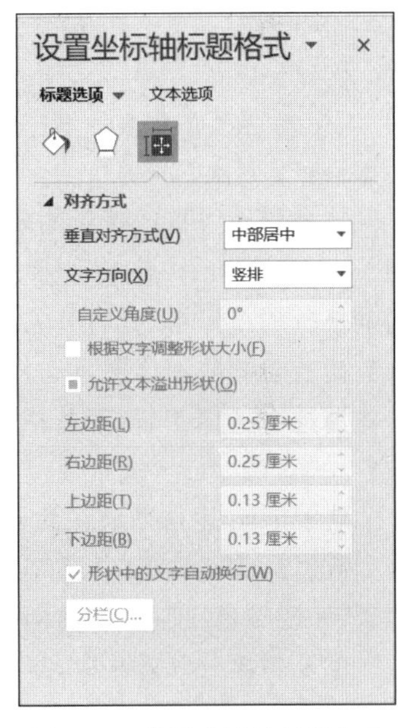

图 4-45 设置分类轴标题格式

格式化后的图表如图 4-46 所示。

4.5.4 简洁直观的 Excel 迷你图

迷你图是 Excel 2010 及以后的版本中的功能,使用它可以在一个单元格中创建小型图表来快速发现数据变化趋势。它是突出显示重要数据变化趋势的更加快速、简便的方法,可为用户节省大量时间。切换到“插入”选项卡,在“迷你图”选项组中列出了 3 种类型的迷你图,如图 4-47 所示。

例如,在“学籍管理资料”工作簿中,将“成绩等级计算”工作表的内容复制成“成绩迷你

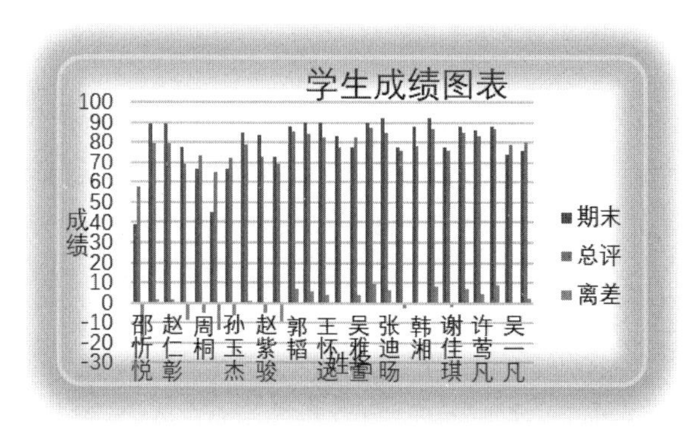

图 4-46　格式化后的图表

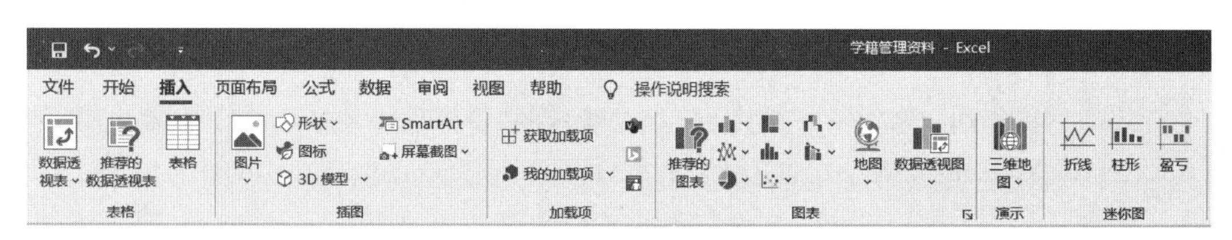

图 4-47　"迷你图"选项组

图"工作表，在"成绩迷你图"工作表中，利用迷你图功能对各列绘制折线迷你图，进行直观的数据分析。

选择要插入折线迷你图的单元格 E28，单击"迷你图"选项组中的"折线图"按钮，打开如图 4-48 所示的"创建迷你图"对话框。在该对话框中，放置迷你图位置范围已经自动填充为当前选择的单元格，此时只需确定所需数据的范围 E2:E27 即可。单击"确定"按钮，基于选中数据所绘制的迷你图自动显示在指定的单元格中，如图 4-49 所示。

当选中迷你图后，菜单栏会出现"迷你图"功能组区，可以对迷你图进行丰富的格式化操作。

选中 E28 迷你图所在的单元格，在"显示"选项组中，选中"标记"复选框，则折线图上会显示数据标志点；在"样式"选项组中，可以选择不同的样式，或者自定义迷你图的颜色等；单击"标记颜色"按钮，在随即打开的下拉列表中，将"高点"和"低点"的颜色均设置为红色。

像复制填充公式一样，拖动迷你图所在单元格右下角的填充柄，可将迷你图复制填充到其他单元格中。设置后如图 4-50 所示。

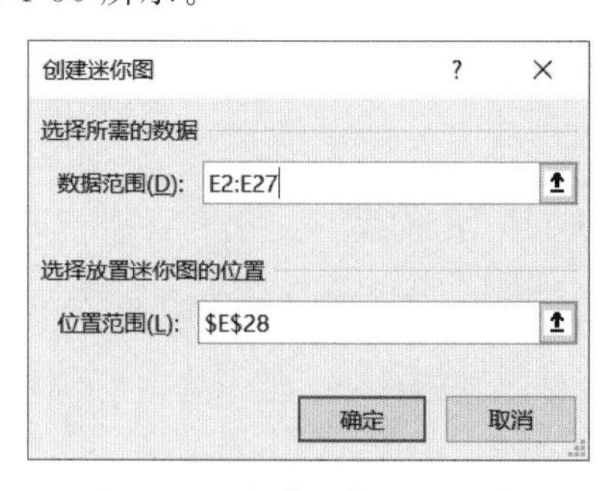

图 4-48　"创建迷你图"对话框

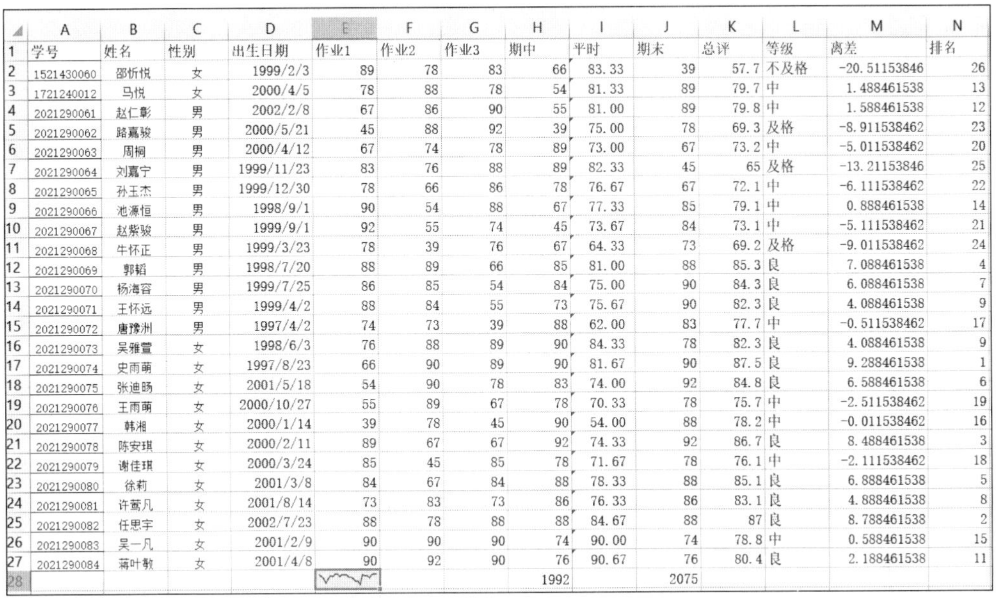

	A	B	C	D	E	F	G	H	I	J	K	L	M	N
1	学号	姓名	性别	出生日期	作业1	作业2	作业3	期中	平时	期末	总评	等级	离差	排名
2	1521430060	邵忻悦	女	1999/2/3	89	78	83	66	83.33	39	57.7	不及格	-20.51153846	26
3	1721240012	马悦	女	2000/4/5	78	88	78	54	81.33	89	79.7	中	1.488461538	13
4	2021290061	赵仁彰	男	2002/2/8	67	86	90	55	81.00	89	79.8	中	1.588461538	12
5	2021290062	路嘉骏	男	2000/5/21	45	88	92	39	75.00	78	69.3	及格	-8.911538462	23
6	2021290063	周桐	男	2000/4/12	67	74	78	89	73.00	67	73.2	中	-5.011538462	20
7	2021290064	刘嘉宁	男	1999/11/23	83	76	88	89	82.33	45	65	及格	-13.21153846	25
8	2021290065	孙玉杰	男	1999/12/30	78	66	86	78	76.67	67	72.1	中	-6.111538462	22
9	2021290066	池源恒	男	1998/9/1	90	54	88	67	77.33	85	79.1	中	0.888461538	14
10	2021290067	赵紫骏	男	1999/9/1	92	55	74	45	73.67	84	73.1	中	-5.111538462	21
11	2021290068	牛怀正	男	1999/3/23	78	39	76	67	64.33	73	69.2	及格	-9.011538462	24
12	2021290069	郭韬	男	1998/7/20	88	89	66	85	81.00	88	85.3	良	7.088461538	4
13	2021290070	杨海容	男	1999/7/25	86	85	54	84	75.00	90	84.3	良	6.088461538	7
14	2021290071	王怀远	男	1999/4/2	88	84	55	73	75.67	90	82.3	良	4.088461538	9
15	2021290072	唐豫洲	男	1997/4/2	74	73	39	88	62.00	83	77.7	中	-0.511538462	17
16	2021290073	吴雅萱	女	1998/6/3	76	88	89	90	84.33	78	82.3	良	4.088461538	9
17	2021290074	史雨萌	女	1997/8/23	66	90	89	90	81.67	90	87.5	良	9.288461538	1
18	2021290075	张迪旸	女	2001/5/18	54	90	78	83	74.00	92	84.8	良	6.588461538	6
19	2021290076	王雨萌	女	2000/10/27	55	89	67	78	70.33	78	75.7	中	-2.511538462	19
20	2021290077	韩湘	女	2000/1/14	39	78	45	90	54.00	88	78.2	中	-0.011538462	16
21	2021290078	陈安琪	女	2000/2/11	89	67	67	92	74.33	92	86.7	良	8.488461538	3
22	2021290079	谢佳琪	女	2000/3/24	85	45	85	78	71.67	78	76.1	中	-2.111538462	18
23	2021290080	徐莉	女	2001/3/8	84	67	84	88	78.33	88	85.1	良	6.888461538	5
24	2021290081	许蓠凡	女	2001/8/14	73	83	73	86	76.33	86	83.1	良	4.888461538	8
25	2021290082	任思宇	女	2002/7/23	88	78	88	88	84.67	88	87	良	8.788461538	2
26	2021290083	吴一凡	女	2001/2/9	90	90	90	74	90.00	74	78.8	中	0.588461538	15
27	2021290084	蒋叶敏	女	2001/4/8	90	92	90	76	90.67	76	80.4	良	2.188461538	11
28								1992		2075				

图 4-49　绘制迷你图

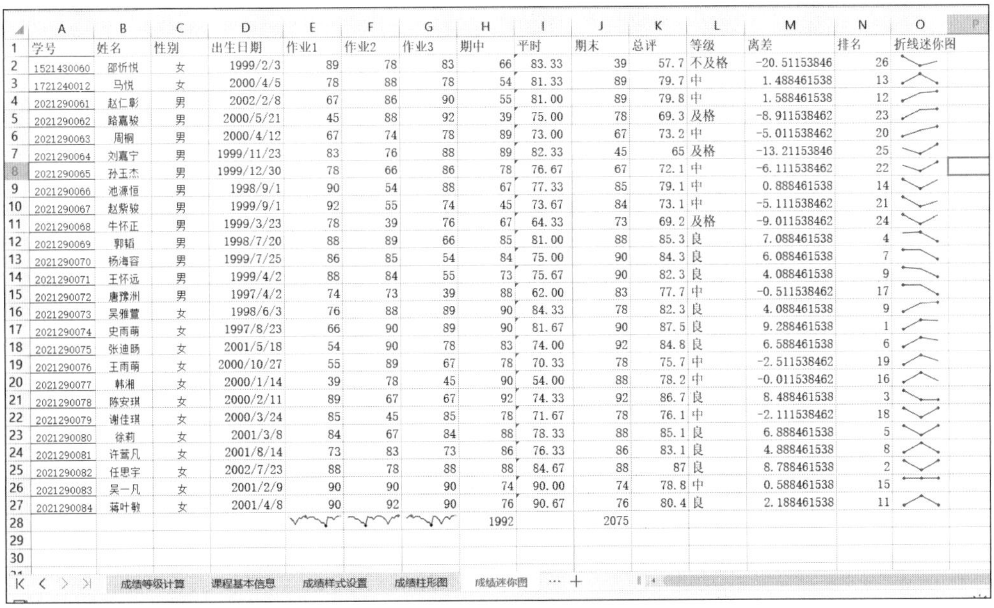

	A	B	C	D	E	F	G	H	I	J	K	L	M	N	O	P
1	学号	姓名	性别	出生日期	作业1	作业2	作业3	期中	平时	期末	总评	等级	离差	排名	折线迷你图	
2	1521430060	邵忻悦	女	1999/2/3	89	78	83	66	83.33	39	57.7	不及格	-20.51153846	26		
3	1721240012	马悦	女	2000/4/5	78	88	78	54	81.33	89	79.7	中	1.488461538	13		
4	2021290061	赵仁彰	男	2002/2/8	67	86	90	55	81.00	89	79.8	中	1.588461538	12		
5	2021290062	路嘉骏	男	2000/5/21	45	88	92	39	75.00	78	69.3	及格	-8.911538462	23		
6	2021290063	周桐	男	2000/4/12	67	74	78	89	73.00	67	73.2	中	-5.011538462	20		
7	2021290064	刘嘉宁	男	1999/11/23	83	76	88	89	82.33	45	65	及格	-13.21153846	25		
8	2021290065	孙玉杰	男	1999/12/30	78	66	86	78	76.67	67	72.1	中	-6.111538462	22		
9	2021290066	池源恒	男	1998/9/1	90	54	88	67	77.33	85	79.1	中	0.888461538	14		
10	2021290067	赵紫骏	男	1999/9/1	92	55	74	45	73.67	84	73.1	中	-5.111538462	21		
11	2021290068	牛怀正	男	1999/3/23	78	39	76	67	64.33	73	69.2	及格	-9.011538462	24		
12	2021290069	郭韬	男	1998/7/20	88	89	66	85	81.00	88	85.3	良	7.088461538	4		
13	2021290070	杨海容	男	1999/7/25	86	85	54	84	75.00	90	84.3	良	6.088461538	7		
14	2021290071	王怀远	男	1999/4/2	88	84	55	73	75.67	90	82.3	良	4.088461538	9		
15	2021290072	唐豫洲	男	1997/4/2	74	73	39	88	62.00	83	77.7	中	-0.511538462	17		
16	2021290073	吴雅萱	女	1998/6/3	76	88	89	90	84.33	78	82.3	良	4.088461538	9		
17	2021290074	史雨萌	女	1997/8/23	66	90	89	90	81.67	90	87.5	良	9.288461538	1		
18	2021290075	张迪旸	女	2001/5/18	54	90	78	83	74.00	92	84.8	良	6.588461538	6		
19	2021290076	王雨萌	女	2000/10/27	55	89	67	78	70.33	78	75.7	中	-2.511538462	19		
20	2021290077	韩湘	女	2000/1/14	39	78	45	90	54.00	88	78.2	中	-0.011538462	16		
21	2021290078	陈安琪	女	2000/2/11	89	67	67	92	74.33	92	86.7	良	8.488461538	3		
22	2021290079	谢佳琪	女	2000/3/24	85	45	85	78	71.67	78	76.1	中	-2.111538462	18		
23	2021290080	徐莉	女	2001/3/8	84	67	84	88	78.33	88	85.1	良	6.888461538	5		
24	2021290081	许蓠凡	女	2001/8/14	73	83	73	86	76.33	86	83.1	良	4.888461538	8		
25	2021290082	任思宇	女	2002/7/23	88	78	88	88	84.67	88	87	良	8.788461538	2		
26	2021290083	吴一凡	女	2001/2/9	90	90	90	74	90.00	74	78.8	中	0.588461538	15		
27	2021290084	蒋叶敏	女	2001/4/8	90	92	90	76	90.67	76	80.4	良	2.188461538	11		
28								1992		2075						
29																
30																

成绩等级计算　课程基本信息　成绩样式设置　成绩柱形图　成绩迷你图　…　+

图 4-50　绘制好的迷你图

4.6　数据管理

Excel 2019 不仅具有数据计算处理的能力，还提供了强大的数据管理功能，如数据的排序、筛选、汇总等，利用这些功能可以方便地从大量数据中获取所需数据、重新整理数据，以及从不同的角度观察和分析数据。

4.6.1 数据排序

数据排序是指按一定的规则把一列或多列无序的数据变成有序的数据。

在“学籍管理资料”工作簿中，将“成绩等级计算”工作表的内容复制成“数据排序”工作表。在“数据排序”工作表中进行数据的排序。

实际运用过程中，用户往往有按一定次序对数据重新排列的要求。根据要求的不同可以采用以下方式实现数据有序化的要求。

1. 快速数据排序

如果需要排序的数据只有一个属性(列)，则采用快速数据排序。操作如下。

- 选择要排序的数据列中的任意单元格。
- 选择“数据”→“排序和筛选”选项组中的“升序”或“降序”快捷按钮。

2. 简单数据排序

实际应用过程中，用户往往有按一定次序对两个或两个以上的数据属性进行重新排列的要求，例如，在“数据排序”工作表中按“期末”和“期中”成绩降序排序。对于这类按单列数据排序的要求，可采用简单数据排序实现。可选择“数据”→“排序和筛选”选项组中的“排序”命令来实现。操作如下。

- 选取数据源，选择“数据”→“排序和筛选”选项组中的“排序”命令，打开“排序”对话框。
- 在“排序”对话框中选择主要关键字，设置排序依据并设置次序，然后单击“添加条件”按钮进行次要关键字的设置，如图 4-51 所示。

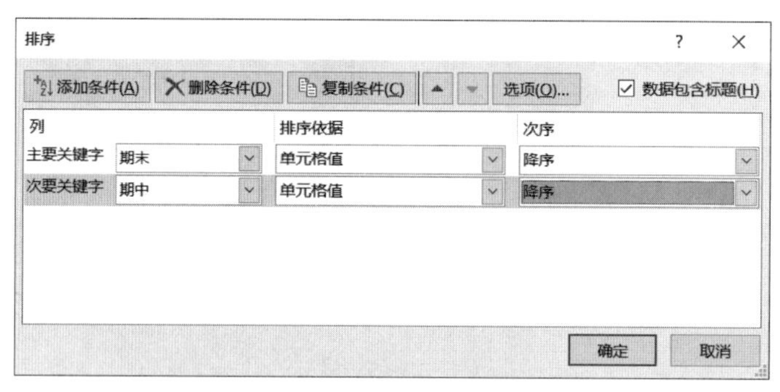

图 4-51 排序对话框

- 单击“确定”按钮。排序后的数据如图 4-52 所示。

提示：选取数据源后，通过右击，在弹出的快捷菜单中选择“自定义排序”命令也可实现排序。

3. 复杂数据排序

如果排序要求比较复杂，如按照指定的顺序作为排序方式。例如，先按“等级”降序排列，且“等级”按优、良、中、及格和不及格进行排序，然后按“期末”成绩降序排列，则需使用“排序”命令中的自定义序列来完成。具体的操作同简单排序类似，所不同的是在设置主关键字“等级”的排序次序时，选择“自定义序列”，打开的“自定义序列”对话框如图 4-53 所示，在“输入序列”文本框中输入自定义序列，然后单击“添加”按钮，再单击“确定”按钮，返回“排序”对话框。排序结果如图 4-54 所示。

	A	B	C	D	E	F	G	H	I	J	K	L	M	N
1	学号	姓名	性别	出生日期	作业1	作业2	作业3	期中	平时	期末	总评	等级	离差	排名
2	2021290078	陈安琪	女	2000/2/11	89	67	67	92	74.33	92	86.7	良	8.488461538	3
3	2021290075	张迪旸	女	2001/5/18	54	90	78	83	74.00	92	84.8	良	6.588461538	6
4	2021290074	史雨萌	女	1997/8/23	66	90	89	90	81.67	90	87.5	良	9.288461538	1
5	2021290070	杨海容	男	1999/7/25	86	85	54	84	75.00	90	84.3	良	6.088461538	7
6	2021290071	王怀远	男	1999/4/2	88	84	55	73	75.67	90	82.3	良	4.088461538	9
7	2021290061	赵仁彰	男	2002/2/8	67	86	90	55	81.00	89	79.8	中	1.588461538	12
8	1721240012	马悦	女	2000/4/5	78	88	78	54	81.33	89	79.7	中	1.488461538	13
9	2021290077	韩湘	女	2000/1/14	39	78	45	90	54.00	88	78.2	中	-0.011538462	16
10	2021290080	徐莉	女	2001/3/8	84	67	84	88	78.33	88	85.1	良	6.888461538	5
11	2021290082	任思宇	女	2002/7/23	88	78	88	88	84.67	88	87	良	8.788461538	2
12	2021290069	郭韬	男	1998/7/20	88	89	66	85	81.00	88	85.3	良	7.088461538	4
13	2021290081	许萤凡	女	2001/8/14	73	83	73	86	76.33	86	83.1	良	4.888461538	8
14	2021290066	池源恒	男	1998/9/1	90	54	88	67	77.33	85	79.1	中	0.888461538	14
15	2021290067	赵紫骏	男	1999/9/1	92	55	74	45	73.67	84	73.1	中	-5.111538462	21
16	2021290072	唐豫洲	男	1997/4/2	74	73	39	88	62.00	83	77.7	中	-0.511538462	17
17	2021290073	吴雅萱	女	1998/6/3	76	88	89	90	84.33	78	82.3	良	4.088461538	9
18	2021290076	王雨萌	女	2000/10/27	55	89	67	78	70.33	78	75.7	中	-2.511538462	19
19	2021290079	谢佳琪	女	2000/3/24	85	45	85	78	71.67	78	76.1	中	-2.111538462	18
20	2021290062	路嘉骏	男	2000/5/21	45	88	92	39	75.00	78	69.3	及格	-8.911538462	23
21	2021290084	蒋叶敏	女	2001/4/8	90	92	90	76	90.67	76	80.4	良	2.188461538	11
22	2021290083	吴一凡	女	2001/2/9	90	90	90	74	90.00	74	78.8	中	0.588461538	15
23	2021290068	牛怀正	男	1999/3/23	78	39	76	67	64.33	73	69.2	及格	-9.011538462	24
24	2021290063	周桐	男	2000/4/12	67	74	78	89	73.00	67	73.2	中	-5.011538462	20
25	2021290065	孙玉杰	男	1999/12/30	78	66	86	78	76.67	67	72.1	中	-6.111538462	22
26	2021290064	刘嘉宁	男	1999/11/23	83	76	88	89	82.33	45	65	及格	-13.21153846	25
27	1521430060	邵忻悦	女	1999/2/3	89	78	83	66	83.33	39	57.7	不及格	-20.51153846	26

图 4-52　按“期末”和“期中”成绩降序排序

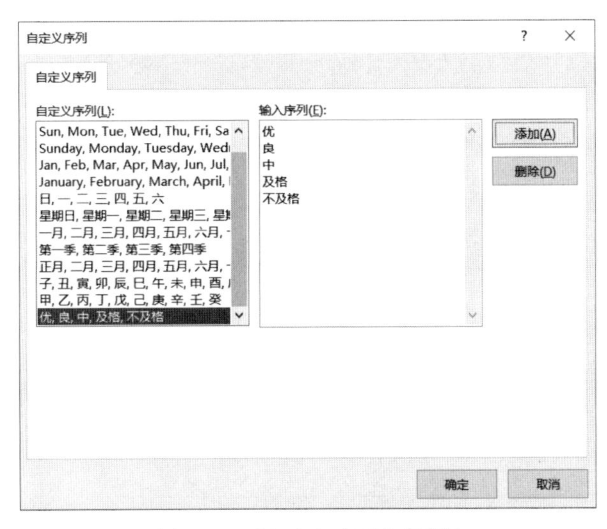

图 4-53　“自定义序列”对话框

	B	C	D	E	F	G	H	I	J	K	L	M	N
1	姓名	性别	出生日期	作业1	作业2	作业3	期中	平时	期末	总评	等级	离差	排名
2	张迪旸	女	2001/5/18	54	90	78	83	74.00	92	84.8	良	6.588461538	6
3	陈安琪	女	2000/2/11	89	67	67	92	74.33	92	86.7	良	8.488461538	3
4	史雨萌	女	1997/8/23	66	90	89	90	81.67	90	87.5	良	9.288461538	1
5	王怀远	男	1999/4/2	88	84	55	73	75.67	90	82.3	良	4.088461538	9
6	杨海容	男	1999/7/25	86	85	54	84	75.00	90	84.3	良	6.088461538	7
7	徐莉	女	2001/3/8	84	67	84	88	78.33	88	85.1	良	6.888461538	5
8	任思宇	女	2002/7/23	88	78	88	88	84.67	88	87	良	8.788461538	2
9	郭韬	男	1998/7/20	88	89	66	85	81.00	88	85.3	良	7.088461538	4
10	许萤凡	女	2001/8/14	73	83	73	86	76.33	86	83.1	良	4.888461538	8
11	吴雅萱	女	1998/6/3	76	88	89	90	84.33	78	82.3	良	4.088461538	9
12	蒋叶敏	女	2001/4/8	90	92	90	76	90.67	76	80.4	良	2.188461538	11
13	马悦	女	2000/4/5	78	88	78	54	81.33	89	79.7	中	1.488461538	13
14	赵仁彰	男	2002/2/8	67	86	90	55	81.00	89	79.8	中	1.588461538	12
15	韩湘	女	2000/1/14	39	78	45	90	54.00	88	78.2	中	-0.011538462	16
16	池源恒	男	1998/9/1	90	54	88	67	77.33	85	79.1	中	0.888461538	14
17	赵紫骏	男	1999/9/1	92	55	74	45	73.67	84	73.1	中	-5.111538462	21
18	唐豫洲	男	1997/4/2	74	73	39	88	62.00	83	77.7	中	-0.511538462	17
19	谢佳琪	女	2000/3/24	85	45	85	78	71.67	78	76.1	中	-2.111538462	18
20	王雨萌	女	2000/10/27	55	89	67	78	70.33	78	75.7	中	-2.511538462	19
21	吴一凡	女	2001/2/9	90	90	90	74	90.00	74	78.8	中	0.588461538	15
22	孙玉杰	男	1999/12/30	78	66	86	78	76.67	67	72.1	中	-6.111538462	22
23	周桐	男	2000/4/12	67	74	78	89	73.00	67	73.2	中	-5.011538462	20
24	路嘉骏	男	2000/5/21	45	88	92	39	75.00	78	69.3	及格	-8.911538462	23
25	牛怀正	男	1999/3/23	78	39	76	67	64.33	73	69.2	及格	-9.011538462	24
26	刘嘉宁	男	1999/11/23	83	76	88	89	82.33	45	65	及格	-13.21153846	25
27	邵忻悦	女	1999/2/3	89	78	83	66	83.33	39	57.7	不及格	-20.51153846	26

图 4-54　采用了“自定义序列”的排序数据

4.6.2 数据筛选

当数据列表中记录非常多,用户如果只需要其中一部分数据时,可以使用 Excel 的数据筛选功能,即将不需要的数据暂时隐藏起来,只显示需要的数据。

在“学籍管理资料”工作簿中,将“成绩等级计算”工作表的内容复制成“成绩筛选”工作表。在“成绩筛选”工作表中进行数据的筛选。

1. 自动筛选

如果要筛选的要求只有一个时,就可以使用自动筛选实现。例如,只想看到期末成绩在80分以上(含80分)的记录,可用“数据”→“排序和筛选”选项组中的“筛选”命令来实现。操作如下。

(1) 单击数据列表中任一单元格。

(2) 选择“数据”→“排序和筛选”选项组中的“筛选”命令后,在每个列标题旁边增加了一个向下的筛选箭头。

(3) 单击“期末”列的筛选箭头,在打开的下拉列表中选择“数字筛选”→“大于或等于”命令,在打开的“自定义自动筛选方式”对话框中设置条件,单击“确定”按钮即可。筛选后,含筛选条件的列旁边的筛选箭头变为沙漏,如图4-55所示。

H9 | 67

	A	B	C	D	E	F	G	H	I	J	K	L	M	N
1	学号	姓名	性别	出生日期	作业1	作业2	作业3	期中	平时	期末	总评	等级	离差	排名
3	1721240012	马悦	女	2000/4/5	78	88	78	54	81.33	89	79.7	中	1.488462	13
4	2021290061	赵仁彰	男	2002/2/8	67	86	90	55	81.00	89	79.8	中	1.588462	12
9	2021290066	池源恒	男	1998/9/1	90	54	88	67	77.33	85	79.1	中	0.888462	14
10	2021290067	赵紫骏	男	1999/9/1	92	55	74	45	73.67	84	73.1	中	-5.11154	21
12	2021290069	郭韬	男	1998/7/20	88	89	66	85	81.00	88	85.3	良	7.088462	4
13	2021290070	杨海容	男	1999/7/25	86	85	54	84	75.00	90	84.3	良	6.088462	7
14	2021290071	王怀远	男	1999/4/2	88	84	55	73	75.67	90	82.3	良	4.088462	9
15	2021290072	唐豫洲	男	1997/4/2	74	73	39	88	62.00	83	77.7	中	-0.51154	17
17	2021290074	史雨萌	女	1997/8/23	66	90	89	90	81.67	90	87.5	良	9.288462	1
18	2021290075	张迪旸	女	2001/5/18	54	90	78	83	74.00	92	84.8	良	6.588462	6
20	2021290077	韩湘	女	2000/1/14	39	78	45	90	54.00	88	78.2	中	-0.01154	16
21	2021290078	陈安琪	女	2000/2/11	89	67	67	92	74.33	92	86.7	良	8.488462	3
23	2021290080	徐莉	女	2001/3/8	84	67	84	88	78.33	88	85.1	良	6.888462	5
24	2021290081	许莺凡	女	2001/8/14	73	83	73	86	76.33	86	83.1	良	4.888462	8
25	2021290082	任思宇	女	2002/7/23	88	78	88	88	84.67	88	87	良	8.788462	2
28								1992		2075				

图4-55 筛选期末成绩在80分以上的数据

提示:筛选并不意味着删除不满足条件的记录,而只是暂时隐藏。如果想恢复被隐藏的记录,只需单击“筛选”按钮即可。

2. 简单筛选

筛选的条件还可以复杂一些,例如,要查看期末成绩在85～95分的学生记录。操作如下。

(1) 单击数据列表中任意一单元格。

(2) 选择“数据”→“排序和筛选”选项组中的“筛选”命令后,在每个列标题旁边增加了一个向下的筛选箭头。

(3) 单击“期末”列的筛选箭头,在打开的下拉列表中选择“数字筛选”→“自定义筛选”命令,打开如图4-56所示的“自定义自动筛选方式”对话框。

(4) 在该对话框左边的操作符列表框中选择“大于或等于”,在右边值列表框中输入“85”。

图 4-56 “自定义自动筛选方式”对话框

(5) 选中“与”单选按钮，在下面的操作符列表框中选择“小于或等于”，在值列表框中输入“95”，单击“确定”按钮，可筛选出符合条件的记录，如图 4-57 所示。

	A	B	C	D	E	F	G	H	I	J	K	L	M	N
1	学号	姓名	性别	出生日期	作业1	作业2	作业3	期中	平时	期末	总评	等级	离差	排名
3	1721240012	马悦	女	2000/4/5	78	88	78	54	81.33	89	79.7	中	1.488462	13
4	2021290061	赵仁彰	男	2002/2/8	67	86	90	55	81.00	89	79.8	中	1.588462	12
9	2021290066	池源恒	男	1998/9/1	90	54	88	67	77.33	85	79.1	中	0.888462	14
12	2021290069	郭韬	男	1998/7/20	88	89	66	85	81.00	88	85.3	良	7.088462	4
13	2021290070	杨海蓉	男	1999/7/25	86	85	54	84	75.00	90	84.3	良	6.088462	7
14	2021290071	王怀远	男	1999/4/2	88	84	55	73	75.67	90	82.3	良	4.088462	9
17	2021290074	史雨萌	女	1997/8/23	66	90	89	90	81.67	90	87.5	良	9.288462	1
18	2021290075	张迪旸	女	2001/5/18	54	90	78	83	74.00	92	84.8	良	6.588462	6
20	2021290077	韩湘	女	2000/1/14	39	78	45	90	54.00	88	78.2	中	-0.01154	16
21	2021290078	陈安琪	女	2000/2/11	89	67	67	92	74.33	92	86.7	良	8.488462	3
23	2021290080	徐莉	女	2001/3/8	84	67	84	88	78.33	88	85.1	良	6.888462	5
24	2021290081	许蔓凡	女	2001/8/14	73	83	73	86	76.33	86	83.1	良	4.888462	8
25	2021290082	任思宇	女	2002/7/23	88	78	88	88	84.67	88	87	良	8.788462	2
29														

图 4-57 筛选期末成绩在 85 分列 95 分之间的数据

如果想取消自动筛选功能，可选择“数据”→“排序和筛选”组中的“清除”命令，则数据恢复显示，但筛选箭头并不消失。而再选择“数据”→“排序和筛选”组中的“筛选”命令，则所有列标题旁的筛选箭头消失，所有数据恢复显示。

3. 高级筛选

如果筛选条件更为复杂，涉及两列及以上数据或一列复杂关系时，就用高级筛选来实现。例如，筛选出期末成绩在 80 分到 90 之间或等级是“中”的学生，则需要采用高级筛选。此时可选择“数据”→“排序和筛选”选项组中的“高级”命令来实现。

在“学籍管理资料”工作簿中，将“成绩等级计算”工作表的内容复制成“成绩高级筛选”工作表。在“成绩高级筛选”工作表中，进行上例的数据的筛选。操作如下。

(1) 在数据表中选择条件区域并输入筛选条件，条件区域至少两行，且首行为与数据列表相应列标题精确匹配的列标题。同一行上的条件关系为“逻辑与”，不同行间为“逻辑或”。筛选条件如图 4-58 所示。

(2) 选择“数据”→“排序和筛选”选项组中的“高级”命令，在打开的“高级筛选”对话框中选择列表区域、选择条件区域和确定“是否选择重复的记录”等，如图 4-59 所示。

(3) 设置好后，单击“确定”按钮，得到如图 4-60 所示的筛选结果。

如果想取消高级筛选功能，可选择“数据”→“排序和筛选”选项组中的“清除”命令，则数据恢复显示。

	A	B	C	D	E	F	G	H	I	J	K	L	M	N
1	学号	姓名	性别	出生日期	作业1	作业2	作业3	期中	平时	期末	总评	等级	离差	排名
2	1521430060	邵忻悦	女	1999/2/3	89	78	83	66	83.33	39	57.7	不及格	-20.5115	26
3	1721240012	马悦	女	2000/4/5	78	88	78	54	81.33	89	79.7	中	1.488462	13
4	2021290061	赵仁彰	男	2002/2/8	67	86	90	55	81.00	89	79.8	中	1.588462	12
5	2021290062	路嘉骏	男	2000/5/21	45	88	92	39	75.00	78	69.3	及格	-8.91154	23
6	2021290063	周桐	男	2000/4/12	67	74	78	89	73.00	67	73.2	中	-5.01154	20
7	2021290064	刘嘉宁	男	1999/11/23	83	76	88	89	82.33	45	65	及格	-13.2115	25
8	2021290065	孙玉杰	男	1999/12/30	78	66	86	78	76.67	67	72.1	中	-6.11154	22
9	2021290066	池源恒	男	1998/9/1	90	54	88	67	77.33	85	79.1	中	0.888462	14
10	2021290067	赵紫骏	男	1999/9/1	92	55	74	45	73.67	84	73.1	中	-5.11154	21
11	2021290068	牛怀正	男	1999/3/23	78	39	76	67	64.33	73	69.2	及格	-9.01154	24
12	2021290069	郭韬	男	1998/7/20	88	89	66	85	81.00	88	85.3	良	7.088462	4
13	2021290070	杨海容	男	1999/7/25	86	85	54	84	75.00	90	84.3	良	6.088462	7
14	2021290071	王怀远	男	1999/4/2	88	84	55	73	75.67	90	82.3	良	4.088462	9
15	2021290072	唐豫洲	男	1997/4/2	74	73	39	88	62.00	83	77.7	中	-0.51154	17
16	2021290073	吴雅萱	女	1998/6/3	76	88	89	90	84.33	78	82.3	良	4.088462	9
17	2021290074	史雨萌	女	1997/8/23	66	90	89	90	81.67	90	87.5	良	9.288462	1
18	2021290075	张迪旸	女	2001/5/18	54	90	78	83	74.00	92	84.8	良	6.588462	6
19	2021290076	王雨萌	女	2000/10/27	55	89	67	78	70.33	78	75.7	中	-2.51154	19
20	2021290077	韩湘	女	2000/1/14	39	78	45	90	54.00	88	78.2	中	-0.01154	16
21	2021290078	陈安琪	女	2000/2/11	89	67	67	92	74.33	92	86.7	良	8.488462	3
22	2021290079	谢佳琪	女	2000/3/24	85	45	85	78	71.67	78	76.1	中	-2.11154	18
23	2021290080	徐莉	女	2001/3/8	84	67	84	88	78.33	88	85.1	良	6.888462	5
24	2021290081	许莺凡	女	2001/8/14	73	83	73	86	76.33	86	83.1	良	4.888462	8
25	2021290082	任思宇	女	2002/7/23	88	78	88	88	84.67	88	87	良	8.788462	2
26	2021290083	吴一凡	女	2001/2/9	90	90	90	74	90.00	74	78.8	中	0.588462	15
27	2021290084	蒋叶敏	女	2001/4/8	90	92	90	76	90.67	76	80.4	良	2.188462	11
28								1992		2075				
29														
30														
31					期末	期末	等级							
32					>=80	<90								
33							中							

图 4-58　筛选条件

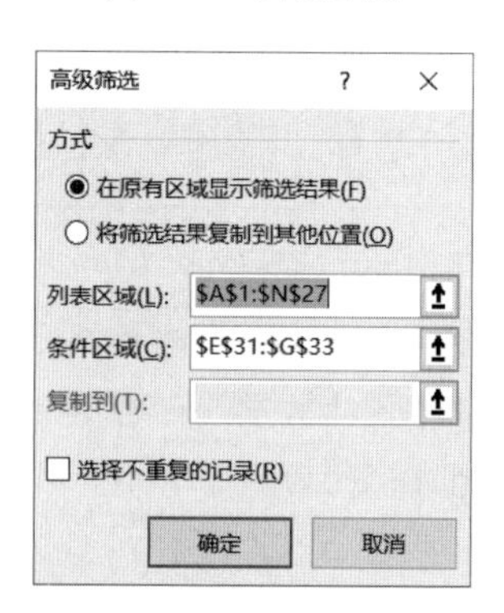
高级筛选

方式

◉ 在原有区域显示筛选结果(F)

○ 将筛选结果复制到其他位置(O)

列表区域(L): $A$1:$N$27

条件区域(C): $E$31:$G$33

复制到(T):

☐ 选择不重复的记录(R)

确定　取消

图 4-59　“高级筛选”对话框

	A	B	C	D	E	F	G	H	I	J	K	L	M	N
1	学号	姓名	性别	出生日期	作业1	作业2	作业3	期中	平时	期末	总评	等级	离差	排名
3	1721240012	马悦	女	2000/4/5	78	88	78	54	81.33	89	79.7	中	1.488462	13
4	2021290061	赵仁彰	男	2002/2/8	67	86	90	55	81.00	89	79.8	中	1.588462	12
6	2021290063	周桐	男	2000/4/12	67	74	78	89	73.00	67	73.2	中	-5.01154	20
8	2021290065	孙玉杰	男	1999/12/30	78	66	86	78	76.67	67	72.1	中	-6.11154	22
9	2021290066	池源恒	男	1998/9/1	90	54	88	67	77.33	85	79.1	中	0.888462	14
10	2021290067	赵紫骏	男	1999/9/1	92	55	74	45	73.67	84	73.1	中	-5.11154	21
12	2021290069	郭韬	男	1998/7/20	88	89	66	85	81.00	88	85.3	良	7.088462	4
15	2021290072	唐豫洲	男	1997/4/2	74	73	39	88	62.00	83	77.7	中	-0.51154	17
19	2021290076	王雨萌	女	2000/10/27	55	89	67	78	70.33	78	75.7	中	-2.51154	19
20	2021290077	韩湘	女	2000/1/14	39	78	45	90	54.00	88	78.2	中	-0.01154	16
22	2021290079	谢佳琪	女	2000/3/24	85	45	85	78	71.67	78	76.1	中	-2.11154	18
23	2021290080	徐莉	女	2001/3/8	84	67	84	88	78.33	88	85.1	良	6.888462	5
24	2021290081	许莺凡	女	2001/8/14	73	83	73	86	76.33	86	83.1	良	4.888462	8
25	2021290082	任思宇	女	2002/7/23	88	78	88	88	84.67	88	87	良	8.788462	2
26	2021290083	吴一凡	女	2001/2/9	90	90	90	74	90.00	74	78.8	中	0.588462	15
28								1992		2075				
29														
30														
31					期末	期末	等级							
32					>=80	<90								
33							中							

图 4-60　应用了高级筛选后的数据

4.6.3 分类汇总

实际应用中分类汇总经常要用到，像仓库的库存管理经常要统计各类产品的库存总量、商店的销售管理经常要统计各类商品的售出总量等，它们共同的特点是首先要进行分类，将同类别数据放在一起，然后进行数量求和之类的汇总运算。Excel 具有分类汇总功能，但并不局限于求和，也可以进行计数、求平均值等其他运算。并且针对同一个分类字段，可进行多种汇总。

在"学籍管理资料"工作簿中，将"成绩等级计算"工作表的内容复制成"成绩分类汇总"工作表。在"成绩分类汇总"工作表中进行数据的分类汇总。

1. 简单汇总

例如，求各等级的作业 1、期中和期末成绩的总和。

(1) 首先进行数据的排序。

将同等级的同学记录放在一起，可通过"等级"字段排序来实现。

(2) 进行分类汇总。

选择"数据"→"分级显示"选项组中的"分类汇总"命令，打开如图 4-61 所示的"分类汇总"对话框。其中，"分类字段"表示按该字段分类(注意，一定是排序的字段)，本例选择"等级"；"汇总方式"表示要进行汇总的函数，如求和、计数、求平均值等，本例是"求和"；"选定汇总项"表示用选取的汇总函数进行汇总的对象，本例中选中"作业 1""期中""期末"复选框，并清除其余默认汇总对象。分类汇总后的结果如图 4-62 所示。

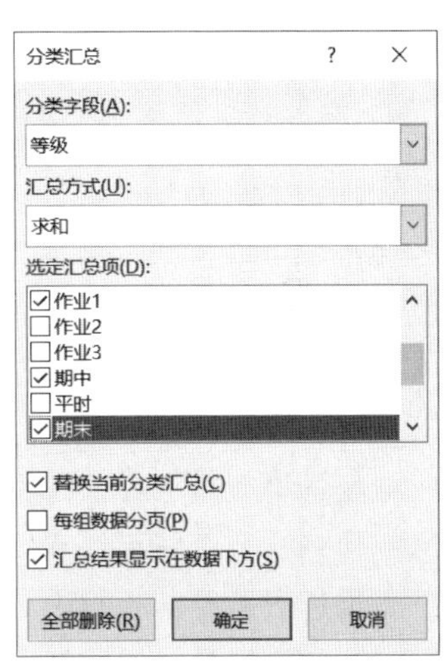

图 4-61 "分类汇总"对话框

	A	B	C	D	E	F	G	H	I	J	K	L	M	N
1	学号	姓名	性别	出生日期	作业1	作业2	作业3	期中	平时	期末	总评	等级	离差	排名
2	1521430060	邵忻悦	女	1999/2/3	89	78	83	66	83.33	39	57.7	不及格	-20.5115	26
3					89			66		39		不及格 汇总		
4	2021290062	路嘉骏	男	2000/5/21	45	88	92	39	75.00	78	69.3	及格	-8.91154	23
5	2021290064	刘嘉宁	男	1999/11/23	83	76	88	89	82.33	45	65	及格	-13.2115	25
6	2021290068	牛怀正	男	1999/3/23	78	39	76	67	64.33	73	69.2	及格	-9.01154	24
7					206			195		196		及格 汇总		
8	2021290069	郭韬	男	1998/7/20	88	89	66	85	81.00	88	85.3	良	7.088462	4
9	2021290070	杨海容	男	1999/7/25	86	85	54	84	75.00	90	84.3	良	6.088462	7
10	2021290071	王怀远	男	1999/4/2	88	84	55	73	75.67	90	82.3	良	4.088462	9
11	2021290073	吴雅萱	女	1998/6/3	76	88	89	90	84.33	78	82.3	良	4.088462	9
12	2021290074	史雨萌	女	1997/8/23	66	90	89	90	81.67	90	87.5	良	9.288462	1
13	2021290075	张迪旸	女	2001/5/18	54	90	78	83	74.00	92	84.8	良	6.588462	6
14	2021290078	陈安琪	女	2000/2/11	89	67	67	92	74.33	92	86.7	良	8.488462	3
15	2021290080	徐莉	女	2001/3/8	84	67	84	88	78.33	88	85.1	良	6.888462	5
16	2021290081	许莺凡	女	2001/8/14	73	83	73	86	76.33	86	83.1	良	4.888462	8
17	2021290082	任思宇	女	2002/7/23	88	78	88	88	84.67	88	87	良	8.788462	2
18	2021290084	蒋叶敏	女	2001/4/8	90	92	90	76	90.67	76	80.4	良	2.188462	11
19					882			935		958		良 汇总		
20	1721240012	马悦	女	2000/4/5	78	88	78	54	81.33	89	79.7	中	1.488462	13
21	2021290061	赵仁彰	男	2002/2/8	67	86	90	55	81.00	89	79.8	中	1.588462	12
22	2021290063	周桐	男	2000/4/12	67	74	78	89	73.00	67	73.2	中	-5.01154	20
23	2021290065	孙玉杰	男	1999/12/30	78	66	86	78	76.67	67	72.1	中	-6.11154	22
24	2021290066	池源恒	男	1998/9/1	90	54	88	67	77.33	85	79.1	中	0.888462	14
25	2021290067	赵紫骏	男	1999/9/1	92	55	74	45	73.67	84	73.1	中	-5.11154	21
26	2021290072	唐豫洲	男	1997/4/2	74	73	39	88	62.00	83	77.7	中	-0.51154	17
27	2021290076	王雨萌	女	2000/10/27	55	89	67	78	70.33	78	75.7	中	-2.51154	19
28	2021290077	韩湘	女	2000/1/14	39	78	45	90	54.00	88	78.2	中	-0.01154	16
29	2021290079	谢佳琪	女	2000/3/24	85	45	85	78	71.67	78	76.1	中	-2.11154	18
30	2021290083	吴一凡	女	2001/2/9	90	90	90	74	90.00	74	78.8	中	0.588462	15
31					815			796		882		中 汇总		
32					1992			1992		2075		总计		

图 4-62 按"等级"分类，将作业 1、期中和期末成绩汇总明细

2. 分类汇总数据分级显示

在进行分类汇总时,Excel会自动对列表中的数据进行分级显示,在工作表窗口左侧会出现分级显示区,列出一些分级显示符号,以便对数据的显示进行控制。

默认情况下,数据会分三级显示,可以通过单击分级显示区上方的“1”“2”“3”三个按钮进行控制,“1”按钮只显示列表中的列标题和总计结果;“2”按钮显示列标题、各个分类汇总结果和总计结果;“3”按钮显示所有的详细数据,即图4-62所示的所有数据。

从上面操作不难看出,“1”代表总计,“2”代表分类汇总结果,“3”代表明细数据。为叙述方便,把“1”称为最上级,“3”称为最下级。分级显示区中有“+”“−”等分级显示符号,“−”表示隐藏下级数据,包括下级的下级数据,“+”表示恢复下级数据显示。单击如图4-62所示的“2”按钮下的第一个“−”可隐藏掉下一级明细数据,如图4-63所示。

	A	B	C	D	E	F	G	H	I	J	K	L	M	N
1	学号	姓名	性别	出生日期	作业1	作业2	作业3	期中	平时	期末	总评	等级	离差	排名
3					89			66		39		不及格 汇总		
7					206			195		196		及格 汇总		
19					882			935		958		良 汇总		
31					815			796		882		中 汇总		
32					1992			1992		2075		总计		

图4-63 按“等级”分类,将作业1、期中和期末成绩汇总结果

4.6.4 数据透视表

数据透视表是Excel提供的一种简单、形象、实用的数据分析工具,使用它可以全面地对数据清单进行重新组织和统计数据,是对分类汇总的进一步深化。

数据透视表是一种对大量数据进行快速汇总和建立交叉列表的交互式表格,它不仅可以转换行和列以显示原数据不同的汇总结果,也可以显示不同页面用于筛选数据,还可以根据用户的需要显示区域中的细节数据。

在“学籍管理资料”工作簿中,将“成绩等级计算”工作表的内容复制成“成绩透视表”工作表。在“成绩透视表”工作表中进行数据透视表的建立和格式化处理。

1. 建立数据透视表

(1) 选择“插入”→“表格”选项组中的“数据透视表”→“表格和区域”命令,打开如图4-64所示的“来自表格或区域的数据透视表”对话框。

(2) 在该对话框中选择“选择表格和区域”和“选择放置数据透视表的位置”,单击“确定”按钮,如图4-65所示。此时数据透视表是空表,若要生成数据透视表,还需进行数据透视表字段的设置。

(3) 根据数据需要将表格中的数据添加到数据透视表中或从数据透视表中进行删除、移动位置、设置等操作。

① 添加字段。在图4-65右侧的“数据透视表字段”窗格的“选择要添加到报表的字段”列表框中,选中对应字段的复选框。

② 移动字段。方法一:将鼠标指针移动到需移动的字段上,然后按住鼠标左键不放并拖动至所需区域时再释放鼠标即可。方法二:单击需移动字段中的下拉按钮,在打开的下拉列表中选择目标区域。

③ 设置字段。设置字段是指对字段名称、分类汇总和筛选、布局和打印以及汇总方式等进行设置。不同区域中字段的设置方式是不同的。以“值”区域中的字段为例介绍其设置

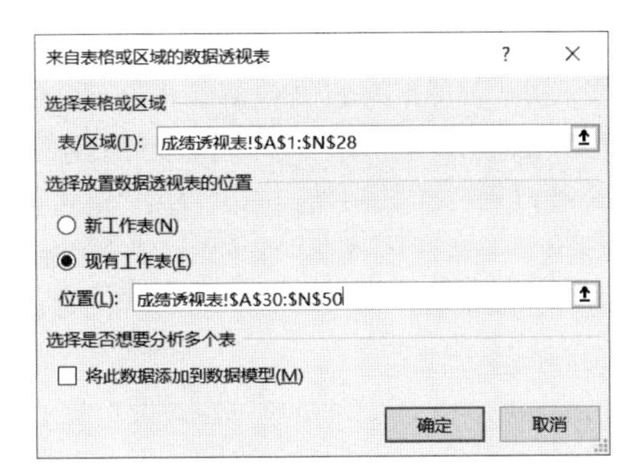

图 4-64 “来自表格或区域的数据透视表”对话框

	A	B	C	D	E	F	G	H	I	J	K	L	M	N
16	2021290073	吴雅萱	女	1998/6/3	76	88	89	90	84.33	78	82.3	良	4.088462	9
17	2021290074	史雨萌	女	1997/8/23	66	90	89	90	81.67	90	87.5	良	9.288462	1
18	2021290075	张迪旸	女	2001/5/18	54	90	78	83	74.00	92	84.8	良	6.588462	6
19	2021290076	王雨萌	女	2000/10/27	55	89	67	78	70.33	78	75.7	中	-2.51154	19
20	2021290077	韩湘	女	2000/1/14	39	78	45	90	54.00	88	78.2	中	-0.01154	16
21	2021290078	陈安琪	女	2000/2/11	89	67	67	92	74.33	92	86.7	良	8.488462	3
22	2021290079	谢佳琪	女	2000/3/24	85	45	85	78	71.67	78	76.1	中	-2.11154	18
23	2021290080	徐莉	女	2001/3/8	84	67	84	88	78.33	88	85.1	良	6.888462	5
24	2021290081	许警凡	女	2001/8/14	73	83	73	86	76.33	86	83.1	良	4.888462	8
25	2021290082	任思宇	女	2002/7/23	88	78	88	88	84.67	88	87	良	8.788462	2
26	2021290083	吴一凡	女	2001/2/9	90	90	90	74	90.00	74	78.8	中	0.588462	15
27	2021290084	蒋叶敏	女	2001/4/8	90	92	90	76	90.67	76	80.4	良	2.188462	11
28								1992		2075				

图 4-65 空的数据透视表

方法。单击该区域中需设置字段上的下拉按钮，在打开的下拉列表中选择“值字段设置”命令，在打开的“值字段设置”对话框中分别对“自定义名称”“值汇总方式”“值显示方式”等进行设置，完成后单击“确定”按钮即可。

④ 删除字段。和移动字段类似。

添加数据后的数据透视表如图 4-66 所示。

	A	B	C	D	E	F	G	H	I	J	K	L	M	N
15	2021290072	唐豫洲	男	1997/4/2	74	73	39	88	62.00	83	77.7	中	-0.511538462	17
16	2021290073	吴雅萱	女	1998/6/3	76	88	89	90	84.33	78	82.3	良	4.088461538	9
17	2021290074	史雨萌	女	1997/8/23	66	90	89	90	81.67	90	87.5	良	9.288461538	1
18	2021290075	张迪旸	女	2001/5/18	54	90	78	83	74.00	92	84.8	良	6.588461538	6
19	2021290076	王雨萌	女	2000/10/27	55	89	67	78	70.33	78	75.7	中	-2.511538462	19
20	2021290077	韩湘	女	2000/1/14	39	78	45	90	54.00	88	78.2	中	-0.011538462	16
21	2021290078	陈安琪	女	2000/2/11	89	67	67	92	74.33	92	86.7	良	8.488461538	3
22	2021290079	谢佳琪	女	2000/3/24	85	45	85	78	71.67	78	76.1	中	-2.111538462	18
23	2021290080	徐莉	女	2001/3/8	84	67	84	88	78.33	88	85.1	良	6.888461538	5
24	2021290081	许警凡	女	2001/8/14	73	83	73	86	76.33	86	83.1	良	4.888461538	8
25	2021290082	任思宇	女	2002/7/23	88	78	88	88	84.67	88	87	良	8.788461538	2
26	2021290083	吴一凡	女	2001/2/9	90	90	90	74	90.00	74	78.8	中	0.588461538	15
27	2021290084	蒋叶敏	女	2001/4/8	90	92	90	76	90.67	76	80.4	良	2.188461538	11

性别 (全部)

行标签	求和项:作业1	求和项:期中	平均值项:期末
良	882	935	87.09090909
中	815	796	80.18181818
及格	206	195	65.33333333
不及格	89	66	39
总计	1992	1992	79.80769231

图 4-66 数据透视表示例

2. 数据透视表的格式化

用户在建立了数据透视表之后，可以对它进行格式化处理，如字体、颜色、小数位数等设置。操作如下：单击数据透视表，这时在菜单栏中增加了“数据透视表分析”和“设计”两个功能组，选择“设计”→“数据透视表样式选项”选项组，选中“镶边行”复选框；选择“设计”→“数据透视表样式”选项组，在其列表框中选择“浅色”栏中的“冰蓝，数据透视表样式浅色23”选项，在数据透视表中应用所选样式即可。

格式化后的数据透视表如图 4-67 所示。

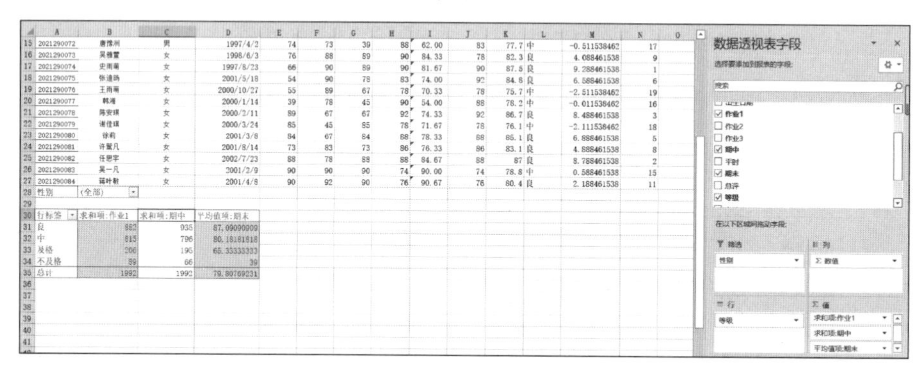

图 4-67 数据透视表格式化

3. 切片器的应用

Excel 2019 的“切片器”功能可以帮助用户快速、动态地分隔和筛选数据，让用户用更少的时间完成更多的数据分析工作。

切片器在数据透视表视图中提供了丰富的可视化功能，简单单击，即可迅速显示所需数据。根据需要可以添加多个切片器，并且每一个切片器都被关联在一起，相关数据能够快速显示，从而节省了用户筛选数据的时间，大大提高数据分析效率。在“成绩透视图”工作表中，利用便捷的切片器功能，对数据透视表进行快速筛选。例如，在图 4-67 中，筛选出“男”的数据，可知其各等级的“作业 1”的和、“期中”的和、“期末”的平均值，如图 4-68 所示。

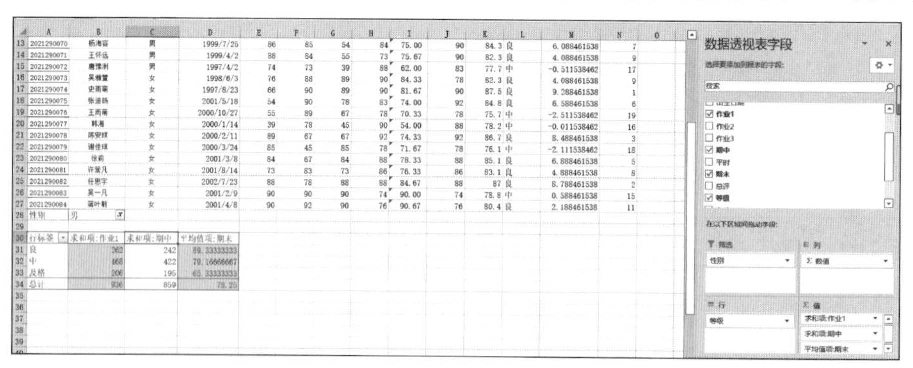

图 4-68 “男”生各等级的“作业 1”的和、“期中”的和、“期末”的平均值透视表

想知道各等级的男生的具体姓名是什么，具体的操作如下。

(1) 将光标定位到制作好的数据透视表中。

(2) 在“插入”→“筛选器”选项组中单击“切片器”按钮，或者在“数据透视表分析”→“筛选”选项组中单击“插入切片器”按钮，均可打开如图 4-69 所示的“插入切片器”对话框。

（3）在“插入切片器”对话框中列出了当前数据透视表中所有可用的字段，用户可根据需要进行选择，本例中选择“姓名”。

（4）单击“确定”按钮关闭对话框，系统将对每一个选中的字段创建单独的切片器，如图 4-70 所示。每一个切片器中都清晰地列出了该切片器对应字段的具体数据项，用户只需单击某个数据项，即可对数据透视表进行快速的筛选操作。例如，在“姓名”切片器中单击“牛怀正”，则符合条件的结果随即显示在数据透视表中，如图 4-71 所示。

在切片器中，按住 Ctrl 键的同时单击具体数据项，可选择多个数据项。而如果想清除筛选，单击切片器右上角的“清除筛选器”按钮即可。为了增加可视化效果，在 Excel 2019 中还提供了“切片器工具”，可用来格式化切片器外观，如更改样式、大小，以及对多个切片器进行排列等，如图 4-72 所示。

图 4-69 “插入切片器”对话框

行	A	B	C	D
21	2021290078	陈安琪	女	2000/2/11
22	2021290079	谢佳琪	女	2000/3/24
23	2021290080	徐莉	女	2001/3/8
24	2021290081	许萬凡	女	2001/8/14
25	2021290082	任思宇	女	2002/7/23
26	2021290083	吴一凡	女	2001/2/9
27	2021290084	蒋叶敏	女	2001/4/8
28	性别	男		
29				
30	行标签	求和项:作业1	求和项:期中	平均值项:期末
31	良	262	242	89.33333333
32	中	468	422	79.16666667
33	及格	206	195	65.33333333
34	总计	936	859	78.25

姓名：池源恒、郭韬、刘嘉宁、路嘉骏、牛怀正、孙玉杰、唐豫洲、王怀远、杨海容、赵仁彰、赵紫骏、周桐、陈安琪

图 4-70 创建切片器的工作表

行	A	B	C	D
21	2021290078	陈安琪	女	2000/2/11
22	2021290079	谢佳琪	女	2000/3/24
23	2021290080	徐莉	女	2001/3/8
24	2021290081	许萬凡	女	2001/8/14
25	2021290082	任思宇	女	2002/7/23
26	2021290083	吴一凡	女	2001/2/9
27	2021290084	蒋叶敏	女	2001/4/8
28	性别	男		
29				
30	行标签	求和项:作业1	求和项:期中	平均值项:期末
31	及格	78	67	73
32	总计	78	67	73

姓名：池源恒、郭韬、刘嘉宁、路嘉骏、牛怀正、孙玉杰、唐豫洲、王怀远、杨海容、赵仁彰、赵紫骏、周桐、陈安琪

图 4-71 “牛怀正”的透视表及切片器信息

	A	B	C	D
21	2021290078	陈安琪	女	2000/2/11
22	2021290079	谢佳琪	女	2000/3/24
23	2021290080	徐莉	女	2001/3/8
24	2021290081	许蕾凡	女	2001/8/14
25	2021290082	任思宇	女	2002/7/23
26	2021290083	吴一凡	女	2001/2/9
27	2021290084	蒋叶敏	女	2001/4/8
28	性别	男		
29				
30	行标签	求和项:作业1	求和项:期中	平均值项:期末
31	及格	78	67	73
32	总计	78	67	73

姓名

池源恒
郭韬
刘嘉宁
路嘉骏
牛怀正
孙玉杰
唐豫洲
王怀远
杨海容
赵仁彰
赵紫骏
周桐
陈安琪

图 4-72　格式化后“牛怀正”的透视表及切片器信息

4.6.5　数据透视图

数据透视图是数据透视表的图形表达方式，其图表类型与前面的一般图表类型类似。数据透视图主要有柱形图、条形图、折线图、饼图、面积图以及圆环图等。

在“学籍管理资料”工作簿中，将“成绩等级计算”工作表的内容复制成“成绩透视图”工作表。在“成绩透视图”工作表中进行数据透视图的建立。

1. 创建数据透视图

方法一：与创建数据透视表类似可以利用源数据创建。下面以“成绩透视图”工作表为例建立数据透视图。操作如下。

(1) 选择“插入”→“图表”选项组中的“数据透视图”命令，打开如图 4-73 所示的“创建数据透视图”对话框。

图 4-73　“创建数据透视图”对话框

(2) 在该对话框的“请选择要分析的数据”选项区中选择“选择一个表或区域”并单击文本框右侧的“收缩”按钮，拖动鼠标选择表格中的数据区域，单击文本框右侧的“展开”按钮。

(3) 在“选择放置数据透视图的位置”区域中选择“现有工作表”并单击文本框右侧的“收缩”按钮，拖动鼠标选择数据透视图放置的位置，单击文本框右侧的“展开”按钮，然后单击“确定”按钮，如图 4-74 所示。此时的数据透视图是空的，若要生成数据透视图，还需要进行数据透视图字段的设置。

(4) 根据数据需要将表格中的数据添加到数据透视图中或从数据透视图中删除或移动位置或设置等操作。

• 添加字段。在“数据透视表字段”窗格的“选择要添加到报表的字段”列表框中选中

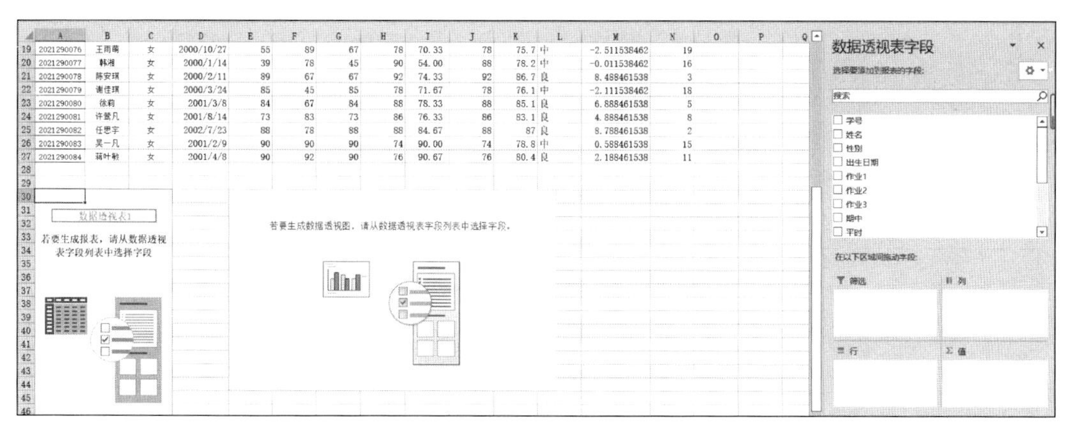

图 4-74　空的数据透视图

对应字段的复选框。

- 移动字段。方法一，将鼠标指针移动到需移动的字段上，然后按住鼠标左键不放拖动至所需区域时在释放鼠标即可；方法二，单击需移动字段中的下拉按钮，在打开的下拉列表中选择目标区域。
- 设置字段。设置字段是指对字段名称、分类汇总和筛选、布局和打印以及汇总方式等进行设置。不同区域中字段的设置方式是不同的。以“值”区域中的字段为例介绍其设置方法。单击该区域中需设置字段上的下拉按钮，在打开的下拉列表中选择“值字段设置”命令，在打开的如图 4-75 所示的“值字段设置”对话框中分别对“自定义名称”“值汇总方式”“值显示方式”等进行设置，完成后单击“确定”按钮即可。
- 删除字段。和移动字段类似。

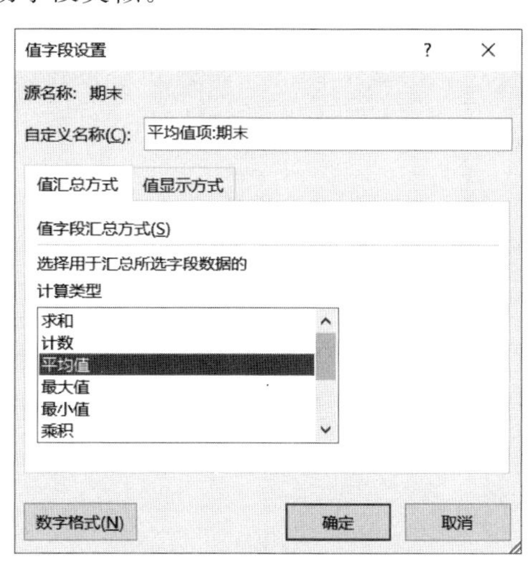

图 4-75　“值字段设置”对话框

此时在工作表中创建出带有数据的数据透视表和数据透视图，如图 4-76 所示。

方法二：利用数据透视表创建透视图。操作如下。

(1) 将光标放在数据透视表中，选择“插入”→“图表”选项组，在其中选择图表类型和样式，然后单击“确定”按钮即可。

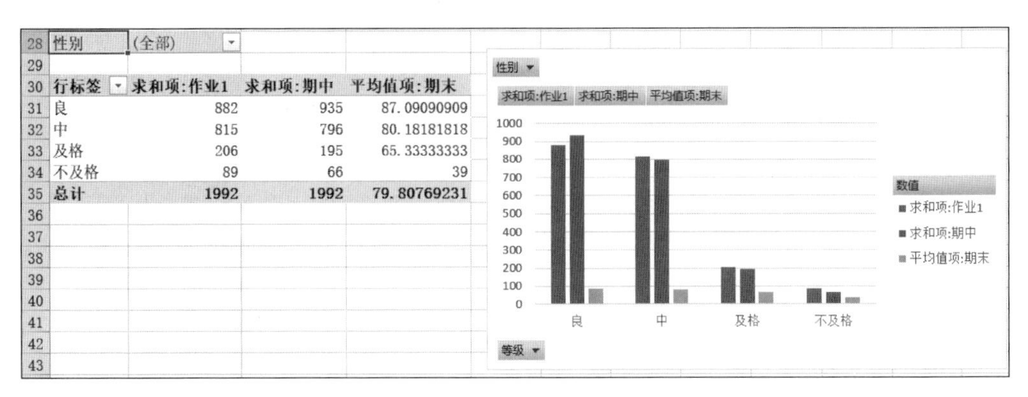

性别	(全部)		
行标签	求和项:作业1	求和项:期中	平均值项:期末
良	882	935	87.09090909
中	815	796	80.18181818
及格	206	195	65.33333333
不及格	89	66	39
总计	1992	1992	79.80769231

图 4-76　数据透视图表示例

(2) 在"数据透视表字段"窗格中，取消不想显示到数据透视图中的字段，此时数据的数据透视表和数据透视图将同时变化。

2. 筛选数据透视图中的数据

用户在建立了数据透视图之后，在图左下方将出现一个系列名称下拉按钮，单击该下拉按钮，在打开的下拉列表中选择相应的命令可以筛选数据。例如，筛选出"男"生各等级的"作业 1"的和、"期中"的和、"期末"的平均值透视图，如图 4-77 所示。

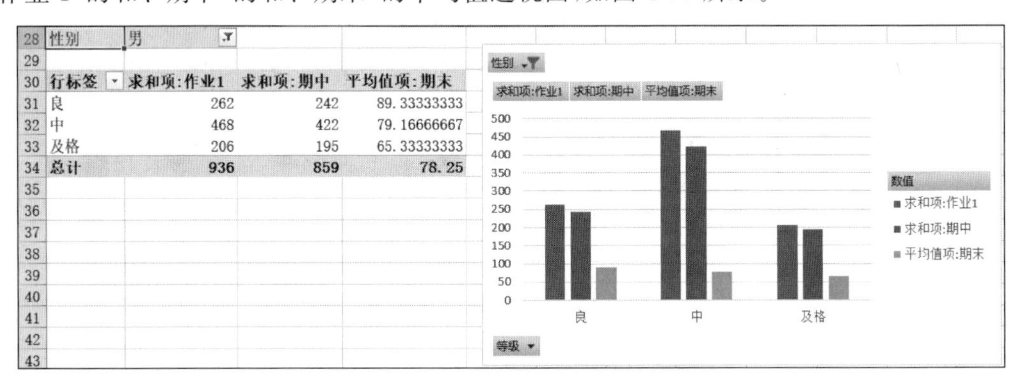

性别	男		
行标签	求和项:作业1	求和项:期中	平均值项:期末
良	262	242	89.33333333
中	468	422	79.16666667
及格	206	195	65.33333333
总计	936	859	78.25

图 4-77　数据筛选后的透视图和表

4.7　打印设置

工作表创建好后，为了提交或者留存查阅方便，常常需要把它打印出来，或只打印它的一部分。此时，需先进行页面设置(如果打印工作表一部分时，还需先选取要打印的区域)，再进行打印预览，最后打印输出。

4.7.1　设置页面

Excel 具有默认页面设置，因此用户可直接打印工作表。如有特殊需要，使用页面设置可以设置工作表的打印方向、缩放比例、纸张大小、页边距、页眉、页脚等。选择"页面布局"→"页面设置"命令，打开如图 4-78 所示的"页面设置"对话框。在"页面设置"对话框中进行设置。

1. 设置页面

图 4-78 “页面设置”对话框

在“页面设置”对话框的“页面”选项卡中可以进行以下设置。

(1) 方向：与 Word 的页面设置相同。

(2) 缩放：用于放大或缩小打印工作表，其中“缩放比例”范围为 10%～400%。100%为正常大小，小于 100%为缩小，大于 100%则为放大。“调整为”表示把工作表拆分为几部分打印，如调整为 3 页宽 2 页高，表示水平方向截为 3 部分，垂直方向截为 2 部分，共分 6 页打印。

(3) 打印质量：表示每英寸打印多少点，打印机不同数字会不一样，打印质量越好，数字越大。

(4) 起始页码：可输入打印首页页码，默认“自动”从第一页或接上一页打印。

2. 设置页边距

在“页面设置”对话框的“页边距”选项卡中，可以设置打印数据在所选纸张的上、下、左、右留出的空白尺寸；设置页眉和页脚距上下两边的距离，注意该距离应小于上下空白尺寸，否则将与正文重合；设置打印数据在纸张上水平居中或垂直居中，默认为靠上靠左对齐。

3. 设置页眉/页脚

在“页面设置”对话框的“页眉/页脚”选项卡中提供了许多预定义的页眉、页脚格式，用户如果不满意，可单击“自定义页眉”或“自定义页脚”按钮自行定义，输入位置为左对齐、居中、右对齐三种页眉，10 个小按钮自左至右分别用于定义字体、插入页码、插入页数、插入日期、插入时间、插入文件路径、插入文件名、插入数据表名称、插入图片和设置图片格式。

4. 设置工作表

图 4-79 “页面设置”对话框

在如图 4-79 所示的“页面设置”对话框的“工作表”选项卡中可做如下设置。

(1) 打印区域：允许用户单击右侧对话框折叠按钮，选择打印区域。

(2) 打印标题：用于当工作表较大要分成多页打印，出现除第一页外其余页要么看不见列标题，要么看不见行标题的情况时。“顶端标题行”和“从左侧重复的列数”用于指出在各页上端和左端打印的行标题与列标题，便于对照数据。

(3)“网格线”复选框：选中时用于指定工作表带表格线输出，否则只输出工作表数据，不输出表格线。

(4)“注释”复选框：用于选择是否打印批注及打印的位置。

(5)“单色打印”复选框：用于当设置了彩色格式而打印机为黑白色时选择，另外彩色打印机选此选项可减少打印时间。

(6)“草稿质量”复选框：可加快打印速度但会降低打印质量。

(7)“行和列标题”复选框：允许用户打印输出行号和列标，默认为不输出。

(8)打印顺序：如果工作表较大，超出一页宽和一页高时，“先列后行”规定垂直方向先分页打印完，再考虑水平方向分页，此为默认打印顺序；“先行后列”规定水平方向先分页打印。

4.7.2 设置打印区域和分页

1. 设置打印区域

用户有时只想打印工作表中部分数据和图表，如果经常需要这样打印时，可以通过设置打印区域来解决。

先选择要打印的区域，再选择“文件”→“打印”命令，打开如图4-80所示的“打印”对话框。在“设置”区域单击“打印活动工作表”按钮，在打开的下拉列表中选择“打印选取区域”命令，如图4-81所示，则打印时只有被选取区域中的数据被打印。打印区域可以设置为打印活动工作表、打印整个工作簿和打印选取区域三种。

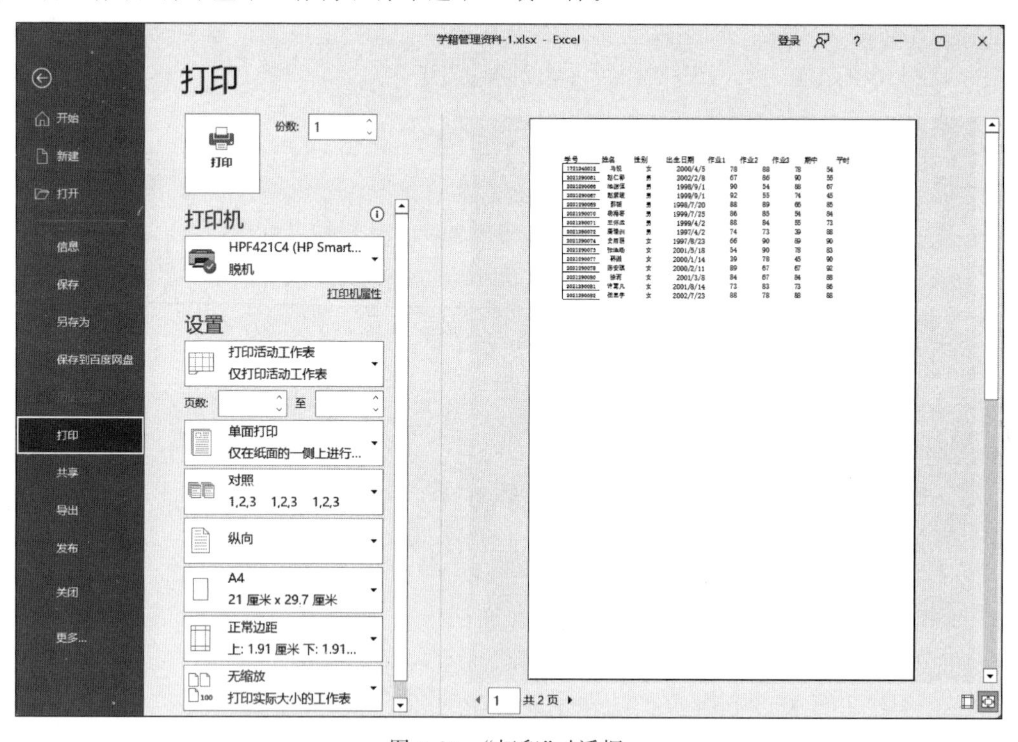

图4-80 “打印”对话框

2. 分页

工作表较大时，Excel一般会自动为工作表分页，如果用户不满意这种分页方式，可以根据自己的需要对工作表进行人工分页。

为达到人工分页的目的，用户可手工插入分页符。分页要求包括水平分页和垂直分页。

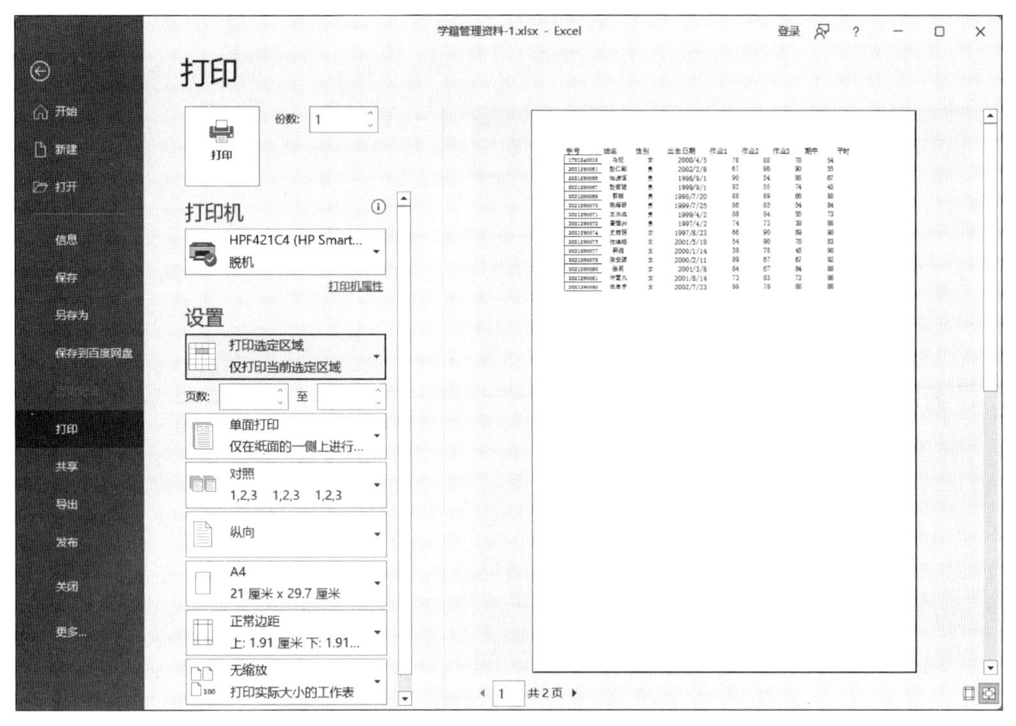

图 4-81　设置打印区域

（1）设置水平分页的操作如下：首先单击要另起一页的起始行行号（或选择该行最左边单元格），然后选择“页面布局”→“页面设置”→“分隔符”→“插入分页符”命令，在起始行上端出现一条水平实线表示分页成功。

（2）垂直分页时必须先单击另起一页的起始列号（或选择该列最上端单元格），然后选择“页面布局”→“页面设置”→“分隔符”→“插入分页符”命令，操作成功后将在该列左边出现一条垂直分页实线。

（3）如果选择的不是最左或最上的单元格，插入分页符将在该单元格上方和左边各产生一条分页实线。

（4）删除分页符可选择分页实线的下一行或右一列的任一单元格，选择“页面布局”→“页面设置”→“分隔符”→“删除分页符”命令即可。选中整个工作表，然后选择“页面布局”→“页面设置”→“分隔符”→“删除分页符”命令可删除工作表中所有人工分页符。

3. 分页预览，调整打印设置

通过分页预览可以在窗口中直接查看工作表分页的情况。它的优越性还体现在分页预览时，仍可以像平常一样编辑工作表，可以直接改变设置的打印区域大小，还可以方便地调整分页符位置。

分页后选择“视图”→“工作簿视图”→“分页预览”命令，进入分页预览视图。视图中蓝色粗实线表示了分页情况，每页区域中都有暗淡页码显示，如果事先设置了打印区域，可以看到最外层蓝色粗边框没有框住所有数据，非打印区域为深色背景，打印区域为浅色背景。分页预览时同样可以设置、取消打印区域，插入、删除分页符。

分页预览时，改变打印区域大小操作非常简单，将鼠标指针移到打印区域的边界上，鼠标指针变为双箭头,用鼠标拖曳即可改变打印区域。

此外,预览时还可直接调整分页符的位置:将鼠标指针移到分页实线上,鼠标指针变为双箭头时,用鼠标拖曳可调整分页符的位置。选择“视图”→“工作簿视图”→“普通”命令可结束分页预览回到普通视图中。

4.7.3 打印预览和打印

打印预览为打印之前预览文件的外观,模拟显示打印的设置结果,设置正确即可在打印机上正式打印输出。选择“文件”→“打印”命令,如图4-80所示,两个窗格分别为打印预览区和打印设置区。

1. 打印预览

打印预览区右下角有两个按钮。

(1) 缩放到页面:此按钮可使工作表在总体预览和放大状态间来回切换,放大时能看到具体内容,但一般须移动滚动条来查看。注意,这只是查看,并不影响实际打印大小。

(2) 显示边距:单击此按钮使预览视图出现直线表示页边距和页眉、页脚位置,用鼠标拖曳可直接改变它们的位置,比页面设置改变页边距直观得多。

2. 打印设置

打印设置区可以实现打印机设置、打印范围设置、打印方式设置、打印方向设置等,方法与Word打印基本相似,此处不再赘述。

习　题　4

一、思考题

1. 什么是工作簿?什么是工作表?什么是单元格?它们之间的关系如何?

2. 说明“单元格的绝对引用”和“单元格的相对引用”的表示方法,两种引用各有何特点。

3. 在Excel中,若函数(如SUM函数)中的单元格之间用“,”(如B4,E4)分隔,是什么含义?用“:”(如B4:E4)分隔又是什么含义?

4. 以工作表为对象的操作有哪些?

5. 什么是分类汇总?主要有哪些汇总方式?

6. Excel不仅具有数据计算处理的能力,还提供了强大的数据管理功能,有哪些数据管理功能?

7. 数据透视表和数据透视图有什么不同?

8. 工作表中有多页数据,按行分页,若想在每页上都留有标题,应如何设置?

二、选择题

1. 工作表是行和列组成的表格,行和列分别用(　　)区别。

(A) 数字和数字　(B) 数字和字母　(C) 字母和字母　(D) 字母和数字

2. 新建工作簿的组合键是(　　)。

(A) Shift+N　(B) Ctrl+N　(C) Alt+N　(D) Ctrl+Alt+N

3. 在Excel的工作簿的单元格中可输入(　　)。

（A）字符　　（B）中文　　（C）数字　　（D）以上都可以

4. 下面（　　）不属于水平对齐方式。

（A）左对齐　　（B）右对齐　　（C）垂直对齐　　（D）居中对齐

5. 在 Excel 操作中，将单元格指针移到 CF230 单元格的最简单的方法是（　　）。

（A）拖动滚动条

（B）按 Ctrl+CF230

（C）在名称框输入 CF230 后按 Enter

（D）先用 Ctrl+→快捷键移动到 CF 列，然后用 Ctrl+↓快捷键移动到 230 行

6. Excel 中要输入公式应先输入以下（　　）符号。

（A）/　　（B）=　　（C）+　　（D）-

7. 在 Excel 中若要得到数字字符应先输入以下（　　）符号。

（A）.　　（B）'　　（C）:　　（D）;

8. 选取不连续单元格区域应首先选取第一个区域，然后按住（　　）键，再分别选取其他区域即可。

（A）Shift　　（B）Ctrl　　（C）Alt　　（D）Insert

9. 当 Excel 单元格呈 #### 状时，这是因为（　　）。

（A）输入的数字出错　　（B）输入的数字超过了单元格宽度

（C）输入的公式出错　　（D）输入的数据格式不正确

10. 在 Excel"格式"菜单的"单元格"对话框的"数字"选项卡中的"数值"的小数位数为设置为"3"，那么在单元格里输入 100，实际结果为（　　）。

（A）100　　（B）100.0　　（C）100.00　　（D）100.000

11. 若 A1 单元格为数字"100"，A2 单元格为数字"2"，则 COUNT(A1:A2)等于（　　）。

（A）2　　（B）98　　（C）100　　（D）102

12. 在 A1 单元格中输入 1，在 A2 单元格中输入 3，然后选中 A1:A2 区域，拖动填充柄到单元格 A3:A8，则得到的数字序列是（　　）。

（A）等比数列　　（B）等差数列　　（C）数字序列　　（D）小数序列

13. 在同一个工作簿中区分不同工作表的单元格，要在地址前面增加（　　）来标识。

（A）单元格地址　　（B）公式　　（C）工作表名称　　（D）工作簿名称

14. Excel 工作表当前活动单元格 C3 中的内容是 0.42，若要将其变为 0.420，则应单击"格式"工具栏中的（　　）按钮。

（A）增加小数位数　（B）减少小数位数　（C）百分比样式　　（D）千位分隔样式

15. Excel 中，要绝对引用工作表 D 列 4 行交叉位置处的单元格，正确的表达是（　　）。

（A）D4　　（B）$D4　　（C）$D$4　　（D）D$4

16. Excel 中，对数据表作分类汇总前，要先进行（　　）。

（A）筛选　　（B）选中　　（C）按任意列排序（D）按分类列排序

三、填空题

1. Excel 2019 文件的扩展名是________。

2. 一个新工作簿中默认包含________个工作表。

3. 在 Excel 中，双击某单元格可以对该单元格进行________工作。

4. 在 Excel 中，双击某工作表标识符，可以对该工作表进行________操作。

5. 在 Excel 中，在某段时间内，可以同时有________个当前活动的工作表。

6. Excel 工作表中第 15 列、16 行的单元格地址是________。

7. 在 A1 单元格中输入“10001”，然后按住 Ctrl 键，拖动该单元格填充柄至 A8，则 A8 单元格中的内容是________。

8. 函数 SUM(A1:C1)相当于公式________。

9. 设 F1 单元格内容为“＝IF(E2＜100,E2＋1,E2－1)”，当 E2＝100 时，F1 的值为 ________。

10. Excel 工作表 A1 单元格的内容为 7.5，C1 单元格中为公式：“＝A1－INT(A1)”。那么，C1 中的结果应该是________。

四、操作题

在 Excel 的 Sheet1 工作表中输入下表(注意，严格按下表单元格位置输入)，然后完成以下操作。

	A	B	C	D	E	F
1	建筑产品销售情况			万元		
2	日期	产品名称	销售地区	销售额		
3	2022/5/23	塑料	西北	2324		
4	2022/5/15	钢材	华南	1540.5		
5	2022/5/24	木材	华南	678	总计	
6	2022/5/21	木材	西南	222.2	平均销售额	
7	2022/5/17	木材	华北	1200		
8	2022/5/18	钢材	西南	902		
9	2022/5/19	塑料	东北	2183.2		
10	2022/5/20	木材	华北	1355.4		
11	2022/5/22	钢材	东北	1324		
12	2022/5/16	塑料	东北	1434.85		
13	2022/5/12	钢材	西北	135		
14						

Sheet1

(1) 公式与函数的应用：使用 Sheet1 工作表中的数据统计总销售额，并计算平均销售额，结果放在相应单元格中。

(2) 插入三张工作表，即 Sheet2、Sheet3 及 Sheet4。

(3) 数据排序：复制 Sheet1 工作表中 A1:D13 区域到 Sheet2 工作表中，对 Sheet2 工作表中的数据，以“日期”为关键字，以递增方式排序

(4) 数据筛选：复制 Sheet1 工作表中 A1:D13 区域到 Sheet3 工作表中，对 Sheet3 工作表中的数据，顺序筛选出销售额大于 1000 万元的记录。

(5) 数据分类汇总：复制 Sheet1 工作表中 A1:D13 区域到 Sheet4 工作表中，对 Sheet4 工作表中的数据，以“销售地区”为分类字段，将销售额进行“求和”分类汇总。

(6) 设置单元格格式。

- 格式化标题文字：字体，华文行楷；字号，16；颜色，蓝色；合并后居中。
- 格式化表头：字体，隶书；字形，倾斜、粗体；底纹，蓝色；字体颜色，绿色(2 行 4 列)。
- 格式化其余内容：字体，仿宋体；字号，16；颜色，蓝色；底纹，颜色自定。
- 设置对齐方式：“销售额”列的数据居右，表头和其余各列居中。
- 设置数字格式：“销售额”列的数据单元格区域应用货币格式。
- 条件格式：将“产品名称”列中所有“钢材”加红色单元格底纹。

(7) 添加批注：为销售额最高的产品名称单元格加上批注“销售冠军!”。

课外阅读与在线检索

1. ExcelHome 网站相对于 Excel 学习网来说，它的 Excel 教程非常全，有视频版、图文版、动画版等，同时还有模板、Office 软件下载，而且，它也按 Office 的版本推荐视频教程。

2. 网易云课堂网站中的 Excel 学习内容很全，既有初级版，也有高手进阶版。如果只想专攻 Excel 某一板块，也能找到详细的教程。

3. Excel 精英培训网站主打论坛交流的形式，遇到不懂的难题可以在论坛里上传 Excel 压缩文档，向高手求助，这不失为学习交流的一种好方式。

4. 我要自学网网站是一个综合性的计算机软件学习网站，虽然 Excel 只是其中非常小的一部分，但它提供了完整的视频教程，内容系统，讲解清楚，很适合自学。

5. WPS Office 是由金山软件股份有限公司自主研发的一款办公软件套装，适用于 Windows、macOS、Android、iOS 和基于 Linux 内核的多种系统。WPS Office 包括 WPS 文字、WPS 表格、WPS 演示、PDF 编辑等组件，WPS Office 2019 曾荣获信息技术创新应用“优秀产品与技术奖”。

6. 虎课网网站专注于在线教育，为学习者提供了一个持续学习的软件。其教育内容涵盖广泛，提供了高清短视频教学以及配套的图文教程，其中的 Excel 视频教程很有参考价值。

第5章 常用办公软件之 PowerPoint 2019

5.1 PowerPoint 2019 简介

Microsoft Office PowerPoint 是微软公司设计的演示文稿软件。它可以创建由文字、图片、视频以及其他事物组成的幻灯片,更加形象地表达演示者需要的信息。PowerPoint 文件叫演示文稿,其扩展名为.pptx。用 PowerPoint 制作的演示文稿不仅可以在投影仪或者计算机上进行演示,也可以打印出来制作成胶片。

5.1.1 PowerPoint 2019 的新增功能

PowerPoint 2019 是 Microsoft Office 2019 的组件之一,是一款优秀的演示文稿办公软件。使用 PowerPoint 2019 可以轻松创建演示文稿,演示文稿可以包含文本、图片、视频等元素,并通过设置播放动画等内容,生动形象地展示文稿内容。PowerPoint 2019 主要有以下几项新增功能。

(1) 平滑切换功能:PowerPoint 2019 附带平滑切换功能,可帮助跨演示文稿的幻灯片实现流畅的动画、切换和对象移动。

(2) 缩放定位功能:可于演示时按之前确定的顺序在演示文稿的特定幻灯片、节和部分之间来回跳转,并且从一张幻灯片到另一张幻灯片移动、缩放。

(3) 文本荧光笔:选取不同的高亮颜色,以便对演示文稿中某些文本部分加以强调。

(4) 可增加视觉效果的矢量图形:可在演示文稿中插入和编辑可缩放矢量图形(SVG 图像,SVG 图像可以重新着色),且缩放或调整大小时不会影响 SVG 图像的质量。

(5) 将 SVG 图像或图标转换为形状:将 SVG 图像或图标转换为 Office 形状,这意味着可对 SVG 文件进行反汇编并编辑其各个部分。

(6) 插入 3D 模型,观察各个角度:轻松插入 3D 模型,实现 360°旋转。利用平滑切换功能,可在幻灯片之间产生影视动画效果。

(7) 简化背景消除:自动检测常规背景区域,无须再在图片前景周围绘制一个矩形。还可使用铅笔绘制任意形状的线条以标记要保留或删除的区域,而不再仅限于绘制直线。

(8) 导出为 4K:将演示文稿导出为视频时,可以选择 4K 分辨率。

(9) 录制功能:功能区上的可选"录制"选项卡将所有录制功能集中在一个位置。可以录制视频或音频旁白,也可以录制数字墨迹手势。

(10) 可自定义、可移植的笔组:选择一组个人用于墨迹书写的笔、荧光笔或铅笔,并使它们可用于各个 Office 应用中。

(11) 用于绘制直线的直尺:在带触摸屏的设备上,可使用功能区"绘图"选项卡上的

“标尺”绘制直线或将一组对象对齐。标尺具有角度设置，可设置一个精确的角度。

5.1.2 PowerPoint 2019 的启动与退出

1. 启动 PowerPoint 2019 应用程序

Office 中包含的组件众多，启动方式基本相同，PowerPoint 2019 主要有以下几种方法。

(1) “开始”菜单启动。

选择“开始”→“所有程序”命令，在菜单中可以看到所有已安装的组件，单击需要的组件即可启动相应的程序。

(2) 快捷方式启动。

若桌面上有 PowerPoint 2019 快捷方式图标，可通过双击图标来启动对应的应用程序。

(3) 常用文档启动。

双击一个 PowerPoint 文档，系统同样可以启动应用程序并打开演示文稿。

注意：对于用户经常使用的组件，系统会自动将该组件添加到“开始”菜单的常用程序列表中，在列表中选择组件同样可以启动应用程序。

2. 退出 PowerPoint 2019 应用程序

以下几种方法均可退出 PowerPoint 2019 应用程序。

(1) 单击 PowerPoint 2019 标题栏中的“关闭”按钮。

(2) 在 PowerPoint 2019 中选择“文件”→“关闭”命令。

(3) 在标题栏空白处右击，在弹出的快捷菜单中选择“关闭”命令。

(4) 使用 Alt+F4 组合键。

5.1.3 PowerPoint 2019 的工作界面

启动 PowerPoint 2019 应用程序后，屏幕上会出现如图 5-1 所示的工作界面。PowerPoint 2019 工作界面包括快速访问工具栏、标题栏、功能区、工作区、状态栏和视图栏等部分。

1. 快速访问工具栏

快速访问工具栏位于 PowerPoint 窗口的左上角，用于显示一些常用的工具按钮，默认包括“保存”“撤销”“恢复”“从头开始”“新建”按钮，单击相应的按钮可执行相应的操作。快速访问工具栏可以自定义显示功能按钮。

2. 标题栏

标题栏位于快速访问工具栏的右侧，主要用于显示正在使用的演示文稿名称、程序名称及窗口控制按钮等。在图 5-1 中，“演示文稿 1”就是正在使用的演示文稿的名称，PowerPoint 是正在使用的程序名称。标题栏右侧是窗口控制按钮，包括“最小化”“最大化”“关闭”按钮，单击这些按钮可以实现相应的操作。

3. 功能区

功能区位于快速访问工具栏下方，通过功能区可快速找到完成某项任务所需要的命令。功能区主要包括选项卡及各选项卡所包含的选项组，还有各选项组所包含的选项。单击选项卡名称会切换到与之相对应的功能区面板。

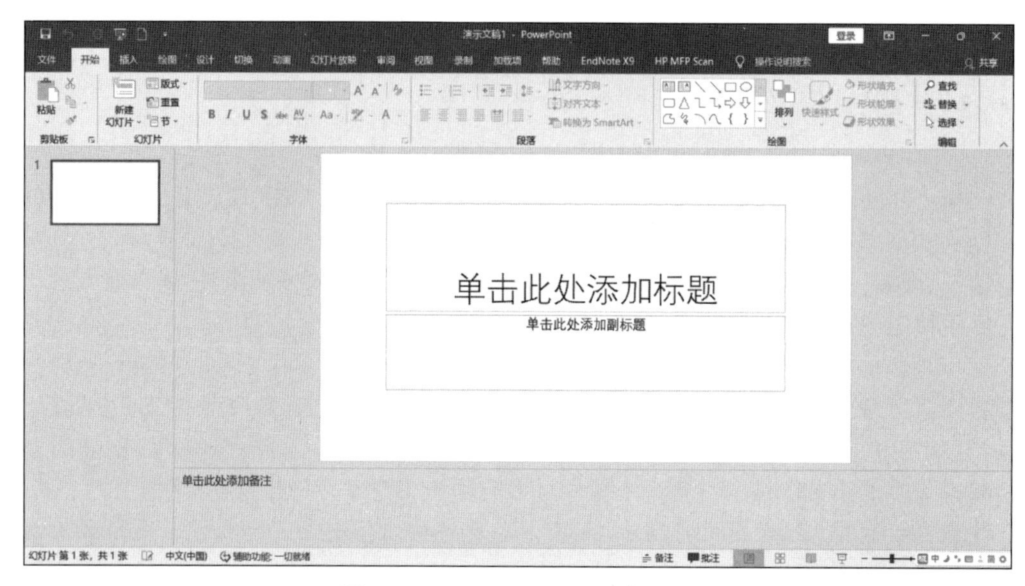

图 5-1　PowerPoint 2019 工作界面

(1)“开始”功能区。

此功能区包括剪贴板、幻灯片、字体、段落、绘图和编辑 6 个选项组，该功能区主要用于帮助用户对 PowerPoint 演示文稿进行文字编辑和格式设置，同时可以快速插入图片，是用户最常用的功能区。

(2)“插入”功能区。

此功能区包括幻灯片、表格、图像、插图、加载项、链接、批注、文本、符号、媒体等选项组，主要用于在 PowerPoint 演示文稿中插入各种元素。

(3)“设计”功能区。

此功能区包括主题、变体、自定义三个选项组，主要用于 PowerPoint 演示文稿的页面设计。

(4)“切换”功能区。

此功能区包括预览、切换到此幻灯片、计时 3 个选项组，用于帮助用户设置 PowerPoint 演示文稿中幻灯片间的切换设计。

(5)“动画”功能区。

此功能区包括预览、动画、高级动画、计时 4 个选项组，用于实现对 PowerPoint 演示文稿中的对象进行动画设计。

(6)“幻灯片放映”功能区。

此功能区包括开始放映幻灯片、设置、监视器 3 个选项组，用于帮助用户对 PowerPoint 演示文稿进行幻灯片放映的设计。

(7)“审阅”功能区。

此功能区包括校对、辅助功能、见解、语言、中文简繁转换、批注、比较、墨迹等选项组，主要用于对 PowerPoint 演示文稿进行校对等操作，以降低或避免 PowerPoint 演示文稿中的错误。

(8)“视图”功能区。

此功能区包括演示文稿视图、母版视图、显示、缩放、颜色/灰色、窗口、宏等选项组，主要用于帮助用户设置 PowerPoint 操作窗口的视图类型。

(9)“加载项”功能区。

通过加载项使用外接程序,用户为演示文稿添加个性化设置,或加快访问网络上信息的速度,而无须离开 PowerPoint。

(10)“帮助”功能区。

此功能区包括帮助、反馈、显示培训内容等功能,为用户使用 PowerPoint 提供帮助信息。

除了以上功能区外,PowerPoint 允许用户自定义功能区,既可以创建功能区,也可以在功能区下创建选项组,让功能区能符合自己的使用习惯。在功能区空白处右击,在弹出的快捷菜单中选择“自定义功能区”命令,即可打开“PowerPoint 选项”对话框的“自定义功能区”选项卡,如图 5-2 所示。在“自定义功能区”列表中选择相应的主选项卡,即可以自定义功能区显示的主选项。如果要创建新的功能区,则应单击“新建选项卡”按钮,在“主选项卡”列表中将鼠标指针移动到“新建选项卡(自定义)”上,右击,在弹出的快捷菜单中选择“重命名”命令。在“显示名”右侧文本框中输入名称,单击“确定”按钮,为新建选项卡命名。单击“新建组”按钮,在选项卡下创建组,右击新建的组,在弹出的快捷菜单中选择“重命名”命令,打开“重命名”对话框,选择一个图标,输入组名称,单击“确定”按钮,在选项卡下创建组。

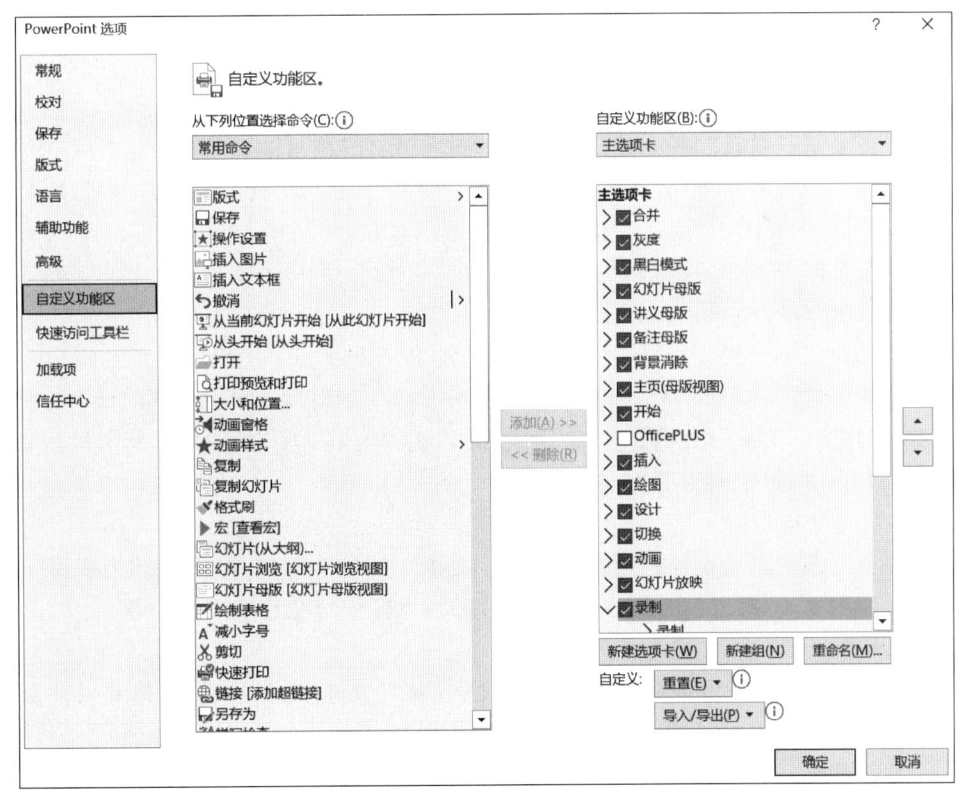

图 5-2 自定义功能区

4. 工作区

工作区包括位于左侧的幻灯片缩略图栏、位于右侧的幻灯片编辑栏和备注栏。工作区是 PowerPoint 中面积最大的区域，是用户的工作区，可用于显示编辑的文稿和图形。

（1）幻灯片缩略图栏。在普通视图模式下，幻灯片缩略图栏位于左侧，用于显示当前演示文稿的幻灯片数量及当前幻灯片在演示文稿中的位置。

（2）幻灯片编辑栏。幻灯片编辑栏位于工作界面的中间，用于显示和编辑当前的幻灯片，用户可以直接在虚线边框标识占位符中输入文本或插入图片、图表和其他对象，是 PowerPoint 工作区中最重要的区域

（3）备注栏。普通视图中会显示备注栏，在这个区域可以输入对当前幻灯片的备注。用户可以将备注打印为备注页，或者演示文稿保存为网页时也会显示备注。

5. 状态栏

状态栏位于窗口的最下方，用于显示当前演示文稿的文档页数、总页数、输入法状态、视图按钮组、显示比例和调节页面显示比例的控制杆等信息。PowerPoint 2019 允许用户自定义状态栏。在状态栏上右击，会弹出“自定义状态栏”快捷菜单。通过该快捷菜单，可以设置状态栏中要显示的内容。

6. 视图栏

PowerPoint 2019 的视图分为演示文稿视图和母版视图两类。其中，演示文稿视图提供了多种视图模式供用户选择，这些视图模式包括“普通视图”“大纲视图”“幻灯片浏览视图”“备注页视图”“阅读视图”5 种演示文稿视图。状态栏右侧有视图按钮，通过单击相应的视图按钮，可以在不同的视图中进行切换。

（1）普通视图。

普通视图是系统默认的视图模式；由三部分构成：幻灯片缩略图栏，主要用于显示演示文稿中每张幻灯片及其页码；幻灯片编辑栏，主要用于显示、编辑演示文稿中幻灯片的详细内容；备注栏，主要用于为对应的幻灯片添加提示信息，对使用者起备忘、提示作用，在实际播放演示文稿时看不到备注栏中的信息。

（2）大纲视图。

大纲视图由三部分构成；幻灯片大纲栏，主要用于显示演示文稿中每张幻灯片的页码和大纲；幻灯片编辑栏，主要用于显示、编辑演示文稿中幻灯片的详细内容；备注栏，主要用于查看、编排演示文稿的大纲。和“普通视图”相比，“大纲视图”的幻灯片大纲栏和备注栏被扩展，而幻灯片编辑栏被压缩。

（3）幻灯片浏览视图。

幻灯片浏览视图以最小化的形式显示演示文稿中的所有幻灯片，在这种视图下可以进行幻灯片顺序的调整、幻灯片动画设计、幻灯片放映设置和幻灯片切换设置等。

（4）备注页视图

备注页视图由幻灯片和其备注页构成，在这个视图中可以检查演示文稿和备注页一起打印时的外观。这个视图中可以对备注页进行编辑，但不能对幻灯片进行编辑。

（5）阅读视图。

在窗口中播放幻灯片，单击可查看动画和切换效果，不需要切换到全屏放映。和单击幻灯片放映中从头开始作用几乎一样。

PowerPoint 2019 除了提供了演示文稿视图，还提供了母版视图。母版是一类特殊的幻灯片，它是存储着设计模板信息的幻灯片，包括字形、占位符大小或位置、背景设计和配色

方案。母版能控制基于它的所有幻灯片，对母版的任何修改会体现在基于这个母版的幻灯片上，所以每张幻灯片的相同内容往往用母版来做。PowerPoint 2019 的母版视图包括“幻灯片母版视图”“讲义母版视图”“备注母版视图”三种。

① 幻灯片母版视图。

幻灯片母版视图为除标题幻灯片外的一组或全部幻灯片提供包括自动版式标题的默认样式、自动版式文本对象的默认样式、页脚的默认样式（日期时间区、页脚文字区和页码数字区等）统一的背景颜色或图案等内容。

② 讲义母版视图。

讲义母版视图提供在一张打印纸上同时打印 1、2、3、4、6、9 张幻灯片的版面布局选择，同时设置页眉与页脚的默认样式。

③ 备注母版视图。

备注母版视图设置向各幻灯片添加备注文本的默认样式。

5.2 演示文稿的基本操作

所谓演示文稿就是由 PowerPoint 编辑的文件。制作演示文稿包括文稿建立、文稿编辑、格式编排、页面设置等几个步骤。

因为 PowerPoint 2019 引入了一种基于 XML 的文件格式，这种格式称为 Microsoft Office Open XML Formats，所以 PowerPoint 2019 文件以 XML 格式保存，其扩展名为 .pptx 或.pptm。.pptx 表示不含宏的 XML 文件，.pptm 表示含宏的 XML 文件。

5.2.1 建立新演示文稿

在 PowerPoint 2019 窗口左上角单击“文件”按钮，可以打开“文件”面板，包含“开始”“新建”“打开”“保存”等常用命令。在默认打开的“信息”面板中，用户可以进行旧版本格式转换、文稿保护（如设置演示文稿密码）、检查问题和管理自动保存的版本等。

1. 空白演示文稿

如果需要新建一个空白演示文稿，可以按照如下步骤进行操作。

(1) 打开 PowerPoint 2019 文档窗口，选择“文件”→“新建”命令，如图 5-3 所示。

(2) 在打开的“新建”面板中选中需要创建的演示文稿类型，如选择“空白演示文稿”，便新建了一个空白演示文稿，完成选择后进入演示文稿的编辑窗口。

2. 其他演示文稿模板

除了通用型的空白文档模板之外，PowerPoint 2019 还内置了多种演示文稿模板，如“麦迪逊”“地图集”等演示文稿模板。另外，Office.com 网站还提供了多种高级模板。借助这些模板，用户可以创建比较专业的演示文稿。

5.2.2 保存演示文稿

新建的演示文稿在完成编辑之后，需要将其保存起来，以备后期查看、修改、使用。演示文稿的保存有如下两种方法。

图 5-3　新建 PowerPoint 演示文稿

1. 保存新建的演示文稿

新建演示文稿未在计算机上保存，保存过程中需要指定文稿保存的路径和文件名称。

(1) 打开新建的演示文稿，选择"文件"→"保存"命令，或者在快速访问栏中单击"保存"按钮。

(2) 在打开的"另存为"对话框中选择演示文稿的保存位置，然后在"文件名"文本框中输入要保存的名称。

(3) 单击"保存"按钮即可将演示文稿保存。此时标题栏中显示的名称就是用户设置的保存名称。

2. 保存已有的演示文稿

对于已有的演示文稿，可以选择"文件"→"保存"命令，或者在快速访问工具栏中单击"保存"按钮，在原文件上进行保存。

5.2.3　打开与关闭演示文稿

有时，用户会需要打开已经存在的演示文稿。一种方法是双击需要打开的演示文稿；另一种方法是启动 PowerPoint 2019，选择"文件"→"打开"命令，打开"打开"对话框，从中选择要打开的文件，单击"打开"按钮，即可打开该演示文稿。

关闭演示文稿时，选择"文件"→"关闭"命令，或者单击标题栏右侧的"关闭"按钮，或者在标题栏中右击，在弹出的快捷菜单中选择"关闭"命令，或者右击任务栏的演示文稿图标，在弹出的快捷菜单中选择"关闭窗口"命令，或者按 Alt+F4 组合键，都可以关闭当前演示文稿。

5.2.4 保护演示文稿

如果用户建立了一些重要的演示文稿，不希望其他用户对演示文稿进行查看或编辑，可以对演示文稿进行保护。PowerPoint 有多种方式可以保护演示文稿。

1. 将演示文稿设置为只读

如果用户不希望其他用户对演示文稿进行编辑，可以将演示文稿设置为只读，这样其他用户只能查看文稿，但不能编辑。依次选择“文件”→“信息”命令，单击“保护演示文稿”下拉按钮，在打开的下拉列表中选择“始终以只读方式打开”命令，完成对文稿的保护。此时打开演示文稿，只能查看，不能编辑。

2. 为演示文稿添加密码

如果用户直接希望演示文稿不被其他用户查看，可以直接为演示文稿设置密码，这样不掌握密码的用户便无法打开演示文稿查看其内容。依次选择“文件”→“信息”命令，单击“保护演示文稿”下拉按钮，在打开的下拉列表中选择“用密码进行加密”命令，打开“加密文档”对话框，如图 5-4(a)所示，在“密码”文本中输入设置的密码，单击“确定”按钮。此时会打开“确认密码”对话框，如图 5-4(b)所示。在“重新输入密码”文本框中输入设置的密码，单击“确定”按钮，便为文稿设置了密码。此时，再次打开文稿时，需要输入正确的密码才能打开加密的文稿，如果密码输入错误，则不能打开文稿。

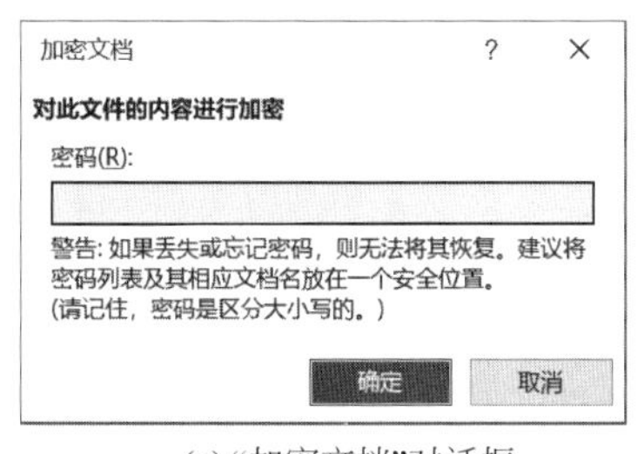

(a)“加密文档”对话框　　(b)“确认密码”对话框

图 5-4　加密文档对话框

5.3 制作演示文稿

5.3.1 幻灯片基本操作

将演示文稿保存后，就可对幻灯片进行操作，如新建幻灯片、为幻灯片选择版式等。

1. 新建幻灯片

新建的演示文稿中，默认只有一张幻灯片。用户可以根据需要，在演示文稿中创建更多的幻灯片。创建新的幻灯片有多种方法，具体如下。

(1) 使用“开始”。

依次选择“开始”→“幻灯片”→“新建幻灯片”命令，系统自动创建一个新的幻灯片。

(2) 使用鼠标右键。

在“幻灯片缩略图”窗格的任意位置，右击，在弹出的快捷菜单中选择“新建幻灯片”命令，便可以添加新的幻灯片。

(3) 使用“插入”。

依次选择“插入”→“幻灯片”→“新建幻灯片”命令，系统自动创建一个新的幻灯片。这个功能与使用“开始”创建新幻灯片基本相同。

(4) 使用组合键。

使用 Ctrl+M 组合键也可以快速创建新的幻灯片。

2. 删除幻灯片

选中一个或多个要删除的幻灯片，在要删除的幻灯片上右击，在弹出的快捷菜单中选择“删除幻灯片”命令，或者按 Delete 键，或者依次选择“开始”→“剪贴板”→“剪切”命令，都可以删除选中的幻灯片。

3. 移动幻灯片

幻灯片制作过程中，有时会需要对幻灯片进行移动。在“幻灯片缩略图”窗格中选中需要移动的幻灯片，按住鼠标左键不放，将选中幻灯片移动到目标位置，或者选中需要移动的幻灯片，依次选择“开始”→“剪贴板”→“剪切”命令，再将鼠标移动到目标位置，依次选择“开始”→“剪贴板”→“粘贴”命令，便完成幻灯片的移动。

4. 复制幻灯片

在“幻灯片缩略图”窗格中选中需要移动的幻灯片，按住 Ctrl 键，再按住鼠标左键不放，将选中幻灯片移动到目标位置，或者选中需要移动的幻灯片，依次选择“开始”→“剪贴板”→“复制”命令，再将鼠标指针移动到目标位置，依次选择“开始”→“剪贴板”→“粘贴”命令，便完成幻灯片的复制。

5. 使用节管理

当演示文稿中的幻灯片较多时，为了厘清幻灯片的整体结构，可以使用 PowerPoint 2019 提供的节功能对幻灯片进行分组管理。

(1) 添加节。

- 在“幻灯片缩略图”窗格中单击需要添加节的空白处，依次选择“开始”→“幻灯片”→“节”命令，在打开的下拉列表中选择“新增节”命令，便可在选中的空白处添加一个节，如图 5-5 所示，同时打开“重命名节”对话框，在“节名称”文本框中输入节的名称。
- 在“幻灯片缩略图”窗格中选中某一个幻灯片，右击，在弹出的快捷菜单中选择“新增节”命令，便在这个幻灯片的上方添加一个新节，同时打开“重命名节”对话框，在“节名称”文本框中输入节的名称。

(2) 重命名节。

选中某一个节，右击，在弹出的快捷菜单中选择“重命名节”命令，便会打开“重命名节”对话框，在“节名称”文本框中输入新的节名称，完成节的重命名。

(3) 折叠与展开节。

单击节标题前的 ◢ 按钮，可折叠节内的幻灯片；单击节标题前的 ▷ 按钮，可展开节。

(4) 删除节。

选中某一个节，右击，在弹出的快捷菜单中选择“删除节”命令，便可以删除选中的节；如果选择“删除所有节”命令，便可以删除演示文稿中的所有节。

6. 隐藏幻灯片

如果用户不想放映某些幻灯片，可以将其隐藏起来。在“幻灯片缩略图”窗格中选中要隐藏的幻灯片,在幻灯片上右击,在弹出的快捷菜单中选择“隐藏幻灯片”命令,此时幻灯片上的标号上会显示隐藏标记,表示该幻灯片已经被隐藏。

7. 确定幻灯片版式

幻灯片版式是 PowerPoint 中的一种常规排版的格式,通过幻灯片版式的应用可以对文字、图片等进行更加简洁合理的布局。PowerPoint 2019 中有文字版式、内容版式等多种版式。确定幻灯片版式有如下两种方式。

(1) 使用“开始”。

选中要确定版式的幻灯片,依次选择“开始”→“幻灯片”→“版式”命令,选中想要确定的版式,完成版式设置,如图 5-6 所示。

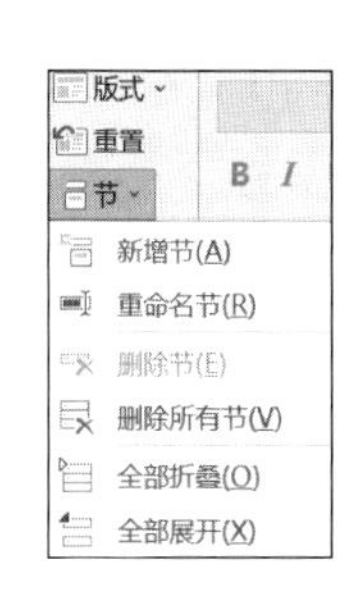

图 5-5 为幻灯片新增节图

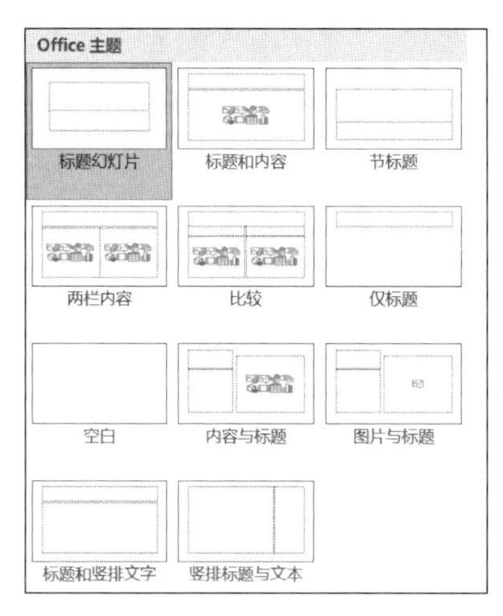

图 5-6 设置幻灯片版式

(2) 使用鼠标右键。

选中要确定版式的幻灯片,右击,在弹出的快捷菜单中选择“版式”命令,在弹出的子菜单中选择需要的版式,完成版式设置。

5.3.2 输入文本

完成幻灯片页面的添加之后,就可以开始向幻灯片中输入文本内容了。文本是演示文稿中最基本的元素,用以表达幻灯片的主要内容。

1. 在文本占位符中输入文本

在普通视图中,幻灯片会出现“单击此处添加标题”或“单击此处添加副标题”等提示文本框。这种文本框统称为文本占位符。在 PowerPoint 2019 中,可以在文本占位符中直接输入文本。

2. 在文本框中输入文本

幻灯片中文本占位符的位置是固定的,不同版式中的文本占位符位置不同。如果想在幻灯片的其他位置输入文本,可以在幻灯片中绘制一个新的文本框,在文本框中可以输入文本。依次选择“插入”→“文本”→文本框→“竖排文本框”命令,然后将光标移至幻灯片中的合适位置,按住鼠标左键并拖动,可创建一个竖排文本框。接下来将鼠标指针移动到文本框内部,便可以在文本框内部输入文字。

5.3.3 文字设置

1. 设置字体和字号

第一种方式是选中要设置的文字，依次选择“开始”→“字体”命令，在“字体”下拉列表框中选择需要的字体，在“字号”下拉列表框中选择需要的字号，或者在“字号”下拉列表框中输入需要的字号，按 Enter 键，完成字体和字号的设置。第二种方式是选择要设置的文字，在文字上右击，在弹出的快捷菜单中选择“字体”命令，在对话框中完成对字体和字号的设置。

2. 字体颜色设置

PowerPoint 2019 默认的文字颜色为黑色，用户为了显示不同的信息，演示文稿的文字可能会采用不同的颜色。如果需要设置字体的颜色，可以选中需要设置的文本，依次选择“开始”→“字体”→“字体颜色”命令，在打开的下拉列表中选择所需要的颜色。如果已有颜色不满足需要，可以在下拉列表中选择“其他颜色”命令，在打开的对话框中给出的标准颜色中进行选择，或者选择“自定义”命令，通过设置 RGB 值，精确设置需要的字体颜色。

3. 设置文本突出显示

（1）如果用户想要对某一段文本使用色彩突出显示，可以选中需要突出显示的文本，然后依次选择“开始”→“字体”→“文本突出显示颜色”命令，在打开的下拉列表中选择一种颜色，选中的文本内容就应用选中的颜色的荧光笔效果，突出显示选择的文本。

（2）如果用户想要突出显示不连续的文本，可以不选中文字，而是先依次选择“开始”→“字体”→“文本突出显示颜色”命令，在打开的下拉列表中选择一种颜色，再将鼠标移动到幻灯片的文本区域，当看到鼠标光标变为荧光笔的形状时，按住鼠标左键并拖曳鼠标指针，选中非连续的文本，便可以将这些非连续的文本突出显示。

（3）如果想取消突出显示的文本，可以选中突出显示的文本，依次选择“开始”→“字体”→“文本突出显示颜色”命令，在打开的下拉列表中选择“无颜色”命令，便可以取消文本的突出显示。

5.3.4 设置段落样式

1. 设置对齐方式

选中需要设置对齐方式的文本，或者选中文本框，依次选择“开始”→“段落”命令，例如，选择“居中”命令，便可以实现文本居中对齐设置，或者选中文本，右击，在弹出的快捷菜单中选择“段落”命令，在打开的“段落”对话框中，在“对齐方式”下拉列表中选择“居中”命令，即可将所选文本设为居中。

2. 设置文本段落缩进

段落缩进指的是段落中的行相对于页面左边界或右边界的位置。段落缩进方式主要包括左缩进、右缩进、悬挂缩进和首行缩进等。文本段落缩进设置方式与对齐方式设置类似，选中文本框，可以对文本框内的所有文本进行设置；如果选中文本，则只对文本进行设置。设置中，选中文本框，或者选中需要设置的文本，依次选择“开始”→“段落”组中的“段落设置”命令，在打开的“段落”对话框中，在“缩进和间距”选项卡下“缩进”选项组中分别对“文本之前”“特殊”“度量值”三个选项进行设置，确定文本段落的缩进方式。

5.3.5 添加项目符号或编号

幻灯片中经常要为文本添加项目符号或编号,以便文档更具条理、更清晰。

1. 添加项目符号或编号

选中要添加项目符号(编号)的文本,依次选择“开始”→“段落”→“项目符号”(“编号”)按钮右侧的下拉按钮,在打开的下拉列表中选择一种项目符号(编号),如图 5-7 所示,便为所选文本添加了项目符号(编号)。

2. 更改项目符号或编号外观

选中已经添加了项目符号(编号)的文本,依次选择“开始”→“段落”→“项目符号”(“编号”)按钮右侧的下拉按钮,在打开的下拉列表中选择一种其他类型的项目符号(编号),便为所选文本修改了项目符号(编号)的外观。如果打开的下拉列表中没有需要的项目符号外观,可以单击“自定义”按钮,在打开的“符号”对话框中,选择需要的符号作为项目符号的外观,如图 5-8 所示,单击“确定”按钮,完成项目符号或编号的外观设置。

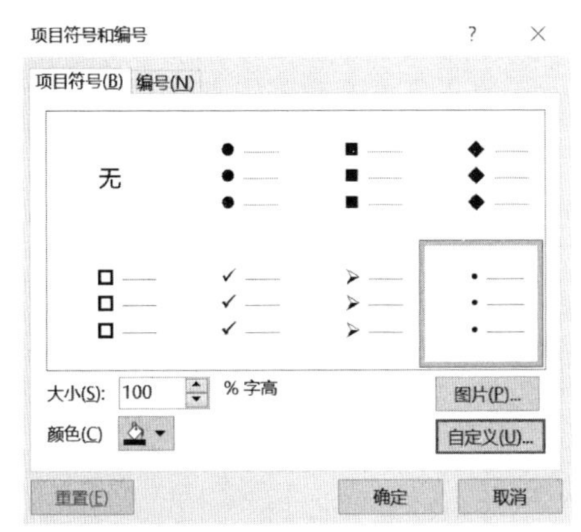

图 5-7 添加项目符号或编号

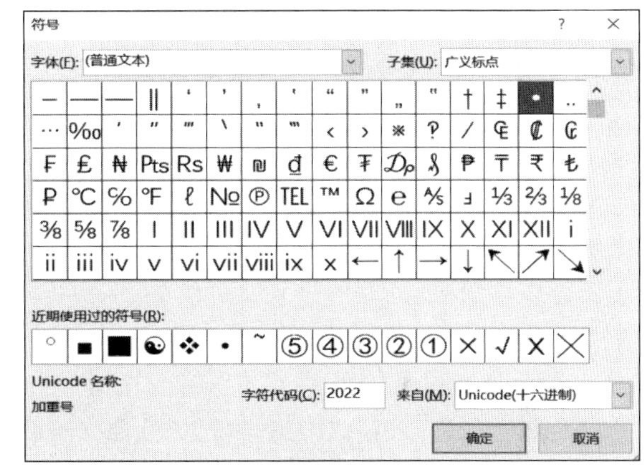

图 5-8 修改项目符号外观

5.4 设计幻灯片

5.4.1 添加表格

表格是幻灯片中常用的一类模板,用户可以在幻灯片中插入表格,利用表格更清晰地展示信息,并对表格进行编辑。

1. 创建表格

(1) 快速插入表格。

在要插入表格的幻灯片中,依次选择“插入”→“表格”命令,单击“表格”按钮,在打开的“表格”列表中,拖动鼠标选中合适数量的行和列即可插入表格,如图 5-9 所示。

(2) 使用“插入表格”对话框插入表格。

切换到“插入”功能区,在“表格”选项组中单击“表格”按钮,并在打开的“表格”列表中选择“插入表格”命令,打开“插入表格”对话框,如图 5-10 所示,分别设置表格的行数和列数,设置完毕后单击“确定”按钮,便插入确定行数与列数的表格。

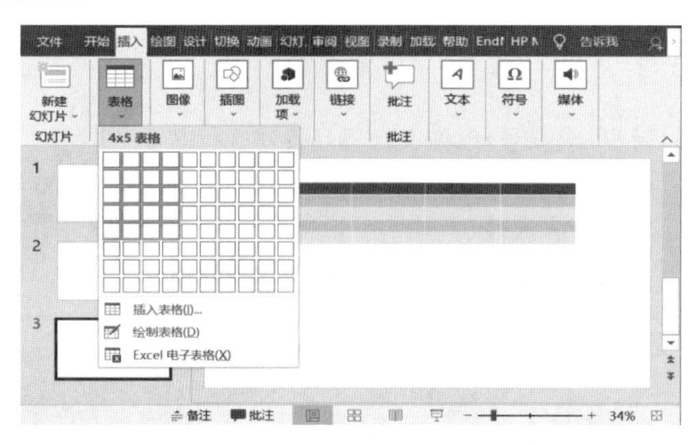

图 5-9　快速插入表格

图 5-10　使用“插入表格”对话框插入表格

2. 表格设计

PowerPoint 中的表格设计与 Word 中的表格设计基本相同，表格设计具体内容可参考 Word 部分相关内容。

5.4.2　添加图表

演示文稿的作用是向听众展示信息，图表与文字的结合更容易让听众接受，所以制作演示文稿时往往会插入图表。PowerPoint 2019 可以向幻灯片中插入柱形图、折线和、饼图、条形图等多种图表。

要插入图表，依次选择“插入”→“插图”→“图表”命令，打开“插入图表”对话框，单击需要的图表类型，例如单击“饼图”，单击“确定”按钮，便在幻灯片中插入饼图，同时打开了 Excel 窗口。用户需要在 Excel 窗口中编辑数据，例如修改系列名称和类别名称，并编辑具体数值。在编辑 Excel 表格数据的同时，PowerPoint 窗口中将同步显示图表结果，如图 5-11 所示。完成 Excel 表格数据的编辑后关闭 Excel 窗口，在 PowerPoint 窗口中可以看到创建完成的图表。

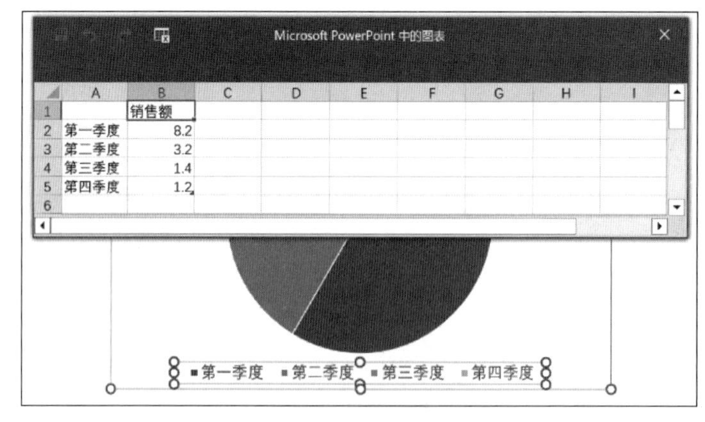

图 5-11　插入饼图图表

5.4.3　添加图形

为了更好地做好演示，在制作幻灯片时，适当插入一些图形，做到图文并茂，可以达到更好的展示效果。

1. 插入图片

依次选择“插入”→“图像”→“图片”命令，在打开的“插入图片”对话框中，在“查找范围”下拉列表中选择图片所在的位置，然后单击所要使用的图片，如图 5-12 所示，单击“插入”按钮，完成图片插入。

图 5-12 插入图片

2. 设置图片背景

PowerPoint 2019 中，用户可对图片的背景进行设置，对不需要的背景进行部分或全部删除。选中插入的图片，依次选择“图片工具”→“图片格式”→“调整”→“删除背景”命令，系统会自动对插入图片的背景进行判断，消除图片背景。同时切换到“背景消除”选项卡，单击“关闭”选项组中的“保留更改”按钮，图片背景被消除，如图 5-13 所示。

系统还可以按用户指定的区域删除或保留背景。选中插入的图片，依次选择“图片工具”→“图片格式”→“调整”→“删除背景”命令，打开“背景消除”选项卡，单击“优化”选项组中的“单击要保留的区域”/“单击要删除的区域”按钮，然后在图片上绘制线条，标记要保留/删除的区域，然后单击“保留更改”按钮。系统会按用户的标记，对选中图片区域的背景进行保留/删除。

图 5-13 删除图片背景

3. 调整图片大小

如果插入图片与预想尺寸不符，可调整图片大小。选中插入的图片，依次选择“图片工具”→“图片格式”→“大小”→“大小和位置”命令，打开“设置图片格式”面板，单击“大小与属性”按钮，在“高度”和“宽度”微调框中微调图片高度和宽度，或在“高度”和“宽度”文本框中输入图片高度和宽度，完成图片大小设置。

4. 裁剪图片

有时用户需要对图片进行裁剪，只保留图片的一部分。选中图片，依次选择“图片工具”→“图片格式”→“大小”→“裁剪”命令，打开图片裁剪框。此时有 5 种裁剪方式。

(1) 通过拖动裁剪框的边缘移动裁剪区域或图片，鼠标指针放置的位置即为裁剪区域。

(2) 将上、下、左、右某一侧的中心裁剪控点向里拖动，可以单独裁剪这一侧。

(3) 将任一角裁剪控点向里拖动，可以按比例将此控点两侧按图片比例裁剪。

(4) 按住 Ctrl 键的同时，将任一侧的中心裁剪控点向里拖动，可以同时均匀地裁剪图片两侧。

(5) 按住 Ctrl 键的同时，将一个角裁剪控点向里拖动，可均匀裁剪全部 4 侧。

5. 设置图片样式

选中图片，依次选择“图片工具”→“图片格式”→“图片样式”→“其他”命令，在打开的列表中选择一个图片样式，例如选择“金属椭圆”。

依次选择“图片工具”→“图片格式”→“图片样式”→“图片边框”下拉按钮，在打开的下拉列表中选择“红色”作为图片边框颜色。

依次选择“图片工具”→“图片格式”→“图片样式”→“图片效果”下拉按钮，在打开的下拉列表中选择“三维旋转”中的“平行：左下”按钮。

5.4.4 添加图标

1. 插入 SVG 图标

依次选择“插入”→“插图”→“图标”命令，在打开的“插入图标”对话框中，在“插入图标”列表中选择需要的图标，然后单击所要使用的图标，单击“插入”按钮，便插入选中的 SVG 图标，如图 5-14(a)所示。

(a) 插入SVG图标

(b) 设置SVG图标

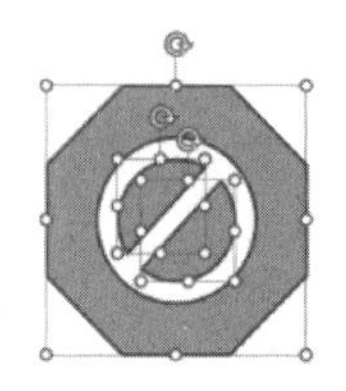

(c) 将图标转换为形状

图 5-14 插入并设置 SVG 图标

2. 设置 SVG 图标

选中插入的图标，依次选择“图形工具”→“图形格式”→“图形样式”→“图形填充”下拉按钮，在打开的下拉列表中选择“橙色”，再单击“图形轮廓”下拉按钮，在打开的下拉列表中选择“绿色”，完成图标格式设置，如图 5-14(b)所示。

3. 将图标转换为形状

选中插入的图标，依次选择“图形工具”→“图形格式”→“更改”命令，依次选择“图形工具”→“图形格式”→“转换为形状”命令，图标便转换为形状，可以选中不同的形状进行格式设置，如图 5-14(c)所示。

5.4.5 添加 3D 模型

PowerPoint 2019 提供了 3D 模型功能，系统支持 fbx、obj、3mf、ply、syl、glb 格式的 3D 文件。导入的 3D 模型可以进行 360°旋转、放大、缩小等操作。与平滑切换效果结合，可以更好地展示 3D 模型本身。通过 3D 模型的展示，用户可以更加清晰、直观地浏览内容，还可以通过任意视角全方位浏览观察。

1. 添加 3D 模型

选中要插入 3D 模型的幻灯片，依次选择“插入”→“插图”→“3D 模型”下拉按钮，在打开的下拉列表中有两个选项，如果单击“此设备”，将打开“插入 3D 模型”对话框，找到系统所在 PC 上的 3D 模型，单击“确定”按钮，完成 3D 模型插入。如果单击“库存 3D 模型”按钮，打开“联机 3D 模型”列表框，如图 5-15 所示，从中选择 3D 模型，单击“插入”按钮，完成 3D 模型插入。

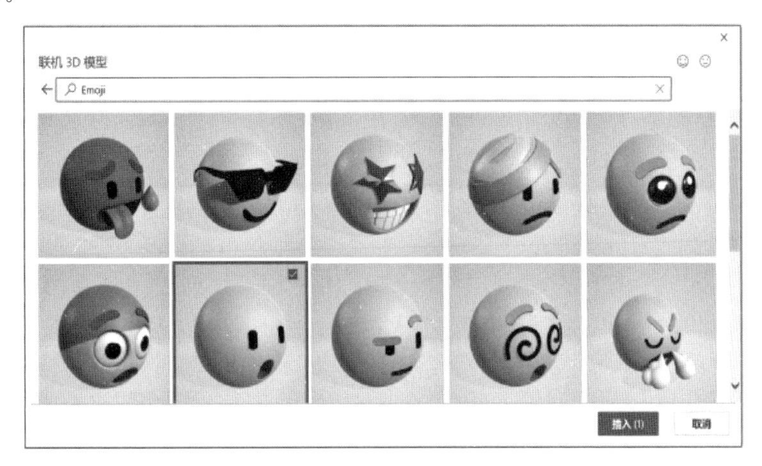

图 5-15　插入 3D 模型

2. 观察 3D 模型

选中插入的 3D 模型，模型周围有 8 个控制点，可以调节其大小和位置。在选中对象的中心位置有一个用于调整观察 3D 模型不同角度的旋钮，通过拖动鼠标，可以浏览模型的不同角度。

5.4.6　添加 SmartArt 图形

虽然插图和图形比文字更有助于读者理解和回忆信息，但创建高水准的插图很困难。SmartArt 是 Office 2007 及以后版本中新增加的一项图形功能，该图形是一种文本和形状相结合的图形，能以可视化的方式直观地表达出各项内容之间的关系。SmartArt 图形使用户可以方便地创建高水平的插图，方便用户使用和操作。

依次选择“插入”→“插图”→“SmartArt”命令，在打开的如图 5-16 所示的“选择

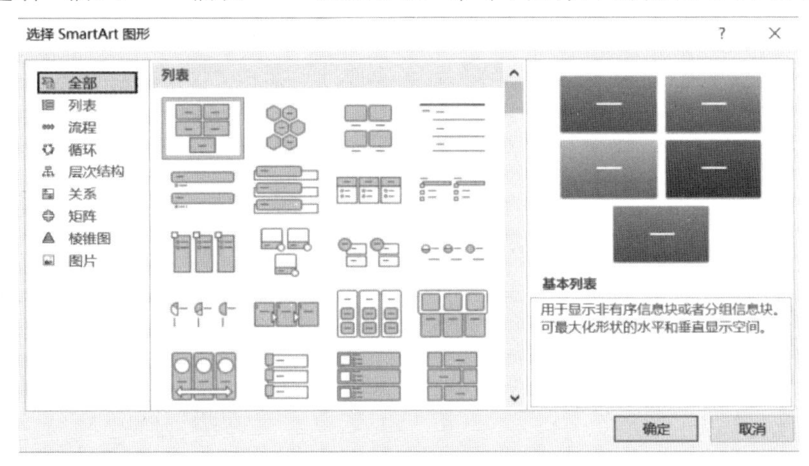

图 5-16　插入 SmartArt 图形

SmartArt 图形"对话框中，单击左侧的类别名称选择合适的类别，然后在对话框右侧选择需要的 SmartArt 图形，单击"确定"按钮。返回演示文稿窗口，在插入的 SmartArt 图形中单击文本占位符输入合适的文字即可。

5.4.7 添加多媒体

1. 添加音频

为了达到更好的演示效果，PowerPoint 可以在幻灯片中添加音频。PowerPoint 2019 支持多种声音格式，包括 AIFF 音频文件、AU 音频文件、MIDI 音频文件、MP3 音频文件、Windows 音频文件、Windows Media 音频文件、QuickTime 音频文件。

(1) 添加 PC 上的音频文件。

依次选择"插入"→"媒体"→"音频"命令，在打开的下拉列表中选择"PC 上的音频"命令，打开"插入音频"对话框，找到音频文件所在位置，如图 5-17 所示，选择文件后单击"插入"按钮，完成音频文件的插入。

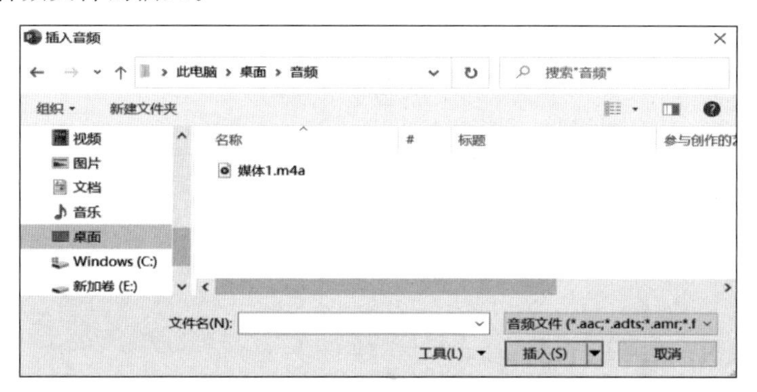

图 5-17　插入音频

(2) 播放音频。

音频添加完成后，幻灯片中便出现一个图标 。选中插入的音频文件，单击音频文件图标下的"插放"按钮，便可以播放音频，或者选中插入的音频文件，便在功能区打开了"音频工具"选项卡，依次选择"播放"→"预览"→"播放"命令，便可以播放音频。

(3) 设置音频播放开始方式。

演示文稿中添加的音频，可以在幻灯片显示时自动播放，也可以通过单击触发音频播放，还可以通过单击的顺序播放演示文稿中的所有音频，甚至还可以将一个音频循环播放直至演示文稿播放完毕。

选中幻灯片中添加的音频文件，便在功能区打开了"音频工具"选项卡，依次选择"播放"→"音频选项"→"开始"后的下三角按钮，在打开的下拉列表中包括"自动""单击时""按照单击顺序"三个选项，如图 5-18 所示，分别对应音频播放的三种开始方式，选择需要的方式单击完成设置。如果同时选中"循环播放，直到停止"和"播放完毕返回开头"复选框，可以使该音频文件循环播放。

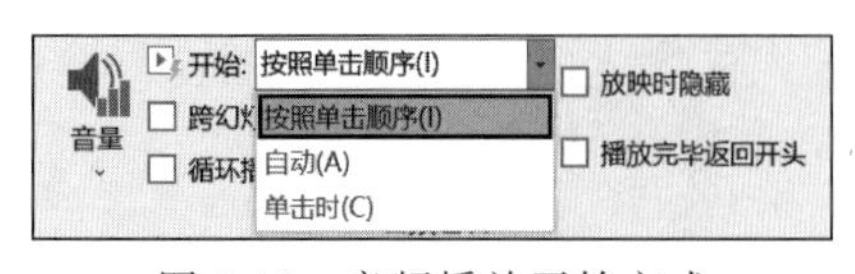

图 5-18　音频播放开始方式

(4) 设置播放音量。

选中幻灯片中添加的音频文件，依次选择"音频工具"→"播放"→"音频选项"→"音量"

后的下拉按钮，在打开的下拉列表中选择合适的音量选项。

（5）设置渐强/渐弱播放音量。

为了更好地与演示文稿的播放相配合，音频播放过程中还可以设置音量的渐强和渐弱效果。依次选择“音频工具”→“播放”→“编辑”命令，在“淡化持续时间”区域的“渐强”/“渐弱”文本框中输入数值，可以在音频开始/结束之前的时间内使用渐强/渐弱效果。

（6）剪辑音频。

有时添加的音频与演示文稿不能完全匹配，为达到较好的效果，可对音频文件进行剪裁，对音频开头和末尾处进行修剪，以缩短音频时间使其与演示文稿放映时间步调一致。

选中插入的音频，依次选择“音频工具”→“播放”→“编辑”→“剪裁音频”命令，打开如图 5-19 所示的“剪裁音频”对话框，单击对话框中显示的音频起点，也就是最左侧的绿色标记，当鼠标指针变为双向箭头时，按住鼠标左键，并将鼠标指针拖动到想要音频开始的位置松开鼠标，便将音频开头位置进行了修改。按同样方法，将音频结束位置向左侧移动，修改音频结束位置。这样便完成了对音频的裁剪。为了精确裁剪音频，还可以在“裁剪音频”对话框中，在“开始时间”和“结束时间”文本框中输入精确的时间裁剪音频。裁剪完成后，单击“裁剪音频”对话框中的“播放”按钮，可以试听裁剪后的音频。

（7）在音频中添加书签。

书签可以指示视频或音频剪辑中的兴趣点，可以帮助用户在放映幻灯片时快速查找音频中的特定点。选中音频文件，单击“播放”按钮，到达特定的位置时，单击“暂停”按钮，然后依次选择“音频工具”→“播放”→“书签”→“添加书签”命令，便在特定节点为音频添加了书签，如图 5-20 所示。

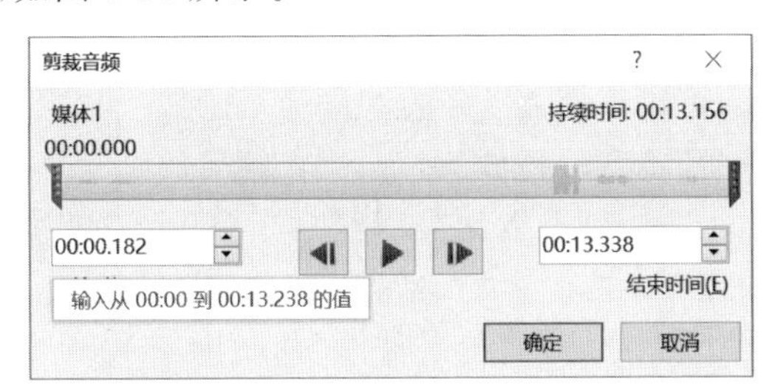

图 5-19　“剪裁音频”对话框

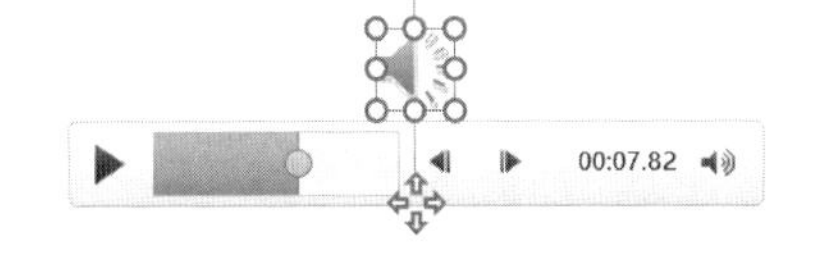

图 5-20　为音频添加书签

2. 添加视频

PowerPoint 2019 的演示文稿可以链接外部视频文件或电影文件，增强播放效果。PowerPoint 2019 支持多种格式的视频文件，包括 Windows 视频文件、Windows Media 视频文件、Quick Time 视频文件、电影文件和 Adobe Flash Media 文件。

（1）链接视频文件。

选中需要链接到视频的幻灯片，依次选择“插入”→“媒体”→“视频”下拉按钮，在打开的下拉列表中有“此设备”和“联机视频”两个选项。其中，“此设备”选项的含义是链接到演示文稿所在 PC 上的视频，“联机视频”选项的含义是链接到 PC 以外的网络视频。如果单击“此设备”选项，则打开如图 5-21 所示的“插入视频文件”对话框，找到所需要的视频文件单击，再单击“插入”按钮，便将视频插入幻灯片中。如果选择“联机视频”选项，则打开“插入视频”对话框，直接将播放器链接地址复制到文本框中，单击“插入”按钮，便将 PC 外部的视频链接到演示文稿。选中插入的视频，可以调整视频的位置和大小。依次选择“视频工具”→“播放”→“预览”→“播放”命令，可以预览视频。

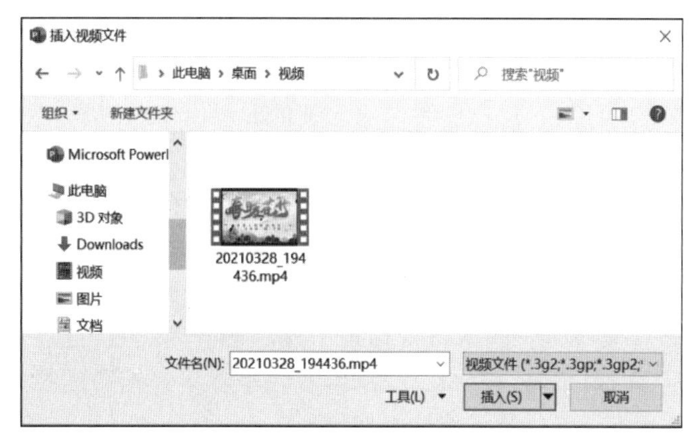

图 5-21 “插入视频文件”对话框

(2) 设置视频亮度。

对插入的视频进行效果设置，以满足用户对视频播放的需求。选中插入的视频文件，依次选择“视频工具”→“视频格式”→“调整”→“更正”下拉按钮，在打开的下拉列表中选择需要的亮度和对比度，可以调整视频播放的亮度和对比度。

(3) 设置视频颜色。

选中插入的视频文件，依次选择“视频工具”→“视频格式”→“调整”→“颜色”下拉按钮，在打开的下拉列表中选择需要的颜色，可以调整视频的颜色。

(4) 设置视频海报。

视频插入幻灯片后，视频呈现默认的图像，可以根据需要设置视频显示图像。选中插入的视频文件，依次选择“视频工具”→“播放”→“预览”→“播放”命令，当视频播放到某个画面时，依次选择“视频工具”→“视频格式”→“调整”→“海报框架”下拉按钮，单击“当前帧”选项，便把视频当前图像作为视频的默认显示图像。

3. 多媒体其他常用设置

音频和视频的样式、位置、大小等设置，与图片相关设置类似，视频的音量、书签、剪裁、淡化持续时间、开始方式、循环播放等设置，与音频相关设置类似。类似设置可参考已有说明进行。

5.4.8 添加超链接

演示文稿中的超链接，可以在幻灯片放映过程中直接跳转到网页、邮件地址、其他文件，或演示文稿中的其他位置。通过超链接，用户可以直接进行切换。演示文稿中可以对文本或其他对象设置超链接。

1. 链接到同一演示文稿中的幻灯片

选中要创建超链接的对象，依次选择“插入”→“链接”→“链接”命令，打开“插入超链接”对话框，在对话框左侧的“链接到”列表框中选择“本文档中的位置”选项，在右侧的“请选择文档中的位置”列表框中选择“幻灯片标题”下方的需要被链接的幻灯片，如图 5-22 所示，单击“确定”按钮，便将选中的对象链接到了选中的幻灯片。如果建立超链接的对象是文本，超链接建立后，文本显示为蓝色，并添加了下画线。在放映幻灯片时，单击建立了超链接的对象，便可以直接跳转到被链接的幻灯片。

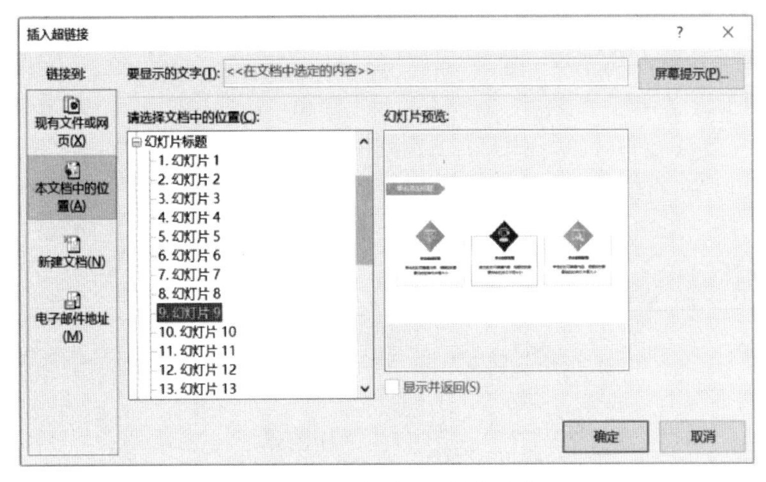

图 5-22　超链接到本文档中的位置

2. 链接到不同演示文稿中的幻灯片

超链接还可以将幻灯片中的对象与其他文件相链接。选中要建立超链接的对象，在图 5-22 左侧的“链接到”列表框中选择“现有文件或网页”选项，选择其他的演示文稿文件，单击右侧的“书签”按钮，在打开的“在文档中选择位置”对话框中选择需要的幻灯片，如图 5-23 所示，单击“确定”按钮，便使选中的幻灯片对象链接到另一个演示文稿中的指定幻灯片。

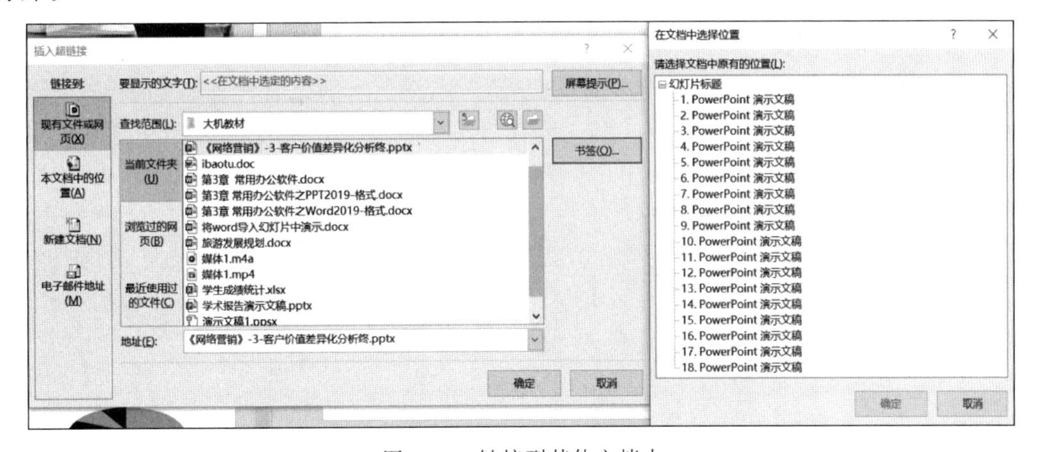

图 5-23　链接到其他文档中

3. 链接到网页页面或文件

还可以将幻灯片中的对象链接到 Web 上的页面或文件。选中幻灯片中要建立超链接的对象，在图 5-22 左侧的“链接到”列表框中选择“现有文件或网页”选项，单击“查找范围文本框”右侧的“浏览 Web”按钮，在弹出的网页浏览器中打开要链接到的网页，复制网页地址，返回“插入超链接”对话框，在下方的“地址”文本框中粘贴刚复制的链接，单击“确定”按钮。幻灯片放映时，单击创建超链接的对象，便会跳转到链接的网页地址。

4. 链接到电子邮件地址

选中要建立超链接的对象,在图5-22左侧的“链接到”列表框中选择“电子邮件地址”选项,在“电子邮件地址”文本框中输入需要链接到的邮件地址,同时可以在“主题”文本框中输入电子邮件的主题,单击“确定”按钮。

5. 链接到新建文件

选中要建立超链接的对象,在图5-22左侧的“链接到”列表框中选择“新建文档”选项,在“新建文本文档”文本框中输入要新建并链接到的文件的名称,在“完整路径”区域单击“更改”按钮,在打开的“新建文档”对话框中选择要新建文件的位置,单击“确定”按钮。

5.4.9 添加艺术字

艺术字可以充分表达含义,凸显一些重点内容。为了达到更好的宣传效果,演示文稿中经常会使用艺术字。

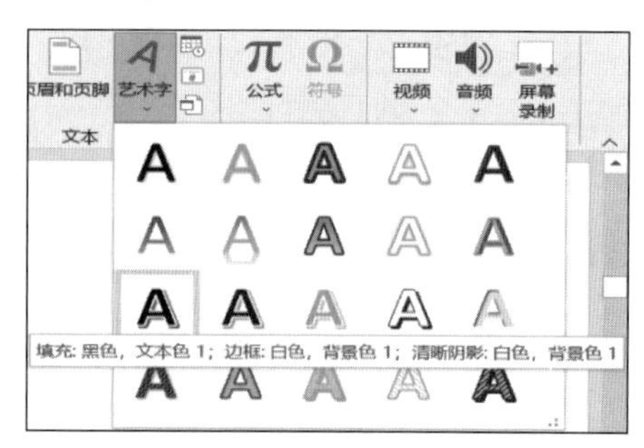

图5-24 插入艺术字

1. 添加艺术字

在需要添加艺术字的幻灯片中,依次选择“插入”→“文本”→“艺术字”下拉按钮,在打开的下拉列表中选择需要的艺术字样式,例如,选择“填充:黑色,文本色1;边框:白色,背景色1;清晰阴影,白色,背景色1”命令,如图5-24所示,便在幻灯片中插入了艺术字文本框。选中艺术字文本框内的文字将其删除,重新输入需要用艺术字展示的文本,例如输入“艺术字示例”,则在幻灯片中完成了艺术字的添加。

2. 更改艺术字样式

艺术字添加完成后,可以对艺术字样式进行修改,将艺术字换成其他需要的样式。选中艺术字文本框,功能区出现“绘图工具”→“形状格式”选项卡,依次选择“艺术字样式”→“其他”命令,在打开的艺术字样式列表中选择需要的艺术字样式,便可以更改艺术字的样式。

3. 设计艺术字格式

(1) 形状填充。

选中艺术字文本框,依次选择“绘图工具”→“形状格式”→“形状样式”→“形状填充”下拉按钮,在打开的下拉列表中选择需要的颜色,便为艺术字文本框填充了颜色。

(2) 形状轮廓。

选中艺术字文本框,依次选择“绘图工具”→“形状格式”→“形状样式”→“形状轮廓”下拉按钮,在打开的下拉列表中选择需要的颜色,便为艺术字文本框线条选择了颜色。

(3) 文本填充。

选中艺术字文本框,依次选择“绘图工具”→“形状格式”→“艺术字样式”→“文本填充”下拉按钮,在打开的下拉列表中选择需要的颜色,便为艺术字字体内部填充了颜色。

(4) 文本轮廓。

选中艺术字文本框,依次选择“绘图工具”→“形状格式”→“艺术字样式”→“文本轮廓”下拉按钮,在打开的下拉列表中选择需要的颜色,便为艺术字轮廓添加了颜色线条。

(5) 文本效果。

选中艺术字文本框，依次选择“绘图工具”→“形状格式”→“艺术字样式”→“文本效果”下拉按钮，在打开的下拉列表中选择“转换”命令，在打开的列表中选择“弯曲”组中的“波形下”命令，完成艺术字效果设置。

(6) 艺术字旋转。

选中艺术字文本框，依次选择“绘图工具”→“形状格式”→“排列”→“旋转”下拉按钮，在打开的下拉列表中选择“其他旋转选项”命令，在打开的“设置形状格式”对话框中，在“旋转”右侧的文本框中输入需要的旋转角度，例如输入“45°”，艺术字便顺时针旋转45°。

以上六步设计后，艺术字最终设计效果如图5-25所示。

图5-25 设计艺术字

5.4.10 添加绘图

墨迹书写是PowerPoint 2019新增的一项功能，可以使用系统提供的各种笔，进行书写或绘图。

1. 添加绘图

使用默迹书写，依次选择“绘图”→“笔”→“笔：黑色，0.5毫米”命令，再将鼠标指针定位在幻灯片中，可以看到指针变为黑色的圆点，然后在需要重点显示的文本处拖曳鼠标，沿着鼠标拖曳的痕迹，便用选中的笔画出了图形。

2. 添加笔

绘图中可选的笔有“铅笔”“笔”“荧光笔”三类，用户可以自行添加具有不同属性的这三类笔。选择“绘图”→“笔”选项组中的“添加笔”命令，在打开的下拉列表中选择“铅笔”命令，系统在“笔”功能区添加了一个“铅笔”，并打开新添加的“铅笔”的属性菜单，选择“铅笔”粗线为“1mm”，颜色为“黄色”，便添加了特定属性的铅笔。

3. 设置笔的属性

在“笔”选项组中，可以随时修改笔的属性。在“笔”选项组中选择“笔：黑色，0.5毫米”命令，在打开的下拉列表中可以设置笔的“粗细”“颜色”“效果”等，如图5-26所示，以此修改笔的属性。

4. 使用标尺

标尺可以帮助用户在幻灯片中画出直线。依次选择“绘图”→“模具”→“标尺”命令，在幻灯片中出现标尺图标，标尺上有角度图标，显示标尺与水平的角度值。单击标尺，向上转动鼠标滚轮，标尺会逆时针旋转；向下转动鼠标滚轮，标尺会顺时针旋转。当标尺旋转到合适的角度，单击“笔”选项组中的荧光笔，便可以在幻灯片中沿着标尺绘图，如图5-27所示。

5. 擦除墨迹

如果对绘制的内容不满意，可以将其擦除。依次选择“绘图”→“工具”→“橡皮擦”命令，在打开的下拉列表中选择“线段橡皮擦”命令，然后将鼠标指针定位在幻灯片中，当指针变成像皮擦形状时，在要擦除的标记上单击，即可将绘图擦除。

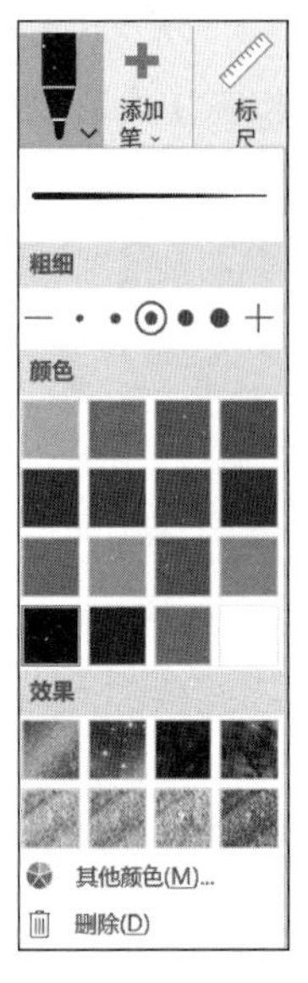

图 5-26 修改笔的属性

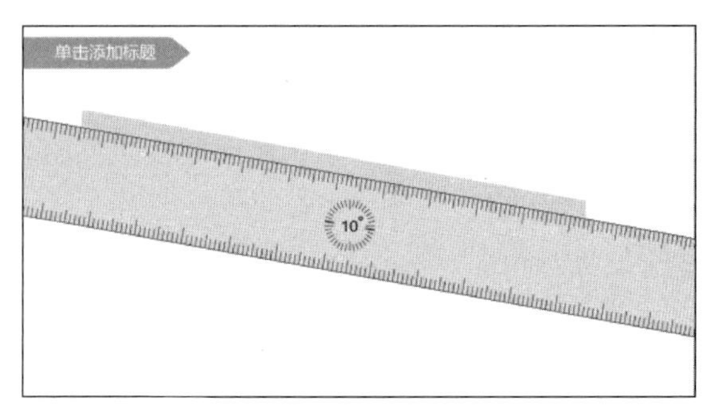

图 5-27 利用标尺作图

6. 隐藏墨迹

如果用户利用墨迹,对幻灯片的某些对象进行标记,但又不想让这些标记影响幻灯片的整体美感,且不想删除墨迹,可以将这些默迹隐藏起来。依次选择“审阅”→“墨迹”→“隐藏墨迹”命令,便可以将添加的墨迹隐藏。如果再次单击“隐藏墨迹”按钮,添加的墨迹会重新显示。

5.5 幻灯片版式制作

一般情况下,一篇演示文稿的制作风格比较统一,为了做出美观的幻灯片,用户往往会在一个演示文稿的多个幻灯片内使用相同的元素。为了更加方便、快捷地制作演示文稿,往往会提前做好演示文稿的样式,这便是演示文稿的模板。PowerPoint 就提供了一些模板,其中包含版式、主题颜色、主题字体、主题效果和背景样式,甚至有的还包含一定的内容。PowerPoint 将模板保存为 .potx 文件供用户使用。

母版是指在一个具体的演示文稿里,为了使每一张或者某几张幻灯片具有同一种格式而使用的包含在具体幻灯片里的一种格式文件,其本身是一种格式。母版可以方便地控制和修改特定幻灯片的格式,使用母版的好处在于可以随时修改多张幻灯片的总体格式。

对于某一张幻灯片来说,模板和母版的作用是一样的,都是控制和修改其格式的一个载体。区别在于,模板是演示文稿,而母版是包含在演示文稿里的一种格式控制。模板包含主题,主题是组成模板的元素,颜色、字体、设计风格等都是主题的元素,而模板是把这些主题元素组合起来,并保存为演示文稿的模板文件,可以反复调用。

5.5.1 使用模板

打开 PowerPoint,依次选择“文件”→“新建”命令,打开“新建”界面,选择“建议的搜索”右侧的“主题”选项,在打开的选项列表中选择“城市建设”选项,如图 5-28 所示,便打开了以

“城市建设”为模板的空白演示文稿，将其保存并命名为“城市建设”。

图 5-28 使用模板

5.5.2 设计版式

幻灯片版式包含幻灯片上显示的所有内容的格式、位置和占位符。占位符是幻灯片版式上的虚线容器，用于保存标题、正文文本、表格、图表、SmartArt 图形、图片、剪贴画、视频和声音等内容。幻灯片版式还包含颜色、字体、效果和背景主题。PowerPoint 包括内置的幻灯片版式，用户可以修改版式满足特定需求，并且可以与其他人共享自定义的版式。PowerPoint 内置有标题幻灯片、标题和内容、节标题等 11 种幻灯片版式。用户可以直接使用这些版式，也可以在此基础上进行其他内容的添加。

1. 使用内置版式

启动 PowerPoint 2019，新建空白演示文稿，依次选择“开始”→“幻灯片”→“新建幻灯片”下拉按钮，在打开的“Office 主题”下拉列表中选择一个幻灯片版式，例如，选择“标题和内容”版式，如图 5-29 所示，即可以在演示文稿中创建一个含有标题和内容占位符的幻灯片。

图 5-29 插入“标题和内容”版式的幻灯片

2. 更改版式

选中上一步新建的幻灯片，依次选择“开始”→“幻灯片”→“版式”下拉按钮，在打开的下拉列表中选择“两栏内容”版式，便将幻灯片的版式从“标题和内容”更改为“两栏内容”版式，如图 5-30 所示。

3. 添加日期和时间

在上一步创建的演示文稿中，选中第 1 张幻灯片，依次选择“插入”→“文本”→“日期和时间”命令，在打开的“页眉和页脚”对话框的“幻灯片”选项卡中选中“日期和时间”复选框，选中“固定”单选按钮，并在其下的文本框中输入想要显示的日期，如图 5-31 所示，单击“应用”按钮，此时，第 1 张幻灯片便添加了固定的日期，无论什么时候打开演示文稿，这张幻灯片都显示这个时间。如果想要幻灯片中的时间随系统时间而更

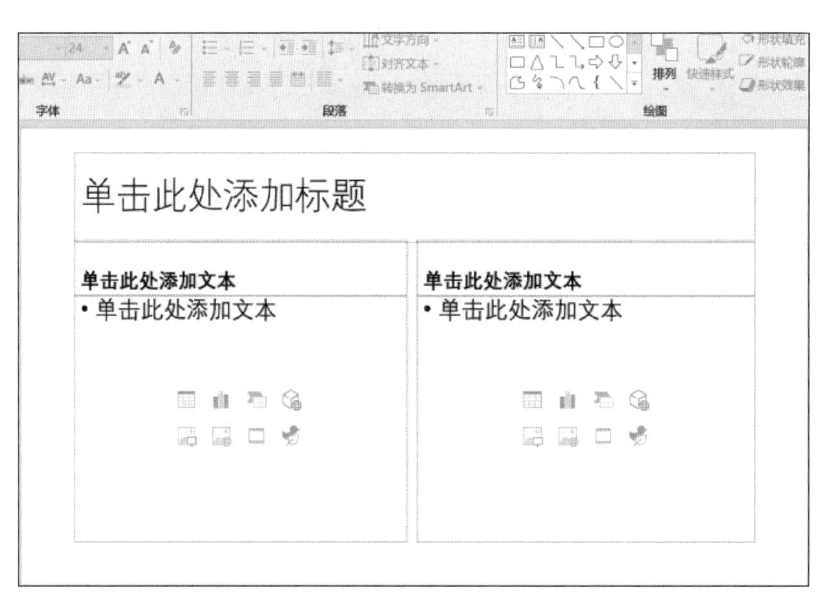

图 5-30　更改幻灯片版式

改，那么选中“日期和时间”复选框后，选中“自动更新”单选按钮，演示文稿的时间便随系统时间而自动更新，最后单击“全部应用”按钮，演示文稿的所有幻灯片都添加了日期和时间。

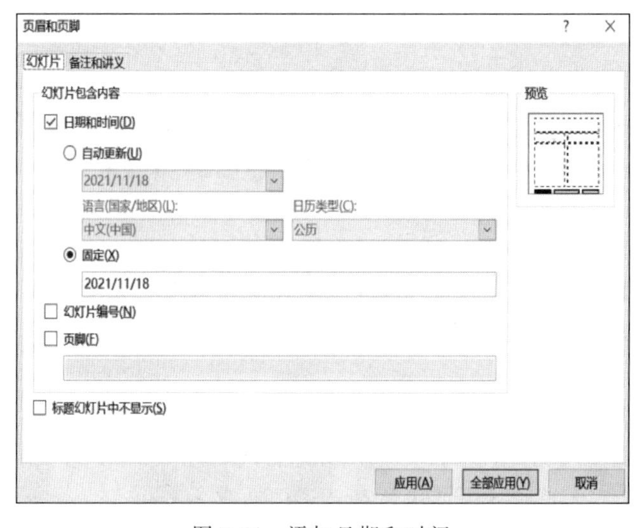

图 5-31　添加日期和时间

4. 添加幻灯片编号

在上文所述的演示文稿中，选中第 2 张幻灯片缩略图，依次选择“插入”→“文本”→“插入幻灯片编号”命令，在打开的“页眉和页脚”对话框的“幻灯片”选项卡中选中“幻灯片编号”复选框，如图 5-32 所示，单击“应用”按钮，便为第 2 张幻灯片添加了编号，单击“全部应用”按钮，便为演示文稿中的所有幻灯片添加了编号。

5.5.3　设计主题

主题是对演示文稿中所有幻灯片的外观进行匹配的一个样式，如让幻灯片具有统一的

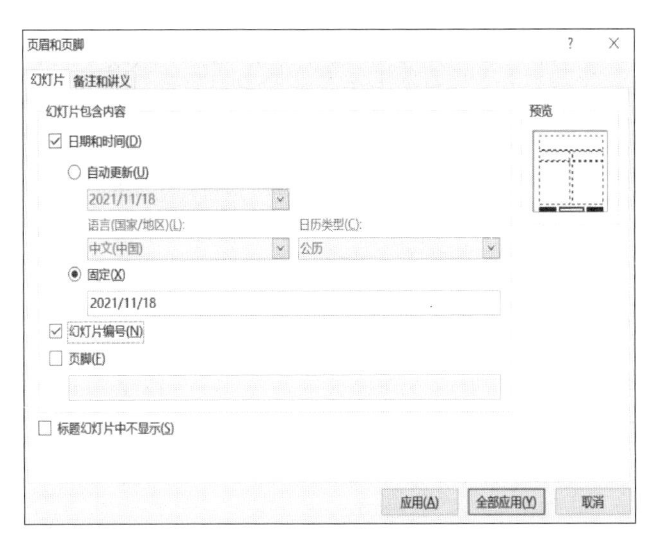

图 5-32　添加幻灯片编号

背景效果、统一的修饰元素、统一的文字格式等。默认创建的演示文稿采用的是空白页，当应用了主题后，无论新建什么版式的幻灯片都会保持统一的风格。

1. 应用内置主题

新建空白演示文稿，选择“设计”→“主题”选项组中的“徽章”主题选项，演示文稿便更改为以“徽章”为主题，可以看到演示文稿的背景、文字、配色都统一使用了“徽章”主题内的设计，如图 5-33 所示。

图 5-33　使用内置幻灯片主题

2. 设计主题

使用了内置主题后，用户可以根据自己的需要，对内置主题进行设计、修改，达到个性化设计的目的。

(1) 主题配色。

选中幻灯片，依次选择“设计”→“变体”→“其他”命令，选择“颜色”选项，在打开的下拉列表中选择需要的颜色，如果系统给出的颜色不满足需求，可以在下拉列表中选择“自定义颜色”，在打开的“新建主题颜色”对话框中选择适合的颜色对主题进行颜色搭配。例如选择“绿色”，可以将原“徽章”的黄色更改为绿色，如图 5-34 所示。

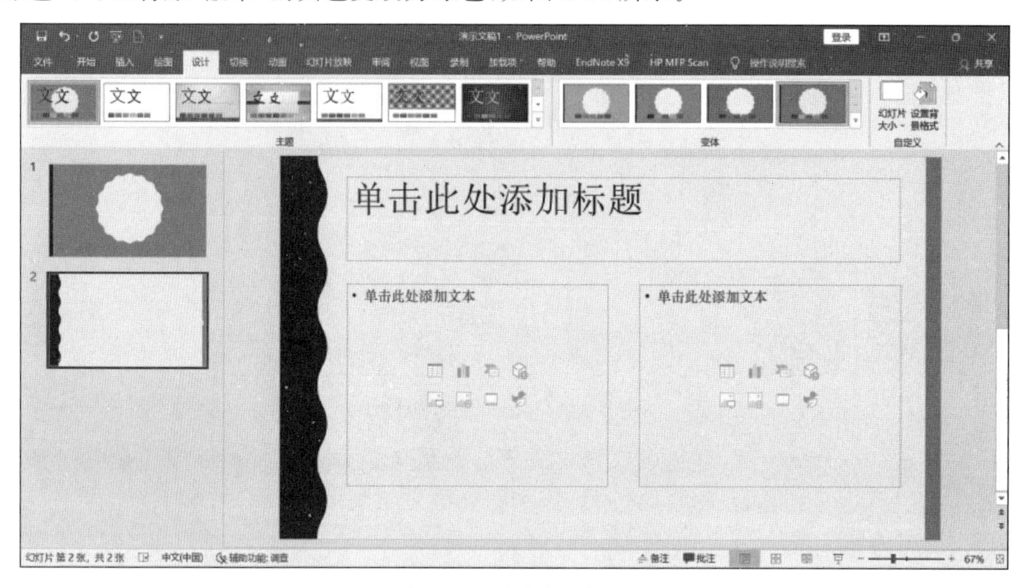

图 5-34 更改主题颜色

（2）设计字体。

主题字体将幻灯片内的字体分为两类，分别是标题和正文文本。对主题字体进行设计时，会对演示文稿中所有标题和正文文本进行修改。选择要设置主题字体效果的幻灯片，依次选择“设计”→“变体”→“其他”命令，选择“字体”选项，在打开的下拉列表中选择需要的字体，便将演示文稿的主题和正文文本字体全部修改为选中的字体。如果内置字体不能满足需要，则单击下拉列表中的“自定义字体”，在打开的“新建主题字体”对话框中设置需要的标题和正文字体，单击“确定”按钮完成主题字体设置，如图 5-35 所示。

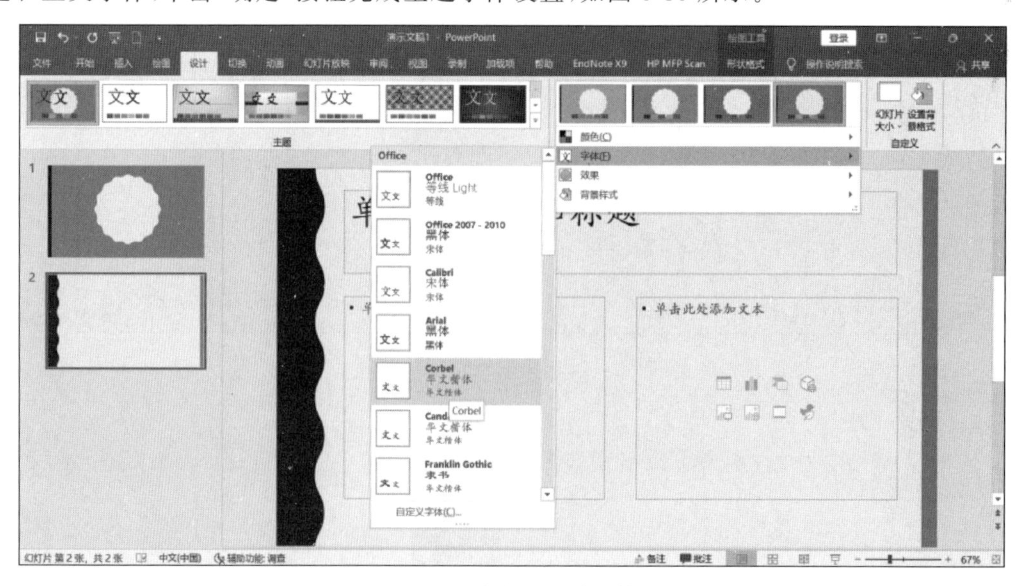

图 5-35 为主题设计字体

（3）设计背景。

在“演示文稿 1”中选中第 2 张幻灯片，依次选择“设计”→“自定义”→“设计背景格式”命令，打开“设置背景格式”窗格，选择“渐变填充”单选按钮，设置“预设渐变”为“中等渐变-个性色 3”，类型为“矩形”，方向为“从中心”，第 2 张幻灯片的主题背景设置完成，如图 5-36 所示。此时，演示文稿的第 1 张幻灯片还是应用原来设置的“徽章”的背景，如果单击“应用到全部”按钮，演示文稿的所有幻灯片主题背景全部更改为新设计的背景，如图 5-37 所示。

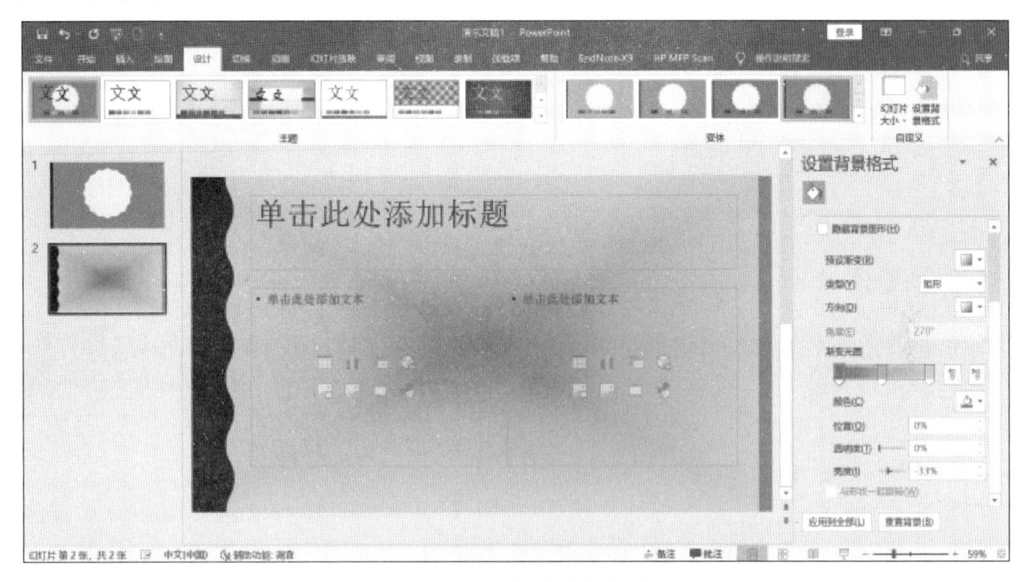

图 5-36　为主题设计背景

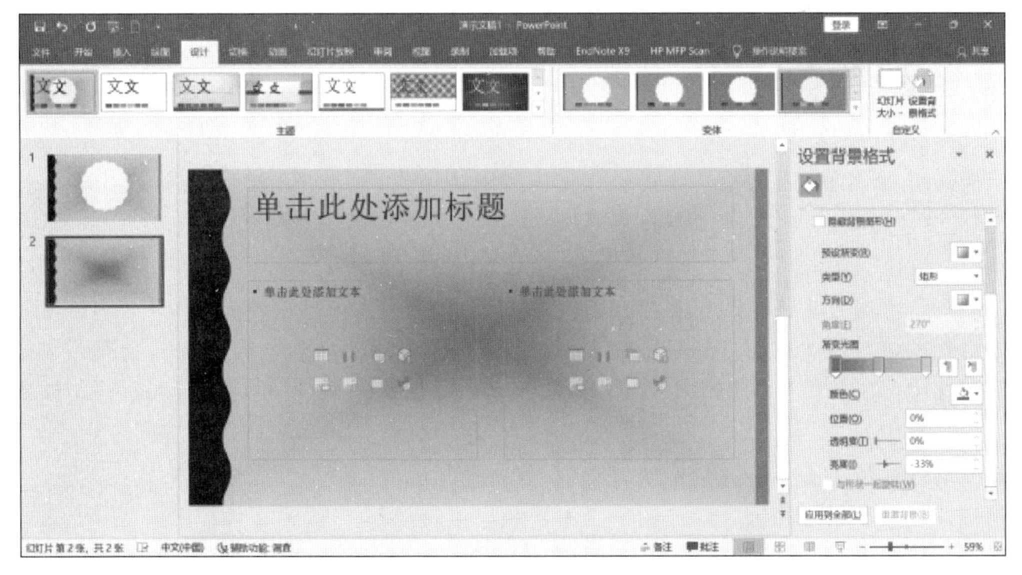

图 5-37　将设计的主题背景应用到所有幻灯片

（4）主题效果。

对主题单项元素设计完成后，这些元素组合在一起，构成主题效果。设置主题效果，依次选择“设计”→“变体”→“其他”命令，选择“效果”选项，在打开的下拉列表中选择需要的效果，如图 5-38 所示，例如，选择“反射”效果，完成对主题的效果设置。

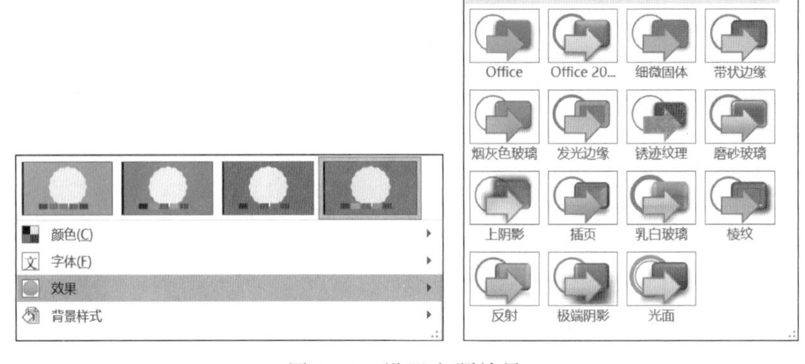

图 5-38　设置主题效果

5.5.4　设计母版

幻灯片母版使所有的幻灯片包含相同的字体和图像（如徽标），在幻灯片母版中对一个位置的内容进行修改，这个修改将应用到所有幻灯片。在 PowerPoint 的“视图”功能区上，母版类型有三种，分别是幻灯片母版、讲义母版、备注母版。

1. 认识母版视图

（1）幻灯片母版。

幻灯片母版是制作幻灯片过程中应用最多的母版，它相当于一种存储了幻灯片所有信息的模板，如果幻灯片母版发生变化，使用母版的幻灯片也会发生变化。

（2）讲义母版。

讲义母版提供在一张打印纸上同时打印 1，2，3，4，6，9 张幻灯片的版面布局选择，同时设置页眉与页脚的默认样式。

（3）备注母版。

备注母版设置向各幻灯片添加备注文本的默认样式。

2. 设计母版

（1）设计背景格式。

幻灯片母版背景格式的设置，与幻灯片背景格式的设置方法基本相同，只是幻灯片母版版式背景的设计需要在幻灯片母版视图下进行。一般情况下，打开母版视图，会看到多张幻灯片。其中第 1 张幻灯片为幻灯片母版，除此以外默认包含 11 张幻灯片母版版式。如果修改幻灯片母版背景，那么幻灯片母版和所有幻灯片母版版式的背景格式都会同步修改，但如果修改幻灯片母版版式的背景格式，那么只有所选幻灯片母版版式的背景格式发生变化，其他幻灯片母版和幻灯片母版版式的背景不会相应进行修改。

继续使用上文的“演示文稿 1”，依次选择“视图”→“母版视图”→“幻灯片母版”命令，进入幻灯片母版视图，选中幻灯片母版中的第 1 个版式，依次选择“幻灯片母版”→“背景”→“背景样式”下拉按钮，在打开的下拉列表中选择合适的背景样式，例如选择“样式 6”，选择的背景样式应用于全部幻灯片，如图 5-39 所示。

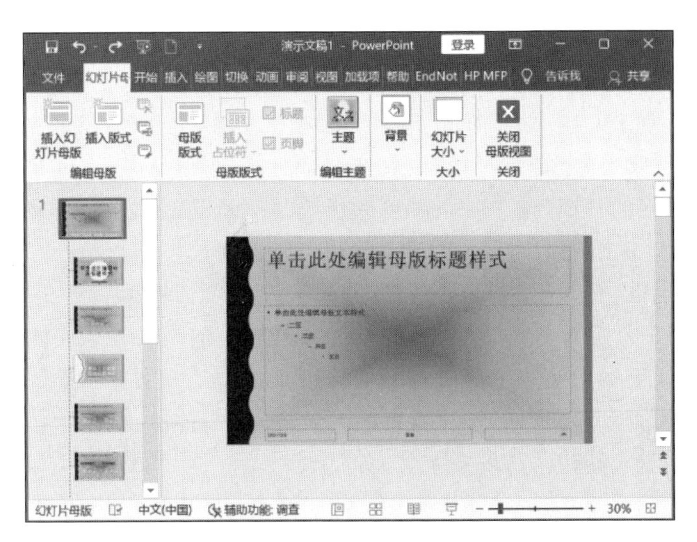

图 5-39　设计幻灯片背景格式

(2) 设计占位符。

通过设计幻灯片母版中的占位符，可以让演示文稿中的所有幻灯片拥有相同的字体格式、段落格式等。

继续使用上文的演示文稿，打开幻灯片母版，选择幻灯片母版中的标题占位符，依次选择"开始"→"字体"命令，将字体设置为"华光标题黑_CNKI"，字号设置为"51"，单击"倾斜"按钮和"文字阴影"按钮，字体颜色设置为"紫色"。完成幻灯片母版标题字体设置。

选择幻灯片母版内容占位符，依次选择"开始"→"字体"→"增大字号"命令，单击"加粗"按钮。选择"开始"→"段落"→"项目符号"下拉按钮，在打开的下拉列表中选择"箭头项目符号"选项，完成幻灯片母版内容字体设置。

关闭幻灯片母版，可以看到幻灯片的标题和内容部分的字体，都更改为在终版中设置的相应的字体，如图 5-40 所示。

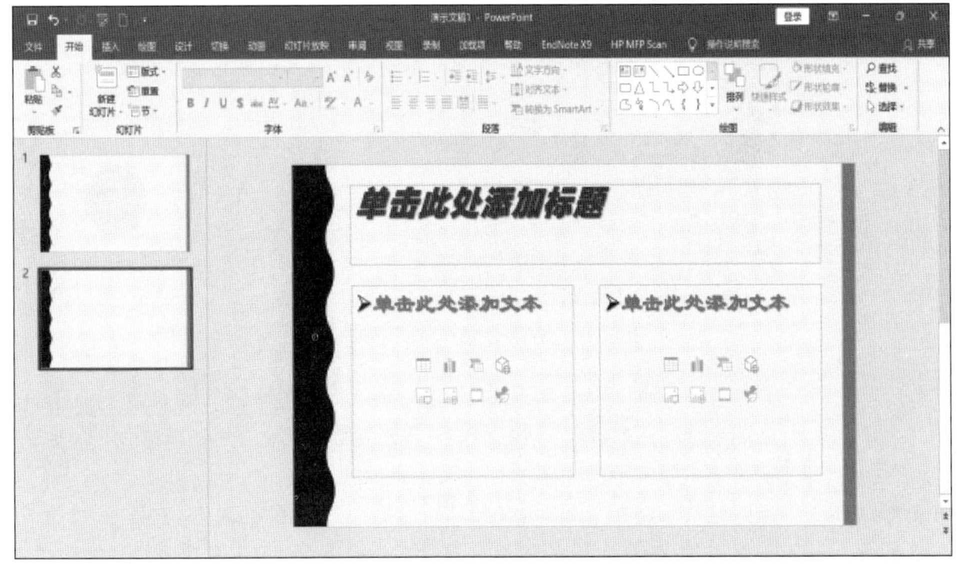

图 5-40　设计幻灯片母版字体

(3) 设计页眉和页脚。

如果需要在幻灯片中添加统一的日期、时间、编号等内容,可以通过幻灯片母版快速设计。在上文打开的演示文稿中,打开幻灯片母版视图,选择幻灯片母版,依次选择“插入”→“文本”→“页眉和页脚”命令,打开“页眉和页脚”对话框,选中“日期和时间”复选框。如果需要为幻灯片添加固定的日期,选中“固定”单选按钮,在“固定”下面的文本框中输入固定的时间;如果希望为幻灯片添加的时间随系统时间而变化,则选中“自动更新”单选按钮,在“自动更新”下面的文本框中选择日期和时间的类型,完成对“日期和时间”的设计。选中“幻灯片编号”复选框,便为幻灯片添加了编号。选中“页脚”复选框,为幻灯片母片添加了页脚内容,在“页脚”下的文本框中输入想在所有幻灯片页脚显示的内容,例如输入“幻灯片页脚内容”文字,单击“应用到全部”按钮,便将设置内容全部应用到幻灯片母版和幻灯片版式。

选中幻灯片母版底部的文本框,依次选择“绘图工具”→“形状格式”→“大小和位置”命令,打开“设置形状格式”对话框。单击“填充与线条”按钮,选中“纯色填充”单选按钮,颜色设置为“白色,背景 1,深色 15%”,选中“线条”区域“实线”单选按钮,颜色设置为“紫色”,宽度设置为“1 磅”。单击“设置形状格式”对话框中的“大小与属性”按钮,在“大小”区域设置“高度”为“1 厘米”,“宽度”为“12 厘米”;在“位置”区域设置“水平位置”为从“左上角”“12 厘米”。在“开始”→“字体”区域设置“字体”为“隶书”,“字号”为“24”。设计结果如图 5-41 所示。

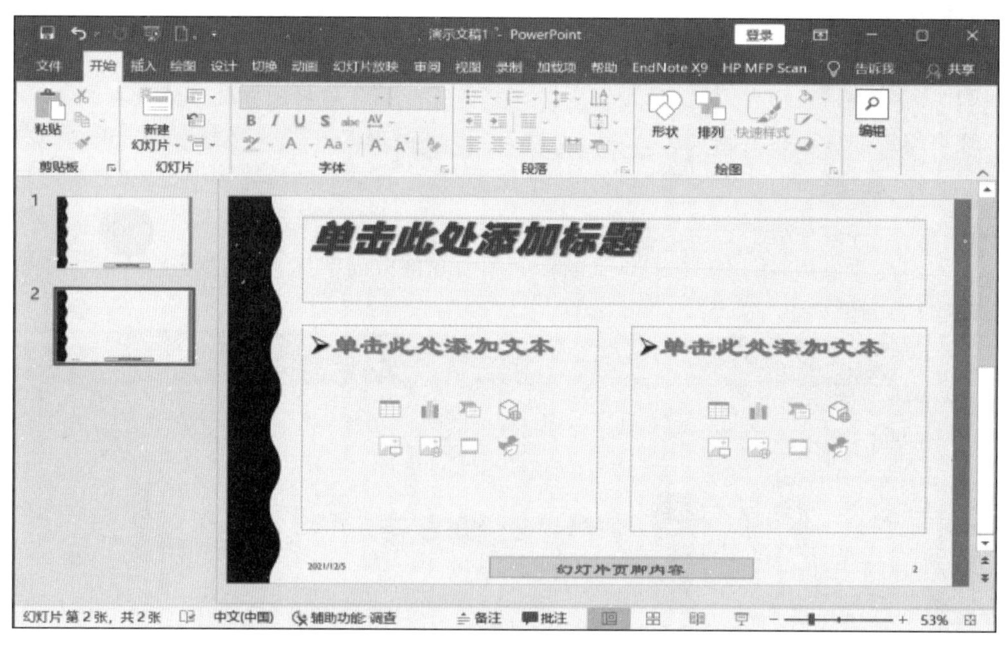

图 5-41 设计幻灯片页眉和页脚

5.6 动画设置

在制作演示文稿时,使用动画效果可以大大提高演示文稿的表现力,在展示过程中起到画龙点睛的作用,提高观众对演示文稿的兴趣。但也要注意适当使用动画,并尽可能简化,最好包含制作者的创意，才能使动画效果发挥其应有的作用，避免适得其反。

5.6.1 创建动画

PowerPoint 2019 可以将动画效果应用于个别幻灯片上的文本或对象、幻灯片母版的文本或对象，或者自定义幻灯片版式上的占位符。

1. 创建进入动画

进入动画是幻灯片中的对象进入幻灯片时显示的动画效果。要对幻灯片中的某个对象设置进入动画，可以选中对象，切换到“动画”功能区，单击“动画”选项组中的“其他”按钮，在打开的下拉列表的“进入”区域选择需要的进入动画效果选项，如图 5-42 所示，创建进入动画效果。

图 5-42 创建进入动画

2. 创建强调动画

强调动画主要对幻灯片中的对象进行强调显示。要对幻灯片中的某个对象进行强调，可以选中对象，切换到“动画”功能区，单击“动画”选项组中的“其他”按钮，在打开的下拉列表的“强调”区域选择需要的进入动画效果选项，创建强调动画效果。

3. 创建退出动画

退出动画主要对幻灯片中的对象退出幻灯片的方式进行设置。要对幻灯片中的某个对象退出幻灯片进行动画设置，可以选中对象，切换到“动画”功能区，单击“动画”选项组中的“其他”按钮，在打开的下列列表的“退出”区域选择需要的进入动画效果选项，创建退出动画效果。

4. 创建路径动画

路径动画可以使对象进行上下、左右移动，或者沿着星形、椭圆形等图案移动。要对幻灯片中的某个对象退出幻灯片进行路径设置，可以选中对象，切换到“动画”功能区，单击“动画”选项组中的“其他”按钮，在打开的下拉列表的“动作路径”区域选择需要的路径动画效果选项，创建路径动画效果。

如果单击“其他”按钮后，在打开的下拉列表中没有需要的动画效果，可以单击下方的“更多进入效果”“更多强调效果”“更多退出效果”“其他动作路径”选项，在打开的更丰富的动画效果列表中选择需要的动画选项。

5.6.2 设置动画

为幻灯片对象设置了不同类型的动画之后，还需要对动画效果的类型、动画效果的相对顺序、动画持续时间等内容进行设置。

1. 查看动画列表

单击“动画”功能区“高级动画”选项组中的“动画窗格”按钮，可以在页面右侧打开“动画窗格”，如图5-43所示，在这个窗格中可以查看幻灯片上的所有动画。

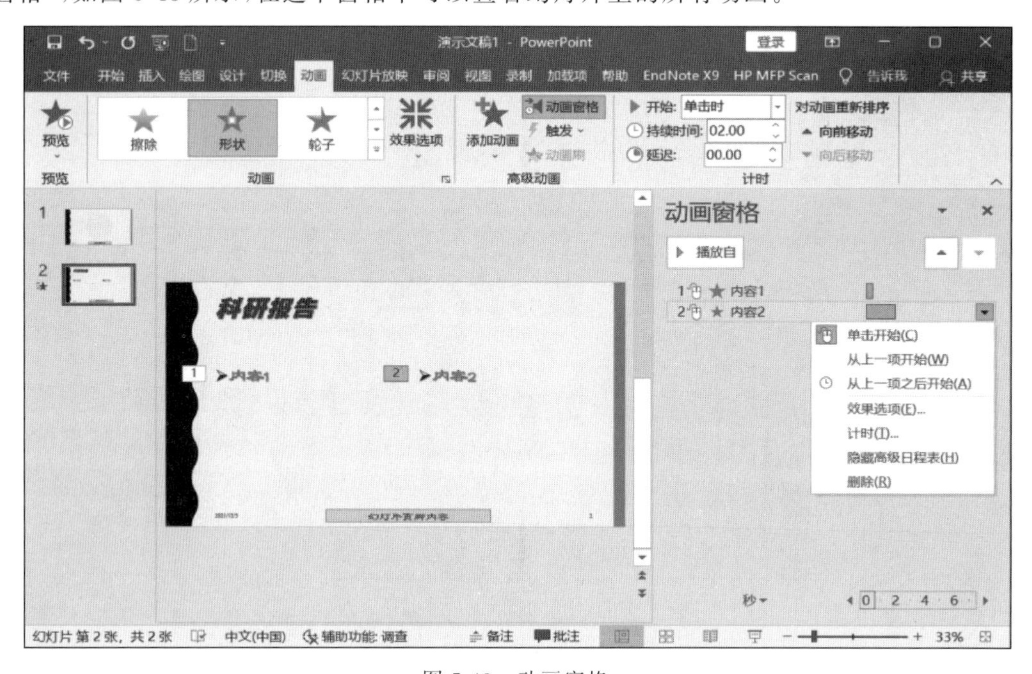

图5-43 动画窗格

动画窗格中每一行代表一个动画项目。其中，每个项目前面的编号表示幻灯片中所有动画的播放顺序，这个编号与幻灯片上显示的不可打印的动画编号标记对应。项目右侧带颜色的矩形条是时间线，代表动画效果的持续时间。序号右侧的图标颜色代表动画效果的类型。动画项目最右侧是菜单图标，选中目标后，会看到相应的菜单图标，也就是一个向下的箭头，单击此图标可以打开动画项目的下拉列表。详细信息如图5-43所示。

2. 调整动画顺序

幻灯片中动画的播放顺序可以调整。选中需要调整播放顺序的动画，单击“动画窗格”上方的向上/向下按钮，便可将选中的动画顺序向前或向后调整。调整动画顺序的另一个方法是，选中需要调整播放顺序的动画，单击“动画”功能区“计时”选项组中的“向前移动”或“向后移动”按钮，便可以将选中动画的顺序向前或向后调整。

3. 动画效果

每一个动画项目在基本的动画类型基础上，还可以为其设置其他动画效果。在动画窗格中选中动画项目，然后依次选择“动画”→“动画”→“效果选项”命令，在打开的下拉列表中选择需要的效果选项，如图5-44所示。不同类型的动画效果，其可选的效果选项不同，用户可以根据设置的动画效果，选择合适的效果选项，优化动画设置。

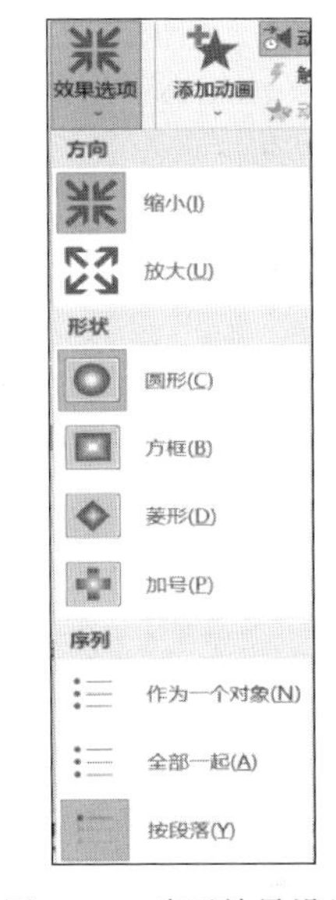

图5-44 动画效果设置

4. 设置动画时间

为了达到更好的效果，创建动画后还需要为动画指定开始方式、持续时间和延迟时间。

(1) 选择开始方式。

动画开始有“单击时”“与上一动画同时”“上一动画之后”三种开始方式。“单击时”指的是单击，动画开始；“与上一动画同时”指的是本动画与上一个动画同时开始；“上一动画之后”指的是上一动画结束，本动画自动开始。选中动画项目，单击“动画”功能区中的“计时”选项组，单击“开始”菜单右侧的下拉按钮，在打开的下拉列表中选择所需要的开始方式。

(2) 设置持续时间。

持续时间指的是动画播放持续的时间长度，其时间长短决定了动画播放的快慢。选中动画项目，单击“动画”功能区中的“计时”选项组，单击“持续时间”微调框的微调按钮，调整动画播放的持续时间，或者直接在“持续时间”微调框中输入时间，完成动画持续时间设置。

(3) 设置延迟时间。

延迟时间指的是动画开始之前需要等待的时间。选中动画项目，单击“动画”功能区中的“计时”选项组，单击“延迟时间”微调框的微调按钮，调整动画播放之前需要延迟的时间，或者直接在“延迟时间”右侧的微调框中输入时间，完成动画延迟时间设置。

5.6.3 编辑动画

动画设置完成之后，用户还可以根据需要，对动画进行编辑。

1. 触发动画

触发动画是设置动画的特殊开始条件。设置了触发条件的动画，必须满足相应的条件动画才会开始播放，可以多次触发多次播放动画。选中动画对象，单击“动画”功能区“高级动画”选项组中的“触发”按钮，在打开的下拉列表“通过单击”中选择幻灯片中存在的对象，在幻灯片放映时，通过单击选中的对象，便触发了动画的开始。

2. 复制动画效果

为了简化动画设置，PowerPoint 2019 提供了动画复制功能。在幻灯片中选中已经设置了动画的对象1，单击“动画”功能区“高级动画”选项组中的“动画刷”按钮，此时幻灯片中的鼠标指针变为动画刷的形状。在幻灯片中找到要复制动画的对象2，用动画刷单击要复制动画的对象2，即可将对象1的动画复制给对象2。此时对象2具有和对象1完全相同的动画。

3. 测试动画

为幻灯片设置动画效果后，可以对设置结果进行预览。单击“动画”功能区“预览”选项组中的“预览”按钮，可以查看幻灯片动画设置效果。“预览”按钮下方的下拉列表中有“预览”和“自动预览”两个选项，如果选中“自动预览”复选框，则每次为幻灯片对象创建动画后，PowerPoint 会自动在幻灯片窗格中预览动画效果。

4. 移除动画

为对象创建动画效果后，可以根据需要移除动画。移除动画的方法有如下两种。

(1) 选中幻灯片已经设置动画的对象，单击“动画”功能区“动画”选项组中的“其他”按钮，在打开的下拉列表的“无”区域中选择“无”选项，这种方法可以一次移动幻灯片对象的所有动画效果。

(2) 在动画窗格中选中要移除的动画选项，单击动画选项的菜单图标，在打开的下拉列表中选择“删除”选项，即可移除选中的动画选项。这种方法可以单独移除对象中的某一个动画效果。

5.6.4 幻灯片切换

PowerPoint 除了可以为幻灯片中的对象设置动画外，还可以对幻灯片切换进行动画设置，以使幻灯片的放映更加生动。

1. 添加切换效果

PowerPoint 2019 提供了细微、华丽、动态内容三类幻灯片切换效果。如果要为幻灯片添加切换效果，选中幻灯片，单击“切换”功能区“切换到此幻灯片”选项组中的“其他”按钮，在打开的下拉列表中选择一个切换效果，例如选择“页面卷曲”选项，如图 5-45 所示，便为选中的幻灯片添加了切换效果。

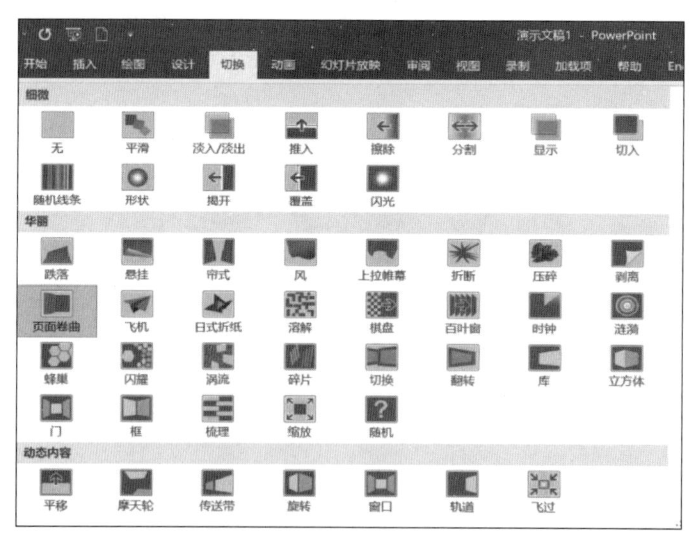

图 5-45 为幻灯片添加切换效果

2. 设置切换效果属性

幻灯片切换也有不同的属性，用户可以为切换效果设置不同的属性。选中幻灯片，单击“切换”功能区“切换到此幻灯片”选项组中的“效果选项”按钮，在打开的下拉列表中选择一个效果选项，便为选中幻灯片重新设置了效果属性，如图 5-46 所示。

3. 为切换添加声音效果

为使演示文稿的放映更生动形象，PowerPoint 还为幻灯片切换提供了声音效果。选中幻灯片，单击“切换”功能区“计时”选项组中的“声音”下拉按钮，在打开的下拉列表中选择需要的声音效果，如图 5-47 所示，即为切换添加了声音效果。

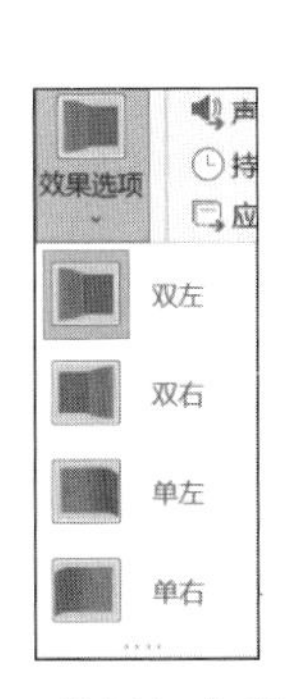

图 5-46　设置切换效果属性

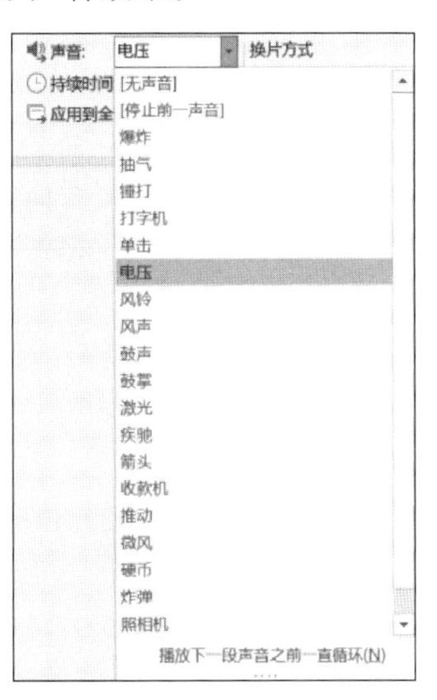

图 5-47　为切换添加声音

4. 设置效果持续时间

切换幻灯片时，用户可以为切换设置持续时间，从而控制切换的速度。单击想要设置切换持续时间的幻灯片，单击“切换”功能区“计时”选项组中的“持续时间”微调按钮，微调切换持续时间，或者直接在文本框中输入所需要的具体时间，即完成切换持续时间的设置。

5. 设置切换方式

PowerPoint 2019 提供了两种幻灯片切换方式，分别是单击鼠标切换和自动切换。如果要设置切换方式，可以选中幻灯片，在“切换”功能区“计时”选项组中的“换片方式”区域，选中“单击鼠标时”复选框，便将切换方式设置为单击鼠标切换，也可以选中“设置自动换片时间”复选框，在文本框中输入自动换片时间便将幻灯片切换方式设置为自动切换。

6. 全部应用切换效果

PowerPoint 可以为每一张幻灯片设置独特的切换效果，如果想将某一张幻灯片的切换效果应用到演示文稿的所有幻灯片，不需要对每一张幻灯片进行单独设置，可以应用 PowerPoint 提供的“全部功能”按钮来实现。单击想要全部应用的幻灯片，按上文所述设置好其切换效果，然后单击“切换”功能区“计时”选项组中的“应用到全部”按钮，即为所有幻灯片设置了相同的切换效果。

7. 预览切换效果

设置过切换效果的幻灯片，可以在放映幻灯片时查看切换效果，也可以设置后预览效果。预览切换效果时，选中设置过切换效果的幻灯片，单击“切换”功能区“预览”选项组中的“预览”按钮，便可以预览切换效果。

5.6.5 平滑切换

PowerPoint 2019 新增了平滑切换功能，使用平滑切换功能可以在各种对象（如文本、形状、图片、SmartArt 图形和艺术字）之间创造移动效果，可以实现页面之间的切换无缝连接，有助于在幻灯片上制作流畅的动画，但不需要进行路径移动的设置。想要有效地使用平滑切换，两张幻灯片至少需要一个共同的对象，最简单的方法就是复制幻灯片，然后将第 2 张幻灯片上的对象移到其他位置，再对第 2 张幻灯片应用平滑切换。操作如下。

（1）通过平滑切换进行动画设置。新建一张幻灯片，插入图片素材，使其铺满整个幻灯片，本书使用人物图片铺满整个幻灯片，然后将幻灯片复制成三份。

（2）选择第 2 张幻灯片，选中图片，依次选择“图片工具”→“图片格式”→“大小”→“裁剪”→“裁剪为形状”命令，选择圆形。

（3）依次选择“裁剪”→“纵横比”→“1∶1”命令，得到正圆裁剪区域。

（4）按住 Shift 键，把裁剪区域缩小到需要展示的人物头像上。调整完成以后，单击空白区域即可完成裁剪，如图 5-48 所示。

（5）按第（4）步所示，在第 3 张幻灯片中再裁剪一个人物头像。

（6）将第 2 张、第 3 张幻灯片设为“平滑”切换。

图 5-48　对平滑切换中的图像进行裁剪

5.7 幻灯片放映

制作演示文稿是为了向观众展示内容，因此演示过程中也要进行相应的设置，以保证文稿可以达到展示的效果。

5.7.1 放映方式

PowerPoint 2019 中演示文稿有三种放映类型，分别是演讲者放映、观众自行浏览和在展台浏览。

（1）演讲者放映方式指的是由演讲者一边讲解一边放映幻灯片。这种放映方式一般用于比较正式的场合，例如专题讲座、学术报告等。

（2）观众自行浏览方式指的是由观众自己动手使用计算机观看演示文稿。

(3) 在展台浏览方式指的是让演示文稿自动放映,不需要演讲者操作。这种放映方式一般用于展示场合,例如展览会的产品展示。

单击“幻灯片放映”功能区“设置”选项组中的“设置幻灯片放映”按钮,在打开的“设置放映方式”对话框中选中需要的放映类型,可完成演示文稿放映方式的设置。

5.7.2 缩放定位

缩放定位是 PowerPoint 2019 新增的一个功能,这个功能可以在演示幻灯片时定位到导航页,快速播放想要查看的幻灯片页面,并对页面中的某个对象进行放大演示。缩放定位功能包含三类,分别是摘要缩放定位、节缩放定位和幻灯片缩放定位。

1. 添加缩放定位

(1) 添加摘要缩放定位。

摘要缩放定位功能中,选择几张关键的幻灯片创建一个摘要页,这个摘要页自动新生成一页幻灯片,所选的幻灯片都在那页新幻灯片上。摘要缩放功能自动将所选的摘要与下一摘要前一页幻灯片形成一个节。可以把这个摘要页作为目录页,也相当于超链接,单击相应的幻灯片它就会转到幻灯片所在页,播放完一个节后又返回摘要页,然后可以单击其他的摘要播放。

新建“城市设计”主题空白演示文稿,在第 1 张幻灯片和第 2 张幻灯片中间单击,再依次选择“插入”→“链接”→“缩放定位”命令,在打开的下拉列表中选择“摘要缩放定位”选项,打开“插入摘要缩放定位”对话框,选中第 2 张和第 4 张幻灯片前的复选框,然后单击“插入”按钮,完成摘要缩放定位的插入。使用这两张幻灯片生成了一张新的幻灯片作为演示文稿的摘要。此时,系统自动插入一张“摘要部分”幻灯片,并将其他幻灯片分节显示,如图 5-49 所示。

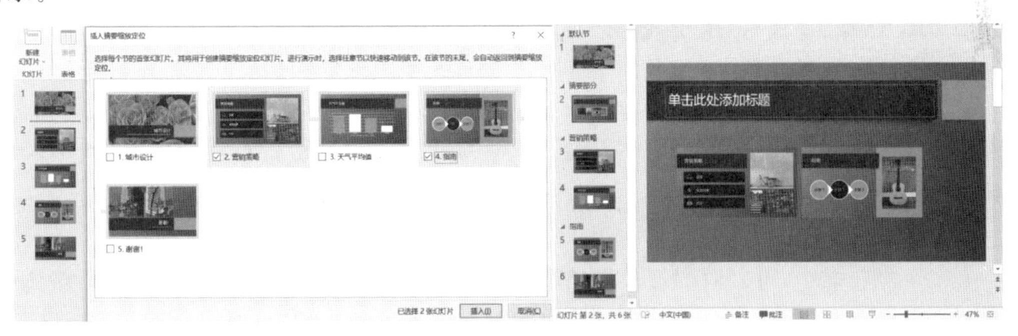

图 5-49 插入摘要缩放定位

(2) 插入节缩放定位。

节缩放定位功能与摘要缩放定位功能类似,但使用节缩放定位功能需要提前将幻灯片分节。节缩放定位功能就是将已经分好的节,缩放到某一版幻灯片上。先选择要插入节缩放定位的幻灯片,依次选择“插入”→“链接”→“缩放定位”命令,在打开的下拉列表中选择“节缩放定位”选项,打开“插入节缩放定位”对话框,选中要插入的节前的复选框,然后单击“插入”按钮,便在选中的幻灯片上插入了选中的节首页的缩略图。

(3) 插入幻灯片缩放定位。

幻灯片缩放定位是把一些幻灯片缩放到另一些幻灯片上,放映过程中可以通过缩放的幻灯片进行播放演示，不需要中断演示流程。下面将演示文稿的第 4、6 张幻灯片缩放到第 3 张幻灯片上。选中第 3 张幻灯片，依次选择“插入”→“链接”→“缩放定位”命令，在打开的下拉列表中选择“幻灯片缩放定位”选项，打开“插入幻灯片缩放定位”对话框，选中第 4、6 张幻灯片前面的复选框，然后单击“插入”按钮，便在第 2 张幻灯片上插入了第 4 张和第 6 张幻灯片的缩略图，如图 5-50 所示。选中幻灯片缩略图，可以将其移动到合适的位置。

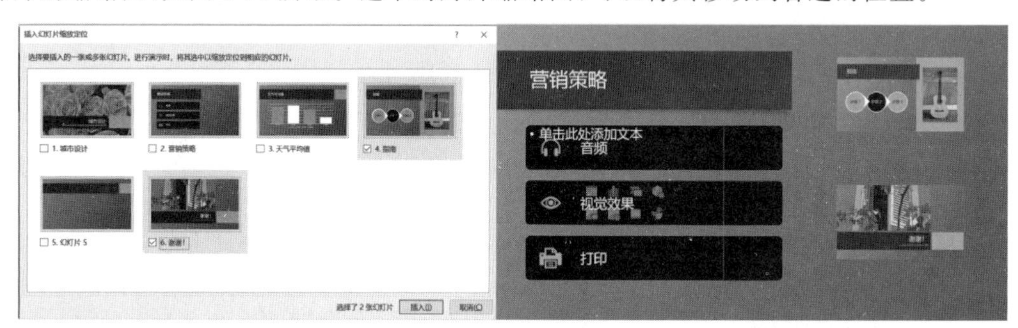

图 5-50　插入幻灯片缩放定位

2. 设置缩放定位

在添加了缩放定位后，在功能区会出现“缩放工具”→“缩放”选项卡，使用“缩放”选项卡下不同的功能按钮，可以对缩放定位进行更多的设置调整。选中任意一个缩放，便可以打开“缩放”选项卡。

(1) 更改图像。

缩放定位创建好之后，为了使文稿更美观形象，可以将幻灯片的缩略图用其他图片来显示。选中幻灯片缩略图，打开“缩放”选项卡，单击“缩放定位选项”选项组中的“更改图像”按钮，在打开的“插入图片”对话框中选择“来自文件”选项，在打开的“插入图片”对话框中选中要插入的图片，单击“插入”按钮，便将幻灯片缩略图用图片来展示了。

(2) 设置返回缩放定位。

演示文稿放映过程中，如果希望被缩放的幻灯片或节演示结束后返回到缩放定位，需要选中幻灯片缩略图，选择“缩放工具”→“缩放”选项卡，选中“缩放定位选项”选项组中的“返回到缩放定位”复选框。

(3) 使用缩放定位背景。

缩放定位功能中，可以对幻灯片缩略图进行美化，调整其样式。选中幻灯片缩略图，选择“缩放工具”→“缩放”选项卡，单击“缩放定位样式”选项组中的“缩放定位背景”按钮，幻灯片缩略图背景便变成透明。

(4) 复制、粘贴缩略图。

缩放定位缩略图可以复制并粘贴，通过这两个操作，缩放定位功能一并被复制、粘贴。选中要复制的缩略图，依次选择“开始”→“剪贴板”→“复制”命令，找到要粘贴的位置，依次选择“开始”→“剪贴板”→“粘贴”命令，完成缩放定位功能的复制与粘贴。

(5) 调整缩略图的大小。

选中缩略图，选择“缩放工具”→“缩放”选项卡，在“大小”选项组中，在“高度”和“宽度”微调框中对缩略图高度和宽度进行微调，或者在“高度”和“宽度”后面的文本框中输入具体数值，确定缩略图的大小。

（6）调整缩略图的位置。

选中幻灯片缩放定位的缩略图，在“缩放工具”→“缩放”选项卡中，单击“大小”选项组中的“大小和位置”按钮，打开“设置幻灯片缩放定位格式”面板，单击“大小与属性”按钮，单击“位置”选项，通过“水平位置”和“垂直位置”微调框对缩略图位置进行微调，或者在“水平位置”和“垂直位置”微调框右侧的文本框中输入数值，确定缩略图的位置。

5.7.3 放映演示文稿

演示文稿的放映默认是从头开始放映，用户可以根据实际需要，从当前幻灯片开始放映，也可以通过 PowerPoint 提供的自定义放映功能，为幻灯片设置多种放映方式。

1. 从头开始放映

打开演示文稿，依次选择“幻灯片放映”→“开始放映幻灯片”→“从头开始”命令，系统从头开始播放幻灯片。单击、按 Enter 键或按 Space 键，都可以实现幻灯片的切换。

2. 从当前幻灯片开始放映

打开演示文稿，选中演示文稿中的任意一张幻灯片，依次选择“幻灯片放映”→“开始放映幻灯片”→“从当前幻灯片开始”命令，系统从选中的幻灯片开始播放。单击、按 Enter 键或按 Space 键，都可以实现幻灯片的切换。

3. 自定义多种放映方式

依次选择“幻灯片放映”→“开始放映幻灯片”→“自定义幻灯片放映”命令，在打开的下拉列表中选择“自定义放映”选项，单击“新建”按钮，打开“定义自定义放映”对话框，在“演示文稿中的幻灯片”列表框中选择需要放映的幻灯片，单击“添加”按钮，将选中的幻灯片添加到“在自定义放映中的幻灯片”列表框中，单击“确定”按钮，如图 5-51 所示，完成自定义放映设置。演示文稿放映时，系统只播放选中的幻灯片。

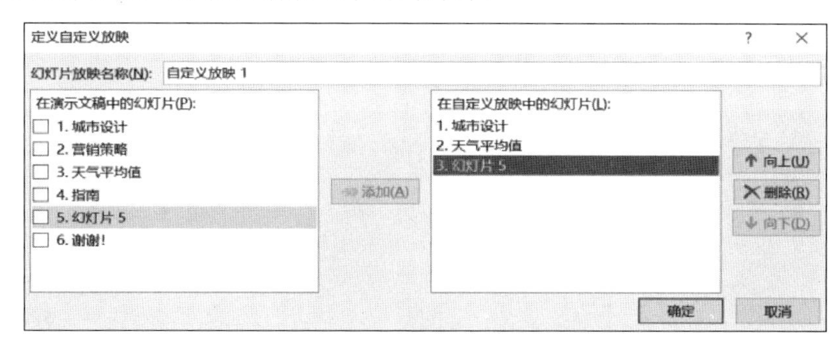

图 5-51　自定义幻灯片放映

5.7.4 演示计时

1. 使用排练计时

使用演示文稿是为了向其他人展示，在此之前用户需要确定所制作的演示文稿展示需要的时间，以达到更好的效果。PowerPoint 提供了演示文稿放映计时功能，以便帮助用户对演示文稿展示时间进行把握。

打开需要展示的文稿，依次选择“幻灯片放映”→“设置”→“排练计时”命令，此时系统会自动切换到放映模式，并打开“录制”对话框。“录制”对话框中显示排练时间。放映排练过程中，可能需要临时查看或跳到某一张幻灯片上，此时可通过“录制”对话框中的按钮实现。单击“录制”对话框中的“下一项”按钮，可以切换到下一张幻灯片；单击“暂停”按钮，可以暂时停止计时，再次单击此按钮时恢复计时；单击“重复”按钮，可以重复排练当前幻灯片。排练完成后，系统会显示一个警告的消息框，显示当前演示文稿按要求放映完成需要的时间，此时单击“是”按钮，完成幻灯片的排练计时，如图 5-52 所示。

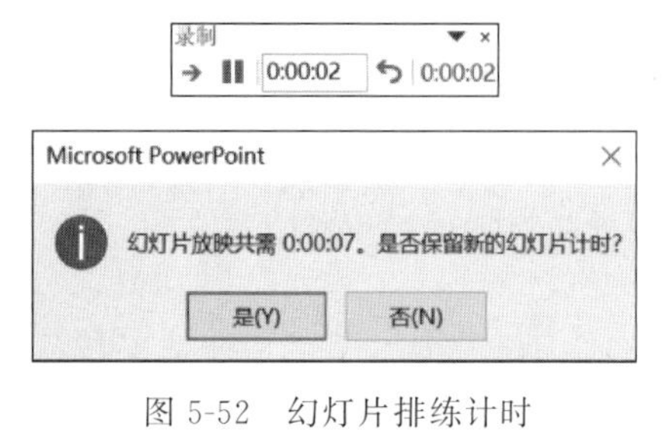

图 5-52　幻灯片排练计时

2. 自动放映

利用排练计时，用户可以设置幻灯片自动放映。在排练计时结束后，可依次选择“视图”→“幻灯片”进行浏览，可以看到演示文稿中每张幻灯片播放的时长。再勾选“幻灯片放映”→“设置”→“使用计时”按钮前的复选框，最后依次选择“开始放映幻灯片”→“从头开始”命令，幻灯片按排练计时确定的时间自动放映。

5.7.5　录制幻灯片演示

录制幻灯片演示是 PowerPoint 2019 新增的一项功能，可以录制 PowerPoint 演示文稿并捕获旁白、幻灯片排练时间和墨迹注释。

1. 录制幻灯片演示

依次选择“幻灯片放映”→“设置”→“录制”命令，在打开的下拉列表中选择“从头开始”或“从当前幻灯片开始”，打开幻灯片演示的录制界面，单击左上角的“录制”按钮，即开始录制幻灯片演示。录制过程中，PowerPoint 会自动记录每张幻灯片的播放时间，包括发生的任何动画文本或对象步骤，以及在每张幻灯片上使用的所有触发器。可以在演示过程中录制音频或视频旁白。可以使用窗口右下角的按钮打开或关闭麦克风、摄像头和摄像头预览：。如果使用荧光笔或橡皮擦，PowerPoint 也会记录这些操作以供播放，如图 5-53 所示。录制完成，单击退出即可。

图 5-53　幻灯片演示录制

2. 预览录制的幻灯片

在“幻灯片放映”功能区单击“从头开始”或“从当前幻灯片开始”按钮，在播放过程中，动画、墨迹书写操作、音频和视频将同步播放。

3. 删除排练时间或旁白

如果需要删除已经录制的排练计时或旁白，依次选择“幻灯片放映”→“设置”→“录制幻灯片演示”命令，在打开的下拉列表中选择“清除”选项，在弹出的选项中进行选择。其中，“清除当前幻灯片中的计时”选项清除的是选中的某一页幻灯片中的计时；“清除所有幻灯片中的计时”选项清除的是演示文稿中所有幻灯片的计时；“清除当前幻灯片中的旁白”选项清除的是选中的某一页幻灯片中的旁白；“清除所有幻灯片中的旁白”选项清除的是所有演示文稿中所有幻灯片的旁白。

5.7.6 “录制”选项卡

为了使录制功能更集中，方便使用，功能区上的可选“录制”选项卡将所有录制功能集中在一个位置。要打开功能区的“录制”选项卡，在功能区的“文件”选项卡上，单击“选项”，在“选项”对话框中切换到左侧的“自定义功能区”。然后，在列出的自定义功能区的右侧框中选中“录制”复选框，单击“确定”按钮，便将“录制”选项卡加入功能区，如图 5-54 所示。

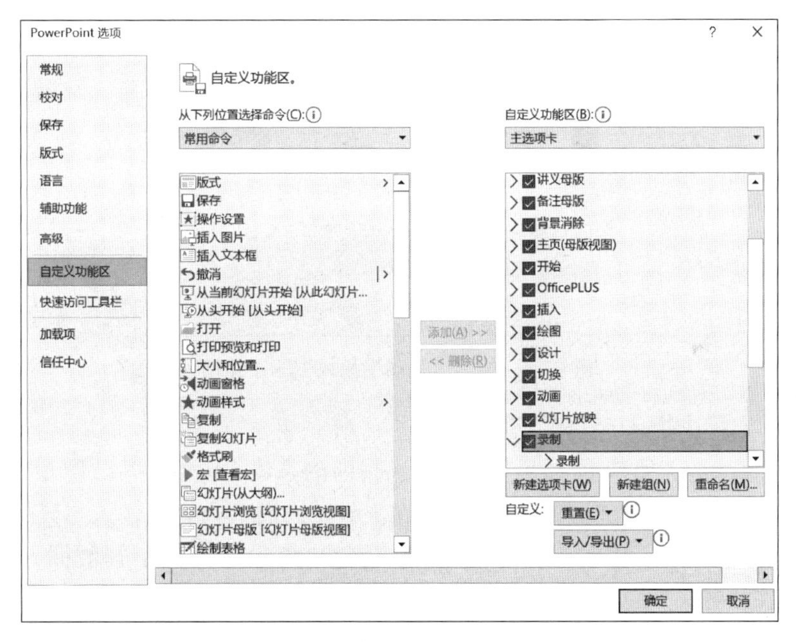

图 5-54 “录制”功能区

5.8 与其他软件协同应用

有些情况下，演示文稿的制作需要用到其他文件，例如 Word、Excel 文件等，为了实现不同文件间的协同使用，提高工作效率，有时候演示文稿需要与其他类型的文件协同作业。

5.8.1 PowerPoint 与 Word 协同

1. 在演示文稿中插入 Word 文档

演示文稿可以将 Word 文件中的内容直接插入演示文稿中。新建演示文稿，选择第 1 张幻灯片，依次选择“插入”→“文本”→“对象”命令，在打开的“插入对象”对话框中选中“由文件创建”单选按钮，单击“浏览”按钮，打开“浏览”对话框，在地址栏中选择 Word 文档保存的位置，然后选择需要插入的文档，单击“确定”按钮，如图 5-55 所示。返回幻灯片编辑区，可以看到插入的 Word 文档的效果。

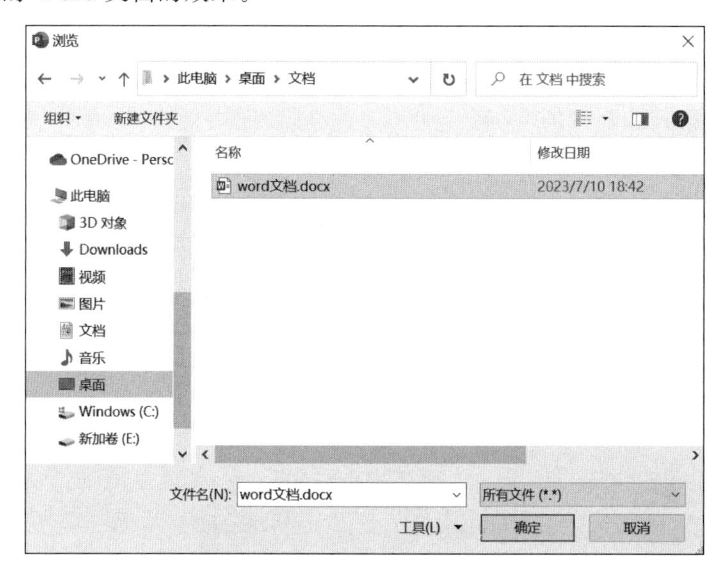

图 5-55 在演示文稿中插入 Word 文档

2. 在演示文稿中插入 Word 工作区

如果需要在演示文稿中插入与 Word 版式相同的文本，但又没有已经存在的 Word 文档，便可以在演示文稿中插入 Word 工作区，在工作区内进行内容的输入与设置。向上述新建的演示文稿中插入第 2 张幻灯片，并将其版式设置为“空白”，依次选择“插入”→“文本”→“对象”命令，在打开的“插入对象”对话框中选中“新建”单选按钮，在“对象类型”列表框中选择“Microsoft Word Office 文档”选项，单击“确定”按钮，演示文稿窗口中会出现一个 Word 的编辑窗口，并且在幻灯片的编辑区出现 Word 工作区，如图 5-56 所示。

5.8.2 PowerPoint 与 Excel 协同

当 PowerPoint 用到 Excel 中的图表时，便可以利用 PowerPoint 与 Excel 的协同作业，提高工作效率。

1. PowerPoint 中直接调用 Excel 文件

演示文稿可以将 Excel 文件中的内容直接插入演示文稿中。选中需要插入 Excel 的幻灯片，依次选择“插入”→“文本”→“对象”命令，在打开的“插入对象”对话框中选中“由文件创建”单选按钮，单击“浏览”按钮，打开“浏览”对话框，在地址栏中选择 Excel 工作簿保存的位置，然后选择需要插入的文件，单击“确定”按钮，返回幻灯片编辑区，可以看到插入的

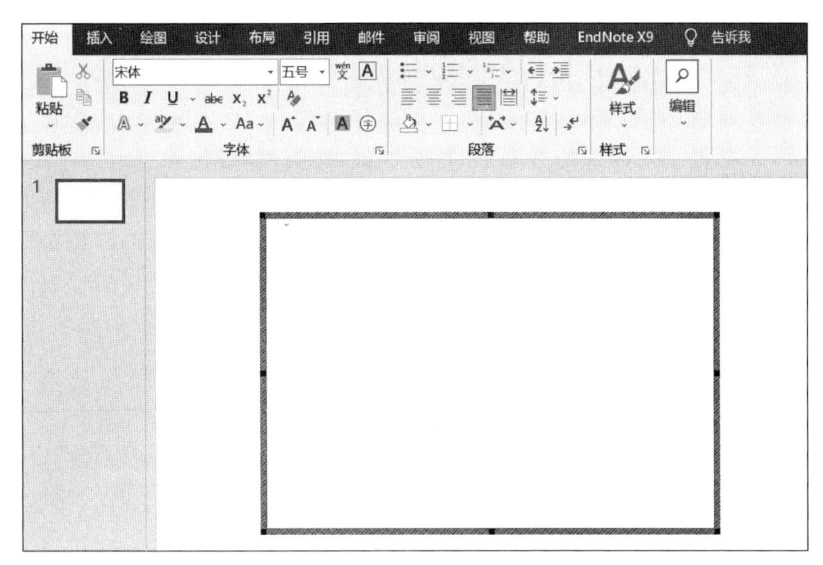

图 5-56　在演示文稿中插入 Word 工作区

Excel 工作簿的效果。双击插入的 Excel 工作簿，演示文稿窗口中会出现一个 Excel 的编辑窗口，并且在幻灯片的编辑区出现 Excel 工作区，可以对 Excel 文件进行编辑。

2. PowerPoint 中调用 Excel 中的图表

打开被调用的 Excel 工作簿，选中图表，依次选择“开始”→“剪贴板”→“复制”命令，回到演示文稿中，新建空白版式幻灯片，选中新建幻灯片，依次选择“开始”→“剪贴板”→“粘贴”下拉按钮，在打开的下拉列表中单击“保留源格式和链接数据”按钮，便将 Excel 工作簿链接到演示文稿中，同时可以在演示文稿中对 Excel 工作簿进行编辑。

习　题　5

一、思考题

1. 在演示文稿中如何绘制图形？如何插入艺术字？
2. 如何设置幻灯片之间的切换方式？平滑切换有什么特殊之处？
3. 如何在幻灯片中应用动画方案？
4. 如何在幻灯片中应用缩放定位？
5. 如何在幻灯片中设置动画？
6. 隐藏幻灯片和删除幻灯片有什么区别？
7. 幻灯片母版有几种类型？各种类型之间有什么区别？
8. 如何在演示文稿中添加并编辑 SmartArt 图形？

二、选择题

1. 在 PowerPoint 中可以通过分节来组织演示文稿中的幻灯片，在幻灯片浏览视图中选中一节中所有幻灯片的最优方法是(　　)。

(A) 单击节名称即可

(B) 按住 Ctrl 键不放，依次单击节中的幻灯片

(C) 选择节中的第1张幻灯片,按住Shift键不放,再单击节中的最后一张幻灯片

(D) 直接拖动鼠标选择节中的所有幻灯片

2. 邱老师在学期总结PowerPoint演示文稿中插入了一个SmartArt图形,她希望将该SmartArt图形的动画效果设置为逐个形状播放,最优的操作方法是(　　)。

(A) 为该SmartArt图形选择一个动画类型,然后再设置适当的动画效果

(B) 只能将SmartArt图形作为一个整体设置动画效果,不能分开指定

(C) 先将该SmartArt图形取消组合,然后再为每个形状依次设置动画

(D) 先将SmartArt图形转换为形状,然后取消组合,再为每个形状依次设置动画

3. 小江在制作公司产品介绍的PowerPoint演示文稿时,希望每类产品可以通过不同的演示主题进行展示,最优的操作方法是(　　)。

(A) 为每类产品分别制作演示文稿,每份演示文稿均应用不同的主题

(B) 为每类产品分别制作演示文稿,每份演示文稿均应用不同的主题,然后将这些演示文稿合并为一份演示文稿

(C) 在演示文稿中选中每类产品所包含的所有幻灯片,分别为其应用不同的主题

(D) 通过PowerPoint中“主题分布”功能,直接应用不同的主题

4. 在PowerPoint中可以通过多种方法创建一张新幻灯片,下列操作方法错误的是(　　)。

(A) 在普通视图的幻灯片缩略图窗格中,定位光标后按Enter键

(B) 在普通视图的幻灯片缩略图窗格中右击,在弹出的快捷菜单中选择“新建幻灯片”命令

(C) 在普通视图的幻灯片缩略图窗格中定位光标,在“开始”功能区中单击“新建幻灯片”按钮

(D) 在普通视图的幻灯片缩略图窗格中定位光标,在“插入”功能区中单击“幻灯片”按钮

5. 小马正在制作有关员工培训的演示文稿,他想借鉴自己以前制作的某个培训演示文稿中的部分幻灯片,最优的操作方法是(　　)。

(A) 将原演示文稿中所有有用的幻灯片一一复制到新演示文稿中

(B) 通过“重用幻灯片”功能将原演示文稿中有用的幻灯片引用到新演示文稿中

(C) 放弃正在编辑的新演示文稿,直接在原演示文稿中进行增、删修改,并另行保存

(D) 单击“插入”功能区中的“对象”按钮,插入原演示文稿中的幻灯片

6. 在PowerPoint演示文稿中利用“大纲”窗格组织、排列幻灯片中的文字时,输入幻灯片标题后,进入下一级文本输入状态的最快捷方法是(　　)。

(A) 按Shift+Enter组合键

(B) 按Ctrl+Enter组合键

(C) 按Enter键后,从右键快捷菜单中选择“降级”命令

(D) 按Enter键后,再按Tab键

7. 小明利用PowerPoint制作一份考试培训的演示文稿,他希望在每张幻灯片中添加包含“样例”文字的水印效果,最优的制作方法是(　　)。

(A) 通过“插入”功能区的“插入水印”功能输入文字并设定版式

(B) 将“样例”二字制作成图片,再将该图片作为背景插入并应用到全部幻灯片中

(C) 在幻灯片母版中插入包含“样例”二字的文本框,并调整其格式及排列方式

(D) 在一张幻灯片中插入包含“样例”二字的文本框,然后复制到其他幻灯片

8. 小周正在为 PowerPoint 演示文稿增加幻灯片编号,他希望调整该编号位于所有幻灯片右上角的同一位置且格式一致,最优的操作方法是(　　)。

(A) 在幻灯片母版视图中,通过“插入”→“幻灯片编号”功能插入编号,并调整其占位符的位置与格式

(B) 在普通视图中,先在一张幻灯片中通过“插入”→“幻灯片编号”功能插入幻灯片编号并调整其位置与格式后,然后将该编号占位符复制到其他幻灯片中

(C) 在幻灯片浏览视图中,选中所有幻灯片后通过“插入”→“页眉和页脚”功能插入幻灯片编号并统一选中后调整其位置与格式

(D) 在普通视图中,选中所有幻灯片后通过“插入”→“幻灯片编号”功能插入编号并统一选中后调整其位置与格式

9. 小吕在利用 PowerPoint 制作旅游风景简介演示文稿时插入了大量图片,为了减小文档体积以便通过邮件方式发送给客户浏览,需要压缩文稿中图片的大小,最优的操作方法是(　　)。

(A) 直接通过 PowerPoint 提供的“压缩图片”功能压缩演示文稿中图片的大小

(B) 先在图形图像处理软件中调整每个图片的大小,再重新替换到演示文稿中

(C) 在 PowerPoint 中通过调整缩放比例、剪裁图片等操作来减小每张图片的大小

(D) 直接利用压缩软件压缩演示文稿的大小

10. 针对 PowerPoint 幻灯片中图片对象的操作,下列描述错误的是(　　)。

(A) 可以在 PowerPoint 中直接删除图片对象的背景

(B) 可以在 PowerPoint 中直接将彩色图片转换为黑白图片

(C) 可以在 PowerPoint 中直接将图片转换为铅笔素描效果

(D) 可以在 PowerPoint 中将图片另存为.PSD 文件格式

三、填空题

1. 在 PowerPoint 中,设置幻灯片中各对象的播放顺序是通过________对话框来设置的。

2. 要在 PowerPoint 中占位符外输入文本,应先插入一个________,然后在其中输入字符。

3. 艺术字是一种________对象,它具有________属性,不具备文字的属性。

4. 利用________功能,可以预先设置幻灯片放映时间间隔,进行自动放映。

四、操作题

按以下要求创建一个名为“PowerPoint 作业”的文件。

(1) 幻灯片内容自定(自己选择一个喜欢的主题),至少 5 页。

(2) 每一页采用不同的版式,要有带有图表的版式。

(3) 幻灯片中要有以下格式:

- 每一页设置不同的字体、字形、字号、颜色、边框和底纹。
- 有超链接。
- 有动作按钮。

- 每一部分都设置动画效果。
- 有多种艺术字和多张图片。
- 有背景(也可选择某种模板)。
- 有页码。
- 有项目符号或项目编号。

(4) 在适当的位置添加音乐、声音。

(5) 设置幻灯片的切换方式,切换效果自己选择(例如,可以选择“水平百叶窗”等)。切换时的换页方式为每隔5s自动换页。

课外阅读与在线检索

1. 瑞普PPT是一个非常活跃的PPT社区,里面包含各种教程和模板,能满足初学者的需求。

2. PPTOK网对专业PPT制作进行了详细的讲解,可以帮助用户在初步掌握PPT制作技术后,进行专业的演示文稿制作。同时网站提供多种成熟的模板,帮助用户进行专业演示文稿的制作。

3. Office Plus是微软官方的PPT模板网站,用户可以在这个网站上找到更多更新的模板。

4. 我要自学网的内容讲解非常清晰,视频长度适中,很受自学者的欢迎。

5. 要制作一个精美的PowerPoint文件,需要有好的素材,可在网上查阅一些PowerPoint的模板和背景图片。

第6章 计算机网络应用基础

6.1 计算机网络概述

6.1.1 计算机网络的定义与分类

1. 计算机网络的定义

根据计算机网络发展的不同阶段，或者从不同的角度，人们对计算机网络提出不同的定义，这些定义反映了当时的计算机网络技术发展水平以及人们对网络的认知程度。其中资源共享的观点能够比较准确地描述计算机网络的特征，被广泛地接受和使用，从资源共享的观点将计算机网络定义为："以能够相互共享资源的方式互联起来的自治计算机系统的集合"。但是这个定义侧重应用，没有指出网络的结构，因此不够全面。本书采用以下定义："将地理位置不同的两台以上的具有独立功能的计算机，通过通信设备和通信介质连接起来，以功能完善的网络软件，实现资源共享的计算机系统"。

这个定义从四方面描述了计算机网络。

(1) 网络中必须有两台以上的计算机，地理位置不限，机型不限。所谓独立功能是指这个计算机自己可以独立工作，有数据处理能力，不一定依赖于网络才能工作。

(2) 计算机之间要通过通信介质和通信设备互联。通信介质包括双绞线、光纤、同轴电缆、无线介质等，通信设备包括路由器、交换机、网桥、集线器等，只有互连才能够将一台计算机上的信号传输到另一台计算机上。

(3) 网络中要有网络软件，网络软件主要有三类：第一类是网络协议软件，联网的计算机以及通信设备必须遵守相同的协议；第二类是网络操作系统，通过网络操作系统对网络进行管理和控制，实现各种网络服务功能；第三类是网络应用软件，帮助用户访问网络，为用户使用网络服务功能提供便利。

(4) 联网的目的是实现资源共享，计算机网络中的资源包括硬件资源和软件资源，联网后，用户可以通过自己的计算机使用网络上其他计算机上的硬件和软件资源。

2. 计算机网络的分类

计算机网络从不同的角度有不同的分类方法，这里介绍一种常见的分类方法，即按网络覆盖的范围分类的方法。按照网络的覆盖范围，可将网络分为局域网、广域网和城域网。

(1) 局域网。

局域网(LAN)用于将有限范围内(如一个办公室、一幢大楼、一个校园、一个企业园区)的各种计算机、终端及外部设备连接成网络，彼此高效地共享资源，例如，共享文件和打印机。

局域网具有覆盖范围小、结构简单、速度快、延迟小等特点。局域网一般是由企业或学校自己出资建设,供单位内部使用。

(2) 广域网。

广域网(WAN)覆盖的地理范围一般在几十千米以上,覆盖一个地区、一个国家或者更大范围,它可以将分布在不同地区的计算机系统连接起来,达到资源共享的目的。广域网一般是公用网络,采用网状拓扑结构,用户用租用专线的方法来使用。

(3) 城域网。

城域网(MAN)是介于局域网和广域网之间的网络,覆盖范围在几十千米内,用于将一个城市、一个地区的企业、机关、学校的局域网连接起来,实现一个区域内的资源共享。

6.1.2 计算机网络组成

1. 网络中的计算机

(1) 服务器。

服务器是提供各种网络服务的计算机,如文件服务、打印服务、通信服务、数据服务等。服务器上大多运行网络操作系统,大型系统一般采用专用服务器,其 CPU 速度快、内存和硬盘容量大、可靠性好、支持冗余电源,小型系统一般由高档微型计算机承担。

(2) 客户机。

客户机是用户使用的具有独立功能的计算机,可以是各种档次的计算机。

2. 传输介质

传输介质是用于连接计算机和通信设备的物理通道。网络中传输介质可以分为两类:有线介质和无线介质。有线介质包括同轴电缆、双绞线和光纤,无线介质包括无线电波、微波、红外线、卫星通信等。

3. 通信设备

(1) 网卡。

网卡又叫网络适配器,是计算机与网络电缆之间的接口,计算机通过网卡连入网络,网卡完成各种通信处理任务,执行低层网络协议。网卡还给计算机带来了一个地址,使计算机在网络中有唯一标识,这个地址叫物理地址或 MAC 地址。以太网卡的物理地址是由 48 位二进制数组成的,由于二进制数不便于书写和记忆,因此实际表示时用 12 位十六进制数来表示,如 00-60-00-08-00-A6-38。

(2) 集线器。

集线器是将网络中的计算机、打印机等设备连接在一起的网络设备,用于连接局域网。多数集线器都有信号再生或放大作用,且有多个端口,所以集线器有时还称为多端口中继器。

(3) 中继器。

中继器是一种延伸网络覆盖范围的设备,其主要作用是将接收的信号再生或放大,再传输出去。在局域网中,不管哪种类型的局域网,其最大联网距离都是有限制的,如果需要更远的连接,就需要使用中继器。

(4) 交换机。

从广义来看,交换机分为两种:广域网交换机和局域网交换机。广域网交换机主要应用于电信领域，提供通信基础平台。而局域网交换机则应用于局域网络，用于连接网络终端设备，如计算机及网络打印机等，交换机采用了与集线器不同的工作方式，与集线器相比，用交换机组网速度更快。

交换机又分为二层交换机和三层交换机。二层交换机具有网桥的作用，可以取代网桥连接两个相同类型的局域网；三层交换机则具有路由器的功能，又叫交换式的路由器。

（5）网桥。

网桥是一个将网络互连起来的设备，它可以在数据链路层上连接两个局域网，使之相互通信。

（6）路由器。

路由器是网络互连设备，其作用是连接多个网络，包括局域网和广域网，它通过选择最佳路径在网络之间传输报文分组。路由器是 Internet 上的主要节点设备，是不同网络之间相互连接的枢纽。

（7）调制解调器。

调制解调器也叫 Modem，它是通过电话网接入 Internet 的必备硬件设备。通常计算机内部使用的是数字信号，而通过电话线路传输的信号是模拟信号。调制解调器的作用就是当计算机发送信息时，将计算机内部使用的数字信号转换为可以用电话线传输的模拟信号，通过电话线发送出去；接收信息时，把电话线上传来的模拟信号转换为数字信号传送给计算机，供其接收和处理。

（8）无线网络设备。

无线网络设备包括无线网卡、无线接入点和无线路由器等。

无线网卡的作用与有线网卡相同。

无线接入点（AP）又叫无线访问点，是将其覆盖范围内所有的无线网卡连接起来的设备，相当于有线网络中的集线器或交换机。

无线路由器是带有无线覆盖功能的路由器，是单纯型 AP 与宽带路由器的一种结合体；既有路由器的功能，又有无线 AP 的功能。

4. 网络软件

（1）通信协议。

计算机网络中，计算机的类型可能不同，使用的操作系统也可能不同，彼此要想相互通信，必须遵守统一的规则，这种规则称为网络协议。网络协议主要对计算机通信时数据的格式、使用什么控制信息和事件实现的顺序做出规定。计算机网络必须使用某种协议才能相互通信，例如 Internet 使用 TCP/IP。

（2）网络操作系统。

网络操作系统是为使网络用户能方便而有效地共享网络资源而提供的各种服务的软件及相关规程的集合，是整个网络的核心，它通过对网络资源的管理，使网上用户能方便、快捷、有效地共享网络资源。网络操作系统除了具有一般的操作系统所具有的处理机管理、存储器管理、设备管理和文件管理功能外，还提供高效而可靠的网络通信环境和多种网络服务。

（3）网络应用软件。

网络应用软件是方便用户访问网络、使用各种网络服务的软件，用户通过网络应用软件将对网络的请求发送到网络,并将网络的响应返回给用户,如浏览器软件、电子邮件客户端软件、下载软件等。严格地讲,网络应用软件是由网络以外的第三方企业提供的,不属于网络的组成部分。

6.1.3 计算机局域网

1. 局域网概述

局域网是在一个局部的地理范围内,将各种计算机及其外围设备互相连接起来组成的计算机通信网,简称 LAN(Local Area Network)。在局域网中可以实现文件共享、应用软件共享、打印机共享、通信服务共享等功能。局域网是由一个单位或部门组建,仅供单位内部使用,具有覆盖地理范围有限、传输速率高、误码率低等特点。

局域网技术有多种,其中以太网是常用的局域网组网方式。以太网可以使用同轴电缆、双绞线、光纤等传输介质,其数据传输速率有 10Mb/s、100Mb/s、1000Mb/s 和 10 000Mb/s 等几个序列。

2. 组建小型局域网

(1) 准备工作。

除联网的计算机外,需要一个集线器或交换机、网卡(每台计算机需要一块网卡)、非屏蔽 5 类双绞线、RJ-45 接头(每条双绞线 2 个)。

(2) 制作双绞线。

常用的 5 类双绞线有四对线八种颜色,分别是橙色、橙白色、绿色、绿白色、蓝色、蓝白色、棕色、棕白色,每种颜色的线都与对应的相间色的线扭绕在一起。连接计算机网络时,只需要 4 根线就可以了。究竟用哪 4 根线? 如何连接? 电子工业协会 EIA(后与其他组织合并形成电信工业协会 TIA)做出了规定,这就是 EIA/TIA 568A 和 EIA/TIA 568B 标准(简称 T568A 或 T568B 标准),如表 6-1 和表 6-2 所示。这两个标准规定,联网时使用橙色、橙白色、绿色、绿白色这两对线,它们连接在 RJ-45 接头的 1、2、3、6 四个线槽上,其他四根线可以在结构化布线时连接电话等其他通信设备。

表 6-1 EIA/TIA 568A 接线标准

RJ-45 线槽	1	2	3	4	5	6	7	8
色彩标记	绿白	绿	橙白	蓝	蓝白	橙	棕白	棕

表 6-2 EIA/TIA 568B 接线标准

RJ-45 线槽	1	2	3	4	5	6	7	8
色彩标记	橙白	橙	绿白	蓝	蓝白	绿	棕白	棕

双绞线接线可以根据需要制作成正接线(或直通线、直连线)和交叉线(或反接线),如图 6-1 所示。正接线是指双绞线两端接线线序一致,都用 T568A 标准或都用 T568B 标准,由于习惯的关系,多数正接线用 T568B 标准;交叉线是指双绞线两端分别使用不同的接线标准,一端用 T568A 标准,另一端用 T568B 标准。

当双绞线两端连接不同类型的设备时,使用正接线,否则使用交叉线。例如当双绞线的两端连接的是交换机和网卡时,使用正接线。如果不用交换机直接连接两台计算机,可以使用交叉线连接两台计算机网卡上的RJ-45接口进行通信。

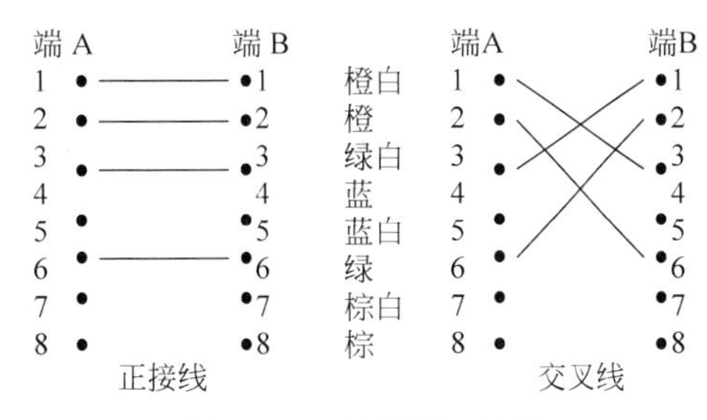

图 6-1　双绞线端口接线

(3) 安装网卡。

在断电的状态下将网卡插入计算机主板上的一个PCI扩展插槽中固定好。把带有接头的双绞线的一端插入计算机的网卡上,另一端插入交换机的接口中,接口的次序不限。

硬件安装完毕后重新启动计算机,Windows会自动检测到网卡的存在,当网卡驱动程序安装完成后,Windows会创建一个名为本地连接的局域网连接,如图6-2所示。TCP/IP被作为默认的网络协议进行安装,并将TCP/IP绑定到网卡上。

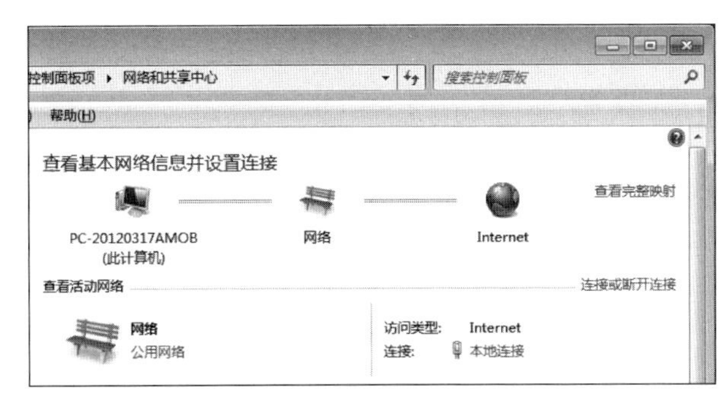

图 6-2　本地连接

(4) 标识计算机。

为了使局域网中其他用户能够通过主机名访问计算机,必须给每台计算机标识一个唯一的名称,并设置工作组,构成对等网络模式。

在Windows 11操作系统中,打开"设置",依次选择"系统"→"系统信息"命令,打开如

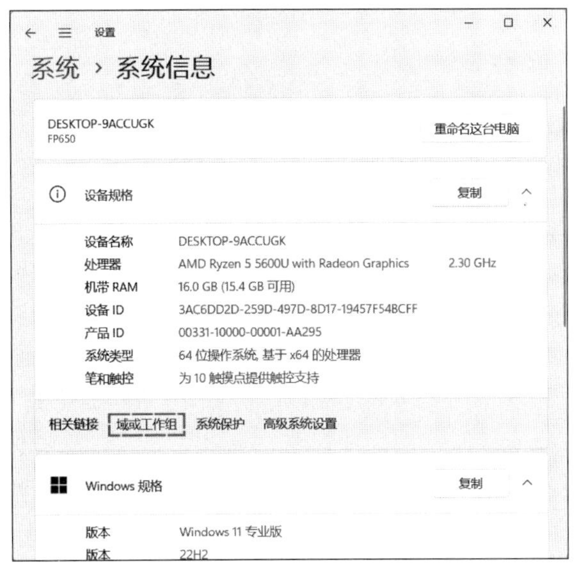

图 6-3　"系统"窗口

图 6-3 所示的“系统信息”窗口。在“相关链接”区域中单击“域或工作组”，打开如图 6-4 所示的“系统属性”对话框。在“计算机名”选项卡中单击“更改”按钮，打开如图 6-5 所示的“计算机名/域更改”对话框，在相应的文本框中设置计算机名和工作组的名称。

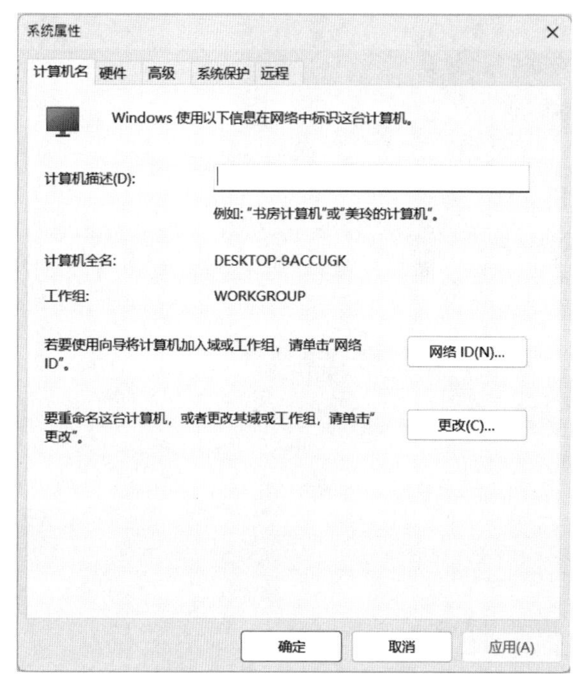

图 6-4 “系统属性”对话框

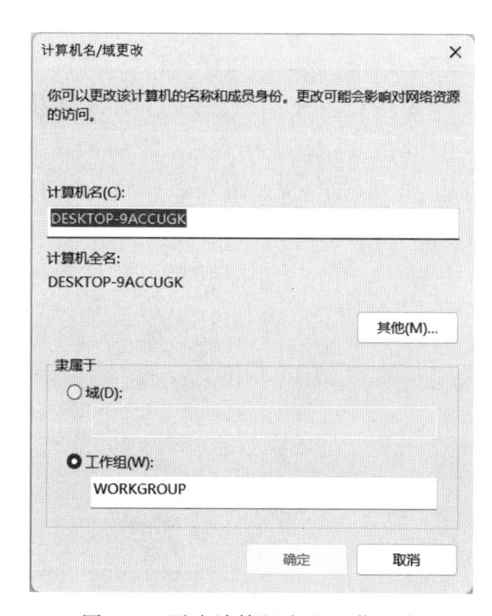

图 6-5 更改计算机名和工作组名

（5）协议设置。

局域网内两台计算机要能够相互访问，就必须使用相同的协议。若让计算机能够访问 Internet，必须使用 TCP/IP，现在，因为计算机普遍连入 Internet，所以 TCP/IP 已经成为网卡默认安装的协议。若采用 TCP/IP，则需要为计算机设置一个 IP 地址，具体配置方法见 6.2.3 节，配置 TCP/IP 属性部分。

6.1.4 共享局域网资源

1. 设置共享文件夹

局域网连接好后，必须设置一些共享的资源供其他用户访问，在 Windows 中，共享资源的权限只有两种，一种是更改，另一种是只读，默认为只读。拥有只读权限的用户可以读取文档内容，还可以运行程序，拥有更改权限的用户则可以通过网络更改文档内容。在 Windows Server 系列版本中，可以设置更多的权限。这些权限只对通过网络访问资源的用户有效，如果网络用户将共享资源复制到本地计算机上，将不受共享权限的限制。操作如下。

（1）在“计算机”或“资源管理器”中右击要共享的对象，在弹出的快捷菜单中选择“属性”命令，单击“共享”命令下的特定用户，打开如图 6-6 所示的“文件共享”对话框。

（2）在“选择要与其共享的用户”下拉列表框中选择用户，如果要让当前网上所有用户共享可选择 Everyone 组，然后单击“添加”按钮。用户默认的共享权限是“读取”，即网上邻居只能读文件内容，不能修改。若想给网上邻居修改权限，则可在“权限级别”下选择“读取/写入”权限，然后单击“共享”按钮，如图 6-7 所示。

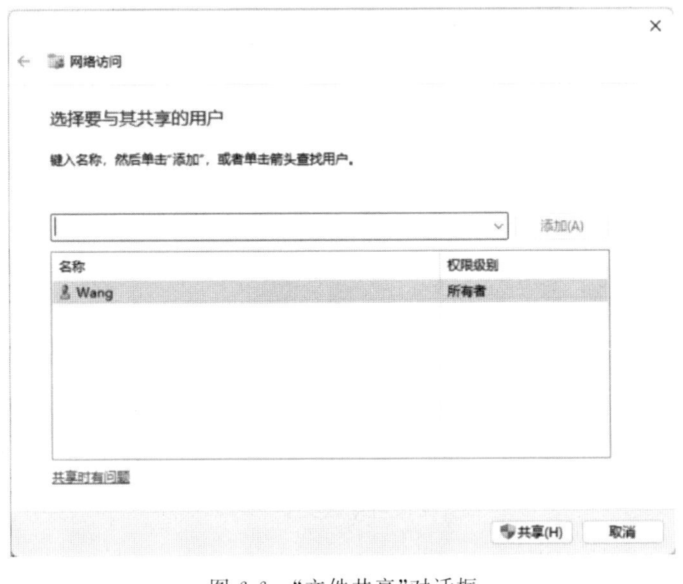

图 6-6 “文件共享”对话框

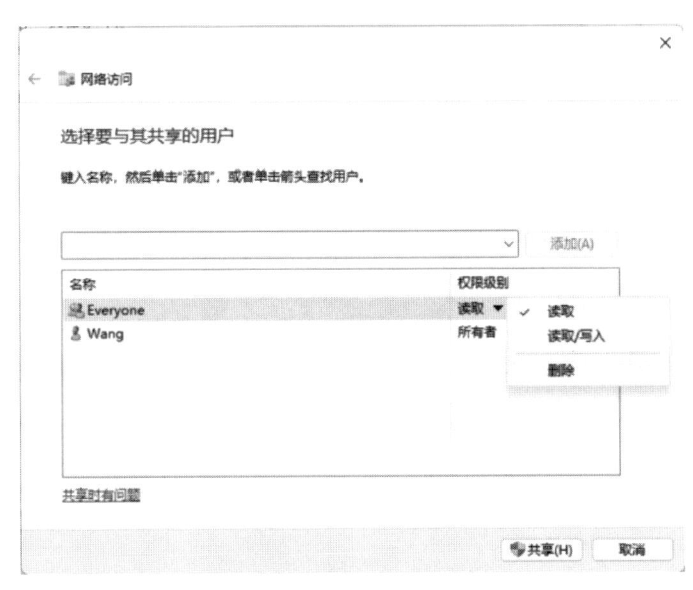

图 6-7 设置共享权限

（3）若取消共享，右击共享对象，在弹出的快捷菜单中选择“共享”命令下的“不共享”，在随后出现的对话框中单击“停止共享”按钮即可。

2. 访问共享资源

在桌面上双击“网络”图标，在“网络”窗口中即可看到当前局域网中的计算机，如图 6-8 所示；双击要访问的计算机，即可看到该计算机上的共享资源，如图 6-9 所示；双击要访问的共享文件夹，根据权限访问共享文件夹下的资源。

图 6-8 “网络”窗口

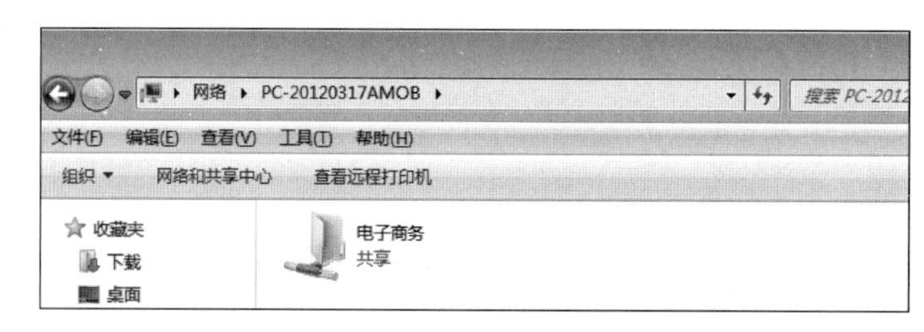

图 6-9 要访问计算机上的共享资源

3. 在局域网中共享打印机

企业局域网中有可能每个员工都会有自己的计算机，但不可能每个员工都分配一台打印机。利用 Windows 操作系统提供的共享打印服务，可以很方便地在局域网上共享使用打印设备。

要实现一台打印设备供给多台计算机使用，主要有两种解决方案。

(1) 打印设备通过并口、USB 口直接连接在一台计算机上，通过在计算机上设置打印机共享，可以实现网络打印，如图 6-10 所示。作为打印服务器的计算机在完成自己的工作的同时，还要向其他用户提供打印服务，因此打印效率比较低。如果作为打印服务器的计算机没有开机，则其他用户不能使用该打印机。

(2) 打印设备上自带网络接口，可直接连接到网络上，如图 6-11 所示。这种打印机不再是计算机的外设，而是网络中的独立成员，用户可以通过网络直接使用该打印设备，打印效率更高，更适合企业级局域网应用。

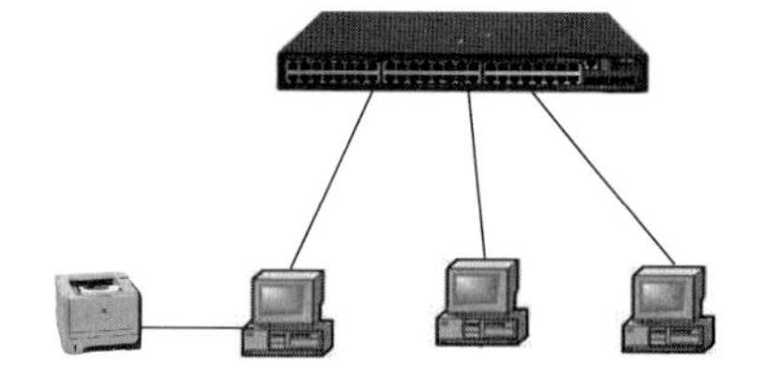

图 6-10 连接在打印服务器上的打印机

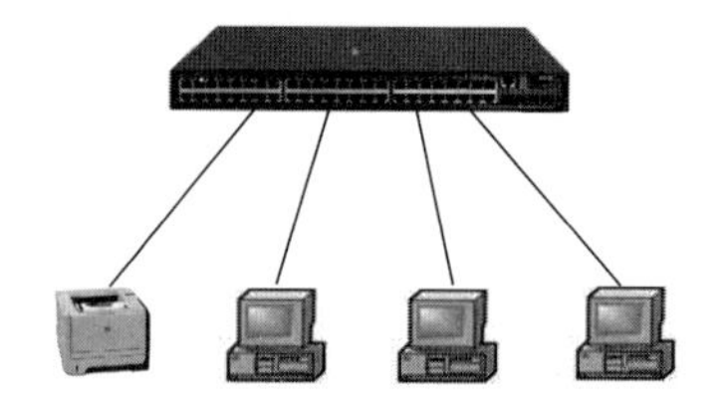

图 6-11 自带网络接口的打印机

连接在打印服务器上的打印机共享的主要步骤如下。

(1) 在网络内某计算机上连接好本地打印机，安装打印机，并将其设置为共享。

(2) 在其他计算机上安装网络打印机，按系统要求输入共享打印机的网络路径名。其网络路径格式为：\\计算机名\打印机名。然后按系统提示安装打印机的驱动程序。

6.2 Internet 通信协议

6.2.1 Internet 的概念

Internet 又称为因特网。它是全球最大的、开放的、由众多网络互联而成的计算机网络。Internet 可以连接各种各样的计算机系统和大大小小的计算机网络,不论是大、中型计算机,不论是局域网还是广域网,不管它在世界上的什么地方,只要遵循共同的网络协议 TCP/IP,就可以连入 Internet。Internet 为我们提供了包罗万象、瞬息万变的信息资源,成为我们获取信息的最方便、快捷、有效的途径。同时它提供了多种通信手段,大大缩短人与人之间的距离,使身居世界各地的人能够方便地、随时随地地彼此交流信息。

Internet 起源于由美国国防部高级研究计划署资助建成的 ARPAnet(阿帕网),ARPA 是高级研究计划署的缩写,是美国国防部下属的一个单位,当时美国出于战略考虑,希望构造一个分散型的军事指挥中心,把美国的一些重要军事基地与研究单位用通信线路连接起来。为了进行验证,最初的 ARPAnet 只连接了美国西部四所大学的计算机主机,用于演示分散在广域地区的计算机构成的网络的灵活性。为了在不同结构的计算机之间实现正常的通信,制定了 TCP/IP,作为联网用户共同遵守的通信规则,TCP/IP 由多个协议组成,IP 和 TCP 是其中两个最重要的协议。IP(Internet 协议)规定了源主机发送的报文如何送达目的主机,TCP(传输控制协议)则负责保证报文传输的正确性。

在 Internet 的发展过程中有三次飞跃。第一次是 1985 年美国国家科学基金会出资建成了一个名为 NSFNET 的广域网。由于美国国家基金会的鼓励和资助,很多大学和科研机构纷纷把自己的局域网并入 NSFNET,使 NSFNET 取代了 ARPANET 而成为 Internet 的主干网。

第二次飞跃是在 20 世纪 90 年代,一些商业机构开始注意到 Internet 在商业用途上的巨大潜力,人们发现它在通信、资料检索、客户服务等方面有很大的潜力,世界各地的企业、个人纷纷涌入 Internet,使它成为世界上最大的计算机网络。

第三次飞跃是万维网技术的出现。早期在网络上传输数据信息或者查询资料需要在计算机上进行许多复杂的指令操作,这些操作只有那些对计算机非常了解的技术人员才能做到熟练运用,因而当时“上网”只是局限在高级技术研究人员这一狭小的范围之内。WWW 技术是由瑞士高能物理研究实验室(CERN)的程序设计员 Tim Berners-Lee 最先开发的,它的主要功能是采用一种超文本格式(Hypertext)把分布在网上的文件链接在一起。这样,用户可以很方便地在大量排列无序的文件中调用自己所需的文件。1993 年,位于美国伊利诺伊大学的国家超级应用软件研究中心(NCSA)设计出了一个采用 WWW 技术的应用软件 Mosaic,这也是互联网史上第一个网页浏览器软件。该软件除了具有方便人们在网上查询资料的功能外,还有一个重要功能,即支持呈现图像,从而使得网页的浏览更具直观性和人性化。特别是随着技术的发展,网页的浏览还具有支持动态的图像传输、声音传输等多媒体功能,这就为网络电话、网络电视、网络会议等提供一种新型、便捷、费用低廉的通信传输基础工具创造了有利条件,从而适应未来商务活动的发展。

6.2.2 IP 地址

就像日常生活中人们相互通信需要知道对方的地址一样，互联网中的计算机要相互通信也要有一个可唯一识别的地址。在 TCP/IP 编址方案中使用 IP 地址。

到目前为止，TCP/IP 先后出现了 6 个版本，如 IPv4 和 IPv6 等，下面分别介绍 IPv4 地址和 IPv6 地址。

1. IPv4 地址的组成

在 IPv4 编址方案中，IP 地址由 32 位的二进制数组成，这 32 位二进制数被分为 4 组，每组 8 位，各组之间用“.”分隔，由于二进制数不便于书写和阅读，为便于表示，将每组二进制数写成十进制数，每组数的取值范围为 0～255。

例如，一个 IP 地址的二进制数表示为 10000010.00001001.00010000.0001000，用十进制数表示为 130.9.16.8。

从结构上看，IP 地址由两部分组成：一部分代表网络号，用于标识主机所属的网络；另一部分代表主机号，用于标识该主机是网络中第几号主机。具体哪个数表示网络号，哪个数表示主机号，这要看 IP 地址的类型。

IP 地址可分为 A、B、C 3 类，IP 地址的类型可以根据 4 个数中的第一个数判断。第一个数的取值为 1～126，是 A 类网络，第一个数是网络号，后面 3 个是主机号；第一个数的取值为 128～191，是 B 类网络，前两个数是网络号，后两个数是主机号；第一个数的取值为 192～223，是 C 类网络，前三个数是网络号，最后一个数是主机号。例如，100.168.123.45 为 A 类，130.200.198.60 为 B 类，198.168.186.88 为 C 类。

IP 地址具有唯一性，即连接到 Internet 上的不同计算机应具有不同的 IP 地址。为了确保 IP 地址的唯一性，IP 地址由国际上统一的机构（InterNIC）来规划、分配和管理，用户使用 IP 地址需要向专门的机构申请。

2. IPv4 中的保留 IP 地址

因为在 Internet 上使用的是 TCP/IP，所以要想使计算机连入 Internet 必须使计算机拥有一个 IP 地址。如果要使网络中的计算机直接连入 Internet，必须使用由 InterNIC 分配的合法 IP 地址。但是 IP 地址非常有限，根据 IPv4 的编址方案，全世界可用的 A、B、C 类地址大约 43 亿，因此不可能给每个计算机分配一个合法地址。为了便于各组织在组织内部使用 TCP/IP 组网，IANA（因特网地址分配管理局）保留了一批 IP 地址，供内部组网使用，这些地址不需要申请，可以直接使用。这些地址如表 6-3 所示。

表 6-3 保留的 IP 地址分布范围

网络类型	地址范围	网络总数
A	10.0.0.1～10.255.255.254	1
B	172.16.0.1～172.31.255.254	16
C	192.168.0.1～192.168.255.254	256

但这些地址只能在局域网内部使用，不能出现在 Internet 上。如果让这些配置保留地址的计算机也能访问 Internet，需要使用代理服务技术或网络地址转换技术。

3. IPv6 地址的组成

在 IPv6 编址方案中，地址长度定为 128 位，因此它可以提供多达超过 3.4×10^{38} 个 IP

地址，这足可以保证几代人之内不再出现 IP 地址紧张问题。IPv6 的 128 位地址被分为 8 组，每组 16 位，各组间用冒号“:”隔开，为便于表示，将每组二进制数写 4 位十六进制数。

例如，用二进制数格式表示 128 位的一个 IPv6 地址。

0010000111011010000000000000000000000000000000000000000010111100111011

0000001010101010000000000000001111111111110000010001001110001011010

可以将这个 128 位的地址按每 16 位划分为 8 个组：

0010000111011010　0000000000000000　0000000000000000　0000000000000000

0000001010101010　0000000000001111　1111111000001000　1001110001011010

然后将每个组转换为十六进制数，并用冒号隔开，结果应该是：

21DA:0000:0000:0000:02AA:000F:FE08:9C5A

由于十六进制和二进制之间的进制转换，比十进制和二进制之间的进制转换更容易，每一位十六进制数对应 4 位二进制数，因此 IPv6 的地址表示法采用了十六进制数。

4. IPv6 地址的简化表示

一个 IPv6 地址即使采用了十六进制数表示，但还是很长，为了能够简化表示，可以采用以下方法。

(1) 如果某个组中有前导 0，可以将其省略。例如，00D3 可以简写为 D3；02AA 可以简写为 2AA。但不能把一个组内部的有效 0 也压缩掉，如 FE08 就不可以简写为 FE8。同时需要注意的是，每个组至少应该有一个数字，0000 可以简写为 0。

根据前导零压缩法，上面的地址可以进一步简化表示为：

21DA:0:0:0:2AA:F:FE08:9C5A

(2) 有些类型的 IPv6 地址中包含了一长串 0，为了进一步简化 IP 地址表达，在一个以冒号十六进制表示法表示的 IPv6 地址中，如果几个连续组的值都为 0，那么这些 0 就可以简写为::，称为双冒号表示法。

那么，前面的结果又可以简化写为 21DA::2AA:F:FE08:9C5A。

在使用双冒号表示法时要注意：双冒号::在一个地址中只能出现一次，否则，无法计算一个双冒号压缩了多少个组或多少个 0。例如，地址 0:0:0:2AA:12:0:0:0，一种压缩表示法是::2AA:12:0:0:0，另一种表示法是 0:0:0:2AA:12::，不能把它表示为::2AA:12::。

确定::之间代表了被压缩的多少位 0，可以数一下地址中还有多少个组，然后用 8 减去这个数，再将结果乘以 16。例如，在地址 FF02:3::5 中有 3 个组(FF02、3 和 2)，可以根据公式计算：$(8-3)\times16=80$，则::之间表示有 80 位的二进制数字 0 被压缩。

6.2.3 TCP/IP 属性及其配置

1. TCP/IP 属性

绝大多数操作系统默认支持 TCP/IP，一台计算机在安装了网卡和操作系统后，TCP/IP 就是默认安装的协议，但是，要使计算机能够使用 TCP/IP 通信，必须配置 TCP/IP 属性。配置内容包括 IP 地址、子网掩码、默认网关、DNS 服务器地址等。

IP 地址：输入该计算机的 IP 地址，用于在网络上标识该主机。

子网掩码：表示子网划分方案，用于确定自己的网络号和主机号，用于帮助计算机确定访问的目标计算机同自己是否在同一个子网，并正确地选择路由。

默认网关：表示本计算机与本网以外的其他网络(远程网络)的计算机通信时，数据包要交给哪一个路由器才能够送达。

DNS 服务器地址：当用户在本计算机上输入一个要访问的主机域名时，由哪个域名服务器负责解析。

TCP/IP 属性可以人工静态配置，也可以自动获取，在 Windows 11 中，默认是自动获取。

2. 配置 TCP/IP 属性

静态配置是指手动配置 TCP/IP 属性，Windows 11 提供了"Internet 协议(TCP/IP)属性"对话框，供用户手动配置。具体配置过程如下。

(1) 右击桌面上的"网络"图标，在弹出的快捷菜单中选择"属性"命令，打开如图 6-12 所示的"网络和共享中心"窗口。

(2) 在"网络和共享中心"窗口中单击"本地连接"按钮，打开如图 6-13 所示的"本地连接 状态"对话框，单击"属性"按钮，打开如图 6-14 所示的"本地连接 属性"对话框，单击"属性"按钮，打开如图 6-15 所示的"Internet 协议版本 4(TCP/IPv4)属性"对话框。在对话框中设置 IP 地址、子网掩码、默认网关等内容，然后单击"确定"按钮，完成设置。

图 6-12 "网络和共享中心"窗口

图 6-13 "本地连接 状态"对话框

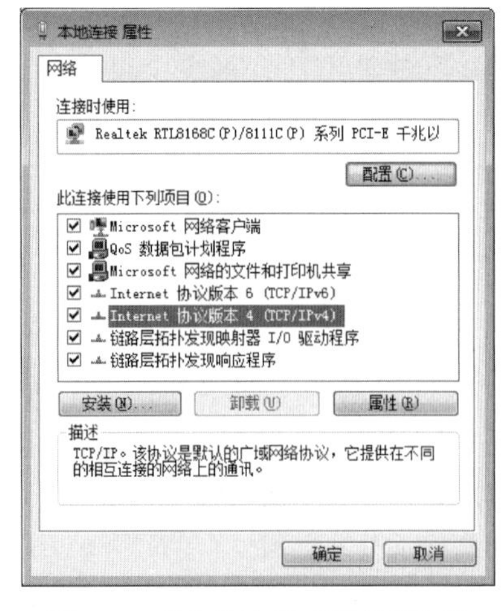

图 6-14 "本地连接 属性"对话框

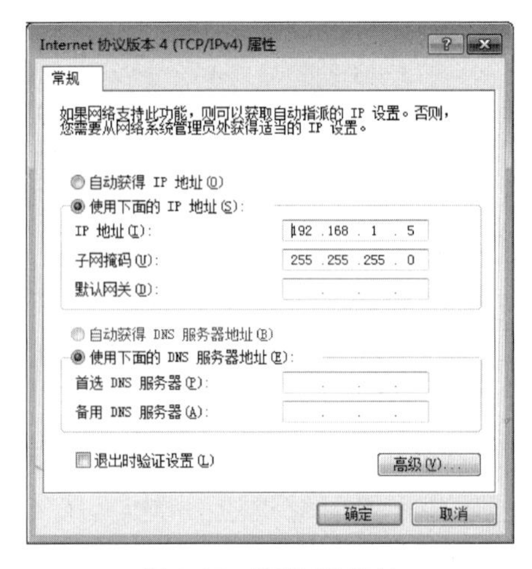

图 6-15 配置 IP 地址

在安装了 Windows 以后，TCP/IP 属性默认为自动获取 IP 地址，但是要自动获取，网络中必须有运行动态主机配置协议（DHCP）的计算机，称为 DHCP 服务器，该服务器可以自动给客户计算机分配 TCP/IP 的各种配置参数。

6.2.4 TCP/IP 常用命令

TCP/IP 提供了一组实用程序，用于帮助用户对网络进行测试和诊断，这组程序需要在命令提示符界面下运行，选择“开始”菜单中的“运行”命令，在运行命令窗口中的“打开”组合框中输入“CMD”，单击“确定”按钮，即可打开“命令提示符”窗口。

1. IPConfig 命令

IPConfig 实用程序可用于显示当前的 TCP/IP 属性的设置值，一般用来检验人工配置的 TCP/IP 属性是否正确。如果在计算机和所在的局域网使用了 DHCP，这个程序所显示的信息就更加实用。这时，IPConfig 可以让我们了解自己的计算机是否成功地租用到一个 IP 地址，如果租用到则可以了解它目前分配的是什么地址。IPConfig 不仅可以查看计算机当前的 IP 地址，还可以查看子网掩码和默认网关以及 DNS 服务器的地址等信息。这些信息对测试网络故障和分析故障原因是非常必要的。

IPConfig 命令的主要用法如下。

（1）IPConfig。

使用 IPConfig 时不带任何参数选项，可以显示本计算机的 IP 地址、子网掩码和默认网关值。

（2）IPConfig/all。

当使用 all 选项时，IPConfig 能够显示计算机名、IP 地址、子网掩码、默认网关、网卡物理地址等信息，如图 6-16 所示。

图 6-16 IPConfig/all 命令显示的信息

2. Ping 命令

Ping 用于确定本地主机是否能与另一台主机发送与接收数据报，根据返回的信息可以推断 TCP/IP 参数是否设置得正确以及运行是否正常。

按照默认设置，Windows 上运行的 Ping 命令发送 4 个 ICMP 数据包，每个数据包 32 字节，如果一切是正常的，应能得到 4 个回送应答，每个应答的 TTL 为一个数值，如图 6-17 所示，否则，说明网络有故障。

Ping 命令的格式是：

Ping 目的主机的 IP 地址

例如，Ping　192.168.1.1

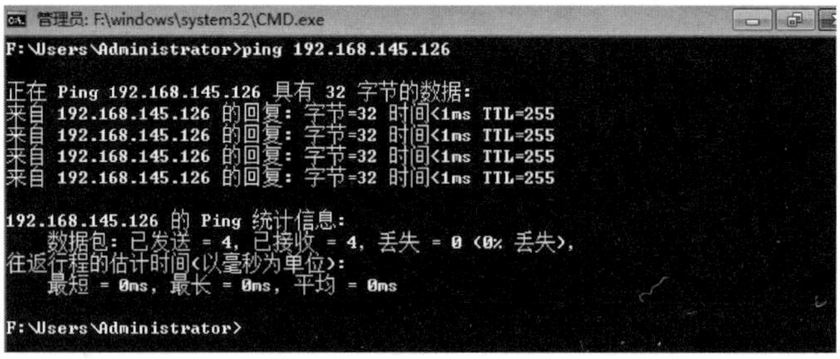

```
管理员: F:\windows\system32\CMD.exe
F:\Users\Administrator>ping 192.168.145.126

正在 Ping 192.168.145.126 具有 32 字节的数据:
来自 192.168.145.126 的回复: 字节=32 时间<1ms TTL=255
来自 192.168.145.126 的回复: 字节=32 时间<1ms TTL=255
来自 192.168.145.126 的回复: 字节=32 时间<1ms TTL=255
来自 192.168.145.126 的回复: 字节=32 时间<1ms TTL=255

192.168.145.126 的 Ping 统计信息:
    数据包: 已发送 = 4，已接收 = 4，丢失 = 0 (0% 丢失)，
往返行程的估计时间(以毫秒为单位):
    最短 = 0ms，最长 = 0ms，平均 = 0ms

F:\Users\Administrator>
```

图 6-17　Ping 命令显示的信息

6.2.5　域名与域名注册

1. 域名的概念

在 Internet 上用 IP 地址来标识一个主机，因此要访问一个主机必须记住该主机的 IP 地址，由于 IP 地址是一组十进制数，很抽象，不便于记忆，因此引入域名系统(DNS)，域名系统是一种基于标识符号的名字管理机制，它允许用字符甚至汉字来命名一个主机，这样人们就容易记住一个网站了。

Internet 上的网站众多，每一个企业、学校、政府机关甚至个人都可以申请域名，如果每一个网站都起一个简单的独一无二的名字，那么就很难管理。为了便于管理，人们按照该主机所处的地域或行业分类，然后给每一个地域或行业注册一个名字，在这个名字之下再注册一个具体组织的名字，在组织名字之下再注册主机的名字，形成一种层次结构，这种结构与行政区域的划分很相似，分成不同的级，如图 6-18 所示。第一级是根域名(root)，在根域名的下面，可以注册国家或地区域名(如 cn)和行业机构域名(如 com)，在国家域名下可以注册行业机构域名和地区域名，如在 cn 下可以注册 bj(北京)、sh(上海)、tj(天津)等，在行业机构或地区域名下可以注册单位域名(如 pku)，在单位域名下可以注册主机域名(如 www)。一个具体的域名，就是这它自身的名字加上它的父域的名字。域名的一般结构如下：

主机名.单位注册名.行业机构域名.国家域名

例如，新浪网注册域名为 www.sina.com.cn，主机名为 www、单位注册名为 sina、行业机构域名为 com、国家域名为 cn。

在域名系统结构中，位于最右端的域名被称为顶级域名，国家或地区域名和行业机构域名可以作为顶级域名，如果一个域名以行业机构域名为顶级域名，这个域名就叫国际域名，多数国际域名是三级结构，带有国家域名的域名叫国内域名，国内域名一般是四级结构。只

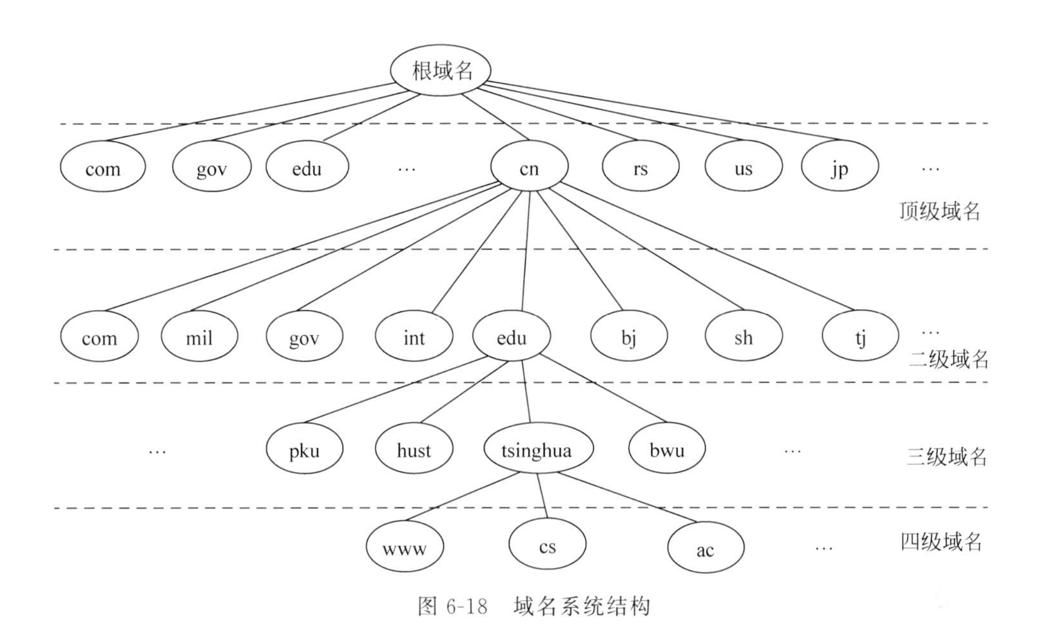

图 6-18　域名系统结构

有国家或行业机构域名可以作为顶级域名。

为了保证域名的唯一性，在使用域名之前，要到权威机构去注册，别人已经注册的域名就不能再注册了。

2. 众所周知的域名

通用顶级域名以及国家和地区顶级域名系统的管理由 Internet 名字和编号管理机构（Internet Corporation for Assigned Names and Numbers，ICANN）负责，ICANN 发布的国家域名和顶级机构域名如表 6-4 和表 6-5 所示。

表 6-4　主要国家域名

域　　名	描　　述	域　　名	描　　述
cn	中国	it	意大利
fr	法国	ca	加拿大
us	美国	au	澳大利亚
jp	日本	br	巴西
ru	俄罗斯	in	印度
gb	英国	kr	韩国
de	德国	za	南非

表 6-5　通用机构域名

域　　名	描　　述	域　　名	描　　述
com	以营利为目的的企业机构	firm	公司企业
net	提供互联网服务的企业	shop	表示销售公司企业
edu	教育科研机构	web	表示突出万维网活动的单位
gov	政府机构	arts	表示突出文化娱乐活动的单位
int	国际组织	rec	表示突出消遣娱乐活动的单位
mil	军事机构	info	表示提供信息服务单位
org	非营利机构	now	表示个人

中文域名的使用规则基本上与英文域名相同，只是它还允许使用2～15个汉字的字词或词组，并且中文域名不区分简、繁体。CNNIC中文域名有两种基本形式：

(1)“中文.cn”形式的混合域名。

(2)“中文.中国”等形式的纯中文域名。

目前，中文域名设立“中国”“公司”“网络”3个纯中文顶级域名，其中注册“.cn”的用户将自动获得“.中国”的中文域名，如注册“清华大学.cn”，将自动获得“清华大学.中国”。

3. 域名解析

有了域名以后，人们使用便于记忆、识别的域名或网址来访问访问Internet资源，但是在Internet上，识别主机的唯一依据是IP地址，网关、路由器不能直接识别输入的域名网址，因此，必须有一种机制，负责根据用户输入的域名找到该域名对应的IP地址，把这样一种机制叫域名服务(DNS)，把承担域名解析任务的计算机叫域名服务器。

由于在Internet上主机数量巨大，注册的域名太多，域名解析不可能由一台计算机承担，而是由一个大的系统，整个域名系统以一个大的分布数据库方式工作，在Internet连接的每个网络中都有域名服务器，每个域名服务器都负责一定范围内的域名解析任务，相互协作，最终完成解析任务。

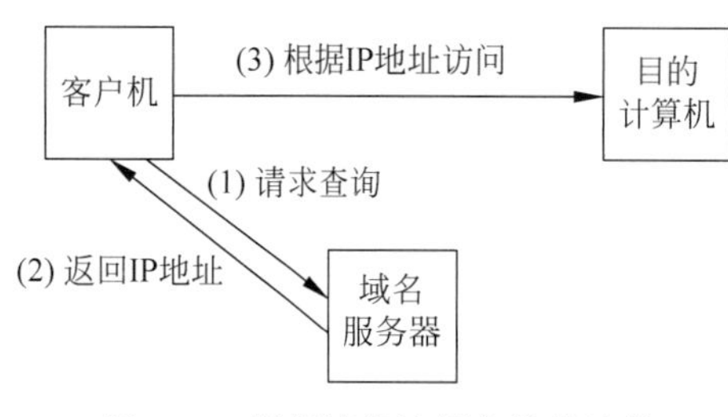

图6-19 根据域名访问主机的过程

有了域名系统后，用户访问网站资源的过程如下(见图6-19)。

(1) 用户在自己的计算机上输入网站域名，域名被送往域名服务器。

(2) 域名服务器在自己的数据库中查询，如果查询不到就请求其他域名服务器查询，然后将查询到得IP地址送客户机。

(3) 客户机根据IP地址去访问目的网站。

4. 域名的注册

域名的管理由两种类型的机构负责：一种叫作Registry，指域名系统管理者，是非商业机构；另一种叫作Registrar，指域名注册服务商，是营利性公司，Registrar在Registry授权下从事域名注册工作。国内域名注册服务商有60多家。

下面以在阿里云企航注册域名为例，介绍域名注册过程。

(1) 登录阿里云企航网站，在域名注册区域输入想要注册的域名，并选择想要注册的父域名或顶级域名，如图6-20所示。

(2) 在窗口中单击“查询”按钮，查询该域名是否被注册，结果如图6-21所示。

(3) 在窗口中单击“注册已选域名”按钮，选择注册年限，如图6-22所示。

(4) 在窗口中下滑页面填写注册信息，如图6-23所示。

(5) 在图6-23所示的窗口中单击“立即购买”按钮，出现确认信息并选择结算方式，如图6-24所示。

(6) 单击“确认支付”按钮，完成域名注册过程。

域名的使用是有偿的，域名注册后，要在规定期限内向域名注册服务商汇款，否则，该域名仅保留一个星期，别人就可以注册了。

图 6-20 输入域名

图 6-21 查询域名注册情况

确认订单

重要提醒：

1、域名属即时产品，以最终付款和提交注册成功为准。域名注册成功后，费用不退回，请仔细核对订单；若注册失败，费用退至阿里云账号余额或原付款方式。了解更多

2、①根据工信部有关规定，域名须完成实名认证，否则会被Serverhold，无法正常使用。②无资质批复的域名后缀（如.org/.name/.so/.hk/.tel/.bid/.loan/.men/.win/.party/.date/.trade/.science/.click/.gift/.pics/.photo/.pw/.rocks/.engineer/.software/.lawyer/.mom/.lol/.game/.help等）不能实名认证和备案。③.pro/.kim/.red/.asia/.social/.icu等后缀域名暂不能在北京备案。④.cn/.中国后缀域名若命名审核不通过，待注册局删除域名并退款后系统会自动退款；其他后缀域名若命名审核不通过，请转移域名到海外注册商。⑤.cn/.中国/.公司/.网络域名仅限中国内地个人、企业/组织用户和中国香港、中国澳门企业/组织用户申请注册，否则不能通过实名认证。了解更多

3、①备案域名检验数据上报需要3个以上工作日，请在域名实名认证成功至少3个工作日后再提交网站域名备案。②政府机关用户建议注册gov.cn域名，其他域名可能无法备案。③前缀含金融关键词（如"投资"、"理财"、"基金"等），备案须提交专项审批文件。查看详情

4、域名前缀有"中国"、"国家"、"中华"、"全国"等中英文字符或含义的，须对应权益实体组织申请，否则不能通过命名审核。了解更多

5、.com/.net/.cn等域名受注册局系统限制，持有者邮箱请尽量不要使用新顶级域名，以免订单长时间处理中，错失域名抢注机会等。

6、每个账号只能设置一个有效的发票抬头使用。账号有欠票金额时，若订单失败退款，费用退至阿里云账号余额。

7、溢价域名的注册、续费价格高于普通域名，不参与折扣、满减等优惠活动（有特殊说明的除外），请以订单结算金额为准。了解更多

8、域名注册后，可能发生无法备案或在中国大陆境内域名解析请求被运营商拦截的情形，阿里云不因此承担责任。

9、禁止将阿里云域名服务用于网络诈骗活动或为诈骗活动提供支持！

确认订单 → 支付 → 支付成功

产品名称	产品内容	批量选择年限	优惠	价格	操作
.top 域名	溢价域名 bwu.top	1年	省0元	¥521.00 续费价格¥521.00元/年	删除

清空域名列表 清空无效域名

图 6-22 选择注册年限

图 6-23　填写注册信息

图 6-24　选择结算方式

6.3　Internet 接入

6.3.1　接入网与 ISP

Internet 是覆盖全球的网络，其各级主干网是由光纤敷设而成的，但是 Internet 并没有真正连入千家万户，因此，必须利用某种网络把用户连入到 Internet 上去，如图 6-25 所示。

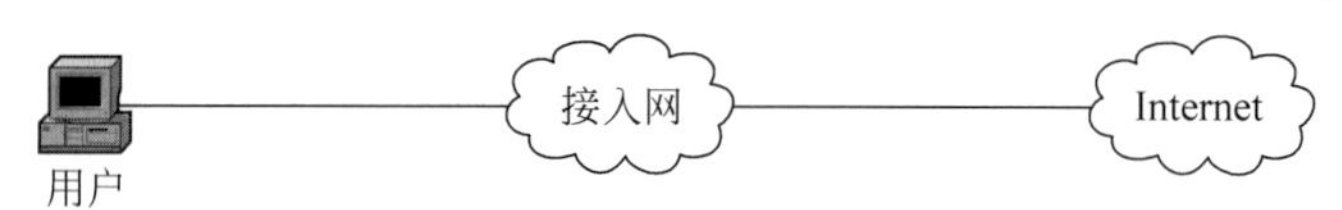

图 6-25　将用户连入互联网的模型

互联网业务提供商（Internet Service Provider，ISP）是互联网服务提供商，向广大用户综合提供互联网接入业务、信息业务和增值业务的电信运营商，国内主要的 ISP 包括基础运营商，如中国电信、中国联通、中国移动等。

6.3.2　接入方法

1. 拨号接入

拨号接入是利用普通公用电话网连入 Internet 的接入方式，其条件是有一条电话专线，因为电话线上只能传输模拟信号，所以在用户端和 ISP 端都需要配置调制解调器（Modem），如图 6-26 所示。调制解调器的作用是做模拟信号和数字信号的变换，将计算机的数字信号转换为模拟信号叫调制，将模拟信号转换成数字信号叫解调。

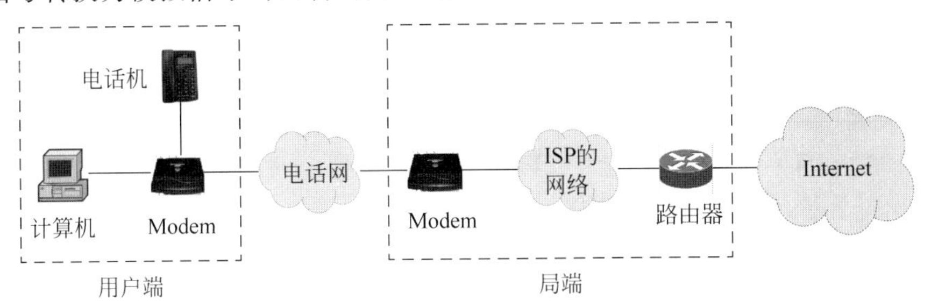

图 6-26 拨号接入方式

拨号接入具有以下特点：数据传输速度慢，最高速率只有 56kb/s；在上网时不能打电话，打电话时不能上网；网络使用费用按时计费，费用由两部分组成，即通话时长费用和网络服务费用。随着各种新型接入技术的出现，拨号上网显得有些过时了，但是，在那些不具备使用其他接入方式的地区还必须使用这种方式，因为电话网覆盖面是最广泛的。另外，对于一些上网时间不很长，对速度要求不高的用户而言，拨号上网也不失为一种好方法。

拨号接入需要做以下工作：

(1) 申请账号。使用拨号接入可以申请个人账号，也可以使用公用账号。

(2) 安装调制解调器(Modem)。

(3) 建立拨号连接。

2. ADSL 接入

ADSL 的中文名字叫"非对称数字用户线路"，它能在现有的普通铜质双绞电话线上提供高达 8Mb/s 的高速下载速率和 1Mb/s 的上行速率，上因特网和打电话互不干扰。使用 ADSL 上网需要有以下设备。

(1) ADSL 专用调制解调器。

ADSL 专用调制解调器的作用与普通调制解调器一样，也是对信号进行调制和解调，只不过普通调制解调器只能将信号调制在 4kHz 以下的频段中，而 ADSL 采用频分复用将信号调制在 26kHz～1.104MHz 的多个信道中。

(2) 信号分离器。

在早期的 ADSL 调制解调器配件中，还有一个信号分离器的设备，它是用来对语音和数据信号进行分离的。正是有了这样一个设备，才使得我们可以通过一条电话线实现上网、接打电话两不误的功能，即所谓的"一线双通"功能。现在，信号分离器多被内置到 ADSL 调制解调器中。

(3) 网卡。

在使用以太网接口 ADSL 接入方式中，需要在计算机中插入普通以太网卡。

ADSL 接线示意图与图 6-26 类似，但用的是 ADSL 调制解调器。

ADSL 的接入方法主要有专线接入和虚拟拨号两种方式。专线接入方式相对比较简单，只需要在计算机上配置固定 IP 地址，相当于将用户的计算机置于 ISP 的局域网中。但是这种方式在用户不开机上网时，IP 不会被利用，会造成公网 IP 资源的浪费，于是出现了 PPPoE 拨号的 ADSL 接入。PPPoE 拨号可以使用户开机时拨号接入局端设备，由局端设备自动分配给一个动态公网 IP(不是固定的)，这样公网 IP 紧张的局面就得到了缓解，而且也便于多用户共享 ADSL 线路。目前国内家庭用户的 ADSL 上网方式中，基本上是 PPPoE 拨号的方式。

使用 PPPoE 拨号的方式需要做以下设置。

(1) 安装网卡驱动，并设置 TCP/IP 属性。如果是专线上网，必须配置正确的 IP 地址和子网掩码、默认网关、DNS 等属性；如果是 PPPoE 拨号上网，将上述属性配置为自动获取(采用默认的设置就可以了)，所有的设置数据从拨号服务器端获得。

(2) 建立拨号连接。安装 PPPoE 软件后，利用该软件建立一个拨号连接就可以了。

3. 小区宽带接入

小区宽带接入是一种光纤接入方式，因特网服务提供方(ISP)引光纤到小区，一般带宽是 100Mb/s，在小区内部组建局域网。小区用户共享这条光纤的带宽，即 FTTX＋LAN 方式。与 ADSL 相比，ADSL 宽带是独享的，速度比较稳定，小区的共享光纤接入带宽是被小区用户共享的，如果小区同时上网的用户过多，或者有的人流量较大，就会影响上网速度。所以 ADSL 接入速度虽然理论值较 LAN 接入小，但质量比较稳定。

这种接入方式对用户设备要求最低，只需一台带 10/100Mb/s 自适应网卡的计算机，软件设置方面需要配置 IP 地址或自动获取 IP 地址。

4. 通过有线电视网接入

有线电视(CATV)网是覆盖一座城市的网络，其覆盖面广。电缆调制解调器(Cable Modem)技术就是基于 CATV 网的网络接入技术。

Cable Modem 是适用于同轴电缆传输体系的调制解调器，其主要功能是将数字信号调制成射频信号，以及将射频信号中的数字信息解调出来，此外，Cable Modem 还提供标准的以太网接口，可完成网桥、路由器、网卡和集线器的部分功能。

使用 Cable Modem 通过有线电视网上网，传输速率可达 10～36Mb/s。如果通过改造后的有线电视宽频网的光纤主干线能到大楼，实现全数字网络，传输速率可达 1Gb/s 以上，除了实现高速上网外，还可实现可视电话、电视会议、多媒体远程教学、远程医疗、网上游戏、IP 电话、VPN 和 VOD 服务，成为事实上的信息高速公路。

Cable Modem 具有性能价格比高、非对称专线连接、不受连接距离限制、平时不占用带宽(只在下载和发送数据瞬间占用带宽)、上网看电视两不误等特点。

5. 专线接入

专线接入与拨号接入不同，这里所说的“专线接入”是指专门为用户建立线路，由用户专用。专线接入方式包括许多种，如 DDN 专线、帧中继专线接入等。

但是，因为专线接入价格不菲，所以目前主要适用于企业用户、企业或学校组建局域网，然后向 ISP 租用一条专线，通过路由器连接上网。

对于专线＋局域网的接入方式来说，用户计算机是局域网中的主机，所以，每台计算机都需要配置网卡，并设置 IP 地址、子网掩码、默认网关 DNS 服务器地址就可以了。

6. 无线接入

无线接入分两种：一种是通过手机开通数据功能，以计算机通过手机或无线上网卡来达到无线上网，速率则根据使用不同的技术、终端支持速度和信号强度共同决定；另一种是无线上网方式即无线网络设备，它是以传统局域网为基础，以无线 AP 或无线路由器和无线网卡来构建的无线上网方式，称为 Wi-Fi 接入。

(1) Wi-Fi 接入。

Wi-Fi 全称为 Wireless Fidelity。Wi-Fi 是把有线网络信号转换为无线信号，供支持 Wi-Fi 技术的计算机、手机、PDA 等接收的无线网络传输技术。

Wi-Fi 是由 AP 或无线路由器与无线网卡组成的无线网络。AP 或无线路由器是有线局域网络与无线局域网络之间的桥梁，只要在家庭中的 ADSL 或小区宽带中加装无线路由器，就可以把有线信号转换为 Wi-Fi 信号，而无线网卡则是负责接收由 AP 所发射信号的客户端设备。任何一台装有无线网卡的 PC 均可透过 AP 或无线路由去分享有线局域网络甚至广域网络的资源。

根据无线网卡使用的标准不同，Wi-Fi 的速率也有所不同。其中，IEEE 802.11b 最高为 11Mb/s，IEEE 802.11g 最高为 54Mb/s。

(2) 利用 4G/5G 网络手机接入。

4G 网络是第四代移动通信网络。目前通过 ITU 审批的 4G 标准有两个：一个是由我国研发的 TD-LTE，它是由 TD-SCDMA 演进而来的；另一个是欧洲研发的 LTE-FDD，它是由 WCDMA 演进而来的。4G 上网速率可达 60Mb/s，比 3G 网络快几十倍。

5G 网络是第五代移动通信网络，其峰值理论传输速度可达 20Gb/s，大约 2.5GB/s，比 4G 网络的传输速度快 10 倍以上，有更高的数据传输速度、更低的延迟和更大的网络容量。5G 网络通信技术是当前世界上最先进的一种网络通信技术之一。相比于被普遍应用的 4G 网络通信技术来讲，5G 网络通信技术在传输速度上有着非常明显的优势，在传输速度上的提高在实际应用中十分具有优势，传输速度的提高是一个高度的体现，是一个进步的体现。

6.3.3 Internet 接入配置

1. ADSL 接入配置

在安装好网卡并设置好网络参数后，使用 ADSL 接入需要建立拨号连接，Windows 中自带了拨号程序，只需要设置其中参数就可以拨号上网。操作如下。

(1) 在 Windows 11 操作系统中打开“设置”，选择“网络和 Internet”，下滑单击“拨号”，打开如图 6-27 所示的“拨号”窗口。

(2) 在“拨号”窗口中单击“设置新连接”按钮，打开如图 6-28 所示的“设置连接或网络”窗口。

(3) 双击“连接到 Internet”，选择“设置新连接”，打开如图 6-29 所示的“连接到 Internet”窗口。

图 6-27 “拨号”窗口

(4) 单击“宽带(PPPoE)(R)”按钮，在“连接到 Internet”窗口中输入用户名、密码和连接名称，如图 6-30 所示，然后单击“连接”按钮，即可连接上网。

2. 无线接入的设置

在安装好无线网卡后，可以按照以下步骤设置无线接入。

(1) 在“设置”中打开“网络和 Internet”，单击 WLAN，打开如图 6-31 所示的窗口。

(2) 打开 Wi-Fi 开关，单击“显示可用网络”，如图 6-32 所示。

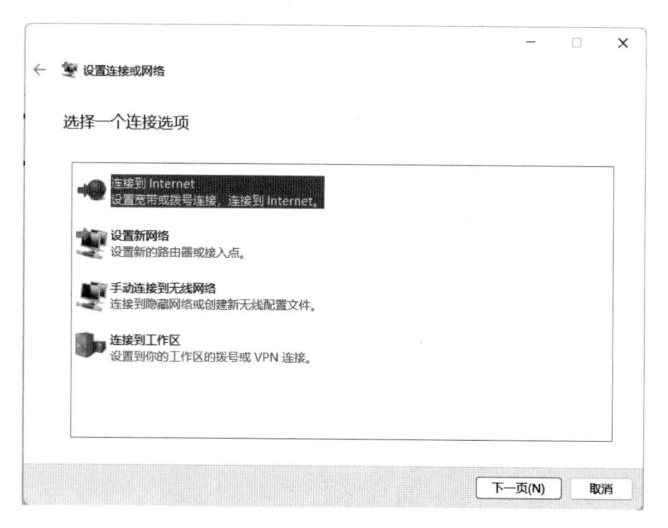

图 6-28　“设置连接或网络”窗口

图 6-29　选择如何连接

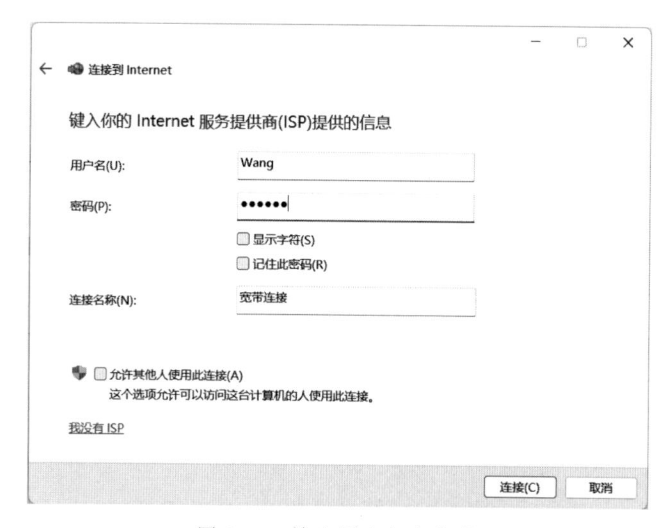

图 6-30　输入用户名和密码

图 6-31　网络连接窗口

图 6-32　当前的无线网络连接

(3) 选择一个无线网络，单击"连接"按钮接入 Internet。若无线网络设置了安全认证，则需要用户输入安全密钥，该密钥从无线网络管理员处获得。

(4) 连接后的无线网络连接如图 6-33 所示。

图 6-33　连接后的无线网络

6.4　Internet 应用

6.4.1　万维网服务与信息浏览

WWW 是 World Wide Web 的缩写，简称为 Web，中文名字为"万维网"，是近年来发展最快、目前使用最广泛的服务，在万维网上提供了丰富的信息资源。

WWW 是以超文本标记语言(Hypertext Markup Language，HTML)与超文本传输协

议(Hypertext Transfer Protocol,HTTP)为基础,用超链接(Hyper Links)的方法,将各种不同空间的文字信息组织在一起的网状文本,它利用网页中的文字或图片链接到其他网页上,用户可以在不同的网页间跳跃式地阅读,而不必关心这些网页分散在何处的主机中。浏览器是用户访问WWW的工具,浏览器的作用是将HTML描述的网页源文件,翻译成用户便于浏览的页面,供用户浏览。现在,浏览器的功能被极大地扩充,不仅可以浏览网页,还可以用于发送接收邮件、下载文件等,几乎无所不能。

1. 浏览器的界面

Windows 11操作系统默认浏览器为Edge浏览器,通过双击桌面Edge图标可以启动该浏览器,Edge浏览器界面如图6-34所示,它与Windows窗口界面一脉相承。

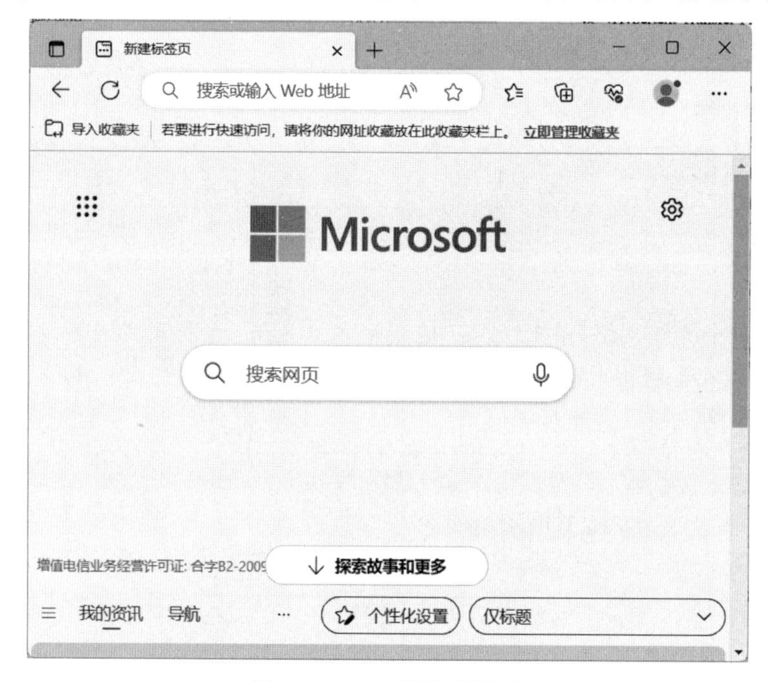

图6-34 Edge浏览器界面

浏览器基本组成部分包括地址栏、工具栏、浏览器栏和浏览区等。

(1) 地址栏,用于浏览网页。

(2) 工具栏,包括菜单栏和命令栏以及其他工具栏,主要包括浏览网页以及设置浏览器的各种命令。

(3) 浏览器栏,包括收藏夹和历史记录,用于浏览搜藏的网页或历史上浏览过的页面。

(4) 浏览区,用于展示网页内容。

2. 浏览网页

在地址栏输入要访问的网址或IP地址,输入的格式是"通信协议://服务器域名或IP地址/路径/文件名",这一格式是访问Internet资源的统一格式,被称为统一资源定位符(URL)。

输入地址后,按Enter键即可访问要访问的资源。在默认状态下,访问过的网页并列在地址栏的旁边,要重新访问这些网页,只需要单击该网页的标签即可。

在地址栏上还有许多工具按钮,通过这些按钮帮助我们快速地浏览网页。各按钮的作用如下。

(1)“前进”与“后退”按钮:要访问刚刚访问过的网页,可以单击“后退”按钮,“前进”按钮则是对“后退”按钮的否定。

(2)“主页”按钮:要回到启动浏览器时的起始页,单击“主页”按钮。

(3)“刷新”按钮:要重新显示当前页面,单击“刷新”按钮。

(4)“停止”按钮:要中断正在进行的连接,单击“停止”按钮。

3. 使用收藏夹

(1)收藏夹的使用。

若要经常访问某些网站,每次输入网址很麻烦,这时可以将经常访问的网址添加到收藏夹中,以后就可以在收藏夹中选择网址访问网站了。操作如下:打开要收藏的网页,单击“收藏夹”,选择“添加到收藏夹”命令,当前网页的网址就被收藏在收藏夹中,以后可以单击“收藏夹”菜单或选择已收藏的网址就可以重新访问该网页,如图6-35所示。

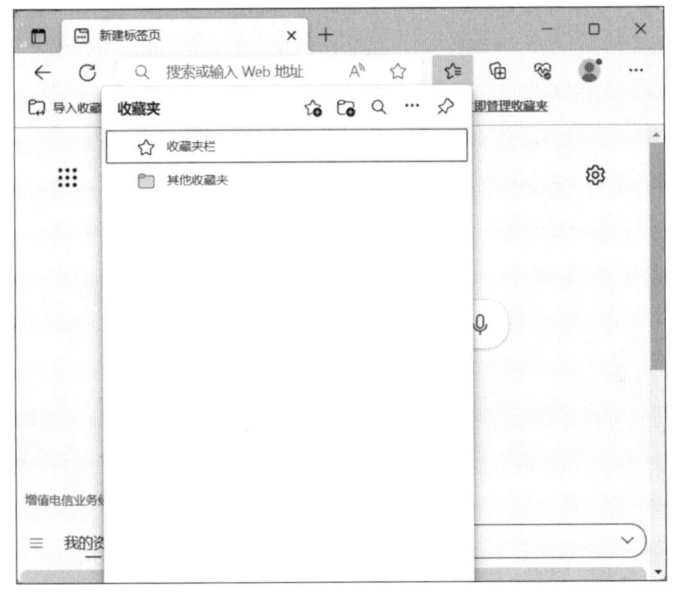

图6-35 使用收藏夹

(2)访问历史上访问过的网页。

浏览器可以将一段时间内(默认为360天)访问过的网址记录下来,以备将来访问,要使用历史记录,可以单击选择“历史记录”选项卡,再选择网址,浏览网页,如图6-36所示。

4. 保存网页

在网页上找到所需要的资料时,可以将它们保存在本地磁盘中。

(1)保存打开的网页。

若保存打开的网页,选择“文件”→“另存为”命令,在“保存网页”对话框中选择保存位置,单击“保存”按钮进行保存。

(2)保存网页中的图片

若保存网页中的图片,可以右击要保存的图片,在弹出的快捷菜单中选择“图片另存为”命令,在打开的“保存图片”对话框中选择保存位置,然后单击“保存”按钮。

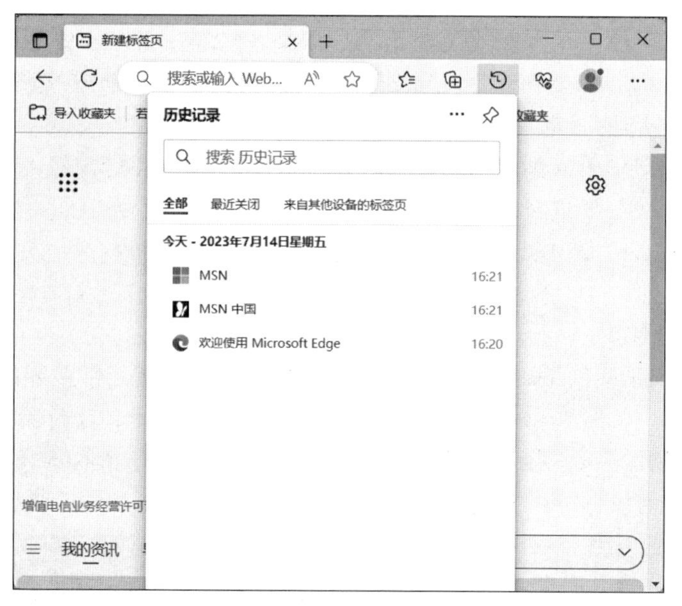

图 6-36　使用历史记录

(3) 打印网页。

打开要打印的网页,选择“文件”→“打印”命令或者单击命令栏中的打印机图标,选择“打印”命令,即可将网页打印出来。

5. 设置浏览器的起始页

单击“设置及其他”按钮,选择“设置”,打开浏览器设置页面,可以对浏览器进行各种设置,如图 6-37 所示。

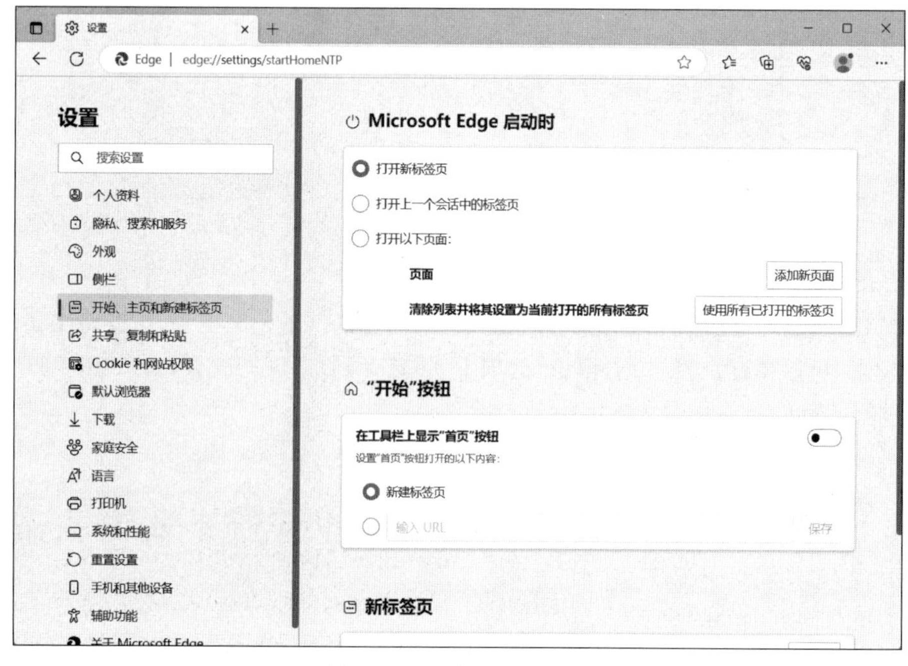

图 6-37　浏览器设置页面

在“开始、主页和新建标签页”页面中可以设置打开浏览器后出现的第一个页面，或单击“首页”按钮要到达的页面，具体设置方法如下：

(1) 若要设置打开浏览器后出现的第一个页面，选择“打开以下页面”，单击“添加新页面”按钮，输入网页 URL 地址后，单击“添加”按钮即可设置打开浏览器后出现的第一个页面，如图 6-38 所示。

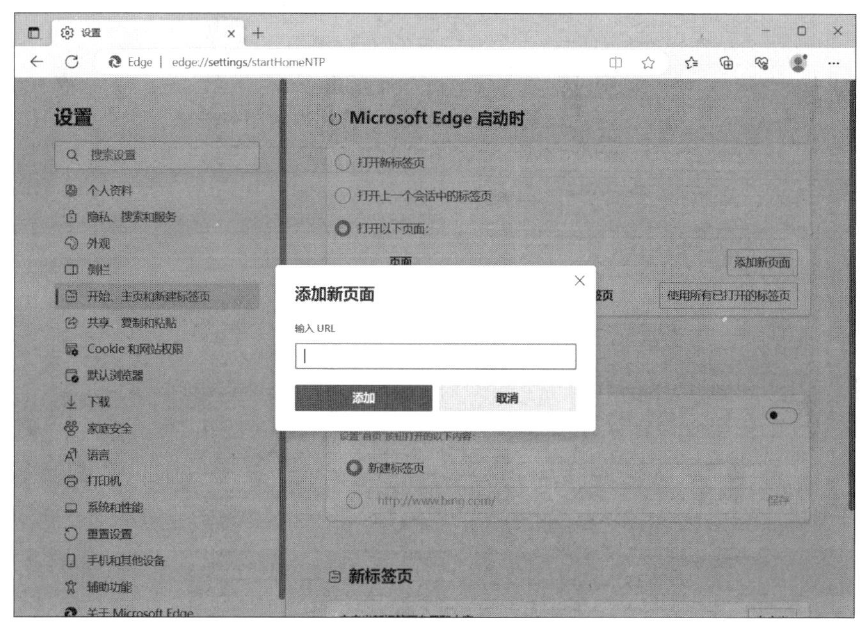

图 6-38 “添加新页面”对话框

(2) 若使用空白页作为浏览器的起始页，则单击“打开新标签页”按钮。

(3) 若要设置“首页”按钮要到达的页面，单击“在工具栏上显示‘首页’”按钮，选择“输入 URL”并在文本框中输入网页 URL 地址，单击“保存”按钮。

6. 删除临时文件和历史记录

(1) 临时文件：当访问 Internet 上的网页时，会在本地计算机的硬盘上生成临时文件。临时文件的作用是可以在下次访问该网页时，起到加速作用。可以设置临时文件占用磁盘空间的大小，若磁盘空间紧张，可以删除临时文件，释放磁盘空间。

(2) 历史记录：用户访问过的网页被保存在特定的文件夹中，用户可以使用历史记录快速访问最近查看过的网页。可以设置网页保存在历史记录中的天数(默认为 20 天)，也可以清空历史记录。

(3) 设置临时文件和历史记录：在如图 6-37 所示的页面中单击“隐私、搜索和服务”打开隐私页面，下滑到“清除浏览数据”，单击“选择要清除的内容”按钮，选择浏览数据后单击“立即清除”按钮即可。

6.4.2 文件传输服务与下载文件

1. 基于 FTP 的文件传输服务

FTP 的全称是 File Transfer Protocol(文件传输协议)，是 TCP/IP 应用层专门用来传输文件的协议。FTP服务器是安装并运行FTP服务器端软件、按照FTP提供文件下载和上传的计算机。所谓下载(Download)是将远程FTP服务器上的文件复制到本地计算机，上传(Upload)是将本地计算机上的文件复制到远程FTP服务器。FTP服务器端的软件很多，如Windows上的IIS、Linux上的vsftpd等。

需要说明的是，这里的远程并不代表着物理距离的远近。通常把用户正在使用的计算机称为本地计算机，非本地计算机系统即为远程计算机。远程主机是指要访问的另一系统的计算机，它可以是与本地机在同一个房间内，或同一大楼里，或在同一地区，也可以在不同地区或不同国家。

FTP是一种实时的联机服务，在进行工作时首先要登录到对方计算机上。登录时需要验证用户账号和口令。如果用户没有账号，可以使用公开的账号和口令登录，这种访问方式称为匿名FTP服务。但是匿名FTP服务会有很大的限制，匿名用户一般只能下载文件，不能在远程计算机上建立文件或修改已存在的文件，对可以下载的文件也有严格的限制。

在文件传输时，用户需要使用FTP客户端程序。在Windows操作系统中，浏览器都带有FTP客户端程序模块，可在浏览器窗口的地址栏中直接输入FTP服务器的IP地址或域名，浏览器自动调用FTP客户端程序模块完成连接。例如，要访问北京大学的FTP服务器，在浏览器窗口的地址栏中输入ftp://ftp.pku.edu.cn，连接成功后，在浏览器窗口中显示的是北京大学FTP服务器的目录结构，如图6-39所示。双击一个目录，就可展开下级目录，直到找到所需文件，双击该文件，选择保存位置，即可将文件复制到本地计算机。

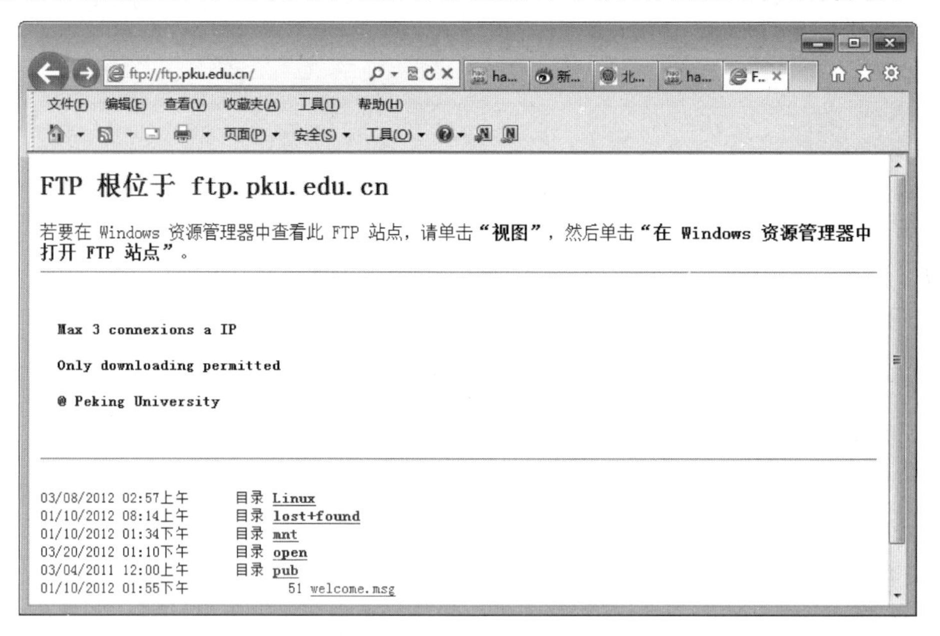

图6-39　访问北京大学FTP服务器

2. 基于Web的软件下载网站

Internet上有许多免费软件下载网站，这些网站提供从网络维护管理到网络应用所需的各种软件，包括各种驱动程序、工具软件、浏览器软件、媒体播放软件、杀毒软件、办公软件等。这些网站都是基于Web技术的，用户可以像浏览网页一样通过输入网址或利用搜索引擎登录网站，然后像浏览网页一样找到所需软件，单击即可下载。国内主要软件下载网站有

QQ 电脑管家、新浪下载、天空下载、太平洋软件、华军软件园、多特软件站等。下面以在天空软件上下载搜狗拼音输入法为例，介绍下载软件的过程。

（1）登录天空软件网站。在地址栏中输入 http://www.skycn.com/，进入天空软件网站主页，如图 6-40 所示。

图 6-40　天空软件上的软件下载分类列表

（2）在窗口中找到并单击“谷歌浏览器”，出现如图 6-41 所示的窗口。

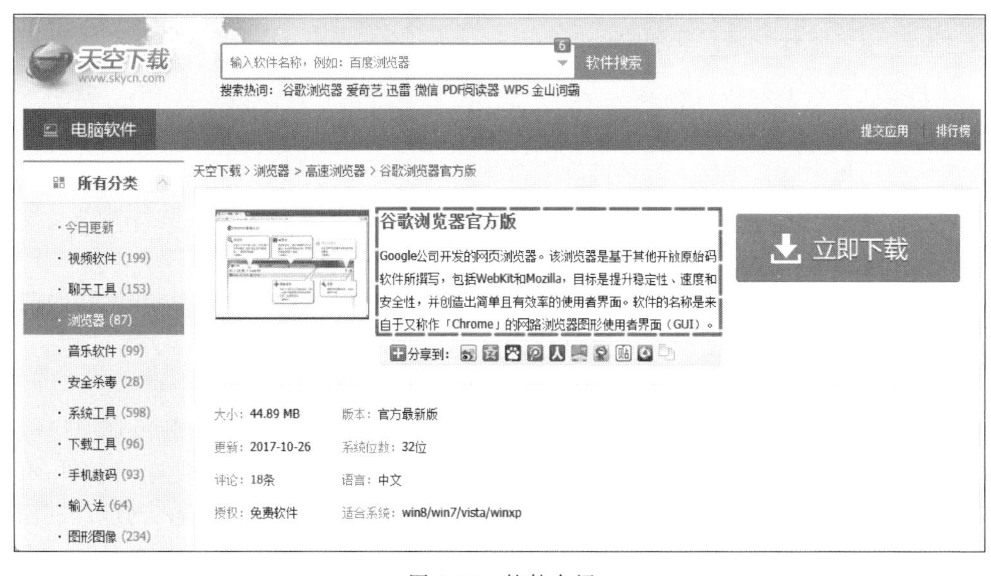

图 6-41　软件介绍

(3) 在窗口中了解这个软件的概况以及网友评论，然后单击“立即下载”按钮即可下载，如图 6-42 所示。

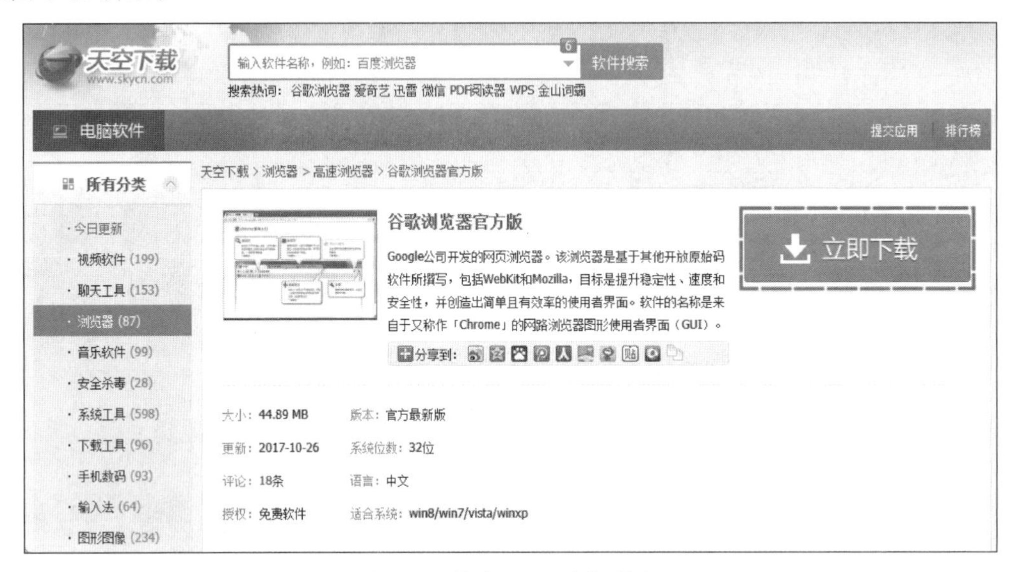

图 6-42　单击“立即下载”按钮

3. 软件下载工具

为了提高从网上下载文件的速度，可使用 FTP 下载工具。FTP 下载工具可以采用多线程提高下载速度，还可以在网络连接意外中断后，通过断点续传功能继续传输剩余部分。下载工具如迅雷、快车等。

6.4.3　电子邮件服务与邮件收发

1. 电子邮件概述

电子邮件服务是目前常见、应用广泛的一种联网服务。通过电子邮件，可以与 Internet 上的任何人交换信息。电子邮件的快速、高效、方便以及价廉，越来越得到广泛的应用，目前很多人使用电子邮件服务。

电子邮件有以下特点。

(1) 速度快：电子邮件通常在数秒内即可送达至全球任意位置的收件人信箱中，其速度比电话通信更为高效快捷。如果接收者在收到电子邮件后的短时间内做出回复，往往发送者仍在计算机旁工作时就可以收到回复的电子邮件，收发双方交换一系列简短的电子邮件就像一次次简短的会话。

(2) 信息多样化：电子邮件发送的信件内容除普通文字内容外，还可以是软件、数据，甚至是录音、动画、电视或各类多媒体信息。

(3) 收发方便：与电话通信或邮政信件发送不同，电子邮件采取的是异步工作方式，它在高速传输的同时允许收信人自由决定在什么时候、什么地点接收和回复，发送电子邮件时不会因“占线”或接收方不在而耽误时间，收件人无须固定守候在线路另一端，可以在用户方便的任意时间、任意地点，甚至是在旅途中收取电子邮件，从而跨越了时间和空间的限制。

(4) 成本低廉：电子邮件最大的优点还在于其低廉的通信价格，用户花费极少的市内电话费用即可将重要的信息发送到远在地球另一端的用户手中。

(5) 广泛的交流对象：同一个信件可以通过网络极快地发送给网上指定的一个或多个成员，甚至召开网上会议进行互相讨论，这些成员可以分布在世界各地，但发送速度则与地域无关。与任何一种其他的 Internet 服务相比，使用电子邮件可与更多的人进行通信。

2. 电子邮件地址

在 Internet 上收发电子邮件的前提是，要拥有一个属于自己的“电子信箱”，电子信箱实质上是邮件服务提供机构在服务器的硬盘上为用户开辟的一个专用存储空间。电子信箱可以向 ISP 申请，也可以在 Internet 网上申请免费的电子邮件账号。有了电子邮件账号和密码后就可以享用 Internet 上的邮件服务了。

电子邮件地址的典型格式是：

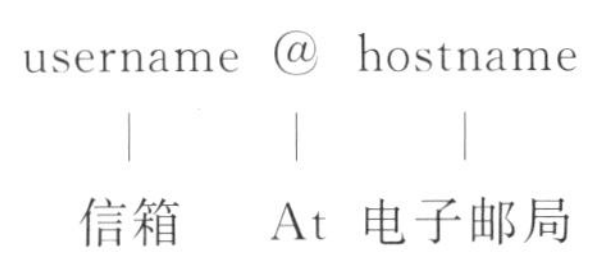

其中，username 就是用户在向电子邮件服务机构申请时获得的用户码。@符号后面的 hostname 是存放邮件用的计算机主机域名。例如，zhangli@sina.com，就是一个用户的电子邮件地址。

提示：用户名区分字母大小写，主机域名不区分字母大小写。

3. 申请电子邮箱

下面以在网易申请电子信箱为例，介绍申请电子信箱的过程。

(1) 登录网易主页，如图 6-43 所示。

图 6-43 网易主页

（2）单击"注册免费邮箱"按钮，打开如图 6-44 所示的窗口。

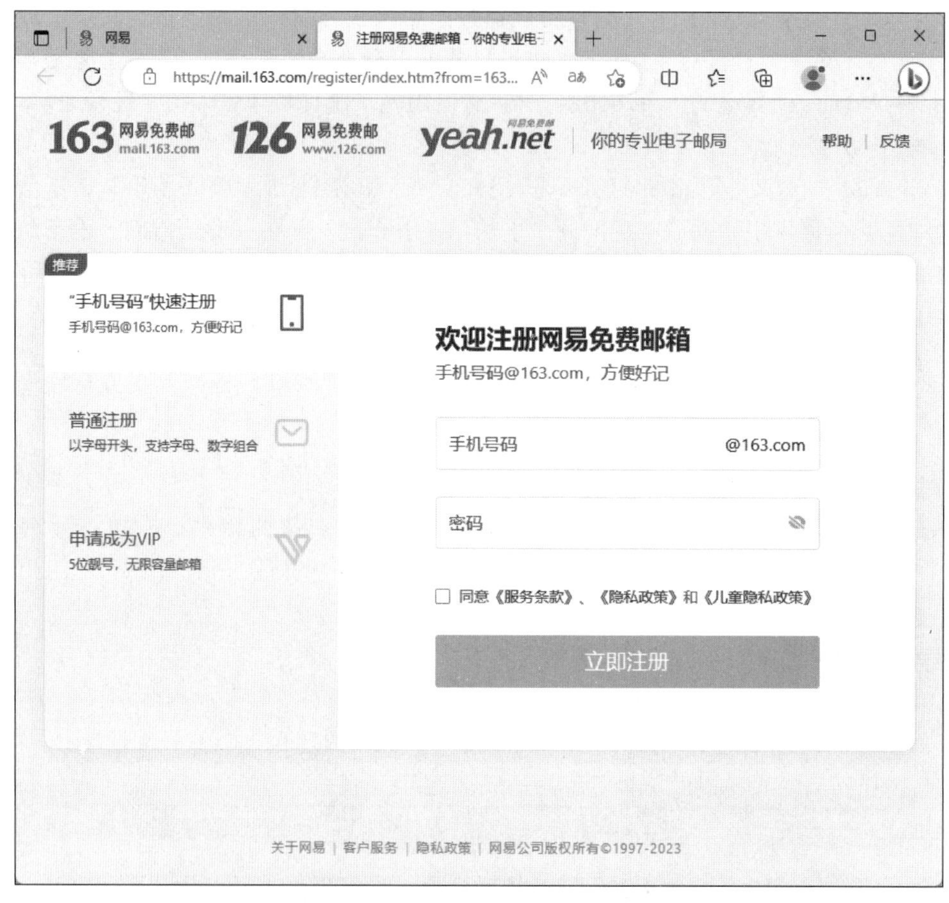

图 6-44　注册信息

（3）选择"普通注册"，如图 6-45 所示，在注册页面对应输入邮箱用户名（主机名可选为 163.com 或 126.com 或 yeah.net），然后输入密码、确认密码、验证码等信息。

（4）单击"立即注册"按钮，如果需要用手机收发邮件就填入自己的手机号和验证码，然后单击"立即激活"按钮，否则直接关闭注册成功页面。

4. 利用浏览器在线收发电子邮件

下面以在网易网上申请的 xuwei 2023gz@163.com 电子信箱为例，介绍如何利用浏览器在线收发电子邮件。

（1）网络连通后，在浏览器的地址栏中输入 www.163.com，登录网易主页，单击"免费邮箱"按钮，进入网易的邮箱主页或直接在地址栏中输入 email.163.com 进入网易的邮箱主页，输入账号和密码后，单击"登录"按钮进入。其界面如图 6-46 所示。

（2）如果要接收电子邮件，可以单击窗口左侧的"收件箱"按钮，就会看到别人发给自己的电子邮件，并显示收到邮件的部分主要信息，包括发件人（是谁发给你的邮件）、主题（邮件的主题）、日期（邮件的发送日期和时间）、大小（邮件的大小）、附件（邮件是否有附件）等。

（3）如果要查看邮件的详细内容，单击"收件箱"中的具体邮件，即可查看该邮件的具体内容。

图 6-45　注册成功页面

图 6-46　邮箱界面

(4) 如果要发送电子邮件,单击“写信”标签,进入写邮件界面,如图 6-47 所示。

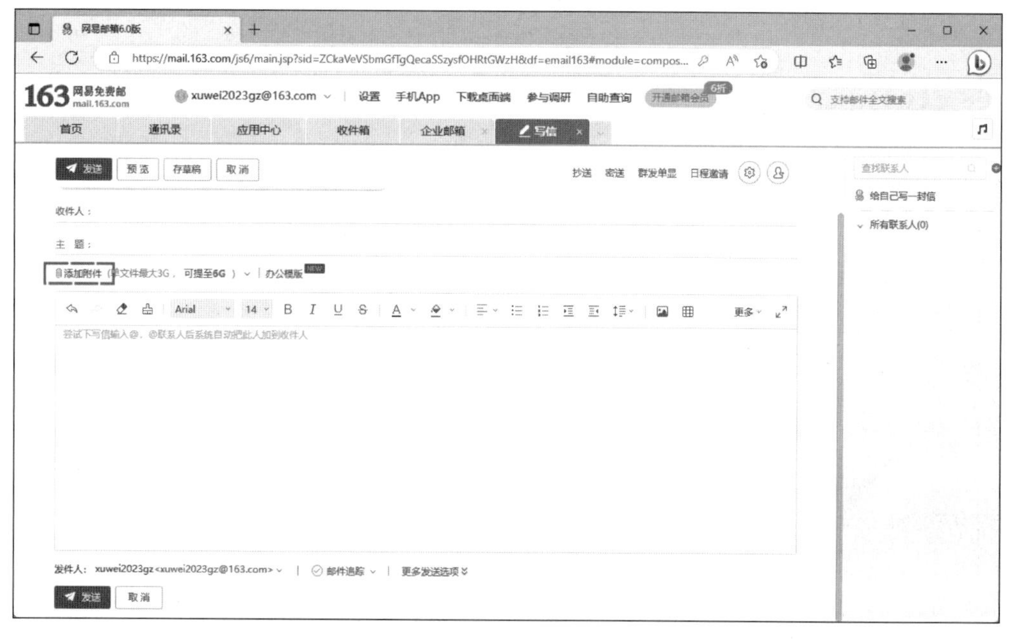

图 6-47 写邮件界面

收件人:输入收件人的电子邮件地址,可以输入多个收件人的邮件地址,中间用分号分隔。

主题:输入邮件的主题,主题要清晰表达邮件的发送者或邮件内容,以免被接收者误以为是垃圾邮件而删除。

抄送:一封邮件除了发送给收件人,还可以抄送给其他人。当输入多个邮件地址时,中间用逗号分隔。

密送:暗送的地址是隐藏的,收到邮件的人看不到暗送邮件的地址,不知道该邮件还发送给了谁。

如果要添加附件,单击“添加附件”超链接,如图 6-47 所示,在随后出现的“选择要上传的文件”窗口中,浏览选择要上传的文件,打开“选择文件”窗口,查找要作为附件的文件,单击“打开”按钮。

正文:填写邮件正文内容。

正确填写或者选择内容后,单击“发送”按钮。如果发送成功,则提示“发送成功”。

6.4.4 搜索引擎与搜索技巧

1. 搜索引擎概述

随着互联网的快速发展,互联网已经成为人们获取信息的重要渠道,但是在浩瀚的信息海洋里,要找到自己想要的信息,就像大海捞针一样,十分困难。于是,出现了搜索引擎。

搜索引擎(Search Engine)是指根据一定的策略、运用特定的计算机程序搜集互联网上的信息,在对信息进行组织和处理后,为用户提供检索服务的系统。搜索引擎已经成为互联网上最重要的应用之一,广泛应用于网站搜索、信息采集、知识获取等,现在,有问题就搜索已经成为人们的一种习惯。在企业界，也把搜索引擎作为重要的宣传工具进行企业网站的推广、投放网络广告等。

2. 搜索引擎的分类

根据搜索内容划分可以将搜索引擎分为综合搜索引擎、垂直搜索引擎、特色搜索引擎。

综合搜索引擎简单地讲就是输入一个关键词，在搜索结果中会包含各种相关信息，如新闻、图片、网站信息等；综合搜索引擎具有信息量大、查询不准确、深度不够等不足。

垂直搜索引擎针对某一特定领域、某一特定人群或某一特定需求提供的有一定价值的信息和相关服务。其特点就是“专、精、深”，且具有行业色彩。譬如百度的MP3搜索就只搜索和音乐相关的内容。

特色搜索引擎可以满足人们对特殊信息的搜索需要，如找人、查询天气以及搜索地图、航班、邮政编码等。

表6-6列出了常用搜索引擎。

表6-6　常用搜索引擎

搜索引擎名称	URL 地址
百度	http://www.baidu.com
google	http://www.google.com
中文 Yahoo	http://cn.yahoo.com
搜狗	http://www.sogou.com
搜搜	http://wenwen.soso.com
爱问	http://iask.sina.com.cn

3. 网络搜索中使用的符号

(1) AND。

AND也可以用“+”或“&”或空格表示，A+B表示网页之中必须同时出现A和B两个搜索词。

(2) OR。

OR也可以用“|”表示，A|B表示网页之中A和B两个搜索词只要有一个出现就可以。

(3) NOT。

NOT也可以用“−”号表示，A−B表示网页之只能出现A而不能出现B。

不同的搜索引擎支持的逻辑运算符不完全相同。使用逻辑运算符之前，须阅读搜索引擎的“帮助(Help)”文件，确认其支持何种逻辑运算，了解和掌握逻辑符号的形式及其用法。

(4) 通配符。

在搜索关键词中也可以使用通配符“*”和“?”，“*”出现在搜索词中代表“*”位置可以为任意若干字符，“?”出现在搜索词中代表“?”位置可以为任意一个字符。

(5) “”。

“”代表“”中的词组是不可拆分的词组，如果用户输入一个长的词语，有些搜索引擎会将词语分成多个词组，结果会返回许多用户不需要的信息，这时可以用“”将词语“引”起来。

此外，检索式中还可以有表示强制搜索的加号“+”、精确搜索的引号““””、优先搜索的圆括号“()”、同义词搜索的“～”号等。

4. 百度搜索引擎的主要功能

百度是全球最大的中文搜索引擎,2000 年 1 月由李彦宏、徐勇两人创立于北京市,致力于向人们提供“简单,可依赖”的信息获取方式。百度主页如图 6-48 所示,除了搜索网页外,还提供以下搜索功能。

图 6-48 百度主页

(1) 百度新闻。

每天发布 8～10 万条新闻,每 5 分钟对互联网上的新闻进行检查,及时提供最新的国内、国际新闻以及科技、娱乐、财经、体育、房产、社会等专题新闻。

(2) 百度 MP3 搜索。

百度 MP3 搜索是百度在数十亿中文网页中提取 MP3 链接,从而建立的庞大 MP3 歌曲链接库。支持用户按歌手名、歌曲名或它们的组合进行搜索。

(3) 百度图片搜索。

百度图片搜索是百度在数十亿中文网页中提取各类图片,建立了庞大的中文图片库。用户也可以通过图片目录搜索图片,也可以按照图片类型(JPEG、. GIF、. PNG、. BMP)、图片尺寸搜索图片。

(4) 百度贴吧。

百度贴吧是一种基于关键词的主题交流社区,用户输入关键词后即可生成一个讨论区,称为某某吧,如该吧已被创建则可直接参与讨论,如果尚未被建立,则可直接发表主题建立该吧。

(5) 百度知道。

百度知道是一个基于搜索的互动式知识问答分享平台。百度知道允许用户自己根据具体需求,有针对性地提出问题,通过积分奖励机制发动其他用户,来创造该问题的答案,达到分享知识的效果。

(6) 百度百科。

百度百科是一部开放的、由全体网民共同撰写的百科全书,已经收录了 100 多万个词条。每个人都可以自由访问并参与撰写和编辑,分享及奉献自己所知的知识,所有人将其共同编写成一部完整的百科全书,并使其不断更新完善。

(7) 百度视频。

百度视频是百度汇集互联网众多在线视频播放资源而建立的庞大视频库。百度视频搜索拥有最多的中文视频资源,提供用户最完美的观看体验。

(8) 百度地图。

百度地图是百度提供的一项网络地图搜索服务,覆盖了国内近 400 个城市、数千个区县。在百度地图中，用户可查询街道、商场、公园、楼盘、餐馆、学校、银行的地理位置，百度地图还提供了丰富的公交换乘、驾车导航等查询功能，为用户提供最适合的路线规划。

5. Google 搜索引擎

Google（谷歌）由斯坦福大学的两名博士生 Larry Page 和 Sergey Brin 于 1998 年 9 月开发，目前被公认为是全球规模最大的搜索引擎，它提供了简单易用的免费服务和 50 多种语言搜索结果。Google 搜索引擎主页如图 6-49 所示。

图 6-49　Google 搜索引擎主页

除了具有搜索网页、视频、图片、资讯、地图等与百度类似的功能外，Google 搜索引擎还提供了博客搜索、翻译等功能。

（1）博客搜索。

能搜索数百万个博客，提供最新的相关搜索结果。用户可以搜索博客或博文，并可按日期等条件缩小搜索范围。Google 博客搜索能搜索多种语言的博客内容。

（2）Google 在线翻译。

Google 免费的在线翻译服务可即时翻译文本和网页，而且支持语音翻译。该翻译器支持中文、英语、德语以及其他 50 多种语言。

6.4.5　文献检索

科技文献数据库提供商一般跟多个出版社或出版集团建立合作关系，在出版纸质图书的同时，也在网上发布电子书籍，用户只需要在文献数据库的网站上注册，便可以访问数据库中的资源。出于保护知识版权的原因，阅读或下载这些电子版图书需要支付一定的费用。目前中国高校及有些科研部门一般采用包库的方式购买特定学科的专题数据库供学校或部门内部使用。国内科技文献数据库提供商主要有中国知网、维普资讯、万方数据等。

1. 中国知网

中国知网又名中国期刊网，是中国知识基础设施工程(China National Knowledge Infrastructure,CNKI)的一个重要组成部分，于 1999 年 6 月正式启动。它的数据库主要有中国期刊全文数据库(CJFD)、中国重要报纸全文库(CCND)、中国优秀博硕士论文全文库(CDMD)、中国基础教育知识库(CFED)、中国医院知识库(CHKD)、中国期刊题录数据库(免费)、中国专利数据库(免费)等。

中国期刊网全文数据库是目前世界上最大的连续动态更新的期刊全文库，收录 1994 年以来 6600 多种中文学术期刊，其中全文收录期刊 5000 多种，数据每日更新。内容涉及理、工、农、医、教育、经济、文史哲等 9 个专辑，126 个专题，具体包括理工 A、理工 B、理工 C、农业、医药卫生、文史哲、经济政治与法律、教育与社会科学、电子技术与信息科学等。

中国重要报纸全文库收录 2000 年 6 月以来国内公开发行的重要报纸 430 种，每年精选 120 万篇文章。按内容分六大专辑：文化、艺术、体育及各界人物，政治、军事与法律，经济，社会与教育，科学技术，恋爱婚姻家庭与健康等 36 个专题数据库，数据每日更新。

中国优秀博硕士论文全文库收录 2000 年以来我国的优秀博硕士论文 2 万余份，按内容分 9 大专辑：理工 A(数理科学)、理工 B(化学化工能源与材料)、理工 C(工业技术)、农业、医药卫生、文史哲、经济政治与法律、教育与社会科学、电子技术与信息科学等。

中国专利数据库收录 1985 年以来我国的发明专利和实用新型专利。

中国知网主页如图 6-50 所示。

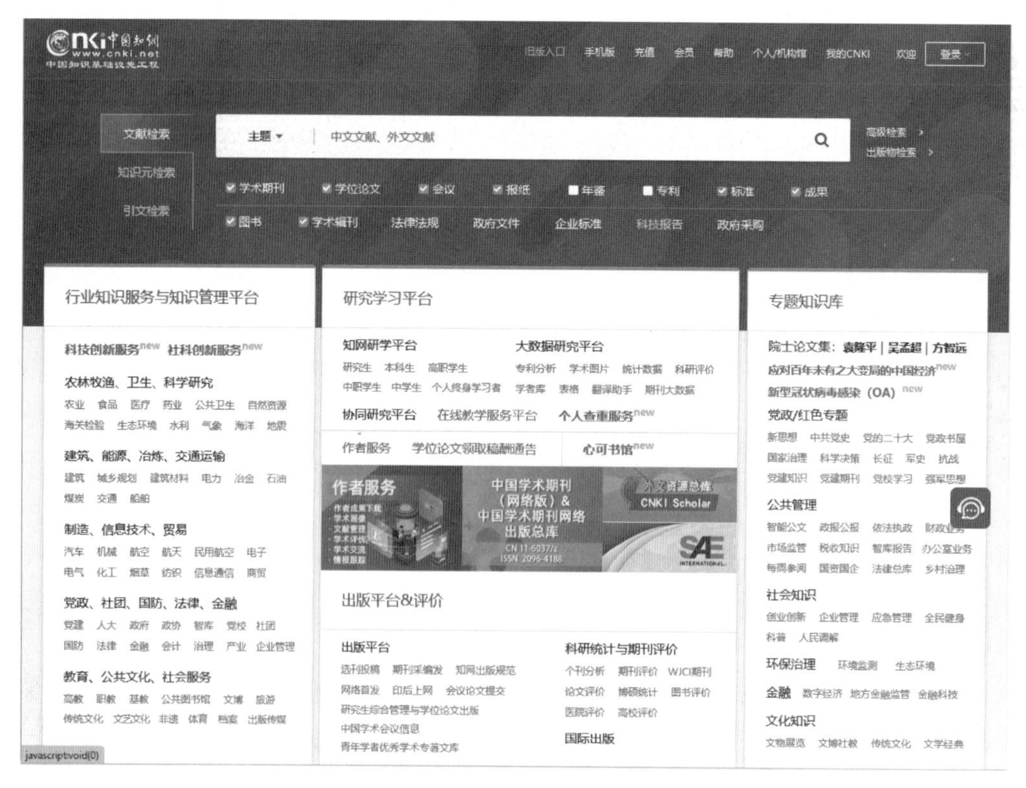

图 6-50　中国知网主页

2. 维普资讯

维普资讯是科学技术部西南信息中心下属的一家大型的专业化数据公司，是中文期刊数据库建设事业的奠基，公司全称为重庆维普资讯有限公司。目前已经成为中国最大的综合文献数据库。从 1989 年开始，一直致力于对海量的报刊数据进行科学严谨的研究、分析、采集、加工等深层次开发和推广应用。

维普资讯网建立于 2000 年，经过 20 多年的商业建设，已经成为全球著名的中文信息服务网站，是中国最大的综合性文献服务网，并成为 Google 搜索的重量级合作伙伴，是 Google Scholar 最大的中文内容合作网站。其所依赖的中文科技期刊数据库，是中国最大的数字期刊数据库，该库自推出就受到国内图书情报界的广泛关注和普遍赞誉，是我国网络数字图书馆建设的核心资源之一，广泛被我国高校、公共图书馆、科研机构所采用，是高校图书馆文献保障系统的重要组成部分，也是科研工作者进行科技查证和科技查新的必备数据库。

维普资讯主页如图 6-51 所示。

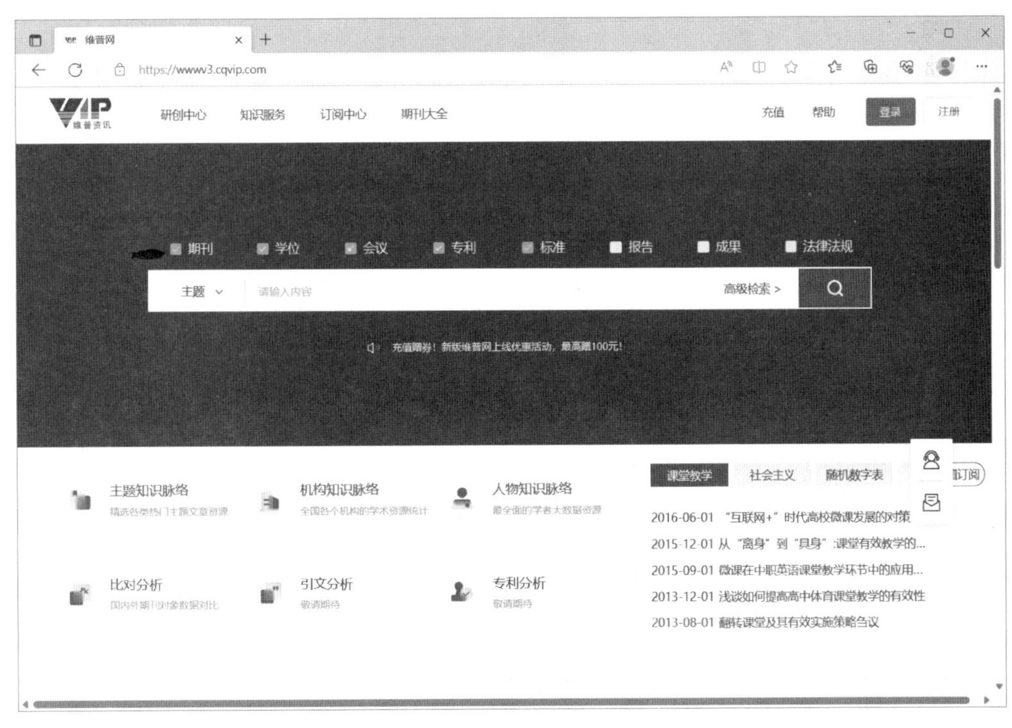

图 6-51　维普资讯主页

3. 万方数据

万方数据库是由万方数据公司开发的，涵盖期刊、会议纪要、论文、学术成果、学术会议论文的大型网络数据库，也是和中国知网齐名的中国专业的学术数据库。

万方期刊：集纳了理、工、农、医、人文五大类 70 多个类目共 4529 种科技类期刊全文。

万方会议论文：中国学术会议论文全文数据库是国内唯一的学术会议文献全文数据库，主要收录 1998 年以来国家级学会、协会、研究会组织召开的全国性学术会议论文，数据范围覆盖自然科学、工程技术、农林、医学等领域，是了解国内学术动态必不可少的帮手。

万方主页：提供学术论文、期刊检索、会议检索、外文文献检索、专利检索、标准检索、成果检索、图书检索、法规检索、机构检索、专家检索等内容。

万方数据主页如图 6-52 所示。

图 6-52　万方数据主页

6.4.6　社交类网络服务

1. 博客

“博客”一词是从英文单词 Blog 音译而来，又译为网络日志、部落格等，是一种通常由个人管理、不定期张贴新的文章的网站。博客上的文章通常根据张贴时间，以倒序方式由新到旧排列。许多博客专注热门话题提供评论，更多的博客作为个人的日记、随感发表在网络上。博客中可以包含文字、图像、音乐以及与其他博客或网站的链接。博客能够让读者以互动的方式留下意见。目前一些知名网站如新浪、搜狐、网易等网站都开展了博客服务，还有许多专门的博客网站，如博客网、Donews、中国博客、AnyP、139.com、Blogbus、天涯博客、博啦、歪酷网、博客动力等。用户只需要在博客网站注册，就可以发表自己的博客。

2. 微博

微博即微型博客，是目前全球最受欢迎的博客形式，用户可以通过互联网、掌上计算机、手机以及各种其他客户端组建个人社区，随时随地地发布信息，并实现信息即时分享。与博客不同的是，博文的创作需要考虑完整的逻辑，而微博作者不需要撰写很复杂的文章，可以是只言片语、随感而发，最多写 140 字内的文字即可。目前，国内有名的门户网站都开通了微博服务，有影响力的微博网站有新浪微博、腾讯微博、网易微博、天涯微博、搜狐微博、百度微博、新华网微博、人民网微博、凤凰网微博等。只要在微博网站注册，即可开通微博。

3. 播客

播客的英文名称为Podcast,中文译直译为"播客"。播客服务就是服务提供者将视频、音频文件上传到网络上,供用户播放或下载共享。网络用户可将网上的音频、视频节目下载到自己的iPad、MP3、MP4播放器中随身收听收看,也可以自己制作原创音频、视频节目,并将其上传到网上与广大网友分享,目前,各大网站如新浪、搜狐等也都开展了播客服务,也产生了许多专业播客网站,如土豆网、优酷网、我乐网、琥播网、悠视网、酷溜网、六间房、UUMe、Mofile等。在这些网站注册后即可以上传视频或下载视频观看。

4. BBS

BBS是英文Bulletin Board System的缩写,翻译成中文为"电子布告栏系统"或"电子公告牌系统",又称网络论坛。BBS是一种电子信息服务系统。它向用户提供了一块公共电子白板,每个用户都可以在上面发布信息或提出看法,现在多数网站上都建立了自己的BBS,供网民通过网络表达自己的观点,表达更多的想法。目前,国内的BBS已经十分普遍,可以说是不计其数,其中BBS大致可以分为以下6类。

(1) 校园网中论坛:目前,大学里几乎都有自己的BBS。像清华大学的水木清华、北京大学的未名BBS等,很受学生们的喜爱。大多数BBS是由各校的网络中心建立的,也有私人性质的BBS。

(2) 商业网站中论坛:这里主要是进行有关商业的商业宣传、产品推荐等、产品评价等。目前手机的商业网站、计算机的商业网站、房地产的商业网站、汽车的商业网站几乎都有BBS。

(3) 政府机构的论坛:主要用于政府与民众交流;发布、解释各种政策;收集市民的意见、建议;解答群众提出的问题。

(4) 娱乐网站的论坛:主要用于交流情感。

(5) 个人BBS:有些个人主页的制作者们在自己的个人主页上建设了BBS,用于接受别人的想法,更有利于与好友进行沟通。

(6) 新闻论坛:许多新闻网站在新闻的后面允许用户发表评论。

要使用这些网络论坛,需要在相应网站注册,登录后就可以发表评论。

5. 社交网站

社交网站是指提供网民相互交流、互动的网站,通过社交网站可以与朋友、同学、同事、家人保持更紧密的联系,及时了解他们的动态;与他们分享生活。通过社交服务网站可以结交新朋友,建立更大交际圈,其提供的寻找用户的工具帮助用户寻到失去联络的朋友们。社交网站提供多种交流形式,如聊天、BBS、博客、微博、游戏等,社交网站上通常有很多志趣相同并互相熟悉的用户群组。相对于网络上其他广告而言商家在社交网站上针对特定用户群组打广告会更有针对性。比较知名的社交网站有人人网(校内网)、开心网、白社会、豆瓣网、QQ空间。

开心网是国内第一家以办公室白领用户群体为主的社交网站。开心网为广大用户提供包括日记、相册、动态记录、转帖、社交游戏在内的丰富易用的社交工具,使其与家人、朋友、同学、同事在轻松互动中保持更加紧密的联系。

人人网原名校内网,主要为校友提供交流服务,现在人人网已经跨出校园内部这个范围,成为为整个中国互联网用户提供服务的社交网站,它通过提供发布日志、保存相册、音乐视频等站内外资源分享等功能，给不同身份的人提供了一个互动交流、功能丰富高效的用户交流互动平台。

QQ空间是腾讯公司于2005年开发出来的一个个性空间，具有博客的功能，自问世以来受到众多人的喜爱。在QQ空间上可以书写日记，上传自己的图片，听音乐，写心情。通过多种方式展现自己。除此之外，用户还可以根据自己的喜爱设定空间的背景、小挂件等，从而使每个空间都有自己的特色。当然，QQ空间还为精通网页的用户提供了高级的功能：可以通过编写各种各样的代码来打造自己的空间。

豆瓣网主要以书评和影评为特色，吸引了一大批忠实的用户。

世纪佳缘是一个严肃的婚恋网站，网站规模大、征友效果反响较好，通过互联网平台和线下会员见面活动为中国及世界其他国家和地区的单身人士提供严肃婚恋交友服务。

天涯社区是以论坛、部落、博客为基础交流方式，综合提供个人空间、相册、音乐盒子、分类信息、站内消息、虚拟商店、来吧、问答、企业品牌家园等一系列功能服务，并且是以人文情感为核心的综合性虚拟社区和大型网络社交平台。

猫扑网是国内最大、最具影响力的社交论坛之一，是中国网络词汇和流行文化的发源地之一，网站集猫扑大杂烩、猫扑贴贴论坛、资讯中心、猫扑Hi、猫扑游戏等产品为一体，包括聊天室、网络电台、数码、游戏、魔兽世界、创业、涂鸦板、招聘、休闲、淘宝城、白领、游戏卡、邮箱、充值等栏目的综合性富媒体娱乐互动平台。

要使用这些社交类网站上的各种服务，需要先注册，登录后就可以使用网站各种功能了。

6.4.7 即时通信软件QQ与微信

1. 即时通信基本概念

即时通信(Instant Messaging,IM)是指能够即时发送和接收互联网消息等的业务。自1998年面世以来，特别是近几年的迅速发展，即时通信的功能日益丰富，逐渐集成了电子邮件、博客、音乐、电视、游戏和搜索等多种功能。即时通信不再是一个单纯的聊天工具，它已经发展成集交流、资讯、娱乐、搜索、电子商务、办公协作和企业客户服务等为一体的综合化信息平台。

目前，常用的即时通信软件有腾讯QQ、微信、钉钉、Facebook Messager、Skype等。下面介绍两款目前市场占有率较高的软件腾讯QQ和微信。

2. 腾讯QQ

腾讯QQ是目前使用最为广泛的一款即时聊天软件，由腾讯公司在1999年2月推出，其主界面和功能如图6-53和图6-54所示。

(1) 好友添加与管理。

在腾讯QQ中，可以通过"海选""用户昵称""用户QQ号"三种方式来查找添加好友，如图6-55所示。对于添加的好友，可以对其进行分组、修改用户昵称、添加到通讯录列表等操作；当然也可以通过"好友群"进行多个好友之间的讨论。

(2) 聊天功能。

在与好友的聊天过程中，可以采用聊天表情、魔法表情、多彩文字等表现形式，而且支持音频、视频聊天、QQ电话聊天、手机聊天、群聊等功能。丰富了聊天的形式，也让用户有了更多的选择，如图6-56和图6-57所示。

图 6-53　QQ 界面

图 6-54　QQ 功能

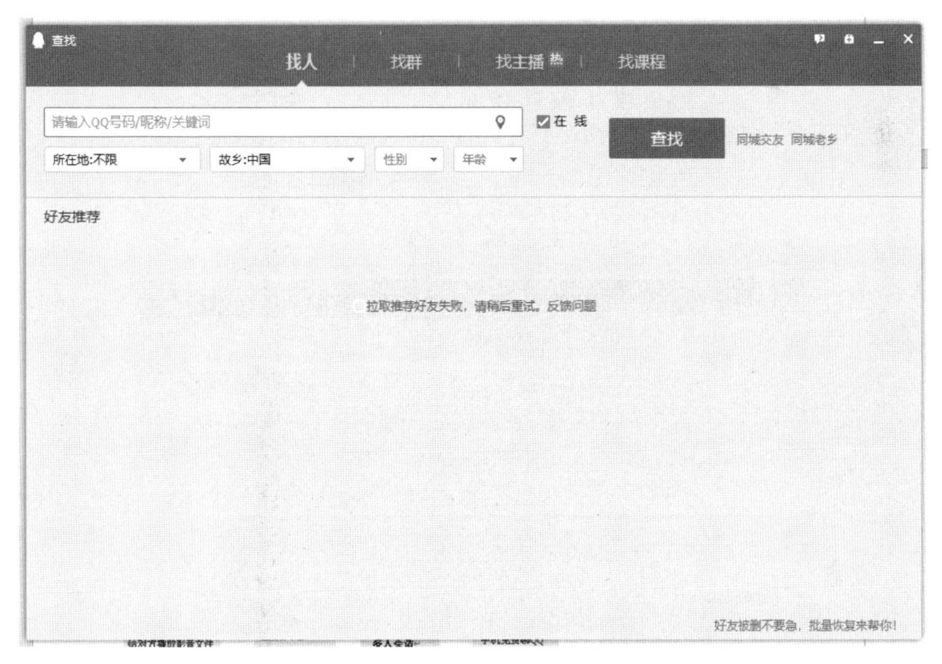

图 6-55　查找好友

(3) 文件传输功能。

腾讯 QQ 具有点对点断点续传传输文件、共享文件功能，支持信息和自定义图片或相片即时发送和接收，可以一边聊天一边传文件，如图 6-58 和图 6-59 所示。

图 6-56　聊天

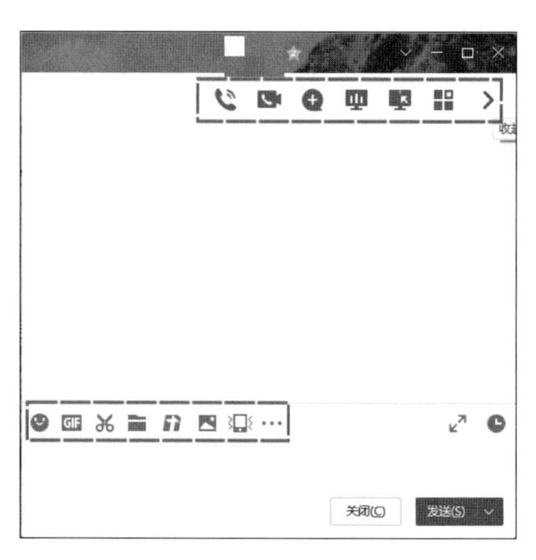

图 6-57　聊天窗口的功能按钮

图 6-58　发送文件

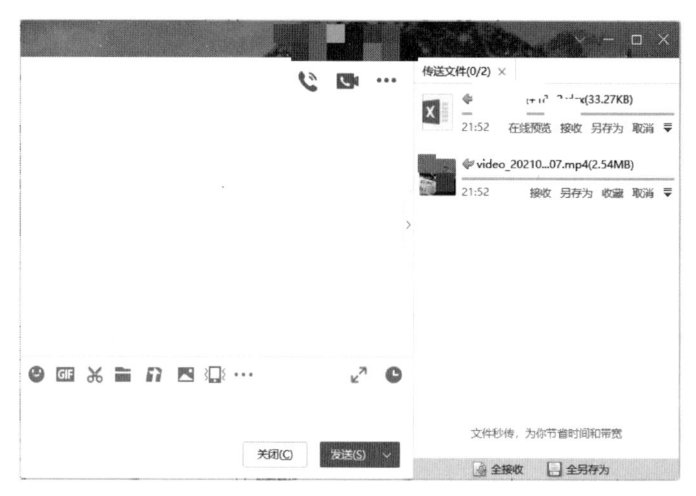

图 6-59　接收文件

除上述主要功能外，QQ 还有与好友同步看网络电视、群内一起看直播的功能；QQ 邮箱、备忘录、网络收藏夹、发送贺卡等功能；其他功能如 QQ 游戏、QQ 宠物、QQ 音乐、QQ 空间、文件助手、在线直播等，参见图 6-54。

3. 微信

微信是一款由腾讯公司推出的，支持多平台，旨在促进人与人沟通与交流的移动即时通信软件。2011 年 1 月 21 日，微信正式推出。微信具有零资费、跨平台、拍照发给好友、发手机图片、移动即时通信等功能，是亚洲地区最大用户群体的移动即时通信软件。

根据科握《2022 中国社交媒体平台全方位概览》显示，微信的月活用户已经超越 12 亿，即将接近 13 亿的规模。同时，微信生态视频号、企业微信等新形态不断加强与微信生态协同，加速公域扩大传播和沉淀私域转化的新的营销链路的形成。

6.5 电子商务

电子商务是信息技术与网络通信技术在经济活动中的应用。它的出现改变了传统商务活动模式，开辟了企业经营的新渠道，给企业生产经营活动带来了深刻的变革。

1. 电子商务的定义

电子商务指通过信息网络以电子数据信息流通的方式在全世界范围内进行并完成的各种商务活动、交易活动、金融活动和相关的综合服务活动的总称。

这里的“电子”是工具，广义的理解，电子工具包括电报、电话、广播、电视、传真到计算机、计算机网络和 Internet 等；狭义的理解，电子工具只包含计算机网络，包括企业内部网络（局域网）、企业外部网络和 Internet。现在的电子商务主要指在计算机网络上开展的商务活动。

这里的“商务”是活动的内容，也有广义和狭义之分，广义的理解，商务活动包括企业生产经营的一切活动，具体地说包括市场调研、原材料的采购、产品的开发设计、产品的加工生产、产品的促销和销售、资金的结算、产品的售后服务以及企业内部的管理等；狭义的理解，商务活动主要是采购与销售环节，包括材料的采购、贸易洽谈、资金结算、商品销售等。

同样，电子商务也有狭义和广义之分，狭义的电子商务就是企业通过业务流程的数字化、电子化实现产品交易的手段。从广义上看，电子商务是以信息技术为基础从事以商品交换为中心的各种活动的总称，包括生产、流通、分配、交换和消费各环节中连接生产及消费的所有活动的电子信息化处理。

2. 电子商务的分类

电子商务有很多分类方法，按照参与电子商务的交易主体分类，电子商务可以分为如下 5 类。

（1）企业对企业的电子商务。

企业对企业（Business to Business，B2B）的电子商务是指企业之间通过因特网、外联网、内联网或私有网络，以电子化的方式进行的商务活动，这种交易可能在企业及其供应链成员之间进行，也可能在企业和任何企业间进行，交易产品或服务不是为了企业消费，而是为使其生产或销售起到增殖作用。

B2B 电子商务网站主要有两大类：一类是以企业为中心的交易模式，企业将销售业务在互连网上开展，或企业将自己的采购业务在互连网上开展；另一类是市场或交易中心模式，由第三方提供一个数字化的电子市场，供应商和商业采购者在此市场进行交易，典型代表是阿里巴巴。

(2) 企业对消费者的电子商务。

企业对消费者的电子商务(Business to Customer，B2C)是指企业与消费者之间进行的电子商务活动，主要是借助于 Internet 为企业和消费者开辟交易平台来进行在线销售活动，也就是网上购物。

B2C 电子商务网站主要有两大类：一类是商业企业将自己的销售业务扩展到网络上，如北京图书大厦；另一类是纯粹的网上虚拟企业，如京东商城、当当网和亚马逊。此外，还有加盟电子商城的模式和其他模式。

(3) 消费者对消费者的电子商务。

消费者对消费者(Customer to Customer，C2C)的电子商务是消费者对消费者的交易模式，其特点类似于现实商务世界中的跳蚤市场。其构成要素除了包括买卖双方外，还包括电子交易平台提供者，类似于现实中的跳蚤市场场地提供者和管理员。

在 C2C 模式中，电子交易平台供应商扮演着举足轻重的作用，淘宝网就是目前国内最大 C2C 电子商务平台。

(4) 企业对政府的电子商务。

企业对政府(Business to Government，B2G)的电子商务是指企业与政府机构之间进行的电子商务活动，主要覆盖了企业和政府组织之间的许多事务，如政府的网上采购、招标投标、企业向税务部门纳税等。

(5) 消费者对政府的电子商务。

消费者对政府(Customer to Government，C2G)的电子商务是指消费者对行政机构的电子商务，指的是政府对个人的电子商务活动。政府将电子商务扩展到各种福利费用的发放、自我报税以及个人所得税的征收等。

3. 主要的电子商务网站介绍

(1) 阿里巴巴。

阿里巴巴(Alibaba. com Corporation)是由马云在 1999 年一手创立的企业对企业的网上贸易市场平台。阿里巴巴是一个技术提供商，它为企业之间的电子商务提供平台，将传统的采购、销售模式转化为新型的电子商务模式。在阿里巴巴网站，企业可以发布采购信息、销售信息，可以方便地找到买家或卖家。阿里巴巴为企业之间的洽谈提供便利，用户可以用多种形式进行洽谈、交流。阿里巴巴通过建立诚信记录规范企业行为，阿里巴巴还创建了支付宝这一第三方支付模式，保护交易双方的合法权益，确保支付的安全。

(2) 京东商城。

京东商城是在 1998 年 6 月 18 日创建的，目前是中国最大的 B2C 网站，是中国电子商务领域最受消费者欢迎和最具有影响力的电子商务网站之一。京东商城不断丰富产品结构，在线销售家电、数码通信、计算机、家居百货、服装服饰、母婴产品、图书、食品等数万个品牌数百万种优质商品。凭借最丰富的商品种类、最具竞争力的价格和自营的物流配送体系等各项优势，市场占有率多年稳居行业首位。

(3) 淘宝网。

淘宝网是 C2C 的个人网上交易平台，也是由马云和旗下的阿里巴巴公司投资创办的，是目前中国最大的网上个人商品交易市场。淘宝网允许个人或企业在其网站上开设店铺，进行商品网上零售，并为买卖双方提供及方便的交流和支付手段，淘宝网上销售的商品五花八门，应有尽有。淘宝网也是国内最大的拍卖网站。

习　题　6

一、思考题

1. 计算机网络按覆盖范围可分为哪几种？
2. URL 的中文名称叫什么？由哪几部分构成？
3. Internet 有哪几种接入方式？拨号上网需要设置哪些内容？
4. ADSL 上网需要哪些设备？这些设备的作用是什么？
5. 如何下载图片？如何下载文本？
6. 简述网络搜索中可以使用哪些符号以及这些符号的含义。

二、选择题

1. 利用电话线接入 Internet，客户端必须有（　　）。
   (A) 路由器　(B) 调制解调器　(C) 集线器　(D) 网卡
2. 一座大楼内各室中的微型计算机进行连网，这个网络属于（　　）。
   (A) WAN　(B) LAN　(C) MAN　(D) GAN
3. Internet 的前身是（　　）。
   (A) ARPAnet　(B) Ethernet　(C) Cernet　(D) Intranet
4. TCP/IP 是 Internet 中计算机之间通信所必须共同遵循的一种（　　）。
   (A) 软件　(B) 通信规定　(C) 硬件　(D) 信息资源
5. IP 地址可以用 4 个十进制数表示，每个数必须小于（　　）。
   (A) 128　(B) 64　(C) 1024　(D) 256
6. 下列 IP 地址是私有的（或保留的、供内部组网用的）是（　　）。
   (A) 192.168.1.1　(B) 200.168.1.1　(C) 192.68.1.1　(D) 9.2.1.1
7. Ping 命令的作用是（　　）。
   (A) 测试网络配置　(B) 测试连通性　(C) 统计网络信息　(D) 测试网络性能
8. 在 Internet 上，大学或教育机构的类别域名中一般包括（　　）。
   (A) edu　(B) com　(C) gov　(D) org
9. 从域名 www.bwu.edu.cn 可以看出，它是中国的一个（　　）站点。
   (A) 政府部门　(B) 工商部门　(C) 教育部门　(D) 军事部门
10. ISP 是（　　）的缩写。
    (A) 交互服务软件包　(B) Internet 服务供应商
    (C) Internet 软件供应商　(D) Internet 软件包
11. 互联网上的服务都基于一种协议，WWW 服务基于（　　）协议。
    (A) SMIP　(B) HTTP　(C) SNMP　(D) TELNET
12. 用户要想在网上查询 WWW 信息，必须安装并运行一个被称为（　　）的软件。
    (A) 万维网　(B) Yahoo　(C) http　(D) 浏览器

13. 在电子邮件中，用户(　　)。
(A) 只可以传送文本信息　　(B) 可以传送任意大小的多媒体文件
(C) 不能附加任何文件　　(D) 可以同时传送文本和多媒体文件

三、填空题

1. 在计算机网络中，有线传输介质包括________、________和________。
2. 组建一个局域网需要的硬件设备有________、________、网卡和传输介质。
3. 如果需要将两个完全不同的网络连接起来，必须使用________。
4. 调制解调器(Modem)的功能是实现________。
5. 若一个 IPv6 地址为 645A:0:0:0:382:0:0:4587，采用零压缩后可表示为________。

四、操作题

1. 设置 IE 浏览器的属性(分别从桌面和 IE 窗口下的“工具”菜单下进行)。
(1) 默认首页为 http://www.sina.com。
(2) 历史记录保存 30 天。
2. 打开一个社交网站，在网站内搜索朋友的信息。
3. 打开一个搜索引擎，如百度，并进行搜索练习。
4. 到当当网或卓越亚马逊进行一次购物体验。
5. 到天空软件下载一个软件。
6. 给同学发一个电子邮件，并将下载的图片一起发过去。
7. 登录到自己学校的 BBS 的页面，并练习如何发帖子。
8. 给自己注册一个域名。

课外阅读与在线检索

1. 中国互联网络信息中心(CNNIC)是中国域名注册管理机构和域名根服务器运行机构。CNNIC 以专业的技术为全球用户提供域名注册、域名解析和 Whois 查询服务。CNNIC 还是中国 IP 地址分配联盟的召集者，负责为中国的网络服务提供商(ISP)和网络用户提供 IP 地址和 AS 号码的分配管理服务。CNNIC 每年发布两次中国互联网发展报告，权威性地介绍中国互联网发展情况。用户若想了解互联网发展情况或进行域名查询，可以登录 CNNIC 网站。

2. 中文搜索引擎指南是一个全面介绍搜索引擎知识、搜索技巧以及搜索服务的网站。该网站是一本网络搜索的百科全书，从搜索引擎搜索机制到搜索引擎使用，再到搜索引擎的搜索技巧无所不及。该网站还提供了到各个搜索引擎的超链接，用户只要单击超链接就可以进入该搜索引擎页面进行搜索。若了解搜索知识、搜索技巧，请登录中文搜索引擎指南。

3. 你知道 E-mail 是如何诞生的吗? 1972 年，在 BBN 工作的雷·汤姆林森在撰写一个在不同计算机间传输档案的小程序时突然想到，如果可以传输档案，为什么不可以传输“信息”? 信息其实也不过是另一个文本文件。雷·汤姆林森很快把这个送信的小程序写好，很快 ARPAnet 成员发现其方便性而爱不释手，并被到处流传。1973 年雷·汤姆林森决定用“@”符号放在电子邮件地址中间，分隔使用者名字和主机名。他选用“@”只是单纯地想到没有谁的名字中有“@”，所以拿来当成分隔线，他的一念之间，让“@”成为网络时代最具代表性的符号。

4. J. C. R. Licklider 博士在1962年37岁时接受DARPA的邀请,担任刚刚成立的指令和控制研究室的主任。在他的主持下,一批优秀的科学家开始了对计算机网络的最初研究。经过他们的努力,ARPANet终于在1969年末得以诞生。有趣的是,Licklider博士并不是有专业背景的计算机专家,他的博士帽来自一个似乎与计算机毫不沾边的学科——行为心理学。他是一个极富好奇心的人,一个狂热的科技追星族,这种禀性使得他对尖端科技有很好的感受力,虽然是一个"外行",但他对计算机以及未来的网络功能的认识甚至超出了这方面众多的专家。他还为当时无踪无影的网络预先起了一个响亮的名字星际网(Interstellar Net)。你若感兴趣,就继续查阅相关的资料,深入了解一下吧,只要有一颗探索的心,你也可以成为某一方面的专家呢。

5. 中国互联网的社会化网络时代特征愈发明显,从论坛BBS、校友录、博客(Blog)、个人空间、SNS交友等新旧社区应用,到社区搜索、社区聚合、社区营销、开放式社区平台等,都是业界关注的热点。

第7章 计算机信息安全

随着计算机应用的日益深入和计算机网络的普及，人们的生产方式、生活方式乃至思想观念都发生了巨大的变化，信息已成为社会发展的重要战略资源和决策资源，信息化水平已成为衡量一个国家的现代化程度和综合国力的重要标志。然而，人们在享受信息化社会所带来的巨大利益的同时，也面临着信息安全的考验，计算机系统与信息安全问题也越来越引起了人们的广泛关注和重视，成为关注的焦点。因此，如何构建信息与网络安全体系已成为信息化建设所要迫切解决的一个问题。

7.1 信息安全概述

随着计算机网络的发展，信息共享比过去迅速增加，信息获取更公平了，但同时也带来了信息安全问题，因为信息的通道多了，也更加复杂了，所以控制更加困难了。同时，人们工作、生活的各个领域的信息都越来越依赖计算机信息的存储方式，信息安全保护的难度也大大高于传统方式的信息存储模式，信息安全的问题也已经深入使用计算机和网络的各个领域。

数据信息具有抽象、可塑、易变的特性，因此非常脆弱。计算机系统和网络系统是以电磁信号保存和传输信息，其信息安全性更加脆弱。在信息的存储、处理和传输过程中，信息被损坏、丢失、泄露、窃取、篡改、冒充等成为主要威胁，使得信息失去安全性。

7.1.1 信息安全

1. 信息安全的概念

信息的安全指信息在存储、处理和传输状态下能保证其完整、保密和可用。

完整的数据信息要求不被篡改、破坏和丢失。不完整的数据将失去其真实性，会严重损害各部门、行业的利益，严重的甚至破坏其工作，因此数据信息的首要安全是其完整性。

数据保密是信息存储与传输的电子化所面临的另外一个难题，尤其是在全球网络化的信息时代，数据的远程传输以及存储数据的计算机通过网络与外界连接，这样的因素使得数据被泄露或窃取的途径大大增加。

信息安全的可用性指信息的合法使用者能够使用为其提供的数据。对信息安全可用性的攻击，就是阻断信息合法使用者与信息数据之间的联系，使之无法得到所需要的信息。

2. 加强信息安全意识

对任何一个企业或机构来说，信息和其他商业资产一样有价值。信息安全就是保护信息免受来自各方面的威胁，是一个企业或机构持续经营策略和管理的重要环节。信息安全管理体制的建立和健全，目的就是降低信息风险对经营的危害，并将其投资和商业利益最大化。

从对信息安全的认识来说，一方面，新闻媒体上不断披露的安全漏洞、频繁的病毒和黑客的攻击、日益增多的网络犯罪事件让人们不断地提高安全意识；另一方面，人们也已经越来越深刻地认识到，信息安全不只是个技术问题，而更多的是商业、管理和法律问题。实现信息安全不仅仅需要采用技术措施，还需要更多地借助于技术以外的其他手段，如规范安全标准和进行信息安全管理，这一观点已被越来越多的人们所接受。单纯的技术不能提供全面的安全保护，仅靠安全产品并不能完全解决信息的安全问题已逐渐成为共识。

在社会普遍关注信息安全的情况下，第一，要加强网络安全的制度建设，规范网络管理。第二，加强信息教育，普及信息知识，提高人们对信息的识别能力，增强信息意识。第三，加强网络安全宣传教育，包括网络伦理道德教育、计算机法律和法规基本知识教育、网络安全基本知识教育、网络安全意识交易等，通过多种渠道和形式，唤醒并提高社会的网络安全意识，给网络构建起一道坚固的安全屏障。

信息安全是全社会的一项系统工程，应人人从我做起，自觉维护计算机网络安全，让计算机网络成为信息化社会发展的强劲动力。

7.1.2 信息系统安全

1. 信息系统安全的概念

信息系统的安全指存储信息的计算机、数据库的安全和传输信息的网络的安全。

信息系统安全包括物理安全和逻辑安全两方面，物理安全指的是保护计算机系统设备及计算机相关的其他设备免受毁坏或丢失等；逻辑安全则是指保护计算机信息系统中处理信息的完整性、保密性和可用性等。存储信息的计算机、数据库如果受到破坏，信息将被丢失和损坏。信息的泄露、窃取和篡改也是通过破坏由计算机、数据库和网络所组成的信息系统的安全来进行的。

由此可见，信息安全依赖于信息系统安全而得以实现。信息安全是结果，而确保信息系统的安全是保证信息安全的手段。

2. 信息系统的不安全因素

信息系统的不安全因素包括两大类：一是对硬件的破坏导致的不安全因素，如恶意破坏网络设施；二是对软件的攻击导致的不安全因素，如病毒、木马入侵、对传输数据的篡改与破坏等。

（1）对硬件的破坏导致的不安全因素。

银行、税收、商业、民航、海关、通信等行业对数据信息的依赖性极高，其数据均存储在数据服务器的大型数据库中，如果不采取可靠的措施，充当数据服务器的计算机被损坏，都会导致无法挽回的损失。

设备故障的可能性是客观存在的，为此，需要通过数据存储设备可靠性的技术，确保在设备出现故障的情况下，数据信息仍然保持其完整性。不间断电源、磁盘镜像、双机容错是主要的数据存储设备可靠性的技术。

（2）对软件的攻击导致的不安全因素。

对软件的攻击是利用网络信息系统存在的漏洞和安全缺陷对系统和资源进行攻击。主要攻击方式为计算机病毒和黑客。

计算机病毒破坏计算机系统或计算机中存放的各种文件；黑客攻击包括对网络和信息系统的破坏，窃取信息或篡改信息也是其主要的攻击目的。

美国国家安全局在2000年公布的《信息保障技术框架IATF》中定义对信息系统的攻击类型分为被动攻击和主动攻击。

被动攻击中攻击者不对数据信息做任何修改，截取/窃听是指在未经用户同意和认可的情况下攻击者获得了信息或相关数据，通常包括窃听、流量分析、破解弱加密的数据流等攻击方式。将木马程序渗透到存储信息的数据服务器中也是窃取数据的常用方式。

(1) 窃听可以通过网络协议分析或无线获取方式获得信息。

(2) 流量分析攻击方式适用于一些特殊场合，例如敏感信息都是保密的，攻击者虽然从截获的消息中无法知道消息的真实内容，但攻击者还能通过观察这些数据报的模式，分析确定出通信双方的位置、通信的次数及消息的长度，获知相关的敏感信息。

主动攻击不仅窃取数据，还对数据进行破坏和假冒，会导致某些数据流的篡改和虚假数据流的产生。主动攻击的主要破坏有篡改数据、破坏数据或系统、拒绝服务和伪造消息数据4种。

① 篡改消息是指一个合法消息的某些部分被改变、删除，消息被延迟或改变顺序，通常用以产生一个未授权的效果。如修改传输消息中的数据，将“允许甲执行操作”改为“允许乙执行操作”。篡改数据包括对数据真实性、完整性和有序性的攻击。

② 破坏数据或系统这种主动攻击通常是通过计算机病毒程序进行的。蠕虫病毒是一种超载式病毒，它通过计算机操作系统的漏洞并通过网络渗透到计算机中，再从该计算机向网络中大量发送广播报文。当一个网络中的大量计算机感染了蠕虫病毒后，蠕虫病毒发送的过量报文最终将使网络瘫痪。逻辑炸弹和特洛伊木马则是在进入计算机后，在特定时间或条件下发作，通过删除系统文件、数据文件或大量复制数据，进而使所在的计算机瘫痪。

③ 拒绝服务即常说的DoS(Deny of Service)，通过攻击服务器或破坏网络资源，使用户无法得到数据，最典型的拒绝服务攻击是大量发起对服务器的无用TCP连接，会导致对通信设备正常使用或管理被无条件地中断。通常是对整个网络实施破坏，以达到降低性能、终端服务的目的。这种攻击也可能有一个特定的目标，如到某一特定目的地(如安全审计服务)的所有数据包都被阻止。

④ 伪造消息数据指的是某个实体(人或系统)发出含有其他实体身份信息的数据信息，假扮成其他实体，从而以欺骗方式获取一些合法用户的权利和特权。

由于被动攻击不会对被攻击的信息做任何修改，留下痕迹很少，或者根本不留下痕迹，因而非常难以检测，因此抗击这类攻击的重点在于预防，具体措施包括虚拟专用网(VPN)、采用加密技术保护信息以及使用交换式网络设备等。

3. 信息系统的安全隐患

(1) 缺乏数据存储冗余设备。

为保证在数据存储设备故障的情况下数据库中的数据不被丢失或破坏，就需要磁盘镜像、双机容错这样的冗余存储设备。财务系统的数据安全隐患是最普遍存在的典型例子。目前，我国的大量企业都使用财务电算化软件，但多数情况下是将财务电算化软件安装在一台计算机上，通过定期备份数据来保证数据安全。一旦计算机磁盘损坏，总会有未来得及备份的数据丢失，这些数据的丢失结果往往是灾难性的。

（2）缺乏必要的数据安全防范机制。

为保护信息系统的安全，就必须采用必要的安全机制。必要的安全机制有访问控制机制、数据加密机制、操作系统漏洞修补机制和防火墙机制。缺乏必要的数据安全防范机制，或者数据安全防范机制不完整，必然为恶意攻击留下可乘之机，这是极其危险的。

① 缺乏或不严密的访问控制机制。

访问控制也称存取控制（Access Control），是最基本的安全防范措施之一。访问控制是通过用户标识和口令阻截未授权用户访问数据资源，限制合法用户使用数据权限的一种机制。缺乏或不严密的访问控制机制会使攻击者或恶意程序能够轻松地进入系统，威胁信息数据的安全。

② 不使用数据加密。

如果不对网络中传输的数据加密，将是非常危险的。由于网络的开放性，网络技术和协议是公开的，攻击者远程截获数据变得非常容易。忽视数据加密，将信息暴露在网络中，形同为数据截获、篡改和伪造打开了方便的大门。

③ 缺乏操作系统漏洞修补机制。

“漏洞”是指软件中的弱点，攻击者可以利用它们破坏软件的完整性、可用性或保密性。有些最严重的漏洞使得攻击者能在安全性受损的系统上运行任意代码。“漏洞披露”是指向全体公众揭示漏洞的存在。披露可以来自多种来源，包括软件供应商、安全软件供应商、独立安全研究人员，甚至恶意软件的制作者。根据国家信息安全漏洞库（CNNVD）统计，仅2021年8月这一个月，新增安全漏洞就有1911个。2021年3月至8月漏洞新增数量统计如图7-1所示。

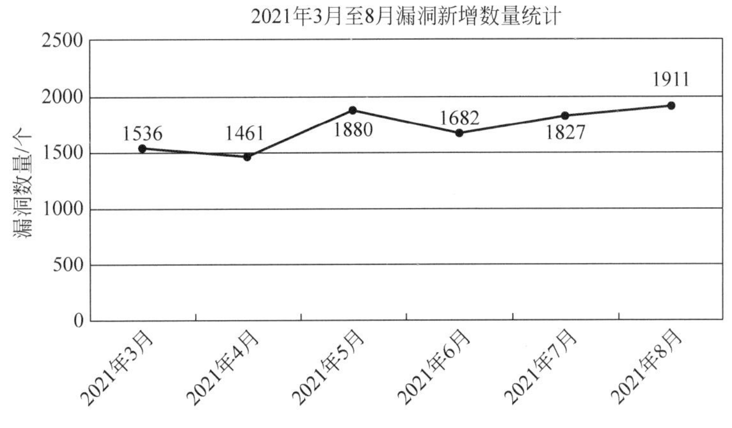

图7-1　2021年3月至8月漏洞新增数量统计

对信息安全的攻击需要通过计算机服务器、网络设备中使用的操作系统中的漏洞进行。任何软件系统都存在自身的缺陷，在发布后需要进行不断修补。微软开发了一整套全面的软件更新工具，可自动更新计算机，这有助于保护这些计算机免遭恶意软件攻击的侵害，比如：使用Microsoft Update和“自动更新”、使用Windows Server Update Services（WSUS）更新、使用Microsoft System Center Configuration Manager的更新流程等等。没有使用系统更新将是很不安全的。然而许多服务器管理员、计算机用户时常忽视系统更新。近几年Windows把自动更新作为系统服务，开机默认自动运行。计算机中除了Windows外的其他软件也存在安全漏洞的可能性。许多软件如 QQ、迅雷、暴风影音等都有自动更新的设置。360 安全卫士试图为计算机上安装的所有软件查找、安装安全更新。

交换机、路由器、防火墙、高清视频播放机、智能手机等都有固件，可以简单理解为固化在机器中的软件系统，特定条件下可以更新。它们也存生修复安全漏洞的需要，但时常被遗忘。

④ 未建立可靠的防火墙机。

防火墙是专门用来隔离外部网络和内部网络、隔离计算机与网络的设备和软件。

实施上述安全机制是以增加投资成本和系统管理复杂性、降低计算机运行和网络通信速度为代价的。但是，为了保障信息安全，仍然需要实施完整的安全防护措施。信息的保密要求和可靠性要求越高，需要付出的代价越大。

4. 信息系统安全的任务

保护信息系统的安全、可靠，防范意外事故和恶意攻击，具有能够从灾难事件中恢复数据的能力是保障信息系统安全的任务。具体需要：

(1) 安装完整、可靠的数据存储冗余备份设备，防止数据受到灾难性的损坏。

(2) 建立严谨的访问控制机制，拒绝非法访问。

(3) 充分利用数据压缩和加密手段，防范数据在传输过程中被别人分析、窃取和篡改。

(4) 及时修补软件系统的缺陷，封堵自身的安全漏洞。

(5) 安装防火墙，在内网与外网之间、计算机与网络之间建立起安全屏障。

7.1.3 黑客

黑客(Hacker)一般指的是计算机网络的非法入侵者，他们大都是计算机迷以及热衷于设计和编制计算机程序的程序设计者和编程人员，对计算机技术和网络技术非常精通，了解系统的漏洞及其原因所在，喜欢非法闯入并以此作为一种智力挑战而沉醉其中。有些黑客仅仅是为了验证自己的能力而非法闯入，并不一定会对信息系统或网络系统产生破坏作用，但也有很多黑客非法闯入是为了窃取机密的信息、盗用系统资源或出于报复心理而恶意毁坏某个信息系统等。由于网络的高速发展，信息获取的极大变化，当前很多“黑客”仅是借助黑客工具，攻击有安全缺陷的计算机系统，这种“黑客”的攻击和破坏的意愿一般都很强。为了尽可能地避免受到黑客的攻击，有必要对黑客常用的攻击手段和方法有所认识，这样才能有针对性的加以预防。

1. 黑客的攻击方式

黑客攻击通常采用以下几种典型的攻击方式：

(1) 密码破解。

通常采用的攻击方式有字典攻击、假登录程序、密码探测等，用这几种方式获取系统或用户的口令文件。

字典攻击：一种被动攻击，黑客先获取系统的口令文件，然后用黑客字典中的单词一个一个地进行匹配比较，由于计算机速度的显著提高，这种匹配的速度也很快，而且由于大多数用户的口令采用的是人名、常用的单词或数字的组合等，因此字典攻击成功率比较高。所以用户的密码最好包含大写字母、小写字母、数字的组合，长度在 9 位以上，不使用生日、电话号、纪念日等易于猜测的组合。

假登录程序：也称为网络钓鱼(Phishing)，诈骗者通常会将自己伪装成网络银行、在线零售商和信用卡公司等可信的品牌，设计一个与系统登录画面一模一样的程序并嵌入到相关的网页上，或伪装成客服邮件中的链接，以骗取他人的账号和密码。当用户在这个假的登录程序上输入账号和密码后，该程序就会记录下所输入的账号和密码，骗取用户的私人信息。受骗者往往会泄露自己的私人资料，如信用卡号、银行卡账户、身份证号等内容。所以用户访问网页输入网址时一定要仔细，打开网页要留意观察一下细节，看一看是否是假冒的网站。

密码探测：通过尝试不同的密码组合来猜测、破解或验证密码的过程。密码探测常用于入侵活动中，黑客使用自动化工具或暴力破解方法来尝试密码，以获取未授权的访问权限或窃取敏感信息。

(2) IP嗅探(Sniffing)与欺骗(Spoofing)。

嗅探：一种被动式的攻击，又称网络监听，就是通过改变网卡的操作模式让它接受流经该计算机的所有信息包，这样就可以截获其他计算机的数据报文或口令，监听只能针对同一物理网段上的主机，对于不在同一网段的数据包会被网关过滤掉。使用交换机、禁止古老的NetBEUI协议、不使用Hub集线器连接网络都可以减小被监听的风险。

欺骗：一种主动式的攻击，即将网络上的某台计算机伪装成另一台不同的主机，目的是欺骗网络中的其他计算机误将冒名顶替者当作原始的计算机而向其发送数据或允许它修改数据。常用的欺骗方式有IP欺骗、路由欺骗、DNS欺骗、ARP(地址转换协议)欺骗以及Web欺骗等。使用Windows防火墙、360安全卫士等都可以有效抑制ARP欺骗、网关欺骗。

(3) 系统漏洞。

被黑客利用最多的系统漏洞是缓冲区溢出(Buffer Overflow)，利用漏洞提升在系统上的权限，然后控制计算机。微软IIS及SQL Server的MDAC组件的安全漏洞曾经被红色代码病毒利用，影响互联网的运行。

(4) 端口扫描。

由于计算机与外界通信都必须通过某个端口才能进行，黑客可以利用一些端口扫描软件SATAN、IP Hacker等对被攻击的目标计算机进行端口扫描，查看该机器的哪些端口是开放的，由此可以知道与目标计算机能进行哪些通信服务。例如计算机通过25号端口发送邮件，而通过110号端口接收邮件，访问Web服务器一般都是通过80号端口等。了解了目标计算机开放的端口服务以后，黑客一般会通过这些开放的端口发送特洛伊木马程序到目标计算机上，利用木马来控制被攻击的目标。

2. 防止黑客的攻击策略

(1) 数据加密。

加密的目的是保护信息系统的数据、文件、口令和控制信息等，同时也可以提高网上传输数据的可靠性，这样即使黑客截获了网上传输的信息包一般也无法得到正确的信息。

(2) 身份认证。

通过密码或特征信息等来确认用户身份的真实性，只对确认了的用户给予相应的访问权限。

(3) 建立完善的访问控制策略。

系统应当设置入网访问权限、网络共享资源的访问权限、目录安全等级控制、网络端口和结点的安全控制、防火墙的安全控制等，只有通过各种安全控制机制的相互配合，才能最大限度地保护系统免受黑客的攻击。

(4) 审计。

把系统中和安全有关的事件记录下来，保存在相应的日志文件中，例如记录网络上用户的注册信息，如注册来源、注册失败的次数等，记录用户访问的网络资源等各种相关信息，当遭到黑客攻击时，这些数据可以用来帮助调查黑客的来源，并作为证据来追踪黑客，也可以通过对这些数据的分析来了解黑客攻击的手段以找出应对的策略。

(5) 最小化系统。

尽量不要安装没有必要或者极少使用的软件，应关闭系统中不需要的后台服务、使用来源可靠的软件安装系统。不随便从 Internet 上下载软件，不运行来历不明的软件，不随便打开陌生人发来的邮件中的附件。

(6) 其他安全防护措施。

为了预防黑客入侵，需要对实体安全进行防范，包括机房、网络服务器、线路和主机等安全检查和监护，对系统进行全天候的动态监控，要经常运行专门的反黑客软件，经常检查用户的系统注册表和系统启动文件中自启动程序项是否有异常，做好系统的数据备份工作，及时安装系统的补丁程序等。

7.2 计算机病毒

随着计算机应用的普及和推广，国内外软件的大量流行，计算机病毒也迅速传播、蔓延，计算机病毒的滋扰也愈加频繁和严重，对计算机系统的正常运行带来威胁，甚至造成严重的后果。为了保证计算机系统的正常运行和数据的安全，防止病毒的破坏，计算机安全问题已日益受到广泛的关注和重视。

7.2.1 计算机病毒定义及其特征

1. 计算机病毒的概念

计算机病毒是人为设计的，能够利用计算机资源进行自我复制，对计算机系统构成危害的一种程序。在《中华人民共和国计算机信息系统安全保护条例》中对计算机病毒明确定义为"计算机病毒是指编制或者在计算机程序中插入的破坏计算机功能或者破坏数据，影响计算机使用并且能够自我复制的计算机指令或者代码"。

2. 计算机病毒的由来

早在 20 世纪 60 年代初，在美国贝尔实验室里，有几个程序员编写了一个名为《滋心大战》的游戏，游戏中通过复制自身来摆脱对方的控制，这也就是计算机病毒的雏形。到了 20 世纪 70 年代，美国作家雷恩在其出版的《PI 的青春》一书中构思了一种能够自我复制的基督教程序，并第一次称之为"计算机病毒"。1983 年，计算机专家将病毒程序在计算机上进行了实验，第一个计算机病毒就这样诞生在实验室。20 世纪 80 年代后期，巴基斯坦的两个编软件的兄弟为了打击盗版软件的使用者，设计了一个名为"巴基斯坦智囊"的病毒程序，传染软盘引导区，破坏软件的使用，这就是最早在世界上流行的一个真正的病毒。

自 1988 年开始，我国相继出现了能感染硬盘和软盘引导区的 Stone(石头)病毒，该病毒体代码中有明显的标志"Your PC new Stoned!""Legalise Marijuana",也称为"大麻"病毒等。该病毒不隐藏也不加密自身代码,所以很容易被查出和清除。类似这种特性的还有小球、Azusa/hong-kong/2708、Michaelangelo,这些都是从国外感染进来的。而国内的 Blody、Torch、Disk Killer 等病毒,实际上大多数是 Stone 病毒的翻版。

20 世纪 90 年代中期前,大多数病毒是基于 DOS 系统的,后期开始在 Windows 中传染。随着因特网的广泛应用,Java 恶意代码病毒也出现了。随着 Office 软件的使用,又出现了近万种 Word(Macro)病毒,并以迅猛的势头发展,已形成了病毒的另一大派系。宏病毒是一种寄生在文档或模板宏中的计算机病毒,一旦打开带有宏病毒的文档,病毒就会被激活,驻留在模板上,所有自动保存文档都会感染上这种宏病毒。凡是具有写宏能力的软件,如 Word、Excel 等 Office 软件都有可能感染宏病毒,再加上宏病毒不分操作系统,因此传播迅速。

计算机病毒层出不穷,但人们开始发现其实有众多的病毒其"遗传基因"却是相同的,也就是说它们是"同族"病毒。大量具有相同"遗传基因"的"同族"病毒涌现,其实都是使用"病毒生产机"自动生产出来的"同族"新病毒。

因特网传播的病毒的出现标志着因特网病毒将利用因特网的优势,快速进行大规模的传播,从而使病毒在极短的时间内遍布全球。1999 年 2 月,Melissa(美丽杀)病毒席卷欧美大陆,这是世界上最大的一次网络蠕虫大泛滥。之后几年,诸如爱虫、SirCam 等网络病毒相继爆发。病毒往往同时具有两个以上的传播方式和攻击手段,一经暴发即在网络上迅速传播。

3. 计算机病毒的特征

(1) 传染性:计算机病毒具有强再生机制和智能作用,能主动将自身或其变体通过媒体(主要是磁盘)传播到其他无毒对象上。这些对象可以是一个程序,也可以是系统中的某一部位,同时使被传染的计算机程序、计算机、计算机网络成为计算机病毒的生存环境及新的传染源。

(2) 破坏性:当计算机病毒发作时,都具有一定的破坏性。计算机病毒的破坏性主要有两方面:一是占用系统的时间、空间资源;二是干扰或破坏计算机系统的正常工作,修改或删除数据,严重地破坏系统,甚至使系统瘫痪。

(3) 寄生性:计算机病毒可以将自己嵌入其他文件内部,依附于其他文件而存在,还不易被发现。

(4) 可触发性:一个编制巧妙的计算机病毒可以在文件中潜伏很长时间,传染条件满足前,病毒可能在系统没有表现症状,不影响系统的正常运行,在一定的条件下,激活了它的传染机制后,才进行传染,在另外的条件下,则可能激活它的破坏机制,进行破坏。这些条件包括指定的某个日期或时间、特定的用户标志的出现、特定文件的出现和使用、特定的安全保密等级,或文件使用达到一定次数等。

(5) 不可预见性:从对病毒的检测方面来看,病毒还有不可预见性。不同种类的病毒,它们的代码千差万别,隐藏方式隐蔽,加之有些病毒有一定的潜伏期,因此很难预见。

7.2.2 计算机病毒的分类

计算机病毒的种类繁多,从不同的角度可以分为不同的种类。

1. 按病毒产生的后果

按病毒产生的后果，计算机病毒可以分为良性病毒和恶性病毒。

良性病毒是指只有传染机制和表现机制，不具有破坏性。例如，国内最早出现的小球病毒就属于良性病毒。

恶性病毒是指既具有传染和表现机制，又具有破坏性的病毒。当恶性病毒发作时，会造成系统中的有效数据丢失，磁盘可能会被格式化，文件分配表会出现混乱等，系统也有可能无法正常启动，外设工作异常等。如"黑色星期五病毒"，如果微型计算机受到这种病毒的侵袭，在 13 日并且是周五这天，所有被加载的可执行文件将被全部删除。

2. 按病毒的寄生方式

按病毒的寄生方式，计算机病毒可以分为引导型病毒、文件型病毒和混合型病毒。

引导型病毒是指寄生在磁盘引导扇区中的病毒，当计算机从带毒的磁盘引导时，该病毒就被激活。如"大麻"病毒和"小球"病毒。

文件型病毒是指寄生在. COM 或. EXE 等可执行文件中的病毒。病毒寄生在可执行程序体内，当系统运行染有病毒的可执行文件时，病毒被激活。病毒程序会首先被执行，并将自身驻留在内存，然后设置触发条件，进行传染。如"TrickBot 病毒"是一种银行木马病毒，通过感染可执行文件进行传播，并窃取用户的敏感信息。

混合型病毒是指既寄生于可执行文件，又寄生于引导扇区中的病毒，如 Nimda 病毒属于混合型病毒。

3. 按病毒传播途径

按病毒传播途径，计算机病毒可分为传统单机病毒和现代网络病毒。

在 Internet 普及以前，病毒攻击的主要对象是单机环境下的计算机系统，一般通过软盘、光盘等可移动存储介质来传播，病毒程序大都寄生在文件内，这种传统的单机病毒现在仍然存在并威胁着计算机系统的安全。

随着网络的出现和 Internet 的迅速普及，计算机病毒也呈现出新的特点，在网络环境下病毒主要通过计算机网络来传播，病毒程序一般利用了操作系统中存在的漏洞，通过电子邮件附件和恶意网页浏览等方式来传播。主要有：

(1) 蠕虫病毒。

1988 年 11 月，美国康奈尔大学的学生 Robert Morris(罗伯特・莫里斯)编写的"莫里斯蠕虫"病毒蔓延，造成数千台计算机停机，蠕虫病毒开始现身于网络。蠕虫病毒是一种可以自我复制的代码，并且通过网络传播，通常无需人为干预就能传播。蠕虫病毒入侵并完全控制一台计算机之后，就会把这台机器作为宿主，进而扫描并感染其他计算机。当这些新的被蠕虫病毒入侵的计算机被控制之后，蠕虫病毒会以这些计算机为宿主继续扫描并感染其他计算机，这种行为会一直延续下去。蠕虫病毒使用这种递归的方法进行传播，按照指数增长的规律分布自己，进而及时控制越来越多的计算机。

蠕虫病毒的特点是具有较强的独立性、可以利用操作系统的各种漏洞进行主动攻击、传染范围广、隐蔽性强、追踪困难等。

按传播方式不同，蠕虫病毒可分为电子邮件(E-mail)蠕虫病毒、即时通信软件蠕虫病毒、P2P 蠕虫病毒、漏洞传播的蠕虫病毒和搜索引擎传播的蠕虫病毒。

(2) 木马病毒。

木马病毒是指在正常访问的程序、邮件附件或网页中包含了可以控制用户计算机的程序,它表面上完成一种功能,而实际上隐藏的程序却非法入侵并监控用户的计算机,窃取用户的账号和密码等机密信息。

木马病毒一般通过电子邮件、即时通信工具(如 MSN 和 QQ 等)和恶意网页等方式感染用户的计算机,多数都是利用了操作系统中存在的漏洞。如"QQ 木马",该病毒隐藏在用户的系统中,发作时寻找 QQ 窗口,给在线上的 QQ 好友发送诸如"快去看看,里面有……好东西"之类的假消息,诱惑用户单击一个网站,如果有人信以为真单击该链接的话,就会被病毒感染,然后成为毒源,继续传播。

现在有少数木马病毒加入了蠕虫病毒的功能,这使得其破坏性更强。例如,"安哥(Baxkdoor. Agobot)",又叫"高波病毒",该病毒利用微软的多个安全漏洞进行攻击,最初仅仅是一种木马病毒,其变种加入了蠕虫病毒的功能以后,病毒发作时会造成中毒用户的计算机出现无法进行复制和粘贴等操作,无法正常使用 Office 和 IE 浏览器等软件,并且大量浪费系统资源,使系统速度变慢甚至死机。该病毒还利用在线聊天软件开启后门,盗取用户正版软件的序列号等重要信息。

7.2.3 计算机病毒的破坏方式

1. 破坏操作系统

这类病毒直接破坏计算机的操作系统的磁盘引导区、文件分配表、注册表等,强行使计算机无法启动,导致计算机系统的瘫痪。

2. 破坏文件

病毒发起攻击后会改写磁盘文件甚至删除文件,造成数据永久性的丢失。如,宏病毒附加在 Word 文档中的自动宏或命令宏中,受到感染的 Word 文档一旦被打开,宏病毒就开始执行,在其他文档中复制自己,删除文件,或用垃圾增加所攻击的文件的长度,使所有感染病毒的文件长度无限地增长,最后耗尽磁盘空间。

3. 占用系统资源

病毒占用系统资源,使计算机运行异常缓慢,或使系统因资源耗尽而停止运行。如振荡波病毒,如果攻击成功,则会占用大量资源,使 CPU 占用率达到 100%。邮件炸弹(E-mail Bomb)使得攻击目标主机收到超量的电子邮件,使得主机无法承受导致邮件系统崩溃。病毒使用你的 E-mail 账号,向你的 E-mail 地址簿中的用户疯狂发送邮件,邮件中一般包含有伪装为图片、Word、PDF 的病毒,诱使你的联系人中病毒,形成更大范围的攻击。

4. 消耗网络

如果网络内的计算机感染了蠕虫病毒,蠕虫病毒会使该计算机向网络中发送大量的广播包,从而占用大量的网络带宽,使网络拥塞。另外,收到蠕虫病毒广播的计算机需要阅读报文,因而也消耗了计算机的处理性能,导致速度缓慢。

5. 发布广告,传输垃圾信息

早期 Windows 2000 和 Windows XP 等都内置消息传输功能,用于传输系统管理员所发送的信息。Win32 QLExp 这样的病毒会利用这个服务,使网络中的各个计算机频繁弹出一个名为"信息服务"的窗口,广播各种各样的信息。大多数普通用户并不需要这个 Message 服务,用户可以在控制面板中手工修改该服务的配置为不启动,能有效避免被利用。微软在后来的版本中也把 Message 服务默认设置修改为不启动。

当前浏览器劫持、广告软件对计算机用户影响很大。浏览器劫持是一种恶意程序,通过

DLL 插件、BHO、Winsock LSP 等形式对用户的浏览器进行篡改,使用户浏览器出现访问正常网站时被转向到恶意网页、修改 IE 浏览器主页、搜索页被修改为劫持软件指定的网站地址等。针对这些情况,用户应该采取如下措施:不要轻易浏览不良网站、不要轻易安装来源可疑的软件、使用 360 安全卫士查看维护浏览器插件、使用 360 安全卫士阻止浏览器安全设置可疑修改、检查浏览器安全站点列表是否被恶意添加。广告软件是指未经用户允许,下载并安装或与其他软件捆绑通过弹出式广告或以其他形式进行商业广告宣传的程序。

6. 泄露计算机内的信息

木马通常有两个可执行程序:一个是客户端,即控制端;另一个是服务端,即被控制端。木马的设计者为了防止木马被发现,而采用多种手段隐藏木马。木马的服务一旦运行并被控制端连接,其控制端将享有服务端的大部分操作权限,例如给计算机增加口令,浏览、移动、复制、删除文件,修改注册表,更改计算机配置等。如果计算机感染了木马,很容易被再安装上其他恶意软件,如间谍软件(Spyware)。间谍软件是能够在使用者不知情的情况下,在用户计算机上安装后门程序的软件。用户的隐私数据和重要信息会被那些后门程序捕获,甚至这些后门程序还能使黑客远程操纵用户的计算机,有些类似木马群。著名的木马群就是一群互相安装、互相掩护、互相保护的木马。防治木马、间谍软件应注意不要轻易安装共享软件或"免费软件",这些软件里可能含有广告程序、间谍软件、木马等不良代码。

7. 扫描网络中的其他计算机,开启后门

感染"口令蠕虫"病毒的计算机会扫描网络中其他 Windows 计算机,进行共享会话,猜测别人计算机的管理员口令。如果猜测成功,就将蠕虫病毒传送到那台计算机上,开启 VNC 后门,对该计算机进行远程控制。被感染的计算机上的蠕虫病毒又会开启扫描程序,扫描、感染其他计算机。

7.2.4 计算机病毒的预防

计算机病毒防治工作的基本任务是:在计算机的使用过程中,利用各种行政和技术手段,防止计算机病毒的侵入、存留、蔓延。对计算机用户来说,如同对待生物学的病毒一样,应提倡"预防为主,防治结合"的方针,应在思想上予以足够的重视,牢固树立计算机安全意识。具体来说,计算机病毒的预防工作应从以下几方面进行。

1. 安装软件的补丁程序

(1) 使用 Microsoft Update 和"自动更新"。

选择"开始"→"控制面板"→"类别"→"大图标"→Windows Update 命令,打开如图 7-2 所示的 Windows Update 窗口。

该窗口显示最近的更新检查时间、安装更新的时间,用户可以检查更新、设置自动更新的时间间隔、查看更新历史、撤销某些更新等。在计算机能够访问 Internet 的情况下,检查更新将连接到 Microsoft Update,下载更新程序并安装。

(2) 使用 360 安全卫士安装更新。

安装 360 安全卫士后,该软件将在开机后自动启动,自动检测 Windows 和计算机上已安装的其他软件的安全更新,自动查找网络、自动下载安全更新,并询问用户是否一键修复,如图 7-3 所示,然后自动安装所有安全更新。如果 360 安全卫士运行稳定,不配置运行 Windows 的自动更新也是可以的。新安装好的 Windows 一定要尽快安装安全更新。

2. 操作系统安全设置最小化原则

安全设置是指计算机操作系统中一些与安全相关的设置,如用户权限、共享设置、安全

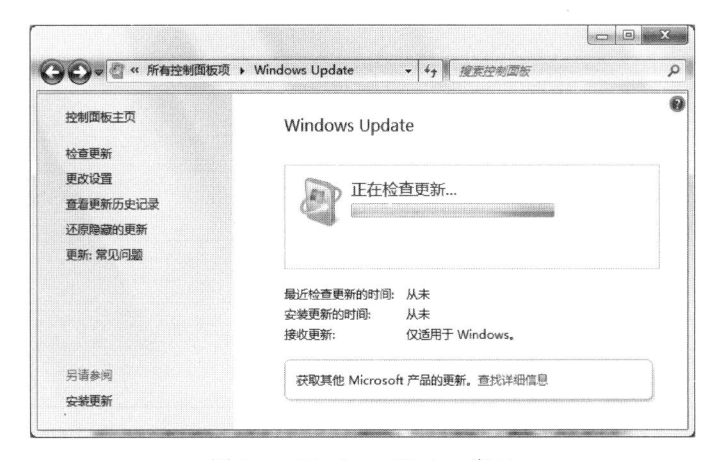

图 7-2　Windows Update 窗口

属性设置等。

(1) 取消自动登录设置。

在安装 Windows 时如果不经意选择了自动登录选项,则每当计算机系统启动时都不会要求用户输入用户名和密码,而是自动利用用户前次登录使用过的用户名和密码进行登录。这样,其他人就会很容易进入自己的计算机,这是不安全的。

(2) 修改用户密码,使密码长度、复杂度到难以猜测、破解的程度。

(3) 进行账户设置。

建立尽可能少的账户,多余的账户一律删除。多一个账户就多一份安全隐患。

(4) 删除没有必要的协议。

选择"控制面板"→"网络和 Internet"→"网络和共享中心"→"更改适配器设置"→选择相应的网络,右击,在弹出的快捷菜单中选择"属性"命令,打开如图 7-4 所示的"本地连接 属性"对话框。

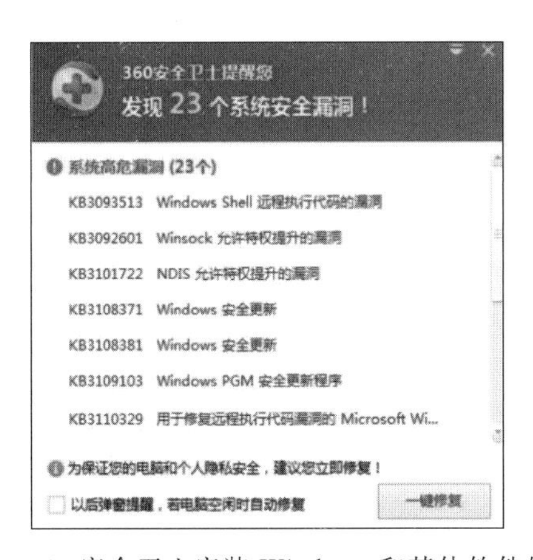

图 7-3　360 安全卫士安装 Windows 和其他软件的更新

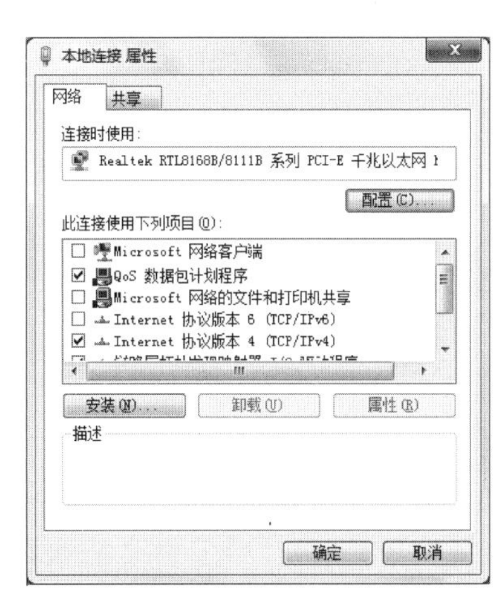

图 7-4　删除没有必要的协议和绑定

如果不使用网络邻居中的共享文件和共享打印机,也不为网络邻居的其他用户提供文件共享和打印共享,暂时也没有使用 IPv6 的地方,可以取消选择"Microsoft 网络客户端""Microsoft 网络的文件和打印机共享""Internet 协议版本 6"三个复选框,如图 7-5 所示。

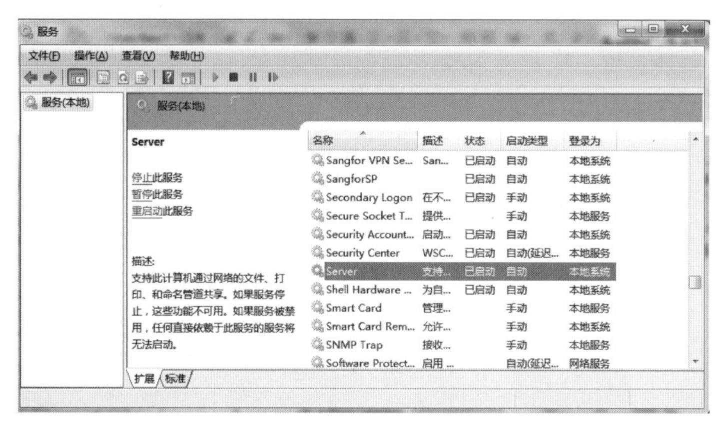

图 7-5　管理 Windows 服务

(5) 取消不需要的共享目录和磁盘。

时常使用控制面板的“管理工具”的“计算机管理”查看当前有哪些文件目录被共享。如果不使用网络邻居中的共享文件和共享打印机，以“//计算机名/资源名”方式访问其他计算机共享的资源，也不提供共享文件和共享打印机，可以通过“控制面板”→“管理工具”→“服务”来停用 Server 服务，如图 7-5 所示。双击 Server 服务。单击“停止”，选择“手动”，这样就关闭了 Windows 的 Server 服务了，如图 7-6 所示。通过“控制面板”→“管理工具”→“计算机管理”→“共享文件夹”，打开如图 7-7 所示的共享资源查看窗口，发现所有的共享都消失了。

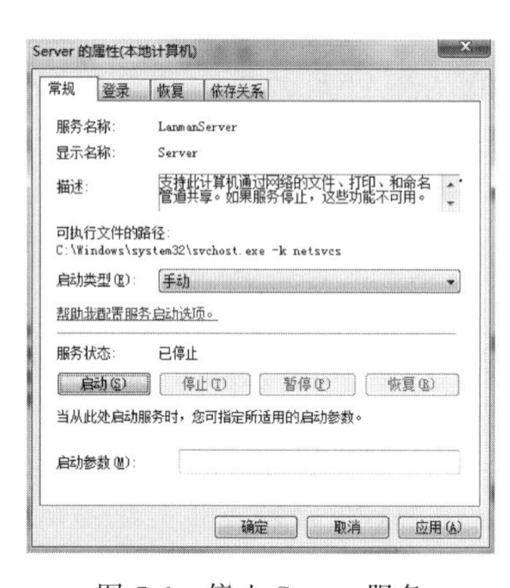

图 7-6　停止 Server 服务

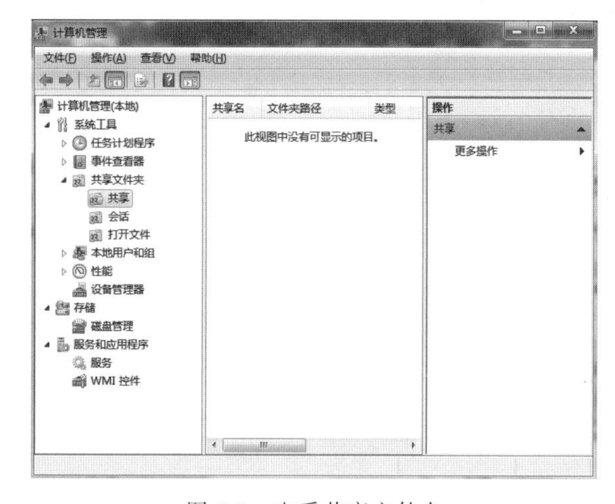

图 7-7　查看共享文件夹

作为普通计算机用户，使用图 7-4 的演示就可以适当保护计算机，对于计算机比较了解、要求更高安全的情况可以参考图 7-6 的演示。实际上 Windows 还有其他可能普通用户用不到的服务、或者很偶尔使用的服务，如果对计算机了解比较深入，调整的空间还是很大的。

(6) 调整计算机的因特网安全级别。

选择“IE 浏览器”→“工具”→“Internet 选项”→“安全”命令即可调整安全级别，如果担心安全选项被恶意程序调整了，恢复默认是简单快捷的办法。

3. 严格控制 USB 接口启动、网卡启动、光驱启动

系统安装好后，设置硬盘启动优先，避免未经授权的用户使用 U 盘、USB 接口移动硬盘、USB接口光驱、主机自带光驱启动计算机。一旦启动成功，可以轻松复制、破坏计算机中的数据，甚至修改Windows密码。一般需要设置BIOS密码，如图7-8所示。BIOS密码生效后，再修改BIOS配置必须提供密码，避免BIOS中的启动顺序被恶意修改。通过BIOS设置启动设备顺序，如图7-9所示。

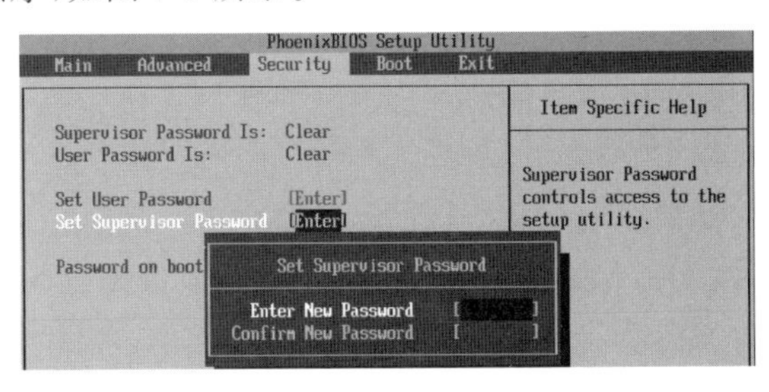

图7-8　设置BIOS密码

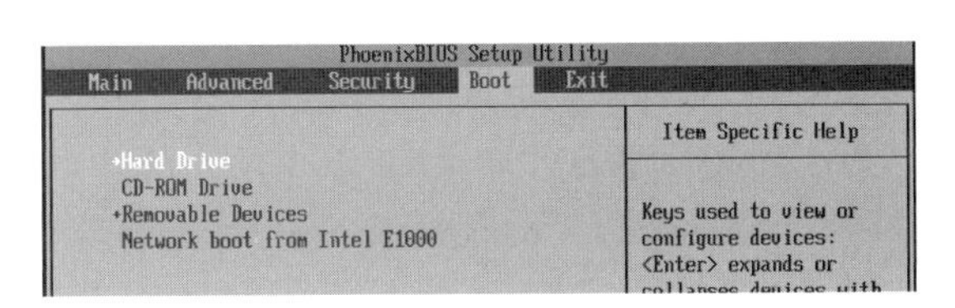

图7-9　设置启动设备顺序

4. 软件来源要可靠

慎用来历不明的程序，慎用公共软件和共享软件，不用盗版软件，杀毒软件要经常更新。

5. 数据备份

定期备份计算机上的关键数据，无论计算机病毒、硬件坏损、自己的错误操作导致的数据丢失，都可以通过数据备份恢复。建议关键文件资料备份到移动硬盘单独管理，把文件备份到其他磁盘分区的帮助不大。定期备份数据、定期检查备份数据是否损坏很重要。

6. 创建系统映像和修复光盘

Windows系统文件、Windows 11的Boot分区数据或硬盘MBR损坏都可能导致Windows无法正常启动和工作，创建系统映像和修复光盘可以修复和恢复安装在硬盘的Windows 11，具体参见本书2.7.3节。

7.2.5　计算机病毒的清除

安装计算机杀毒软件、每天升级杀毒软件、每次开机关注杀毒软件是否正常启动都是极为重要的习惯。同时安装2个或更多杀毒软件是很不可取的方法，安全难以提高的同时兼容问题、计算机性能问题将极大困扰用户使用。

普通计算机用户不要试图手工清除病毒，如果感觉计算机异常，杀毒软件已经最新或杀毒软件无法启动工作，立即向专业IT人士求助才是首选。

7.3　信息安全技术

计算机技术及网络技术的普及使得信息的存储、传输更加方便快捷，但面对计算机病毒和网络黑客的威胁，人们又担心自己的重要信息被他人截获并利用。随着电子商务的发展，保证网上交易的安全和可靠成为电子商务成功的关键因素，所以必须保证人们信息存储的安全以及网络中信息传输的保密性、完整性和不可抵赖性。

7.3.1 信息存储安全技术

由于计算机普遍使用磁盘存储设备保存，而存储设备一旦出现故障而造成其存放的数据损坏或丢失，将可能带来不可估量的严重后果。而任何重要信息又都面临着设备故障导致数据破坏的严重问题。

为解决这样的问题，就需要采取冗余数据存储的方案。所谓冗余数据存储，就是指数据同时被放在两个或两个以上的存储设备中。由于存储设备同时损坏的可能性很小，因此即使发生存储设备故障，数据总会从另外没有出现故障的存储设备中恢复，从而保障了数据信息的安全。

这里讨论的冗余数据存储安全，不是普通的数据定时备份。采取普通的数据定时备份方案，一旦存储设备出现故障，总会有未来得及备份的数据被丢失。这种备份方式并不能保证数据的完整性。因此，为了保证信息的可靠存储，需要动态地实现数据备份。也就是说，重要数据需要同时存放在两个或两个以上的存储设备中，冗余存储设备中的数据需要保持高度一致性。

实现数据动态冗余存储的技术分为磁盘镜像、双机容错。

1. 磁盘镜像技术

磁盘镜像的工作原理如图 7-10 所示。通过安装两块容量和分区一致的磁盘(建议，不是必需)，在 RAID 控制器的控制下，只要发生向磁盘 A 写操作，就同时对磁盘 B 也进行同样的写操作。如果磁盘 A 损坏，数据可以从磁盘 B 中恢复。反之，如果磁盘 B 损坏，数据在磁盘 A 中仍然被完好保存。使用磁盘镜像保护数据免受硬件坏损丢失的同时，磁盘 I/O 的读操作有很大的提高。

虽然自 Windows NT 开始，Windows 自身就提供软件的 RAID 实现，但生产实际中使用硬件 RAID 控制器效果比较好，比较常见。普通 PC 使用的 RAID 卡如图 7-11 所示。服务器绝大多数都有内置的 RAID 卡。

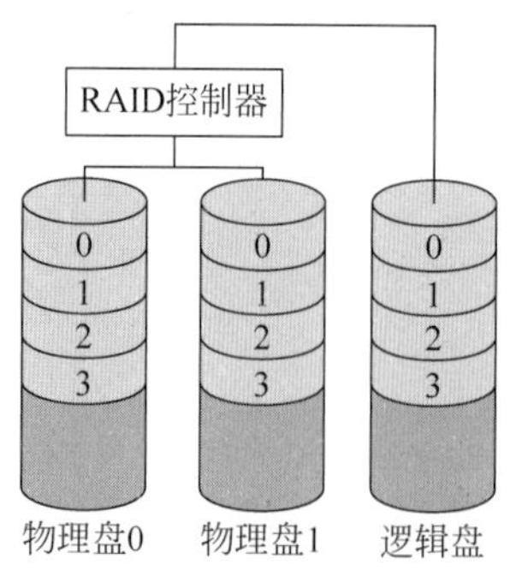

图 7-10 RAID 磁盘镜像示意

图 7-11 SATA 接口 4 通道 RAID 卡

如图 7-12 所示，该计算机安装有 3 块硬盘，分别为磁盘 0(60GB)、磁盘 1(500GB)、磁盘 2(500GB)。使用 Windows 自身的 RAID 功能，就可以实现磁盘镜像，打开“计算机管理”，建立 RAID 磁盘镜像卷，把磁盘 1 和磁盘 2 添加过去即可。磁盘 1 和磁盘 2 创建为 1 个

500GB 的逻辑卷。如果把 3 块 500GB 的磁盘做镜像，将出现一个 500GB 的逻辑卷，能够存储 500GB 数据，也就是说 3 块硬盘一样的存储数据，牺牲了存储量。

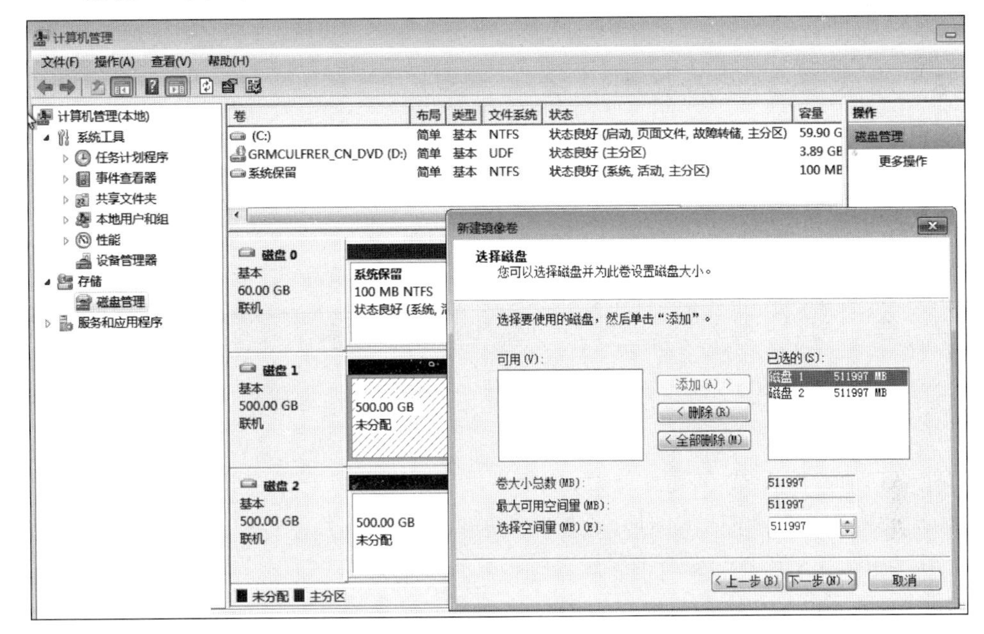

图 7-12　使用 Windows 11 的 RAID 功能

2. 双机容错技术

双机容错技术是一种投资相对较大的技术，如图 7-13 所示，双机容错技术使用两台服务器，其中一台充当面向用户的主服务器，另外一台则跟踪主服务器的工作。数据被存储在公用磁盘柜中，数据的完整性安全和可用性安全得到了最大限度的保障。

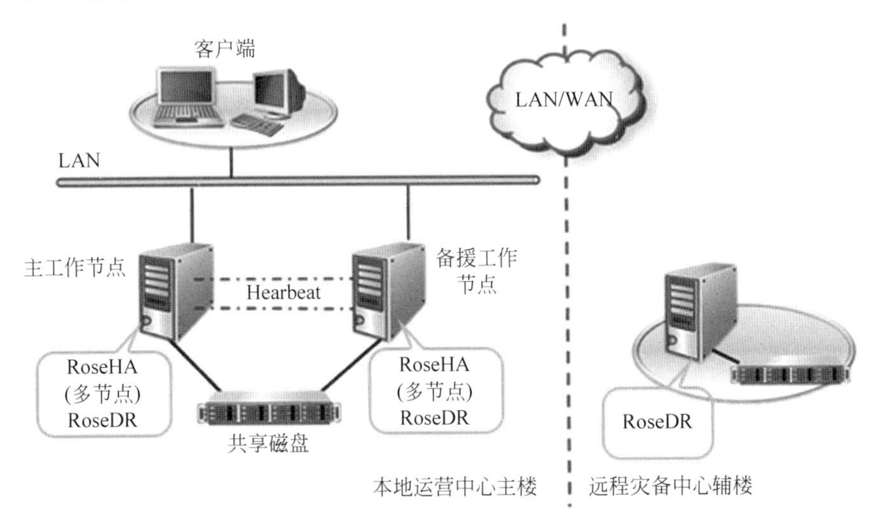

图 7-13　双机容错与远程灾备中心

对于高度重要的数据，不仅需要将数据存储在不同的存储设备中，还需要将不同的存储设备远距离分开放置，以避免火灾这样的意外破坏。双机容错技术的优势是主数据服务器和备份服务器之间的距离可以很远，充分满足数据安全的要求。

双机容错技术还可以保证当主服务器出现故障时，备份服务器能够迅速及时地启动，替代主服务器，承担起数据提供任务。由于大型网络上的服务器故障会造成直接的经济损失，带来严重的后果，因此双机容错技术承担了保障数据可靠性的重要任务。

7.3.2 信息安全防范技术

现阶段较为成熟的信息安全技术有数据加密技术、数字签名技术、身份认证技术、防火墙技术等。

1. 数据加密技术

数据加密就是将被传输的数据转换为表面上杂乱无章的数据，合法的接收者通过逆变换可以将其恢复成原来的数据，而非法窃取得到的则是毫无意义的数据。需要传输的没有加密的原始数据称为明文；加密以后的数据称为密文；明文变换为密文的过程称为加密；密文变换为明文的过程称为解密；将明文加密为密文的变换方法称为加密算法；密钥一般是一串数字，而加密和解密算法则是作用于明文或密文以及对应密钥的一个数学函数。

现代数据加密技术中，加密算法是公开的，密文的可靠性在于公开的加密算法使用不同的密钥，其结果是不可破解的。而解密算法是加密算法的逆过程。

密钥在加密和解密的过程中使用，它与明文一起被输入给加密算法，产生密文。对截获信息的破译，事实上是对密钥的破译。密码学对各种加密算法的评估，是对其抵御密码被破解能力的评估。攻击者破译密文，不是对加密算法的破译，而是对密钥的破译。理论上讲，任何密文都是可以破译的，但如果是需要花费数十年的时间才能完成，其信息的保密价值就丧失了，因此，对其的加密也就是成功的。

目前，任何先进的破译技术都是建立在穷举方法上的，也就是说，仍然离不开密钥试探。当加密算法不变时，破译需要消耗的时间长短取决于密钥的长短和破译者所使用的计算机的运算能力。

表 7-1 列举了用穷举法破译密钥所需要的平均破译时间。

表 7-1　用穷举法破译密钥所需要的平均破译时间

密钥长度	破译时间(搜索 1 次/微秒)	破译时间(搜索 100 万次/微秒)
32	38.5 分	2.5 微秒
56	1142 年	10 小时
128	5.4×10^{24} 年	5.4×10^{18} 年

从表 7-1 中数据可以看出，即使使用每微秒可搜索 100 万次的计算机系统，对于 128 位的密钥来说，破译也是不可能的。当然计算机的运算能力的发展也是很快的，每秒搜索次数提高也很快。目前基于 SSH 管理服务器时，可以使用 2048 位密钥。

2. 数字签名技术

数字签名(Digital Signature)就是通过密码技术对电子文档形成的签名，它类似现实生活中的手写签名。但数字签名并不是手写签名的数字图像化，而是加密后得到的一串数据。数字签名是为了保证发送信息的真实性和完整性，解决网络通信中双方身份的确认，防止欺骗和抵赖行为的发生。

数字签名要能够实现网上身份的认证，必须满足以下三个要求。

(1) 接收方可以确认发送方的真实身份。

(2) 接收方不能伪造签名或篡改发送的信息。

(3) 发送方不能抵赖自己的数字签名。

为了满足上述要求,数字签名采用了公开密钥数据加密的方式,就是发送方用自己的私钥来加密,接收方则利用发送方的公钥来解密。在实际应用中,一般把签名数据和被签名的电子文档一起发送,为了确保信息传输的安全和保密,通常采取加密传输的方式。

目前,数字签名已经应用于网上安全支付系统、电子银行系统、电子证券系统、安全电子邮件系统、电子订票系统、网上购物系统和网上报税等一系列电子商务应用的签名认证服务。

例如,要发送一封添加数字签名的电子邮件,并进行保密传输,可以通过以下步骤完成:

(1) 启动 Outlook Express 软件。

(2) 单击"新邮件"窗口中"工具/数字签名"实现对指定新邮件添加数字签名。

(3) 单击"工具/加密"实现对指定新邮件的内容和附件进行加密。

添加了数字签名和加密的新邮件如图 7-14 所示。

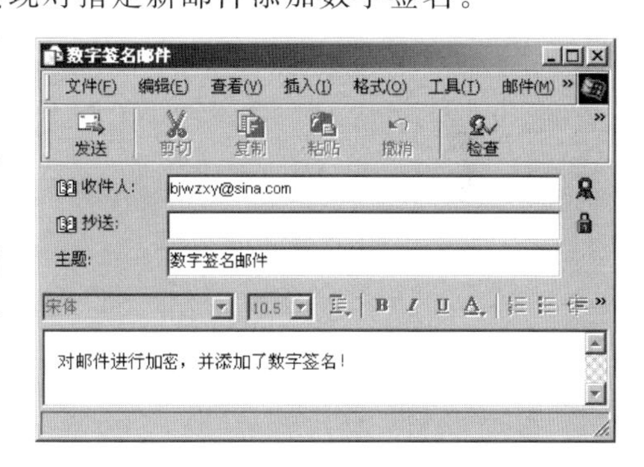

图 7-14 添加了数字签名和加密的新邮件

要能够添加数字签名,必须有一个公钥和相对应的私钥,而且还要能够证明公钥持有者的合法身份,这就需要引入数字证书技术。

3. 数字证书

数字证书就是包含了用户的身份信息,由权威认证中心(Certificate Authority,CA)签发,主要用于数字签名的一个数据文件,相当于一个网上身份证,能够帮助网络上各终端用户表明自己的身份和识别对方的身份。

在国际电信联盟(International Telecommunication Union,ITU)制定的标准中,数字证书中包含了申请者和颁发者的信息,如表 7-2 所示。

表 7-2 数字证书的内容

申请者的信息	颁发者的信息
证书序列号(类似于身份证号码)	颁发者的名称
证书主题(即证书所有人的姓名)	颁发者的数字签名
证书的有效期限	签名所使用的算法
证书所有人的公开密钥	—

数字证书主要用于实现数字签名和信息的保密传送。数字签名的实现方式是:发送方用自己的私钥加密添加数字签名,接收方则利用发送方的数字证书中的公钥解密来验证签名。信息保密传送的实现方式是:发送方用接收方的数字证书中的公钥来加密明文,形成密文发送,接收方收到密文后就可以用自己的私钥解密来获得明文。

数字证书是由 CA 来颁发和管理的,数字证书一般分为个人数字证书和单位数字证书,申请的证书类别则有电子邮件保护证书、代码签名数字证书、服务器身份验证和客户身份验证证书等。

4. 防火墙技术

防火墙是设置在被保护的内部网络和外部网络之间的软件和硬件设备的组合，对内部网络和外部网络之间的通信进行控制，通过监测和限制跨越防火墙的数据流，尽可能地对外部屏蔽网络内部的结构、信息和运行情况，用于防止发生不可预测的、潜在破坏性的入侵或攻击，这是一种行之有效的网络安全技术，如图 7-15 所示。

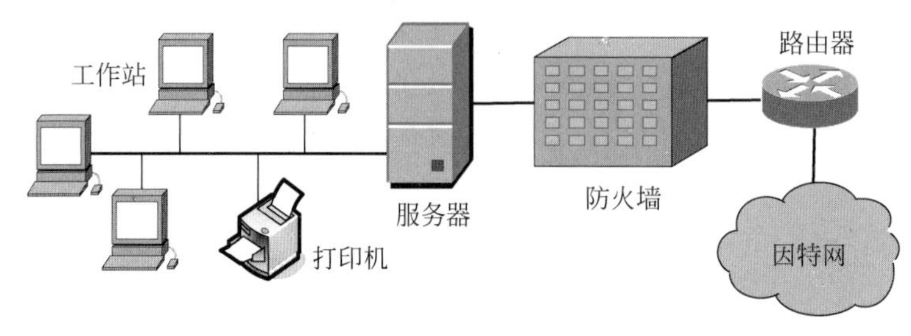

图 7-15　防火墙示意图

防火墙通常是运行在一台计算机上的一个计算机软件，主要保护内部网络的重要信息不被非授权访问、非法窃取或破坏，并记录内部网络和外部网络进行通信的有关安全日志信息，如通信发生的时间和允许通过数据包和被过滤掉的数据包信息。

将局域网放置于防火墙之后可以有效阻止来自外界的攻击。如一台 WWW 代理服务器防火墙，它不是直接处理请求，而是验证请求发出者的身份、请求的目的地和请求的内容，如果一切符合要求，这个请求会被批准送到真正的 WWW 服务器上。当真正的 WWW 服务器处理完这个请求后，并不直接把结果发送给请求者，而把结果送到代理服务器，代理服务器会按照事先的规则检查这个结果是否违反了安全策略，当一切都验证通过后，返回结果才会真正地送到请求者手中。

防火墙具有较高的抗攻击能力，设置于系统和网络协议的底层，在访问与被访问的端口设置严格访问规则，以切断一切规则以外的网络连接的软件和硬件的组合。除了对网络进行管理、设置访问与被访问的规则、切断被禁止的访问以外，计算机系统上防火墙还需要分析过滤进出的数据包，检测并记录通过防火墙的信息内容和活动，并且对来自网络的攻击行为进行检测和报警。这些都是防火墙的功能，不论是物理性的防火墙，还是防火墙软件，都需要具备这些基本功能。

当前流行的防火墙技术主要有以下几种。

(1) 包过滤型防火墙。

包过滤型防火墙技术是一种较简单而有效的安全控制技术。在网络通信中，数据交换是以包(Packet)的形式进行的，它对所有进出计算机或网络系统的数据包进行检查，获得数据包头的内容，了解数据包的发送地址、目标地址、使用协议、TCP 或者 UDP 的端口等信息，将检查内容与设置的规则相比较，根据规则的匹配结果决定是否允许数据包的进出。

这种技术类型的优势是速度，由于只是检查数据包的结构，对数据包所携带的内容并不实施任何形式的检查，因此速度非常快。另一个比较明显的好处是，对用户而言，这种包过滤防火墙是透明的，无须用户进行配置。

但包过滤型防火墙的弱点也是显而易见的：没有足够的记录与报警机制，无法对连接进行全面控制，对拒绝服务攻击、缓冲区溢出攻击等高层次的攻击手段无能为力。

(2) 检测型防火墙。

检测型防火墙又称为动态包过滤型技术。该技术在自身 Cache 或内存中维护着一个动态的状态表,当有新建的连接时,会要求与预先设置的规则相匹配,如果满足要求,就允许连接,并在内存中记录下连接的信息,生成状态表。对该连接的后续数据包,只要符合状态表,就可以通过。

这种技术的性能和安全性都比较高,遇到需要打开新的端口时,可以通过检测应用程序的信息与安全规则,动态地打开端口,并在传输结束时自动关闭端口。如果结合用户认证方式,能够提供应用级的安全认证手段,安全控制力度更为细致,而且,由于对于已经建立连接的数据包常常不再进行访问控制的内容检查,速度也得到提高。

此外,对系统管理员而言,配置访问规则时需要考虑的内容相对简单了一些,出错率降低。但是由于检测型的防火墙本质上还是包过滤防火墙,因此传统包过滤防火墙的一些弱点依然存在。

(3) 个人防火墙。

目前,Windows 默认启动自带的防火墙。选择"开始"→"控制面板"→"查看方式"→"大图标"→"管理工具"→"服务"→Windows Firewall 命令,打开如图 7-16 所示的对话框。如果 Windows 防火墙启动失败(Windows 异常或被病毒木马恶意关闭),屏幕右下角将出现安全警告,如图 7-17 所示。

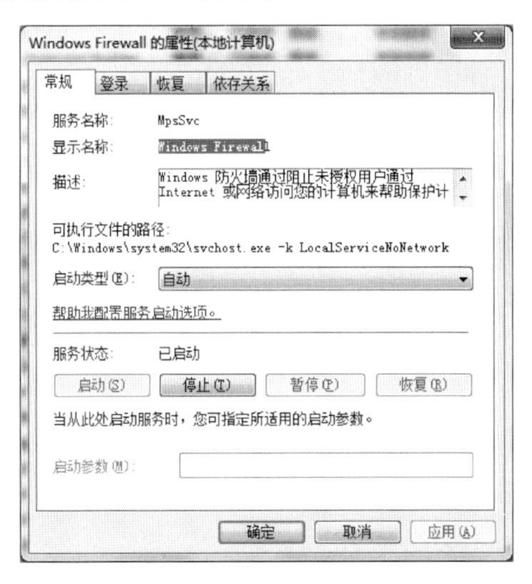

图 7-16　防火墙自动启动

图 7-17　防火墙关闭的安全警告

当安装的应用软件如 QQ、股票行情交易等需要网络连接的软件,Windows 系统自动在 Windows 自带的防火墙中添加许可策略,或提示用户是否允许该软件访问网络。防火墙设置具体参见本书 2.7.4 节。

7.4　知识产权保护

伴随着人类文明与商品经济的发展,知识产权保护制度日益成为各国智力成果所有者权益、促进科学技术和社会经济发展、进行国际竞争的有力的法律措施。

7.4.1 知识产权

知识产权(Intellectual Property)是指人类通过创造性的智力劳动而获得的一项智力性的财产权。知识产权不同于动产和不动产等有形物,它是在生产力发展到一定阶段后,才在法律中作为一种财产权利而出现的。知识产权是经济和科学技术发展到一定阶段后出现的一种新型的财产权。

当今世界各国制定了不少有关保护知识产权的法律和国际性、地区性的协定或公约,一般可将其分为两类:一是著作权(又称版权);二是工业产权。随着生产力的飞速发展,不断出现了许多新的东西、新的事物,如计算机、航天技术、载人卫星、人类登月等。这一系列生产力的发展,都会产生一些新的法律上的权利。

知识产权是一种无形财产,它与有形财产一样,可作为资本投资、入股、抵押、转让、赠送等,但有专有性、地域性和时间性的特征。

专有性即知识产权的独占权、垄断性和排他性。如,同一内容的发明创造只给予一个专利权,由专利权人所垄断,不经许可,任何单位和个人不得使用,否则就构成侵权。地域性是指国家所赋予的权利只在本国国内有效,如要取得某国的保护,必须要得到该国的授权。时间性是指知识产权都有一定的保护期限,保护期一旦失去,便进入公有领域,即它保护的知识财产就变成属于社会的公共财产,如在中国发明的专利,从申请日起计算为20年。

知识产权是国家通过立法使其地位得到确认,并通过知识产权法律的实施才使得知识产权权利人合法权益得到现实的法律保障。知识产权保护是一项系统工程,知识产权保护主要包括立法保护、行政保护、司法保护、知识产权的集体管理组织保护、知识产权人或其他利害关系人的自我救济等5方面。这5方面相互渗透、相互配合,形成一个综合系统,进行综合治理,形成一个立体防线,这样才能有效地对知识产权进行保护,才能够及时制止、制裁侵权行为。同时,还要不断提高全社会公民的知识产权意识。

在计算机界,知识产权除了设计上的专利外,主要就是软件的版权问题。

7.4.2 软件版权及其保护

由于软件具有可复制性的特点,因此,容易被复制使用。复制一个软件的过程相当的简单,所有的操作系统和各种各样的工具软件都能够将软件精确地复制,即使使用了一些软件加密技术,也不能防止未经授权就复制使用的情况出现。

在许多国家,软件的非法复制被叫作“盗版”,软件的盗版是要受到法律诉讼的。这几年来,这种诉讼在我国已经有多个案例,特别是一些软件公司开始通过诉讼保护自己软件的版权。

计算机软件版权和其他出版物一样享受保护。“软件版权”是授予一个程序的作者唯一享有复制、发布、出售、更改软件等诸多权利。购买版权或者获得授权并不是成为软件的版权所有者,而仅仅是得到了使用这个软件的权利。如果将购买的软件复制到自己的机器或者备份到其他存储介质上,这是合法的。但如果将购买的软件让他人复制就不是合法的了,除非得到版权所有人的许可。

商业软件一般除了版权保护外,同样享受“许可证(License)保护”。软件许可证是一种具有法律效力的“合同”,在安装软件时经常会要求你认可使用许可——“同意”它的条款则继续安装，“不同意”则退出安装，这就是“要么接受，要么放弃”的办法。这个由版权所有者拟订的单方面的文件开始于美国，并在1997年被法律支持其有效性。它是计算机软件提供合法保护的常见方法之一。

对网络软件还有多用户许可问题。在一个单位或者机构的网络里使用的软件，一般不需要为网络的每一个用户支付许可费用。多用户许可允许多人使用同一个软件，如电子邮件软件就可以通过多用户许可证解决使用问题。多用户许可证运行同时使用一定数量复制的用户。如对大型网络数据库，就需要申请多用户许可证，通常有10、25、100和更大数目的多用户许可，甚至可以被授权不限制用户数量。

我国的计算机产业经过40多年的发展，已经形成了比较完善的知识产权保护法律体系，主要包括：《中华人民共和国著作权法》(2020修正)、《计算机软件保护条例》(2013修订)、《计算机软件著作权登记办法》(2002)、《中华人民共和国专利法》(2020修正)、《中华人民共和国商标法》(2019修正)、《中华人民共和国反不正当竞争法》(2019修正)、《中华人民共和国知识产权海关保护条例》(2018修订)、《最高人民法院关于审理涉及计算机网络著作权纠纷案件适用法律若干问题的解释》(2006修正)。

我国是世界知识产权组织成员国，1984年就加入了保护工业产权巴黎公约，成为《关于集成电路知识产权保护条约》的签字国、商标国际注册的马德里协定成员国、保护文学和艺术作品伯尔尼公约成员国等。

7.5 计算机职业道德规范

面对信息化社会，计算机、网络与通信技术的广泛普及，也带来了计算机犯罪、计算机病毒、黑客等社会问题，如何规范和加强人们的信息意识与网络道德规范，已成为信息社会人们关注的重要问题

7.5.1 网络道德

网络正在改变着人们的行为方式、思维方式，它对于信息资源共享和信息资源的快速传播起到了巨大的作用，但同时也带来了网络犯罪等一些新问题。对于网络带来的新的法律问题，除了制定相关的法律法规来加强管理，还应加强网络道德建设，起到预防网络犯罪的作用。网络道德建设是一个全新的世界性课题，当前网络道德建设的主要问题在于处理好以下几种关系。

1. 虚拟空间与现实空间的关系

现实空间是人们熟悉并生活其中的空间；虚拟空间则是由于电子技术，尤其是计算机网络的兴起而出现的人类交流信息、知识、情感的另一种空间，其信息传播方式具有数码化或非物体化的特点，信息传播的范围具有时空压缩化的特点，取得信息模式具有互动化和全面化的特点。这两种空间共同构成人们的基本生存环境，它们之间的矛盾与网络空间内部的矛盾是网络道德形成与发展的基础。

2. 网络道德与传统道德的关系

在虚拟空间中，人的社会角色和道德责任都与在现实空间中有很大不同，人将摆脱各种现实直观角色等制约人们的道德环境，而在超地域的范围内发挥更大的社会作用。这意味

着，在传统社会中形成的道德及其运行机制在信息社会中并不完全适用。而且，不能为了维护传统道德而拒绝虚拟空间闯入人们的生活，但也不能听任虚拟空间的道德无序状态，或消极等待其自发的道德机制的形成，否则，它将由于网络道德与传统道德的密切联系而导致传统道德失范。如何在虚拟空间中引入传统道德的优秀成果和富有成效的运行机制？如何在充分利用信息高速公路对人的全面发展和道德文明的促进的同时抵御其消极作用？如何协调既有道德与网络道德之间的关系，使之整体发展为信息社会更高水平的道德？这些均是网络道德建设的重要课题。

3. 个人隐私与社会监督

在网络社会中，个人隐私与社会安全出现了矛盾：一方面，为了保护个人隐私，磁盘所记录的个人生活应该完全保密，除网络服务提供商作为计费的依据外，不能作其他利用，并且收集个人信息应该受到严格限制；另一方面，个人要为自己的行为负责，因此，每个人的网上行为应该记录下来，供人们进行道德评价和道德监督，有关机关也可以查询，作为执法的证据，以保障社会安全。这就提出了道德法律问题：大众和政府机关在什么情况下可以调阅网上个人的哪些信息？如何协调个人隐私与社会监督之间的平衡？这些问题不解决，网络主体的权益和能力就不能得到充分发挥，网络社会的道德约束机制就不能形成，社会安全也得不到保障。

4. 信息共享与信息所有

建设信息高速公路的目的是实现全球信息共享。在信息社会中，信息是一种很重要的社会资源，谁能更有效地收集信息、掌握信息、加工信息和利用信息，谁就能在社会的激烈竞争中取得优势。所以从社会的共同进步、缩小国家或地域之间的差别角度来看，我们应该使信息得到充分的共享。但是从信息的来源来看，信息生产需要投入一定的人力或财力，所以作为信息的创造者他们有权利得到相应的回报。可在现实世界中有些人却采用各种非法手段侵占他人的合法利益，如网络黑客的非法入侵及毁坏信息系统，盗取他人的知识产权等。

作为一种新的规范，网络道德的建设仅靠行政部门的干预、大众媒体的呼吁是远远不够的。正如同日常生活中有许多约定俗成的东西在深深制约着人们的道德意识一样，网络空间中也会有自己独特的价值体系和行为模式，这些也会对网络道德的建设产生深远影响。从这个意义上说，每一个上网的人其实都在用自己的方式参与网络道德的建设。现在人们仍然更多地把关注的焦点放在网络的物质层面，对于网络道德这样相对抽象的问题并没有给予足够的重视，但毫无疑问，只有具有了成熟的网络道德体系，网络这个虚拟的世界才会健康有序地发展。

7.5.2 国家有关计算机安全的法律法规

为了加强计算机信息系统的安全保护和国际互联网的安全管理，依法打击计算机违法犯罪活动，我国在近几年先后制定了一系列有关计算机安全管理方面的法律法规和部门规章制度等。经过多年的探索与实践，已经形成了比较完善的行政法规和法律体系，但是随着计算机技术和计算机网络的不断发展与进步，这些法律法规也在实践中不断地加以完善和改进。

在《中华人民共和国刑法》中，针对计算机犯罪给出了相应的规定和处罚。

非法入侵计算机信息系统罪：非法侵入计算机信息系统，违反国家规定，侵入国家事务、国防建设、尖端科学技术领域的计算机信息系统的，构成非法侵入计算机信息系统罪，处三年以下有期徒刑或者拘役。

非法获取计算机信息系统数据、非法控制计算机信息系统罪：违反国家规定，侵入国家事务、国防建设、尖端科学技术领域以外的或者采用其他技术手段，获取该计算机信息系统中存储、处理或者传输的数据，可能构成非法获取计算机信息系统数据罪。

提供侵入、非法控制计算机信息系统程序、工具罪：提供侵入、非法控制计算机信息系统程序、工具罪是指提供专门用于侵入、非法控制计算机信息系统的程序、工具，或者明知他人实施侵入、非法控制计算机信息系统的违法犯罪行为而为其提供程序、工具，情节严重的，构成本罪。

破坏计算机信息系统罪：指违反国家规定，对计算机信息系统功能或计算机信息系统中存储、处理或者传输的数据和应用程序进行破坏，或者故意制作、传播计算机病毒等破坏性程序，影响计算机系统正常运行，后果严重的行为。

此外，还有拒不履行信息网络安全管理义务罪、非法利用信息网络罪和帮助信息网络犯罪活动罪。

常用法律法规有：

1. 计算机安全

- 中华人民共和国计算机信息系统安全保护条例(2011 修订)。
- 计算机病毒防治管理办法(2000)。
- 计算机信息系统国际联网保密管理规定(2000)。
- 中华人民共和国计算机信息系统安全保护条例(2011 修订)。

2. 知识产权

- 中华人民共和国著作权法(2020 修正)。
- 计算机软件著作权登记办法(2002)。
- 计算机软件保护条例(2013 修订)。

3. 网络管理

- 中华人民共和国网络安全法(2017)。
- 互联网信息服务管理办法(2011 修订)。
- 电信网间互联争议处理办法(2002)。
- 互联网安全保护技术措施规定(2006)。

4. 其他行政法规和相关部门规章

- 国务院令 760 号：《商用密码管理条例》(2023 修订)。
- 国务院令 666 号：《中华人民共和国电信条例》(2016 修订)。
- 国务院令 588 号：《互联网信息服务管理办法》(2011 修订)。
- 国务院令 752 号：《互联网上网服务营业场所管理条例》(2022 修订)。
- 国务院令 732 号：《中华人民共和国认证认可条例》(2020 修订)。
- 计算机信息系统安全专用产品检测和销售许可证管理办法〔1997-12-12〕公安部。
- 计算机信息网络国际联网安全保护管理办法(2011 修订)公安部。
- 计算机信息系统保密管理暂行规定〔1998-02-26〕国家保密局。
- 计算机信息系统国际联网保密管理规定〔2000-01-01〕国家保密局。

- 计算机信息网络国际联网出入口信道管理办法(1996)邮电部。
- 公用电信网间互联管理规定(2014 修正)信息产业部。
- 互联网文化管理暂行规定(2017 修订)文化部。

习 题 7

一、思考题

1. 什么是信息安全?

2. 防止黑客攻击的策略有哪些?

3. 什么是计算机病毒? 计算机病毒有哪些特点?

4. 数据加密主要有哪些方式?

5. 数字签名的作用是什么? 必须满足哪几个要求?

6. 防火墙的主要功能是什么?

7. 防火墙主要有哪几种类型?

8. 知识产权具体保护对象有哪几类?

9. 对于信息化发展谈谈你的看法。探讨一下从信息安全的角度,作为大学生,应从哪些方面做有助于信息安全的健康发展。

二、选择题

1. 绿色计算机是一个专用名词,主要的意思是指(　　)。

(A) 使用绿色保护视力　　(B) 使用绿色外壳的计算机

(C) 具有环境保护功能的计算机　　(D) 省电的计算机

2. 下面有关计算机病毒的叙述中,(　　)是不正确的。

(A) 计算机病毒也是程序

(B) 将磁盘片格式化可以清除病毒

(C) 有些病毒可以写入加了写保护的磁盘

(D) 现在的微型计算机经常是带病毒运行的

3. 最常见的保证网络安全的工具是(　　)。

(A) 防病毒工具　(B) 防火墙　(C) 网络分析仪　(D) 操作系统

4. 所谓计算机“病毒”的实质是指(　　)。

(A) 盘片发生了霉变

(B) 隐藏在计算机中的一段程序,条件合适时就运行,破坏计算机的正常工作

(C) 计算机硬件系统损坏或虚焊,使计算机的电路时通时短

(D) 计算机供电不稳定造成的计算机工作不稳定

5. 以下(　　)不属于冗余数据存储安全技术。

(A) 磁盘镜像技术　(B) 定期复制　(C) 磁盘双工技术　(D) 双机容错技术

6. 关于数字签名以下(　　)是不正确的。

(A) 接收方可以确认发送方的真实身份

(B) 接收方不能伪造签名或篡改发送的信息

(C) 发送内容需要加密,签名可以不加密

(D) 发送方不能抵赖自己的数字签名

三、填空题

1. 计算机病毒是一种以________和干扰计算机系统正常运行为目的的程序代码。

2. 信息环境污染主要包括________、________和________。

3. 按计算机病毒的寄生方式,计算机病毒可以分为引导型病毒、________型病毒和________型病毒。

4. 不公开密钥加密算法就是指加密算法公开,但________保密。

5. 数字证书就是包含了用户的身份信息,由________签发,主要用于数字签名的一个数据文件,相当于一个网上身份证,能够帮助网络上各终端用户表明自己的身份和识别对方的身份。

6. 防火墙是设置在被保护的________网络和外部网络之间的软件和硬件设备的组合,能够对________网络和外部网络之间的通信进行控制。

四、操作题

1. 使用杀毒软件杀毒。

2. 安装360安全卫士,清理浏览器插件、监测网络访问、安全更新Windows及其他软件。

3. 设置启动设备启动顺序。

课外阅读与在线检索

1. Google搜索引擎

使用Google搜索引擎对关键字Virtual Reality检索,检索出近1亿项符合Virtual Reality的查询结果。通过搜索引擎寻找你感兴趣的信息,如黑客、计算机病毒、防病毒软件、防火墙、信息加密等相关内容。

2. 特洛伊木马

特洛伊木马是黑客中最有名的,也是一种病毒的类型。请查阅相关资料,了解关于特洛伊木马传说的故事,你会更深入理解这种黑客程序的危害所在。

3. 智能卡

智能卡是密钥的一种媒体,一般就像信用卡一样,由授权用户所持有并由该用户赋予它一个口令或密码,该密码与内部网络服务器上注册的密码一致。当口令与身份特征共同使用时,智能卡的保密性能还是相当有效的。这种技术比较简单也用得较为广泛,如常用的IC卡、银行取款卡智能门锁卡等。你还知道这种技术有哪些应用吗?

4. TCSEC

TCSEC(可信的计算机系统安全评估标准)由美国国防部于1985年公布,是计算机系统信息安全评估的第一个正式标准。它把计算机系统的安全分为4类、7个级别,对用户登录、授权管理、访问控制、审计跟踪、隐蔽通道分析、可信通道建立、安全检测、生命周期保障、文档写作、用户指南等内容提出了规范性要求。TCSEC对计算机系统划分了7个安全级别。从D、C1、C2、B1、B2、B3到A安全性越高。

5. CC

信息技术安全评价的通用标准(Common Criteria,CC)由6个国家(美国、加拿大、英国、法国、德国、荷兰)于1996年联合提出,并逐渐形成国际标准ISO 15408。该标准定义了评价信息技术产品和系统安全性的基本准则,提出了目前国际上公认的表述信息技术安全性的结构,即把安全要求分为规范产品和系统安全行为的功能要求以及解决如何正确有效地实施这些功能的保证要求。CC是第一个信息技术安全评价国际标准,它的发布对信息安全具有重要意义,是信息技术安全评价标准以及信息安全技术发展的一个重要里程碑。

6. GB 17895—1999

国内主要是等同采用国际标准。公安部主持制定、国家质量技术监督局发布的中华人民共和国国家标准GB 17895—1999《计算机信息系统安全保护等级划分准则》已正式颁布并实施。该准则将信息系统安全分为5个等级:自主保护级、系统审计保护级、安全标记保护级、结构化保护级和访问验证保护级。主要的安全考核指标有身份认证、自主访问控制、数据完整性、审计等,这些指标涵盖了不同级别的安全要求。GB 18336也是等同采用ISO 15408标准。

7. 国内不断发展完善的标准体系

信息安全技术　信息系统安全管理要求	GB/T 20269-2006
信息安全技术　网络基础安全技术要求	GB/T 20270-2006
信息安全技术　信息系统通用安全技术要求	GB/T 20271-2006
信息安全技术　操作系统安全技术要求	GB/T 20272-2006
信息安全技术　数据库管理系统安全技术要求	GB/T 20273-2006
信息安全技术　信息系统安全保障评估框架 第一部分:简介和一般模型	GB/T 20274.1-2006
信息安全技术　入侵检测系统技术要求和测试评价方法	GB/T 20275-2006
信息安全技术　智能卡嵌入式软件安全技术要求(EAL4增强级)	GB/T 20276-2006
信息安全技术　网络和终端设备隔离部件测试评价方法	GB/T 20277-2006
信息安全技术　网络脆弱性扫描产品技术要求	GB/T 20278-2006
信息安全技术　网络和终端设备隔离部件安全技术要求	GB/T 20279-2006
信息安全技术　网络脆弱性扫描产品测试评价方法	GB/T 20280-2006
信息安全技术　防火墙技术要求和测试评价方法	GB/T 20281-2006
信息安全技术　信息系统安全工程管理要求	GB/T 20282-2006
信息安全技术　保护轮廓和安全目标的产生指南	GB/Z 20283-2006
信息安全技术　公钥基础设施　数字证书格式、	GB/T 20518-2006
信息安全技术　公钥基础设施　特定权限管理中心技术规范	GB/T 20519-2006
信息安全技术　公钥基础设施　时间戳规范	GB/T 20520-2006
信息安全风险评估规范　等等	

8. 国家秘密的密级

《中华人民共和国保守国家秘密法》对有关的问题做了规定。国家秘密的密级分为"绝密""机密""秘密"。

"绝密"是最重要的国家秘密,泄露会使国家的安全和利益遭受特别严重的损害。

"机密"是重要的国家秘密,泄露会使国家的安全和利益遭受到严重损害。

"秘密"是一般的国家秘密,泄露会使国家的安全和利益遭受损害。

国家秘密载体是指载有国家秘密信息的物体。国家秘密的载体主要有以下几类。

(1) 以文字、图形、符号记录国家秘密信息的纸介质载体:如国家秘密文件、资料、文稿、档案、电报、信函、数据统计、图表、地图、照片、书刊、图文资料等。这种载体形式是目前最常见的国家秘密载体。

(2) 以磁性物质记录国家秘密信息的载体：如记录国家秘密信息的计算机磁盘(硬盘)、磁带、录音带、录像带等。这种载体形式随着办公现代化技术的发展，将越来越多。

(3) 以电、光信号记录传输国家秘密信息的载体：如电波、光纤等。国家秘密以某种信号形式在这种载体上流动、传输。通过一定技术手段，才能把这种涉密信息还原，知悉具体内容。

(4) 含有国家秘密信息的设备、仪器、产品等载体。

上述 4 种载体是国家秘密载体的基本形式。

可见，国家秘密可存储于计算机并可在网络上传输，因此通过计算机技术、计算机网络技术实现对国家秘密的保护至关重要。

第8章 多媒体技术基础

近些年,计算机的运算能力高速发展,显卡、声卡、存储的提升极大地满足了多媒体应用的发展,带来了多媒体技术的蓬勃发展。早期的计算机的显卡在计算机中的地位并不是很重要,仅仅起到连接显示器的作用,也就是将CPU处理后的数据转换后显示在显示器上。随着各种图形软件的日益流行、多媒体处理的需求,对显卡的图形处理提出了新的要求,显卡加上图形加速卡曾经是多媒体计算机的标配,图形加速卡极大减轻了图形处理对CPU的压力。当前主流显卡都包含图形加速器,一般都支持2D、3D图形加速。核心显卡也可将显卡整合在智能处理器当中,依托处理器强大的运算能力和智能能效调节设计,在更低功耗下实现同样出色的图形处理性能和流畅的应用体验。绝大多数计算机主板都有板载声卡。VCD、DVD、BD光驱、U盘等移动存储极大满足多媒体素材对存储的需要。USB接口的DVD、BD光驱、移动硬盘为存储提供了极大的灵活性,5Gb/s的USB 3.0的传输速率也极大满足了多媒体数据访问的要求。

接入网络带宽的不断提高,单位带宽的成本不断下降,为网络多媒体发展提供了可能。视频聊天、视频会议、播客、在线视频等成为学习、生活的一部分。

8.1 多媒体技术的基本概念

8.1.1 多媒体的有关概念

1. 多媒体

媒体(Medium)是信息的载体,是信息交流的中介物,例如文本、图形、图像、声音、动画等均属于媒体。

多媒体(Multimedia)是指信息表示媒体的多样化,是文本、图形、图像、声音、动画和视频等"多种媒体信息的集合"。如果多媒体软件的用户可以控制某种媒体何时被传递,这便是交互式多媒体。

2. 多媒体技术

多媒体技术是指以计算机为手段来获取、处理、存储和表现多媒体的一种综合性技术。其中,"获取"包括采样、扫描和读文件等,是将信息输入计算机中。"处理"包括编辑、创作。"存储"包括记录和存盘。"表现"包括播放、显示和写文件等,是将信息输出。

3. 多媒体计算机

多媒体计算机是指计算机综合处理多种媒体信息,使多种信息建立逻辑连接,集成为一个系统并具有交互性。因此,多媒体计算机具有信息载体多样性、集成性和交互性的特点。把一台普通计算机变成多媒体计算机的关键是要解决视频、音频信号的获取和多媒体数据压缩编码与解码的问题。

8.1.2 多媒体技术的特性

多媒体技术的主要特性包括信息媒体的多样性、交互性、集成性和实时性等，也是多媒体研究中必须解决的主要问题。

1. 多样性

多样性指信息的多样化。多媒体技术使计算机具备了在多维化信息空间下实现人机交互的能力。计算机中信息的表达方式不再局限于文字和数字，而是广泛采用图像、图形、视频、音频等多种信息形式进行信息处理。通过多媒体信息的捕获、处理与展现，使人机交互过程更加直观自然，充分满足了人类感官空间全方位的多媒体信息需求，也使计算机变得更加人性化。

2. 交互性

交互性是指向用户提供更加有效的控制和使用信息的手段，它可以增加用户对信息的注意和理解，延长信息的保留时间，使人们获取和使用信息的方式由被动变为主动。例如，传统的电视之所以不能称为多媒体系统，原因就在于它不能和用户交流，用户只能被动地收看。

3. 集成性

集成性是指以计算机为中心，综合处理多种信息媒体的特性。它包括信息媒体的集成和处理这些媒体的硬件与软件的集成。信息媒体的集成包括信息的多通道统一获取、统一存储、组织和合成等方面，将图、文、声、像等多媒体信息按照一定的数据模型和结构集成为一个有机整体，便于资源共享。硬件集成是指显示和表现媒体的设备集成，计算机能够和各种外部设备，如打印机、扫描仪、数码相机、音箱等设备联合工作；软件的集成是指有集为一体的多媒体操作系统、适合多媒体信息管理的软件系统、创作工具及各类应用软件等。

4. 实时性

多媒体系统不仅能够处理离散媒体，如文本、图像外，更重要的是能够综合处理带有时间关系的媒体，如音频、活动视频和动画，甚至是实况信息媒体。所以多媒体系统在处理信息时有着严格的时序要求和很高的速度要求，有时是强实时的。

8.1.3 多媒体信息的类型

1. 文本

文本(Text)文件分为非格式化文本文件和格式化文本文件。非格式化文本文件是只有文本信息没有其他任何有关格式信息的文件，又称为纯文本文件，如.txt 文件。格式化文本文件是指带有各种文本排版信息等格式信息的文本文件，如.doc 文件。

2. 图形

图形(Graphic)一般指用计算机绘制的画面，如直线、圆、圆弧、矩形、任意曲线和图表等。图形的格式是一组描述点、线、面等几何图形的大小、形状及其位置、维数的指令集合。在图形文件中只记录生成图的算法和图上的某些特征点，因此也称矢量图。用于产生和编辑矢量图形的程序通常称为 draw 程序。微型计算机上常用的矢量图形文件有.3ds(用于3D 造型)、.dxf(用于 CAD)、.wmf(用于桌面出版)等。

由于图形只保存算法和特征点，因此占用的存储空间很小。但显示时需经过重新计算，因而显示速度相对慢些。

3. 图像

图像(Image)是指通过扫描仪、数码相机、摄像机等输入设备捕捉的实际场景画面，或以数字化形式存储的任意画面。静止的图像是一个矩阵，阵列中的各项数字用来描述构成图像的各个点(称为像素点 Pixel)的强度与颜色等信息。这种图像也称为位图。

4. 动画

动画是活动的画面，实质是一幅幅静态图像的连续播放。动画的连续播放既指时间上的连续，也指图像内容上的连续。计算机设计动画有两种：一种是帧动画；另一种是造型动画。帧动画是由一幅幅位图组成的连续的画面，就如电影胶片或视频画面一样要分别设计每屏幕显示的画面。造型动画是对每一个运动的物体分别进行设计，赋予每个动元一些特征，然后用这些动元构成完整的帧画面。动元的表演和行为是由制作表组成的脚本来控制的。存储动画的文件格式有 SWF 等。

5. 视频

视频是由一幅幅单独的画面序列(帧 Frame)组成，这些画面以一定的速率(f/s)连续地投射在屏幕上，使观察者具有图像连续运动的感觉。视频文件的存储格式有 AVI、MPG、MOV、RMVB、FLV 等。

6. 音频

音频包括话语、音乐及各种动物和自然界(如风、雨、雷)发出的各种声音。加入音乐和解说词会使文字和画面更加生动；音频和视频必须同步才会使视频影像具有真实的效果。在计算机中音频处理技术主要包括声音信号的采样、数字化、压缩和解压缩播放等。

7. 流媒体

流媒体是应用流技术在网络上传输的多媒体文件，它将连续的图像和声音信息经过压缩后存放在网站服务器，让用户一边下载一边观看、收听，不需要等整个压缩文件下载到用户计算机后才可以观看。流媒体就像“水流”一样从流媒体服务器源源不断地“流”向客户机。该技术先在客户机上创建一个缓冲区，在播放前预先下载一段资料作为缓冲，避免播放的中断，也使播放质量得以维护。

8.1.4 多媒体的应用

多媒体技术的应用领域已遍布国民经济与社会生活的各个方面，特别是互联网络的不断发展，进一步开阔了多媒体应用的领域。

1. 多媒体在商业方面的应用

多媒体在商业方面的应用主要包括产品演示、商业广告、培训、数据库以及网络通信等。

2. 多媒体在教育方面的应用

多媒体在教育方面的应用主要包括各级各学科教学、远程教学、在线教学、个别化教学等。现在市场上出售的各种多媒体教学软件、MOOC、微课等资源，对各级教学起到了重要的促进作用。

3. 多媒体在公共传播方面的应用

多媒体在公共传播方面的应用主要包括电子数据、公共查询系统、新闻传播和视频会议。多媒体电子数据可以节省庞大的存储空间,使图书、手册、文献等容易保存和查询。多媒体的参观指南和浏览查询系统,使得人们在公共场合(如机场、火车站)利用触摸屏可以方便地进行查询。视频会议系统可以实时传输图像和声音,与会者相互可以看到对方的面孔和听到对方的声音。

4. 多媒体在家庭中的应用

多媒体在家庭中的应用主要包括家庭医疗、娱乐消遣和生活需要。家庭中只要有一台多媒体计算机,即可获得以往从电视、电影及报纸杂志上看不到的东西。通过"家庭医生"软件可以获取一些基本的医学知识,并且做一些简单的诊断和护理。利用多媒体光盘可以观赏影片、做游戏等,使家庭成员享有充分的娱乐。

5. 虚拟现实

虚拟现实(Virtual Reality)是多媒体中的技术和创造发明的集中表现。用户可以利用特制的目镜、头盔、专用手套,使自己处于一个由计算机产生的交互式三维环境中。利用虚拟现实技术,用户不是去观察由计算机产生的虚拟世界,而是真正去感受它,就像真正走进了这个世界一样。

8.2 多媒体计算机系统

多媒体计算机可以在现有的 PC 的基础上加上一些硬件和相应的软件,使其具有综合处理声音、文字、图像、视频等多种媒体信息的多功能计算机,它是计算机和视觉、听觉等多种媒体系统的综合。与普通计算机一样,多媒体计算机系统也是由多媒体硬件和多媒体软件两部分组成的。

8.2.1 多媒体计算机的主要硬件

多媒体计算机的硬件系统主要由主机、音频部分、视频部分、基本输入输出设备、高级多媒体设备等 5 部分组成。

1. 音频部分

音频部分主要完成音频信号的 A/D 和 D/A 转换以及数字音频的压缩、解压缩和播放等功能,主要包括声卡、外接音箱、话筒、耳麦、MIDI 设备等。

声卡是处理音频信号的硬件,它是普通计算机向 MPC 升级的一种重要部件,目前已作为微型计算机的必备功能集成在主板上。

声卡有三个基本功能: 一是声音合成发音功能; 二是混音功能和数字声音效果处理器功能; 三是模拟信号的输入输出。

要利用声卡进行录音和放音,就必须有一些与放音和录音设备相连接的端口。虽然声卡的类型有所不同,但通常均提供有连接音箱的输出端口、连接电子乐器的 MIDI 端口、输入声音的 MIC 端口以及记录单声道或立体声的输入端口。

2. 视频部分

视频部分负责多媒体计算机图像和视频信息的数字化摄取和回放,主要包括显卡、电视卡、视频卡、图形加速卡等。

(1) 显卡、图形加速卡主要完成视频的流畅输出。当前很多显卡都支持图形加速,如中高配置的七彩虹 iGame GeForce RTX 3090 kudan 版显卡参数描述如下：芯片厂商，NVIDIA；显卡芯片，GeForce RTX 3090；制造工艺，8nm；核心代号，GA102-300；核心频率，加速频率：1700MHz，基础频率：1400MHz；显存频率，19500MHz；显存类型，GDDR6X；显存容量，24GB；显存位宽，384b；最高分辨率，7680×4320 像素；总线接口，PCI Express 4.0 16X；I/O 接口，1×HDMI 接口/3×DisplayPort 接口。

可以看出其图形处理器、显存运算处理能力、速度是相当可观的。有些显卡带有 HDMI 接口，可以连接在带有 HDMI 接口的电视机上，早期连接到电视的 S 端子、AV 接口都逐渐被 HDMI 取代。

(2) 电视卡主要完成普通电视信号的接收、解调、A/D 转换以及与主机之间的通信，从而可以在计算机上观看电视节目，同时还可以以 MPEG 压缩格式录制电视节目。

(3) 视频卡主要完成视频信号的 A/D 和 D/A 转换及视频信息的压缩和解压缩功能。其信号源可以是摄像头、录放机、影碟机等。当前在基于 IP 网络的视频监控中，多路视频采集、压缩也很常见，如图 8-1、图 8-2 所示。

图 8-1　某品牌 V300 采集卡

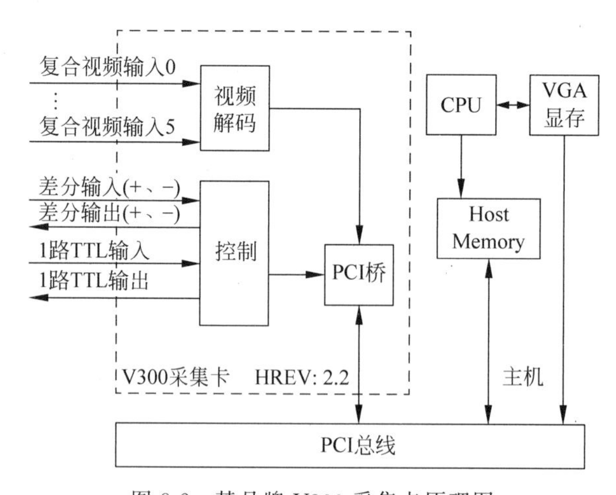

图 8-2　某品牌 V300 采集卡原理图

3. 基本输入输出设备

多媒体输入输出设备有很多，按功能可分为视频/音频输入设备、视频/音频输出设备、人机交互设备、数据存储设备。USB 接口的输入输出设备目前很常见。某 H67 芯片组主板接口如图 8-3 所示。

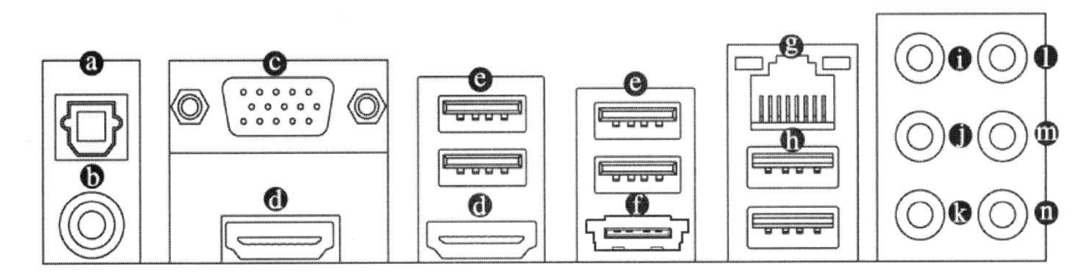

图 8-3 某 H67 芯片组主板后方设备接口

ⓐ S/PDIF 光纤输出插座：插座提供数字音频输出至具有光纤传输功能的音频系统，使用此功能时须确认用户的音频系统具有光纤数字输入插座。

ⓑ S/PDIF 同轴输出插座：此插座提供数字音频输出至具有同轴传输功能的音频系统，使用此功能时须确认用户的音频系统具有同轴数字输入插座。

ⓒ D-Sub 插座：此插座支持 15 pin 的 D-Sub 接头，可以连接支持 D-Sub 接头的显示器至此插座。

ⓓ HDMI 插座：HDMI 提供全数字化视频/音频传输界面，可以传播未经压缩的音频信号及视频信号，并兼容于 HDCP 规格。可以连接具有 HDMI 功能的影音设备至此插座。HDMI 技术最高可支持至 1920×1200 像素的分辨率。

ⓔ USB 2.0/1.1 连接端口。

ⓕ eSATA 3Gb/s 连接端口。

ⓖ 网络插座(RJ-45)。

ⓗ USB 3.0/2.0 连接端口。

ⓘ 中央及重低音输出(橘色)。

ⓙ 后喇叭输出(黑色)。

ⓚ 侧喇叭输出(灰色)。

ⓛ 音频输入(蓝色)。

ⓜ 音频输出(绿色)。

ⓝ 麦克风(粉红色)。

视频/音频输入设备包括数码相机、摄像机、扫描仪、麦克风、录音机、VCD/DVD 等；视频/音频输出设备包括音箱、电视机、立体声耳机等；人机交互设备包括键盘、鼠标、触摸屏和光笔等；数据存储设备包括磁盘、CD-ROM、刻录机等。

8.2.2 多媒体计算机软件系统

多媒体计算机软件系统按功能可分为系统软件和应用软件。

1. 系统软件

系统软件是多媒体系统的核心，各种多媒体软件要运行在多媒体操作系统平台之上，因此操作系统平台是软件的基础。多媒体计算机系统的主要系统软件有：

（1）多媒体驱动程序：最低层硬件的支持环境，直接与计算机硬件相关，完成设备初始化、设备的打开和关闭、设备操作、基于硬件的压缩/解压缩、图像快速变换和功能调用等。

（2）多媒体操作系统：实现多媒体环境下多任务调度，保证音频、视频同步控制及信息处理的及时性，提供多媒体信息的各种基本操作和管理；还具有独立于硬件设备和较强的可扩展性。

（3）多媒体素材制作工具及多媒体库函数：为多媒体应用程序进行数据准备的软件，主要是多媒体数据采集软件，作为开发环境的工具库，供开发者调用。

（4）多媒体创作工具：在多媒体操作系统上进行开发的软件工具，用于生成多媒体应用软件。

2. 应用软件

多媒体应用软件是在多媒体创作平台上设计开发的面向应用的软件系统。在多媒体应用系统开发设计过程中，不仅要利用计算机技术将文字、声音、图形、图像、动画及视频等有机地融合在一起，而且还要有创意，使其更加具有人性化和自然化。

8.2.3 高清播放机

高清播放机多指硬件设备，如图 8-4 所示，直接连接电视，输出高清画面、杜比环绕音响等影音效果。其核心技术是芯片解码方案（常见的有 Realtek、Sigma 等），好的高清播放机可以解码多种格式多媒体，新款高配的可以播放 3D、蓝光格式的视频。通过遥控器操作，完成影视点播。目前可播放视频清晰度为 480P（标清）、720P、1080i、1080P 等。支持 USB 接口的移动硬盘，有的带有 SATA 硬盘的盘仓，可以内置 SATA 口硬盘。拥有定制的 Linux 或 Android 操作系统，可以通过特定的程序或按键升级更新该系统，该系统常常被称为固件。

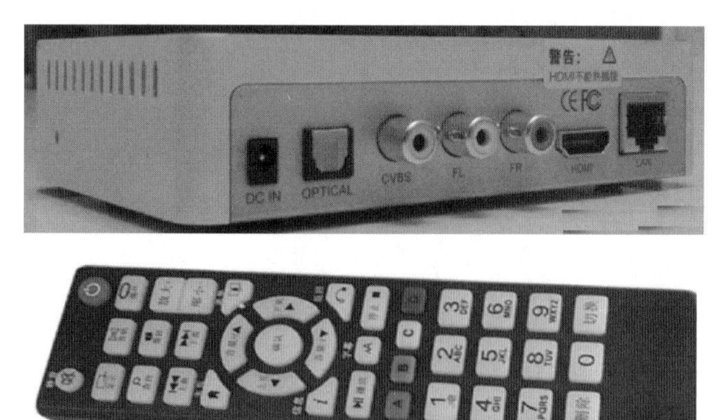

图 8-4 高清播放机及遥控器

高清播放机多数支持 LAN、Wi-Fi，提供非常丰富的网络应用，如在线点播、直播电视、PT 站点直接登录、新闻、RSS 等。能够实现同 PC、笔记本计算机很方便的访问，共享文件资源和视频资源，如图 8-5 所示。

图 8-5 丰富的网络应用

8.3 多媒体信息的数字化和压缩技术

8.3.1 音频信息

1. 基本概念

声音是通过空气传播的一种连续的波(叫作声波),这种波到达人的耳膜时,人耳会感到压力的变化。

声音的两个基本参数是幅度和频率。声音的强弱体现在声波压力的大小上,音调的高低体现在声音的频率上。频率是指信号每秒变化的次数,用 Hz(赫兹)表示。人们通常听到的声音并不是单一频率的声音,而是由许多频率不同的音频信号组成的声音。人说话时的信号频率通常为 300～3400Hz,人们把这种频率范围的信号称为话音信号;正常人所能听到的声音信号的频率范围为 20Hz～20kHz,这种频率范围的信号称为音频信号;高于 20kHz 的信号称为超音频信号,或称为超声波信号。在多媒体技术中,处理的信号主要是音频信号,它包括音乐、话音、机器声、汽车声及自然界所发出的风声、雨声、雷声等。

2. 模拟音频的数字化

要使用计算机对音频信息进行处理,就要将模拟信号(如语音、音乐等)转换为数字信号,这一过程称为模拟音频的数字化。模拟音频的数字化过程涉及音频信号的采样、量化和编码,其过程如图 8-6 所示。

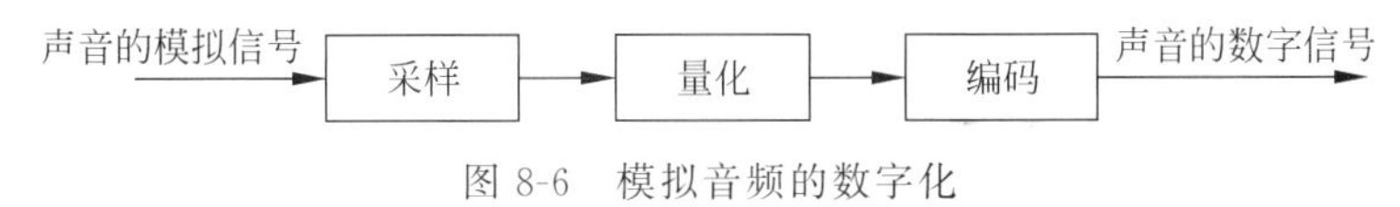

图 8-6 模拟音频的数字化

采样是按规定的时间间隔对模拟信号取其幅度值,把时间上的连续信号变为时间上的离散信号。在采样时刻获得的幅度值为模拟信号的振幅,其时间间隔为采样周期,如图 8-7 所示。

采样频率的高低是根据奈奎斯特采样理论和声音信号的最高频率决定的。奈奎斯特采样理论指出:采样频率不低于声音信号最高频率的两倍,就可以从采样中恢复原始波形。

采样定律为:

$$f_s \geqslant 2f$$

其中，f 为被采样的最高信号频率，f_s 为采样频率。

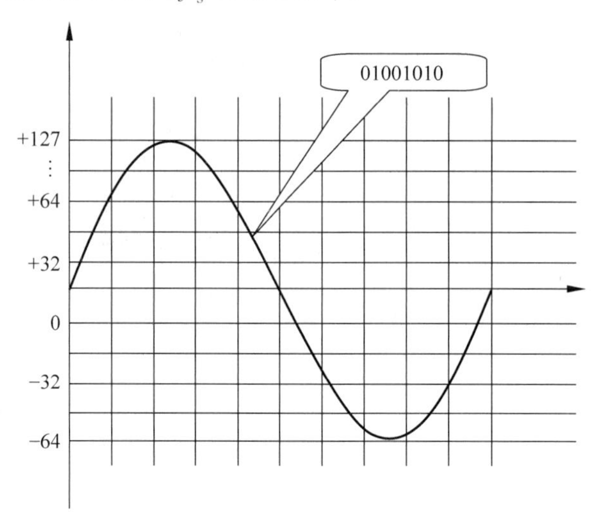

图 8-7　声音信号的采样

声音信号是由许多不同频率的正弦波组成的，一个幅度为 A、频率为 f 的正弦波，至少需要 2 个采样样本来表示。如果信号的最高频率为 f_{max}，则采样频率最低为 $2f_{max}$。例如，电话话音的信号频率范围约为 300Hz～3.4kHz，采样频率就定为 8kHz。声音信号的频率范围为 20Hz～20kHz，所以采用 40.1kHz 作为高质量声音的采样标准。

量化是将每个采样点得到的幅度值以数字存储。量化位数（即采样的精度）表示存放采样点振幅值的二进制位数，它决定了模拟信号数字化以后的动态范围。通常量化位数有 8 位、16 位，分别表示有 2^8、2^{16} 个等级。量化位数越多，声音的质量越高，而需要的存储空间越大。

编码是将采样和量化后的数字数据以一定的格式记录下来。编码的方式很多，常用的编码方式是脉冲编码调制，其主要特点是抗干扰能力强，失真小，传输特性稳定。

采样和量化的过程可由模数（A/D）转换器实现。采样和量化过程所用的硬件主要是模数转换器（A/D 转换器）；在数字音频回放时，再由数模转换器（D/A 转换器）将数字音频信号转换为原始的电信号。

3. 数字音频的技术指标

衡量数字化音频的质量的指标有三项：采样频率、量化位数和声道数。有关采样频率和量化位数在前边已描述过，这里主要介绍声道数。

声音是有方向的，声音到达左、右两耳的相对时差和不同的方向感觉不同的强度，就产生立体声效果。

声道数是指声音通道的个数。单声道只记录和产生一个波形；双声道产生两个波形，即所谓的立体声，其存储空间是单声道的两倍。

计算每秒存储声音容量的公式为：

采样频率×采样精度（位数）×声道数÷8＝字节数

例如，用 44.1kHz 的采样频率，量化位数为 16 位，录制 1s 的立体声（双声道）节目，所需的存储量为：

$$44.1 \times 10^3 \times 16 \times 2/8 = 176\,400(B)$$

一首 3min 的歌需要的存储空间为：

$$176\,400 \times 180 = 31\,752\,000 = 30.3(MB)$$

8.3.2 图形和图像

1. 基本概念

图形和图像在计算机中是一对既有联系又有区别的概念。它们都是一幅图，但它们的产生、处理和存储方法是不一样的。

图形是指通过绘图软件绘制的由直线、圆、圆弧、矩形、任意曲线等图元组成的画面，以矢量图形文件形式存储。矢量图文件中存储的是一组描述各个图元的大小、位置、形状、颜色等属性的指令集合。通过相应的绘图软件读取这些指令，就可将其转换为输出设备上显示的图形。矢量图文件的优点是它占用的存储空间非常小，而且对各个图元进行放大、缩小、旋转而不失真。

图像是由扫描仪、数码相机、摄像机等输入设备捕捉的真实场景画面产生的映像，经过数字化以后以位图形式存储。位图文件中存储的是构成图像的每个像素点的亮度、颜色，位图文件的大小与分辨率和色彩的颜色种类有关，放大和缩小都会引起图像失真，占用的存储空间要比矢量文件大。

2. 图像的数字化

图形是用计算机软件生成的矢量图形，在矢量图形文件中存储的是描述生成图形的一些指令，因此不需要对图形中的每一点进行数字化。

图像的数字化是指将一幅真实的图像转换为计算机能够接收的数字形式，同样要对图像进行采样、量化和编码。

图像的采样是将连续的图像转换为离散点的过程，采样的实质就是用若干像素点来描述一幅图像，称为图像的分辨率，用点的“列数×行数”表示，分辨率越高，图像越清晰，所占的存储空间越大，如图 8-8 所示。

图像的量化是指将图像离散化后，将表示图像色彩浓淡的连续变化值离散化为数值的过程。表示色彩所需的二进制位数称为量化字长。一般用 8 位、16 位、24 位等表示图像的颜色，24 位二进制数可以表示 $2^{24} = 16\,777\,216$ 种颜色，称为真彩色。

在计算机中图像的色彩值称为图像的颜色深度，有多种表示色彩的方式。例如：

(1) 黑白图，图像的颜色深度为 1 位二进制数，1 表示纯白，0 表示纯黑。

(2) 灰度图，图像的颜色深度为 8 位，灰度级别为 256 级。通过调整黑白两色的程度来有效地显示单色图像。

(3) RGB 24 位真彩色，显示彩色图像时，由红、绿、蓝三元色通过不同的强度混合而成，将强度分为 256 级(值为 0～255)，占 24 位，就构成了 2^{24} 种颜色的“真彩色”图像。

(4) 图像的分辨率和像素位的颜色深度决定了图像文件的大小，计算公式为：

列数×行数×颜色深度÷8＝字节数

例如，一个分辨率为 640×480 像素的“24 位真彩色”图像所占的存储空间为：

$$640 \times 480 \times 24 \div 8 \approx 1(MB)$$

因此，数字化后的图像数据量非常大，必须采用编码技术来压缩信息，它是对图像进行

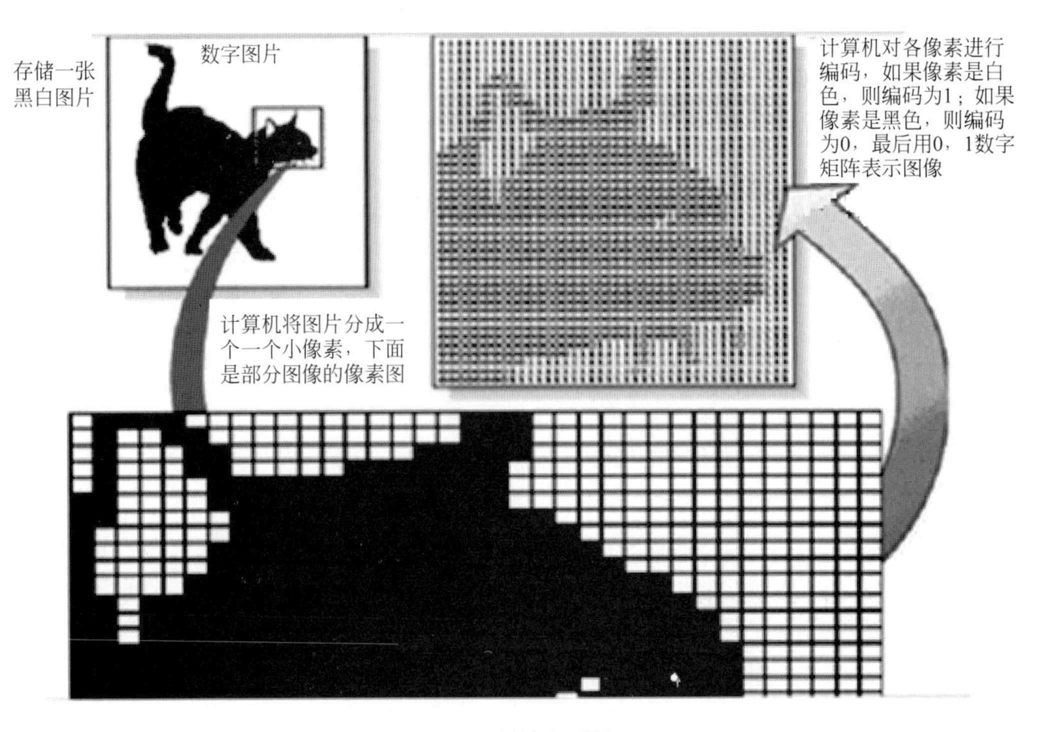

图 8-8　图像的采样

存储、传输的关键。

8.3.3　视频信息

1. 基本概念

视频是由一系列的静态图像按一定的顺序排列组成，每一幅图像称为一帧。电影、电视通过快速播放每帧画面，再加上人眼的视觉效应便产生了连续运动的效果。一组以每秒24帧以上速度播放的图像序列就可产生连续的视频效果。视频图像通常还配有同步的声音，因此，视频信息所占的存储空间是巨大的。

视频有两类：模拟视频和数字视频。早期的电视等视频信号的记录、存储和传输都是采用模拟方式，而现在的VCD、DVD、数字式便携摄像机都是数字视频。

2. 视频信息的数字化

数字视频具有适合于网络使用、可以不失真地无限次复制、便于计算机进行编辑处理等优点，因而得到了广泛的应用。而对于模拟视频信号，计算机要处理和显示这类视频信号必须进行视频数字化。

视频信号的数字化和音频信号的数字化是相似的，在一定的时间内以一定的速度对每帧视频信号进行采样、量化、编码等过程，实现模拟到数字的转换、彩色空间变换和编码压缩等，这可通过视频捕捉卡和相应的软件来实现。

视频信号在数字化后如果不加以压缩，数据量的大小是每幅图像的数据量乘以帧速。例如，在计算机上连续显示分辨率为1280×1024的24位真彩色的视频图像，按每秒30帧计算，显示1min，所占的存储空间为：

$$1280(\text{列})\times1024(\text{行})\times24(\text{颜色深度})/8\times30\ \text{帧/s}\times60\text{s}\approx6.6\text{GB}$$

一张 650MB 的光盘只能存放大约 6s 的电视图像，这就带来了图像数据的压缩问题，也是多媒体技术中一个重要的研究课题。可通过压缩、降低帧速、缩小画面尺寸等来降低数据量。

8.3.4 数据压缩技术

多媒体的一个基本特性就是数据量大。例如，对于音频信号，若采样率为 44.1kHz，量化位数为 16 位二进制数，1min 的立体声录音所产生的文件将占用 10MB 的存储空间。一幅分辨率为 640×480 的 24 位真彩色数字视频图像的数据量约为 1MB/帧，如果每秒播放 25 帧图像，1min 就需要 25MB 的存储空间。因此为了确保在计算机中能够存储、传输它们，就必须对它们进行压缩。而图像和声音的压缩潜力很大。例如在视频图像中，各帧图像之间有着相同的部分，因此数据的冗余度很大，压缩时可以只存储相邻帧之间有差异的部分。

数据压缩是通过编码技术来实现降低数据存储时所需要的空间，需要使用时，再进行解压缩。根据对压缩后的数据进行解压缩后是否能准确地恢复压缩前的数据来分类，压缩有无损和有损压缩两类。

衡量数据压缩技术好坏的指标主要有以下 4 个。

(1) 压缩比要大，如 5∶1，100∶1。

压缩比＝压缩前的存储量/压缩后的存储量

(2) 复原效果要好，要尽可能恢复原始数据。

(3) 速度要快，即压缩和解压缩的速度，尤其是解压缩的速度更为重要，因为解压缩是实时的。

(4) 开销要小，实现压缩的软、硬件开销要小。

1. 无损压缩

无损压缩的方法是统计被压缩数据中重复数据出现的次数来进行编码。由于无损压缩能确保解压缩后的数据不失真，一般用于文本数据、程序及重要的图片和图像的压缩。无损压缩的压缩比一般为 2∶1 到 5∶1，压缩比不是很大，所以不适合实时处理图像、视频和音频数据。典型的无损压缩软件有 WinZip、WinRAR 等。典型的无损压缩编码有行程编码、哈夫曼编码等，这里简单介绍这两种压缩编码。

行程编码：其编码思想是将原始数据中连续出现的信源符号用一个计数值(称为行程长度)和该信源符号来代替。例如一个符号串 CCAAAAAAATTTTTZ，则行程编码后可以压缩为 2C7A5TZ，将压缩前后的符号串串长进行比较，数据显然得到了压缩。该方法简单直观，编码和解码速度快，其压缩比与压缩数据本身有关，行程长度大，压缩比就高。对计算机绘制的图像如 BMP 等格式的文件较适合，而对于拍摄的彩色照片，由于其色彩丰富，压缩比就小。

哈夫曼编码：其编码思想是将那些出现频率高的数据用较短的编码来表示，而出现频率低的那些数据用较长的编码来表示，从而实现数据压缩。

2. 有损压缩

有损压缩是利用人类视觉对图像中的某些成分不敏感的特性，允许压缩过程中损失一定的信息。虽然不能完全恢复原始数据，但是所损失的部分对理解原始图像的影响较小，但却换来了较大的压缩比。有损压缩广泛应用于语言、图像和视频数据的压缩。

有损压缩编码的种类有很多,典型的编码有:预测编码、PCM 编码、变换编码、矢量编码等。

3. JPEG

JPEG 由联合图像专家组(Joint Photographic Experts Group)指定,适用于连续色调和多级灰度的静态图像,是一种有损压缩的格式,在网页制作中被广泛采用。许多 Web 浏览器都将 JPEG 图像作为一种标准文件格式支持。

在 Windows XP 及其后续版本中,附件中的"画图"程序可以把图片保存为 BMP、JPG、TIF、GIF、PNG 等多种格式。当然也可以使用 Photoshop、ACDSee 等软件把图片转换为 JPG 格式,实现压缩的目的。

当屏幕尺寸为 1024×768 像素时,按下 PrintScreen 键,在"画图"程序粘贴,另存为 24b 的 BMP 格式时大约 2.3MB,另存为 JPG 格式时大约 173KB,压缩比大约 13∶1。使用 WinRAR 压缩 JPG 格式文件,一般情况下收效不大,因为 JPG 是用非常紧密的压缩格式制成的。

4. MPEG

视频图像以大约 640×480 的分辨率、24b/像素、每秒 30 帧的质量传输时,其数据传输率达 26.4MB/s(含音频),30s 的未压缩视频图像将占用 792MB 的存储空间,一张 CD-ROM 光盘只能储存不到 30s 的未压缩电视节目(没有考虑音频的情况下)。视频压缩就显得很重要、很关键了。

帧内压缩也称为空间压缩。当压缩一帧图像时,仅考虑本帧的数据而不考虑相邻帧之间的冗余信息,这实际上与静态图像压缩类似。在帧内一般采用有损压缩算法,由于帧内压缩时各个帧之间没有相互关系,因此压缩后的视频数据仍然可以以帧为单位进行编辑。帧内压缩一般达不到很高的压缩。

帧间压缩也称为时间压缩,在一个 60s 的视频作品中每帧图像中都有位于同一位置的同一把椅子,有必要在每帧图像中都保存这把椅子的数据吗?考虑连续前后两帧具有很大的相关性,或者说前后两帧信息变化很小的特点,也即连续的视频其相邻帧之间具有冗余信息,根据这一特性,压缩相邻帧之间的冗余量就可以进一步提高压缩量。

MPEG(Moving Picture Experts Group,运动图像专家小组)是一个国际标准,它主要包括 MPEG-1、MPEG-2 和 MPEG-4。MPEG-1 提供每秒 30 帧 352×240 像素分辨率的图像,用于传输 1.5Mb/s 的数字存储媒体运动图像及其伴音的编码,允许超过 70min 的高质量的视频和音频存储在一张 CD-ROM 上,因此它被广泛地应用在 VCD 的制作和一些视频片段下载的网络应用上面。

MPEG-2 有每秒 30 帧 704×480 的分辨率,是 MPEG-1 播放速度的 4 倍,使用 MPEG-2 的压缩算法压缩一部 120min 的电影可以压缩到 4～8GB。MPEG-2 则是应用在 DVD 的制作(压缩)方面,同时在一些 HDTV(高清晰电视广播)和一些高要求视频编辑、处理上面也有相当的应用面。

MPEG-4 标准是超低码率运动图像和语言的压缩标准,用于多媒体通信、互联网的在线视频、实时多媒体监控等。

5. 国际电联的 H.264 标准

H.264 是一种高性能的视频编解码技术，它也称为 MPEG-4 Part 10 或 AVC(高级视频编码)。据预测，在未来几年内 H.264 将成为行业首选的视频标准。

H.264 是一个需要许可证才能使用的开放标准，可支持最当今市场上最高效的视频压缩技术。在不影响图像质量的情况下，与采用 M-JPEG 和 MPEG-4 Part 2 标准相比，H.264 编码器可使数字视频文件的大小分别减少 80%和 50%以上。这意味着视频文件所需的网络带宽和存储空间将大大降低。或者从另一个角度来说，在某一特定比特率下，视频图像质量将得到显著提高。

对于视频序列样本来说，使用 H.264 编码器能够比使用有运动补偿的 MPEG-4 编码器降低 50%的比特率(b/s)。在没有运动补偿的情况下，H.264 编码器的效率至少比 MPEG-4 编码器高 3 倍，比 M-JPEG 编码器高 6 倍。

8.4 网络多媒体运用

8.4.1 多媒体发布系统

Information Distribution System 或 Audio and Video Broadcast System 简称 IDS/AVS。是一套网络型多媒体影音播放系统，包括软件和专用硬件设备，系统支持 TCP/IP 以及 IEEE 802.1/IEEE 802.11a/b/g 网络协议。等离子或者液晶显示器通过有线或无线与网络服务器连接，操作人员只需通过节目预排就可以操纵十几台乃至几百台的播放终端播放各种不同的信息(如电影、动画、海报、广告、汇率、天气预报、航班信息、企业介绍、会议通知等)。强大的监控功能不仅可以帮助管理员查看每个终端的运行状况，而且能观察每个屏幕正在播放的内容。IDS/AVS 通过软件技巧可以把一个屏幕随意地分成多个播放画面。IDS/AVS 可以应用于宾馆酒店、公共场所、银行、证券、医院、机场、地铁、学校、政府等场合，如图 8-9 所示。

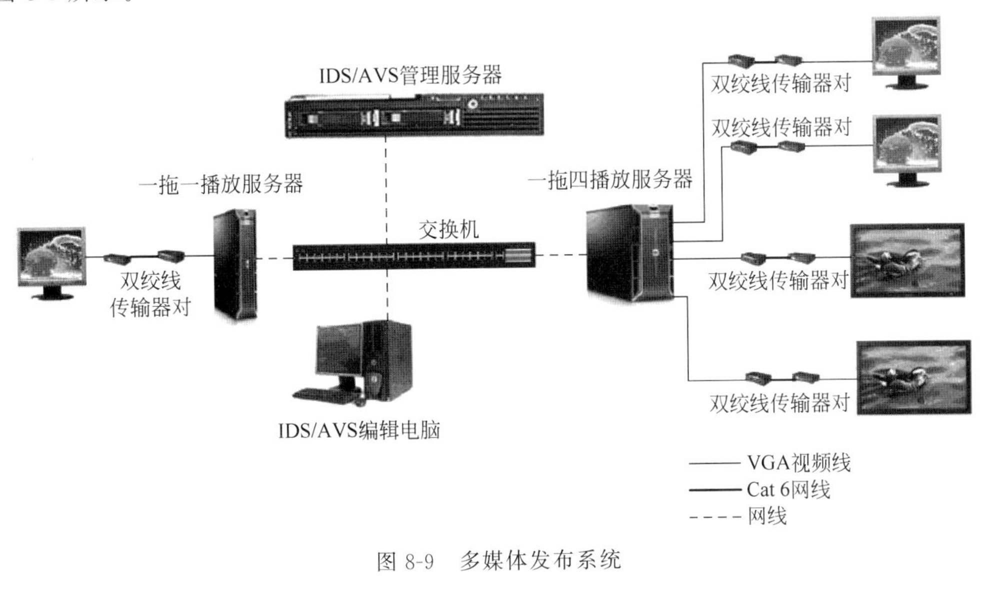

图 8-9 多媒体发布系统

8.4.2 网络多媒体运用与 P2P 网络

多媒体数据网络传输对服务器和网络带宽的要求比较高,传统的 C/S(Client/Server)模式难以承受。传统 C/S 模式如图 8-10 所示。该模式的一个缺点是当用户数目大规模增加时,服务器端将受 CPU 处理能力和网络带宽的限制成为直播系统的瓶颈。因此,传统的模式无法满足大规模用户的应用。C/S 模式的另一个根本缺陷是无法解决网络带宽的分布不均状况,当个别用户连接服务器状况较差时将无法得到服务。

采用集群式服务器可以缓解系统性能受 CPU 处理能力的限制,但无法从根本上解决问题,此外也无法解决网络带宽限制的问题,投入成本很高;服务器端采用分布式处理器也是一种解决方案,一定程度上可以解决网络带宽限制问题,但是投入成本也很高。尽管这两种解决方案可以增加最大用户数,但是因为服务器端处理器数目的限制,它们仍然有用户数上限,同时它们也不能解决个别用户无法得到服务的问题。

P2P 网络系统中的各个客户端不仅可以直接连接到服务器获取流媒体数据,客户端之间也可以彼此相连获取流媒体数据,如图 8-11 所示。因此,只需要系统中的部分客户端从服务器获取流媒体数据进行播放,其余的客户端通过彼此建立的连接便可以实现播放了。这种解决方案能从根本上解决前述传统解决方案无法避免的问题。此外,服务器端仅使用普通 PC 也可以实现该系统,支持大规模用户在线,因此投入成本很低。在 P2P 系统中,保障服务质量(QoS)也是 P2P 的核心技术,节点查找算法的优劣将直接决定系统整体的 QoS。平时我们使用的迅雷、风行等下载工具都支持 P2P。

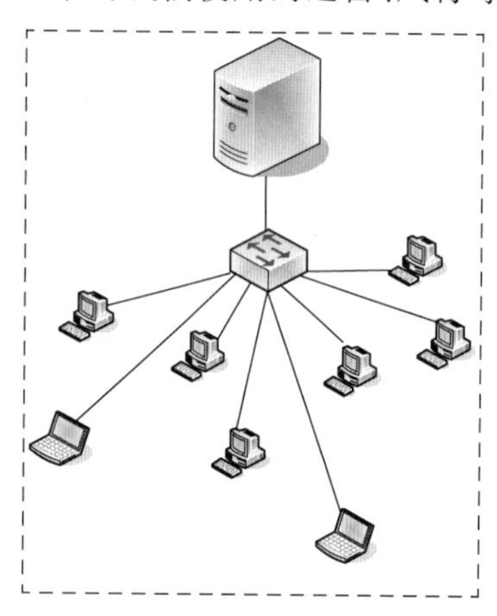

图 8-10 传统 C/S 模式

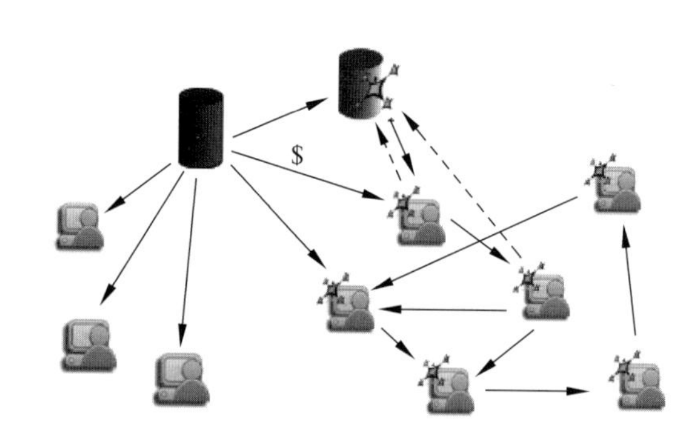

图 8-11 P2P 模式

8.4.3 流媒体与在线观看

随着 Internet 的日益普及,在网络上传输的数据已经不再局限于文字和图形,而是逐渐向声音和视频等多媒体格式过渡。目前在网络上传输音频/视频(Audio/Video,A/V)等多媒体文件时,基本上只有下载和流式传输两种选择。通常说来,A/V 文件占据的存储空间都比较大,在带宽受限的网络环境中下载可能要耗费数分钟甚至数小时,所以这种处理方法的延迟很大。如果换用流式传输,声音、影像、动画等多媒体文件将由专门的流媒体服务器负责向用户连续、实时地发送,这样用户可以不必等到整个文件全部下载完毕,而只需要经过几秒的启动延时就可以了，当这些多媒体数据在客户机上播放时，文件的剩余部分将继续从流媒体服务器下载，如图 8-12 所示。

图 8-12 流媒体在 IE 浏览器中边下载边播放

流(Streaming)是近年在 Internet 上出现的新概念，其定义非常广泛，主要是指通过网络传输多媒体数据的技术总称。流媒体包含广义和狭义两种：广义上的流媒体指的是使音频和视频形成稳定和连续的传输流和回放流的一系列技术、方法和协议的总称，即流媒体技术；狭义上的流媒体是相对于传统的下载-回放方式而言的，指的是一种从 Internet 上获取音频和视频等多媒体数据的新方法，它能够支持多媒体数据流的实时传输和实时播放。通过运用流媒体技术，服务器能够向客户机发送稳定和连续的多媒体数据流，客户机在接收数据的同时以一个稳定的速率回放，而不用等数据全部下载完之后再进行回放。

流媒体是从 1994 年一家叫作 Progressive Networks 的美国公司成立之初开始正式在互联网上登场亮相的。不久推出了 C/S 架构的音频接受系统 Real Audio，并在随后的几年内相继发布了多款应用非常广泛的流媒体播放器 RealPlayer 系列，微软原本也是 Real Networks 的投资人之一，但它很快推出了自己全新格式的流媒体产品。

流媒体系统一般由 5 部分组成。

(1) 编码工具：用于创建、捕捉和编辑多媒体数据，从而形成流媒体格式。

(2) 流媒体数据：包括视频、音频，如 RMVB、WMV、FLV 等。

(3) 流媒体服务器：存储和控制流媒体，如 FMS(Flash Media Services)。

(4) 传输协议：常见的实时流传输协议有实时传输协议(Real-time Transport Protocol，RTP)、实时传输控制协议(Real-time Transport Control Protocol，RTCP)、实时流协议(Real-time Streaming Protocol，RTSP)、资源预留协议(Resource Reserve Protocol，RSVP)、微软媒体服务器协议(Microsoft Media Server Protocol，MMSP)。

(5) 播放器：如流媒体播放器 RealPlayer，再如浏览器中的播放插件，可以在浏览器中播放流媒体。

早期有影响的3家流媒体技术公司及产品如下，当前流媒体技术厂商很多，手机流媒体应用发展也极为迅速。

(1) Real Networks 公司的 Real System。制作端产品 RealProducer、服务器端产品 RealServer、客户端播放器 RealPlayer。

(2) 微软公司的 Windows Media。制作端产品：Windows Media Encoder；服务器端产品：Windows Media Server，Windows Server 的组件之一；客户端播放器：Windows Media Player。

(3) Apple 公司的 QuickTime。端软件为 QuickTime Pro、服务器为 QuickTime Streaming Server、播放器为 QuickTime Player。

8.4.4 IPTV

IPTV(Internet Protocal Tele Vision，网络协议电视)也称互动式的 IPTV，是利用宽带网的基础设施，以家用电视机作为主要终端设备，集互联网、多媒体、通信等多种技术于一体，通过 IP 向家庭用户提供包括数字电视在内的多种交互式数字媒体服务的崭新技术，也即以 IP 机顶盒为主要终端，以电视机为主要显示设备，以遥控器为主要输入设备，以宽带 IP 为主要传输网络向大众提供多媒体信息服务。

从广义角度讲，IPTV 将融合电信、广电，互联网的技术，以 IP 技术为主向大众传播丰富多彩的文字、声音、图像等多种形式的多媒体信息。用户接收信息的形式不仅通过传统的遥控器、电视机来获取；还可以通过计算机、智能手机、智能电话机等其他各种通用的终端来获得。用户不仅是以被动的方式获取信息，还可以是以主动的、互动的方式传播信息。

IPTV 系统分为内容服务中心、存储分发中心、运营支撑平台、网络分发平台、用户终端服务5大部分。

8.5 制作多媒体软件的有关工具软件

1. 图形图像文件

图形图像是多媒体软件中的主要媒体之一。获取图像的方法主要有由扫描仪、数码相机、数码摄像头等输入，利用 Photoshop 进行编辑；从当前屏幕上捕获；使用绘图软件制作。绘图软件包括 AutoCAD、Adobe Illustrator、ArcGIS、CorelDRAW 等。图片的浏览管理、简单编辑可以使用 ACDSee 等。

2. 动画文件

动画能生动、形象地表达内容，是多媒体软件中最具吸引力的媒体。可以利用 Flash、3ds Max 制作。字体动画可用 Cool 3D 制作。

3. 音频文件

可以使用声卡的 Line in 或 Mic 录制声音。可用使用 Windows 附件的“录音机”或声卡自带的软件录制。也可以使用 CoolEdit 等软件。MID 文件通常作为多媒体软件的背景音乐，制作 MIDI 音乐需要记录器、电子乐器和 MIDI 编辑程序。

4. 视频文件

视频捕捉卡用于处理视频信息，它可以从一个源设备(如录像机)中接收标准的模拟录像信息，从而获得视频信息，然后再将其变成数字信号。视频捕捉卡上有一个连接插头，可与VHS体制的录像机连接，它也可以与摄影机、电视天线连接。利用视频捕捉卡在获取视频信息的同时，也获取了音频信息。

在视频信息的获取阶段，可以使用视频编辑软件，以便控制压缩的类型、帧的速度及大小。除此之外，还可以进行以下编辑工作：将录像中一些次要的内容进行剪切；将视频信息与其他信息(如动画、静止图像)混合；改变录像的播放顺序；利用滤波功能使图像产生特殊效果；将所有的编辑结果以MP4等视频格式进行存储。

另外一种获取视频文件的软件是通过捕获屏幕上的动画，将用户在计算机上的操作过程或演示的动画截取下来，并以MP4等视频格式进行存储。在捕获动画的同时，如果用户的系统中配有麦克风，还可以同步录音。具有图、文、声、动画的视频文件，可以作为多媒体软件的素材，以便制作高质量的多媒体软件。

视频捕获卡一般都带有视频编辑和剪辑工具，只是功能、支持的格式、提供的特效有一些差异。

习　题　8

一、思考题

1. 什么是媒体和多媒体？简要介绍多媒体的主要特性。

2. 为什么要以压缩方式存储和传送多媒体信息？

3. 有损压缩和无损压缩的主要区别是什么？

4. 决定一段声波数字化的质量因素有哪些？

5. 使用麦克风进行录音，假设采样频率为22kHz，量化位数为16位。计算录制53s的立体声文件大约需要多少存储空间。

6. 设有一幅256色的图像，大小为480×360像素。计算在不做任何压缩的情况下，存储该图像需要多少存储空间。

7. 设有一段视频，分辨率为640×480像素，每秒30帧，不含音频数据，计算在不做任何压缩的情况下，25s的视频需要多少存储空间。

8. 简述Flash动画与视频的区别。

二、选择题

1. Windows中最常用的图像文件格式是(　　)。

(A) WAV　　(B) BMP　　(C) PCX　　(D) TIFF

2. 频响范围是耳机的性能指标之一，好的耳机是全频的，即可以还原人耳所能听见的所有音频。这一范围是(　　)。

(A) 20～100Hz　　(B) 80～3400Hz

(C) 20～20kHz　　(D) 0～20Hz

3. 图像按颜色数目分有彩色图像、灰度图像和单色图像。单色图像是指(　　)。

(A) 只有亮度的图像　　(B) 只有黑色和白色的图像

(C) 饱和度低的图像　　　　(D) 只有两种颜色的图像

4. 使用 8 个二进制位存储颜色信息的图像能够表示(　　)种颜色。

(A) 8　　(B) 128　　(C) 256　　(D) 512

三、填空题

1. 采样频率的高低是根据奈奎斯特理论和声音信号本身的最高频率决定的,即采样频率应不低于声音信号最高频率的________,这样就能把以数字表达的声音信号还原为原来的信号。因此,电话话音信号的频率约为 3.4kHz,采样频率就选为________。

2. 在工程制图软件 AutoCAD 中,计算机使用指令或数学公式来描述一幅图像,而不是使用像素。如使用圆心坐标和半径及填充颜色来描述一个实心圆,以这种形式存储的图像称为________。

3. 假设有一段信息为 cccccccceeeeeffffffffcchhhhhhhhhhhhsssssssdddddddeeeee。该信息经过行程编码后为________,压缩比为________。

4. 图像压缩和解压缩方法有多种,比较具有权威的压缩/解压缩技术是________。

四、操作题

1. 打开 Windows 自带的录音机,以 22.05kHz 的采样频率录制一段 20s 的单声道的音频,将采样频率改为 44.1kHz 再录制一遍,比较两次录音的声音质量。

2. 使用画图工具,画出如下 3 个颜色的圆形:颜色 1,RGB(211,100,35);颜色 2,RGB(125,126,128);颜色 3,RGB(15,200,255)。要求 3 个圆形的大小为 70×70 像素,最终的文件以 BMP 格式保存,大小为 450×500 像素,颜色为 256 色。

课外阅读与在线检索

1. Photoshop 是美国 Adobe 公司开发的专用图像处理软件。在有关平面设计领域的应用,如图像处理、插图及版式设计、平面广告设计、计算机艺术设计等方面具有无与伦比的优势,Photoshop 还有网页图像、动画设计、网页制作等功能。除图像编辑、修改、加工外,Photoshop 的处理功能还有分色、分层、通道、路径等功能。请通过网络或图书馆查阅 Photoshop 软件的使用方法并尝试用它来处理一幅图像。

2. Dr. Leonardo Chiariglione 是意大利人,为全球公认的 MPEG 先驱并享有 MPEG 之父的盛名,1988 年号召成立 MPEG 委员会,并于 1993 年引领制定了 MPEG-1、MPEG-2 标准,随后在 1998 年公布了 MPEG-4 标准。正是由于这些技术标准化,导致近年来数字影音技术突飞猛进,VCD、DVD 及 MP3 风靡全球。

3. H.264 的发展。

H.264 是 ITU-T 的视频编码专家组(VCEG)和 ISO/IEC 运动图像专家组(MPEG)联合制定的新一代视频压缩标准。ITU-T 是一个代表国际电信联盟协调制定电信标准的部门。ISO 是指国际标准化组织。IEC 是指国际电工委员会,负责制定所有电子、电气和相关技术的标准。H.264 是 ITU-T 所使用的名称,而 ISO/IEC 将其命名为 MPEG-4 Part 10/AVC,因为它代表的是 MPEG-4 系列标准中的一个新标准。MPEG-4 系列标准包括 MPEG-4 Part 2 等标准,MPEG-4 Part 2 是一个应用于基于 IP 的视频编码器和网络摄像机的标准。

为了解决先前视频压缩标准中存在的不足，H.264的目标是支持：

- 高效压缩，在某一特定的视频质量下，与采用任何其他视频标准相比，可以使比特率平均降低50%；
- 更强大的容错能力，能够纠正各种网络的传输错误；
- 低时延功能，并能够在更高时延的情况下提供更高质量的图像；
- 通过简单的句法规范简化实施；
- 精确匹配解码，严格规定了编码器和解码器如何进行数值计算，以避免错误累积。

此外，H.264还能够灵活地支持有着不同比特率要求的各种监控应用。例如，在娱乐视频应用(包括广播、卫星电视、有线电视和DVD)中，H.264能够以高时延实现1～10Mb/s的性能。而对于电信服务来说，H.264能够以低时延实现低于1Mb/s的比特率。

4. 调研多媒体技术的发展及应用现状，你认为未来多媒体技术发展方向有哪些。

图书资源支持

感谢您一直以来对清华版图书的支持和爱护。为了配合本书的使用，本书提供配套的资源，有需求的读者请扫描下方的“书圈”微信公众号二维码，在图书专区下载，也可以拨打电话或发送电子邮件咨询。

如果您在使用本书的过程中遇到了什么问题，或者有相关图书出版计划，也请您发邮件告诉我们，以便我们更好地为您服务。

我们的联系方式：

清华大学出版社计算机与信息分社网站：https://www.shuimushuhui.com/

地　　址：北京市海淀区双清路学研大厦 A 座 714

邮　　编：100084

电　　话：010-83470236　010-83470237

客服邮箱：2301891038@qq.com

QQ：2301891038（请写明您的单位和姓名）

资源下载：关注公众号“书圈”下载配套资源。

资源下载、样书申请

书圈

图书案例

清华计算机学堂

观看课程直播